JN069965

第一次検定

管工事
施工管理技士
要点テキスト

1級

一般基礎、電気、建築

空気調和設備

給排水衛生設備

機器・材料、設計図書

施工管理法
（知識・応用）

関連法規

検定試験問題

市ヶ谷出版社

ま え が き

　管工事施工管理技士の資格制度は，建設業法によって制定されたもので，管工事技術者の技術水準を高めることと，合わせて社会的地位の向上を目的としていて，1級管工事施工管理技術検定試験は昭和48年度から実施されています。

　令和3年度から，これまでの学科試験が**第一次検定**，実地試験が**第二次検定**として名称とともに試験の内容が変わりました。詳しくは次ページの「令和3年度制度改正について」を読んでください。

　管工事業に携わっている技術者にとって，1級管工事施工管理技士の資格は是非取得したいものの一つでありますが，合格率をみると，取得することが容易でないこともわかります。

　近年，管工事施工管理技士の試験の出題範囲は，管工事施工の分野に留まることなく，多岐にわたって出題されるようになってきました。そのため，ますます学習の範囲も広範囲になっています。

　一方，受験者の多くは，現場で一番忙しく，自分の時間を取ることが難しい方々となっています。このような方々が独学で，広範囲にわたる試験勉強をすることは，大変であると考えています。

　そこで，過去の試験問題を徹底的に分析し，**第一次検定合格のために，必要最低限な項目**とは何かを絞り出し，「**要点テキスト**」というものができないものかと考え，執筆したのが本書です。

　本書の各章のはじめに，令和3年度および令和4年度に出題された問題の出題傾向をまとめてあります。まず，そこをよく読んで，重要な項目から勉強を始めてください。

　各項目をできる限り，**試験で解答を導くための記述のみに凝縮**するように努めました。特に，重要かつ出題の頻度の高い事項は，赤字または赤のアンダーラインで示して，「よく出題される」事項を側注で示し，主な式には網掛けをするなど，学習の効率を高めることに重点をおいて執筆しました。

　本書は，できるだけ早く全体を把握できるよう配慮してありますので，**第一次検定（学科）の合格**を目指す受験生の方々にとっては，必要かつ十分な内容となっているものと確信しています。

2023年3月

前島　健

阿部　洋

1級管工事施工管理技術検定　令和3年度制度改正について

令和3年度より，施工管理技術検定は制度が大きく変わりました。

- ● 試験の構成の変更　　　（旧制度）　　　→　　　　　（新制度）
　　　　　　　　　　学科試験・実地試験　　→　　　第一次検定・第二次検定
- ● 第一次検定合格者に『技士補』資格
　　令和3年度以降の第一次検定合格者が生涯有効な資格となり，国家資格として『1級管工事施工管理技士補』と称することになりました。
- ● 試験内容の変更・・・下記を参照ください。
- ● 受験手数料の変更・・第一次検定，第二次検定ともに受検手数料が10,500円に変更。

1．試験内容の変更

　学科・実地の両試験を経て，1級の技士となる旧制度から，施工技術のうち，基礎となる知識・能力を判定する第一次検定，実務経験に基づいた技術管理，指導監督の知識・能力を判定する第二次検定に改められました。

　第一次検定の合格者には技士補，第二次検定の合格者には技士がそれぞれ付与されます。

第一次検定

　これまで学科試験で求めていた知識問題を基本に，実地試験で出題していた施工管理法など能力問題が一部追加されました。

　昨年度の第一次検定の解答形式は，これまで通りのマークシート方式で，四肢一択形式に加えて施工管理法の能力問題が四肢二択形式でした。

　合格に求める知識・能力の水準は旧制度と同程度でした。

(1)　試験の内容

　次の検定科目の範囲とし，問題は択一式で解答はマークシートで行います。

第一次検定	機械工学等	1．管工事の施工に必要な機械工学，衛生工学，電気工学，電気通信工学及び建築学に関するは一般的な知識を有すること。 2．管工事の施工の管理を適確に行うために必要な冷暖房，空気調和，給排水，衛生等の設備に関する一般的な知識を有すること。 3．設計図書に関する知識を有すること。
	施工管理法	1．監理技術者補佐として，管工事の施工の管理を適確に行うために必要な施工計画の作成方法及び工程管理，品質管理，安全管理等工事の施工の管理方法に関する知識を有すること。 2．監理技術者補佐として，管工事の施工の管理を適確に行うために必要な応用能力を有すること。
	法　　規	建設工事の施工の管理を適確に行うために必要な法令に関する一般的な知識を有すること。

⑵ 合格基準

次の基準以上の者を合格とします。ただし，試験の実施状況等を踏まえ，変更する可能性があります。

・第一次検定（全体）　　得点が60％以上
　　　　　　　　　　　　かつ検定科目（施工管理法（応用能力））の得点が50％以上

第二次検定

第二次検定については，一般財団法人全国建設研修センター発行の「受験の手引」を参照するか，または，ホームページ（https://www.jctc.jp/）を利用して下さい。

2．令和5年度試験への対応の仕方

制度改正後の試験実施は3年目になり，過去2年間の試験の結果から，制度改正後も改正前の分野と範囲を中心に出題されていることがわかります。

基礎的な知識を求める問題（四肢択一）は全分野から出題され，施工管理法の監理技術者補佐として，管工事の施工の管理を適確に行うために必要な応用能力を求める問題（四肢択二）は本書第8章の施工管理法の範囲から出題されています。これからの試験への対応は，つぎの「本書の使い方」を読んで，その後に，本書の内容を学習してください。

本書の使い方

本書の構成は，第一次検定（学科）試験の流れに沿って，以下のようになっております。

第1章	一般基礎	第6章	機器・材料
第2章	電気設備	第7章	設計図書
第3章	建築工事	第8章	施工管理法（知識・応用）
第4章	空気調和設備	第9章	関連法規
第5章	給排水衛生設備		

本書には，次のような工夫がしてあります。
⑴　特に，重要な用語は，赤字で示してあります。
⑵　頻出している文章には，赤のアンダーラインをしました。
⑶　図解によってポイントが一目瞭然，わかるようにしてあります。
⑷　箇条書きを多用し，簡潔でわかりやすい表現を心掛けました。

本書の内容は，「まえがき」に記述しましたように，第一次検定（学科）を

徹底的に分析した結果，そのエッセンスともいうべきものに凝縮しました。したがって，本書に書かれていることが理解できていれば，必ずや第一次検定合格の栄冠を勝ち取れるものと自負しています。

〈全体の勉強の仕方〉

　まず，**本書を熟読し，内容を理解**するようにしてその後，「問題集」などにより，**本試験問題を反復練習**してください。問題集などの解説で，理解できない項目があれば，本書に戻って理解を深めてください。

〈合格基準点に達する勉強の仕方〉

　令和４年度は，試験問題のうち，一般基礎と電気設備および建築工事（14問），機器・材料と設計図書（７問），施工管理（10問），さらに応用能力問題の施工管理（７問）が**必須問題**でした。第１章から第３章，第６章から第８章は，全体をくまなく，**最も重点的な学習**してください。

　空気調和設備と給排水衛生設備は合わせて23問中12問，関連法規は12問中10問が**選択問題**でした。**自分の専門分野や得意な分野を中心**にして，確実に得点できるように重点的な学習をしてください。

　本書を十分に活用していただいて，輝かしい１級管工事施工管理技士補の資格を取得して，さらに第二次検定をチャレンジされることを心からお祈りいたします。

受験にあたって

1 受験資格

　受検資格の詳細については，一般財団法人全国建設研修センター発行の「受験の手引」を参照するか，または，ホームページ（https://www.jctc.jp/）を利用して下さい。

2 受験申込について

1 試験日および試験地

　第一次検定（学科）は，9月3日（日）に，第二次検定（実地）は12月3日（日）に行われ，試験地は，札幌，仙台，東京，新潟，名古屋，大阪，広島，高松，福岡および那覇です。

2 受験申込書の提出期間および提出先

　受験申込み期間は，5月8日～5月22日ですが，詳しくは，官報を見るか，（一財）全国建設研修センターへ問い合わせて下さい。

　また，受験申込書の提出先は，（一財）全国建設研修センターです。なお，受験申込用紙の請求は，インターネットでもできます。

一般財団法人　全国建設研修センター　試験業務局管工事試験部管工事試験課

〒187-8540 東京都小平市喜平町 2-1-2

TEL：042（300）6855, FAX：042（300）6858

ホームページアドレス：https://www.ictc.jp/

---

3 第一次検定（学科）の傾向と対策

1 出題の分類，出題数および必要解答数

　第一次検定は，試験日の午前中に，受験に関する説明を含み，2時間45分，午後に2時間10分かけて行われます。令和4年から平成30年の出題数および必要解答数はxiiiページ表のとおりです。各出題分類の小項目の出題数については，毎年多少異なります。

2 第一次検定の解答時の注意

　試験問題は四肢択一の形式と施工管理法の応用能力問題が四肢択二の形式で出題されます。どちらも出題形式は，主として次にあげるいろいろな形式の問い掛けがされています。

　　・適当でないものはどれか。

　　・誤っているものはどれか。

　　・最も適当でないものはどれか。

　　・正しいものはどれか。

・ **適当なものはどれか。**

　正しい，あるいは適当である文が並んでいて，1つだけ誤っているもの，あるいは適当でないもの，すなわち“まちがっているもの”を探す形式の出題が多いので，文章を正確に読みとることが特に大切です。

　「適当でないものはどれか。」という問い掛けの出題が続くと，そのつもりになって次の出題が「適当なものはどれか。」であっても，問い掛けをよく読まないで，「適当でないものはどれか。」と思って解答してしまう場合もありますので，出題は各問題ごとに問い掛けから最後までよく読むことが大切です。

　このことは非常に簡単なことですが，実際には，問題の流れにのって，つい忘れてしまうので，失敗する例もあるようです。

　時間が限られていますので，混乱しないようにしましょう。

目　　　次

年度別出題内容一覧表（学科試験）

年度 分類		令和4年度	令和3年度	令和2年度	令和元年度	平成30年度
問題A	一般基礎	1. 地球環境 2. 外壁の結露 3. 室内空気環境 4. 流体の性質 5. 水平管路の流体 6. ピトー管の測定原理 7. 熱の性質 8. 燃焼 9. 湿り空気 10. 音	1. 日射 2. 温熱環境 3. 室内空気環境 4. 流体の性質 5. 直管路の圧力損失 6. トリチェリの定理 7. カルノーサイクル 8. 伝熱 9. 燃焼 10. 金属材料の腐食	1. 地球環境 2. 外壁の結露 3. 排水の水質 4. 流体の性質 5. 水平管路の流体 6. 流体の用語組合せ 7. 熱の性質 8. 伝熱 9. 湿り空気 10. 音	1. 日射 2. 室内空気環境 3. 排水の水質 4. 流体の性質 5. 水平管路の流体 6. 完全流体の定常流 7. 熱の性質 8. 燃焼 9. 湿り空気 10. 金属材料の腐食	1. 地球環境 2. 温熱環境 3. 排水の水質 4. 流体の性質 5. 水平管路の流速 6. 流体の用語組合せ 7. 熱の用語組合せ 8. 伝熱 9. 冷凍 10. 音
	電気設備	11. 用語と説明の組合せ 12. 低圧屋内配線工事	11. 電気設備工事の施工 12. 三相誘導電動機の電気工事	11. 低圧屋内配線工事 12. 三相誘導電動機の保護回路	11. 三相誘導電動機 12. 電気工事の施工	11. 低圧屋内配線工事 12. 三相誘導電動機の回路
	建築工事	13. コンクリートのかぶり厚さ 14. 建築材料	13. コンクリート 14. 単純梁の反力	13. 壁の開口補強及び梁貫通孔 14. 曲げモーメント図	13. 鉄筋コンクリート造の鉄筋 14. 鉄筋コンクリート造の建築物	13. 鉄筋コンクリート造の配筋など 14. コンクリートの調合・試験
	空気調和設備	15. 空調計画の省エネ 16. 空気調和方式 17. 暖房時の湿り空気線図 18. 冷房負荷計算 19. 自動制御 20. コージェネレーション 21. 蓄熱方式 22. 換気設備 23. 換気量計算 24. 排煙設備 25. 排煙設備	15. 建築計画の省エネ 16. 空気調和方式 17. 冷房時の湿り空気線図 18. 熱負荷 19. 自動制御 20. 地域冷暖房 21. ヒートポンプ 22. 換気設備 23. 換気量計算 24. 排煙設備 25. 排煙設備	15. 建築手法の省エネ 16. 空気調和方式 17. 冷房時の湿り空気線図 18. 冷暖房負荷計算 19. 自動制御 20. コージェネレーション 21. 蓄熱方式 22. 換気量計算 23. 換気設備 24. 排煙設備 25. 排煙設備	15. 空調熱源 16. 空気調和方式 17. 暖房時の湿り空気線図 18. 熱負荷 19. 自動制御 20. 地域冷暖房 21. ヒートポンプ 22. 換気設備 23. 換気量計算 24. 排煙設備 25. 排煙設備	15. 建築計画の省エネ 16. 空気調和方式 17. 加湿装置 18. 冷房負荷 19. 自動制御 20. コージェネレーション 21. 蓄熱方式 22. 換気設備 23. 換気量計算 24. 排煙設備 25. 排煙設備
	給排水衛生設備	26. 上水道の配水管 27. 下水道 28. 給水設備 29. 給水設備 30. 給湯設備 31. 排水・通気設備 32. 排水・通気設備 33. 排水・通気設備 34. スプリンクラー設備 35. ガス設備 36. 浄化槽 37. FRP製浄化槽の設置	26. 上水道施設 27. 下水道 28. 給水設備 29. 給水設備 30. 給湯設備 31. 排水設備 32. 排水・通気設備 33. 通気設備 34. 不活性ガス消火 35. ガス設備 36. 浄化槽の処理対象人員 37. 浄化槽	26. 上水道の配水管路 27. 下水道 28. 給水設備 29. 給水設備 30. 給湯設備 31. 排水設備 32. 通気設備 33. 排水槽とポンプ 34. 消火原理 35. ガス設備 36. FRP製浄化槽の設置 37. 接触ばっ気方式の特徴	26. 上水道の配水管 27. 下水道の管きょ 28. 給水設備 29. 給水設備 30. 給湯設備 31. 排水・通気設備 32. 排水・通気設備 33. 排水・通気設備 34. 不活性ガス消火 35. ガス設備 36. 浄化槽の処理対象人員 37. BOD濃度の計算	26. 上水道施設 27. 下水道の管きょ 28. 給水設備 29. 給水設備 30. 給湯設備 31. 排水・通気設備 32. 排水・通気設備 33. 排水設備 34. 消火設備 35. ガス設備 36. 嫌気ろ床接触ばっ気方式のフローシート 37. 浄化槽の処理対象人員
	機器・材料	38. 送風機 39. 吸収冷凍機 40. ボイラ 41. 配管材料 42. ダクト及び付属品	38. 冷凍機 39. 遠心ポンプ 40. 空気調和機 41. 配管材料及び付属品 42. ダクト及び付属品	38. ボイラ 39. 保温及び保冷 40. 送風機 41. 配管材料 42. ダクト及び付属品	38. 遠心ポンプ 39. 冷却塔 40. ユニット形空気調和機 41. 配管材料 42. ダクト及び付属品	38. 冷凍機 39. ボイラ 40. 空気清浄装置 41. 配管付属品 42. ダクト

分類 / 年度		令和4年度	令和3年度	令和2年度	令和元年度	平成30年度
問題A	設計図書	43. 公共工事標準請負契約約款 44. JISに規定する配管	43. 公共工事標準請負契約約款 44. 設計図書に記載する仕様	43. 公共工事標準請負契約約款 44. JISに規定する配管	43. 公共工事標準請負契約約款 44. 設計図書に記載する仕様	43. 公共工事標準請負契約約款 44. JISに規定する配管
問題B	施工管理	1. 申請・届出書類の提出先 2. ネットワーク工程表 3. 品質管理 4. 安全管理 5. 機器の据付け 6. 配管の施工 7. ダクト及びダクト付属品の施工 8. 保温・保冷 9. 試運転調整 10. 腐食・防食	1. 申請・届出書類の提出先 2. ネットワーク工程表 3. 品質管理 4. 安全管理 5. 機器の据付け 6. 配管の施工 7. ダクトの施工 8. 配管の保温 9. 冷凍機の試運転調整 10. 埋設管の防食	1. 施工計画 2. 申請・届出書類の提出先 3. 工程管理 4. ネットワーク工程表 5. 品質管理の統計的手法 6. 品質管理 7. 安全管理 8. 安全管理 9. 機器の据付け 10. 機器の据付け 11. 配管及び配管付属品の施工 12. 配管及び配管付属品の施工 13. ダクト及びダクト付属品の施工 14. ダクト及びダクト付属品の施工 15. 保温・保冷 16. ボイラの単体試運転調整 17. 防振	1. 施工計画 2. 申請・届出書類の提出先 3. 工程管理 4. ネットワーク工程表 5. 品質管理の統計的手法 6. 品質管理 7. 安全管理 8. 安全管理 9. 機器の据付け 10. 機器の据付け 11. 空気調和設備の配管の施工 12. 配管の施工 13. ダクト及びダクト付属品の施工 14. ダクト及びダクト付属品の施工 15. 保温 16. 防食方法 17. 機器の試運転	1. 施工計画 2. 申請・届出書類の提出先 3. 工程管理 4. ネットワーク工程表 5. 品質管理 6. 品質管理の統計的手法 7. 安全管理 8. 安全管理 9. 機器の据付け 10. 機器の据付け 11. 配管及び配管付属品の施工 12. 配管及び配管付属品の施工 13. ダクト及びダクト付属品の施工 14. ダクト及びダクト付属品の施工 15. 保温・保冷・塗装 16. 配管の腐食 17. 騒音・振動
	関連法規	11. 労働安全衛生法 12. 労働安全衛生法 13. 労働基準法 14. 建築基準法 15. 建築基準法 16. 建設業法 17. 建設業法 18. 消防法 19. 消防法 20. 建設リサイクル法 21. フロン排出抑制法 22. 廃棄物処理清掃法	11. 労働安全衛生法 12. 労働安全衛生法 13. 労働基準法 14. 建築基準法 15. 建築基準法 16. 建設業法 17. 建設業法 18. 消防法 19. 消防法 20. 建設リサイクル法 21. 騒音規制法 22. 廃棄物処理清掃法	18. 労働安全衛生法 19. 労働安全衛生法 20. 労働基準法 21. 建築基準法 22. 建築基準法 23. 建設業法 24. 建設業法 25. 消防法 26. 消防法 27. 騒音規制法 28. 建築物衛生法 29. 廃棄物処理清掃法	18. 労働安全衛生法 19. 労働安全衛生法 20. 労働基準法 21. 建築基準法 22. 建築基準法 23. 建設業法 24. 建設業法 25. 消防法 26. 消防法 27. 建築物衛生法 28. 建設リサイクル法 29. 廃棄物処理清掃法	18. 労働安全衛生法 19. 労働安全衛生法 20. 労働基準法 21. 建築基準法 22. 建築基準法 23. 建設業法 24. 建設業法 25. 消防法 26. 消防法 27. 建設リサイクル法 28. 高齢者,障害者等の移動等の円滑化の促進に関する法律 29. 廃棄物処理清掃法
	応用能力問題	23. 施工計画 24. 工程管理 25. 品質管理 26. 安全管理 27. 機器の据付け 28. 配管及び配管付属品の施工 29. ダクト及びダクト付属品の施工	23. 施工計画 24. 工程管理 25. 品質管理 26. 安全管理 27. 機器の据付け 28. 配管及び配管付属品の施工 29. ダクト及びダクト付属品の施工			

1級管工事施工管理技士（学科試験），分野別の出題数および解答数

	分 野 別	令和4年度		令和3年度		令和2年度		令和元年度		平成30年度	
		出題数	解答数	出題数	解答数	出題数	解答数	出題数	解答数	出題数	解答数
問題A	一般基礎 環境工学	2	10	3	10	2	10	3	10	3	10
	流体	3		3		3		3		3	
	熱と伝熱	3		3		2		2		3	
	空気	1		—		2		1		—	
	音	1		—		1		—		1	
	腐食・防食	—		1		—		1		—	
	電気設備 配管・配線および接地工事	1	2	1	2	1	2	1	2	1	2
	動力設備と動力配線工事	1		1		1		1		1	
	建築工事 鉄筋コンクリート工事	1	2	—	2	—	2	2	2	1	2
	コンクリートの性質	—		1		—		—		1	
	梁貫通スリーブ等	1		—		1		—		—	
	反力と曲げモーメント図	—		1		1		—		—	
	空気調和設備 空調負荷	1	12	1	12	1	12	1	12	1	12
	空調装置容量の算出	1		—		1		1		—	
	熱源方式・空調方式	5		6		5		5		6	
	換気設備	2		2		2		2		2	
	排煙設備	2		2		2		2		2	
	給排水衛生設備 上水道	1		1		1		1		1	
	下水道	1		1		1		1		1	
	給水設備	2		2		2		2		2	
	給湯設備	1		1		1		1		1	
	排水・通気設備	3		3		3		3		3	
	消火設備	1		1		1		1		1	
	ガス設備	1		1		1		1		1	
	浄化槽	2		2		2		2		2	
	機器・材料 共通機材	1	7	2	7	2	7	2	7	1	7
	空気調和・換気設備用機材	3		2		2		2		3	
	空調配管とダクト設備	1		1		1		1		1	
	設計図書 機器の仕様	—		1		—		1		—	
	配管材料の記号	1		—		1		—		1	
	公共工事標準請負契約約款	1		1		1		1		1	
	問題Aの計	44	33	44	33	44	33	44	33	44	33

	分野別	令和4年度		令和3年度		令和2年度		令和元年度		平成30年度	
		出題数	解答数	出題数	解答数	出題数	解答数	出題数	解答数	出題数	解答数
施工管理	施工計画	1	10	1	10	2	17	2	17	2	17
	工程管理	1		1		2		2		2	
	品質管理	1		1		2		2		2	
	安全管理	1		1		2		2		2	
	設備施工	6		6		9		9		9	
問題B 関連法規	労働安全衛生法	2	10	2	10	2	10	2	10	2	10
	労働基準法	1		1		1		1		1	
	建築基準法	2		2		2		2		2	
	建設業法	2		2		2		2		2	
	消防法	2		2		2		2		2	
	建設リサイクル法	1		1		—		1		1	
	廃棄物処理清掃法	1		1		1		1		1	
	浄化槽法	—		—		—		—		—	
	騒音規制法	—		1		1		—		—	
	作業に必要な法的資格	—		—		—		—		—	
	フロン排出抑制法	1		—		—		—		—	
	バリアフリー法	—		—		—		—		1	
	建築物衛生法	—		—		1		1		—	
応用能力問題	施工計画	1	7	1	7						
	工程管理	1		1							
	品質管理	1		1							
	安全管理	1		1							
	設備施工	3		3							
	問題Bの計	29	27	29	27	29	27	29	27	29	27
合　計		73	60	73	60	73	60	73	60	73	60

第1章 一般基礎

一般基礎の出題傾向

1・1　環　境

　令和3年度（以下3年度）は，日射に関する内容，温熱環境，室内の空気環境に関する事項が出題された。令和4年度（以下4年度）は，地球環境に関する内容，室内の空気環境に関する事項が取り上げられた。これらは毎年よく出題される。

1・2　流　体

　3年度は，流体に関する基本事項，水平直管路の圧力損失，トリチェリ定理の式に関する用語の組み合わせが出題された。4年度は，流体の性質に関する基本事項，管路内を流れる空気の圧力損失計算，ピトー管の測定原理ついて出題された。流体の基本事項は，毎年のように出題されている。

1・3　気体・熱・伝熱

　3年度は，熱機関のカルノーサイクル，伝熱の基本事項，燃焼に関する内容が出題された。4年度は，冬季における外壁の結露，熱の性質に関する内容，燃焼の基本事項が取り上げられた。熱と燃焼に関する問題は，毎年のように出題される。

1・4　空　気

　3年度は，湿り空気に関する出題がなかった。4年度は，湿り空気に関する基本事項について出題された。

1・5　音

　3年度は，音に関する出題がなかった。4年度は，音の基本事項について出題された。

1・6　腐食・防食

　3年度は，腐食の基本事項に関して出題された。4年度は，腐食・防食に関する出題がなかった。音と腐食は1年毎に出題されることが多い。

1・1　環　　　境

1. 日射エネルギーの要素などについて覚える。
2. 日本の気候と地球環境保全，温暖化防止に関して覚える。
3. 酸素，二酸化炭素などの空気環境管理基準を理解する。
4. 排水の水質項目について覚える。
5. 環境に関して，人体が感じる暖冷房に関する指標各種の違いを理解する。

1・1・1　日照・気象

（1）　太陽の光と熱エネルギー

太陽の光と熱エネルギーは，電磁波として地上に直射する。太陽光は波長が短い順に，X線＜紫外線＜可視光線＜赤外線　となる。

紫外線は化学作用が強く細胞の発育・殺菌作用・日焼けなど人間，その他の生物の生育作用に大きな関係があり，空気の汚れた都市や日照の少ないスウェーデンなどの北欧や北海道で不足しやすい。紫外線の量が多すぎると皮膚がんなど，人間に有害な影響がでることが明らかになっている。可視光線は目に光覚を与え，赤外線は熱作用をもっている。

日射の熱エネルギーは，紫外線部は少なく1〜2％，可視光線部は40〜45％，赤外線部は53〜59％であり，全日射量の80％が400〜1,100 nm の範囲である。

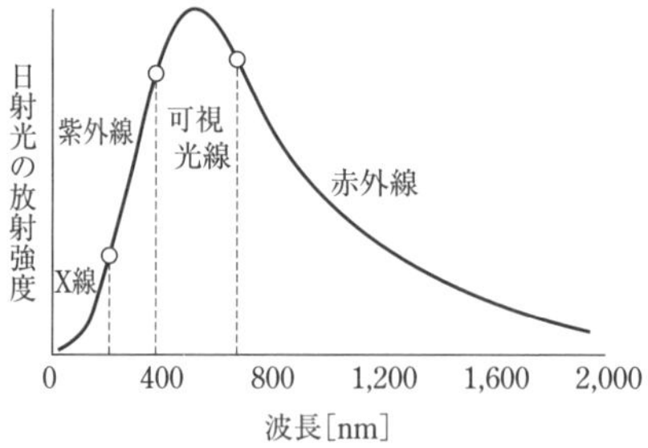

> **太陽の光波長**
> 紫外線（20〜400 nm），
> 可視光線（400〜760 nm），
> 赤外線（760〜400,000 nm）
> （1 nm＝10^{-3} μm）
>
> **日射エネルギーの量**
> 可視光線と赤外線が大部分。
>
> ◀ よく出題される

図1・1　太陽光エネルギーのスペクトル分布

（2）　日照と日射

太陽からの放射熱は W/m² で表し，季節により変わる。この放射熱は，大気を通過して地表に到達するまでに大気に吸収され散乱して弱まり，透過して直接地表に到達するものを直達日射という。

一方，大気中の微粒子で散乱されたものが全天空から放射として地上にくるものが天空日射（放射）であり，地

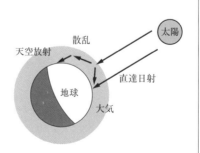

図1・2　直達日射と天空放射

◀ よく出題される

表で受ける全放射熱は直達日射と天空日射であると考えてよい。

　1日の直達日射量は水平面では冬よりも夏が多く，南向きの垂直な面（外壁や窓ガラス）では夏よりも冬の方が多い。

　大気の透過率は，太陽が天頂にあるときの地表面の直達日射量と大気層入り口における日射量（太陽定数）との比であり，大気中に含まれる二酸化炭素よりも塵（ちり）や水蒸気の影響が大きい。冬期は夏期よりも大気中の塵（ちり）や水蒸気が少ないので，大気透過率は大きい値を示す。

◀ よく出題される

　太陽定数とは，大気圏外の日射の強さで，約1.37×10^3 kW/m^2 である。

　相当外気温度とは，外気温度に日射の影響を温度に換算して加え，等価な温度にしたものをいう。

（3）　日本の気候

　日本は南北に長く，各地の気温に幅がある。気象庁では表1・1に示すように，夏日や真夏日などを定義している。

　気温は，ある程度までは，100 m 上昇するごとに0.65℃低下する。

表1・1　気温の特異日

猛暑日	1日の最高気温が35℃以上になる日
真夏日	1日の最高気温が30℃以上になる日
夏　日	1日の最高気温が25℃以上になる日
熱帯夜	夕方から翌日の朝までの最低気温が25℃以上になる夜
真冬日	1日の最高気温が0℃未満の日
冬　日	1日の最低気温が0℃未満になる日

　また降水量も梅雨や冬の豪雪地域，台風の影響の大きい地域などによる違いがあり，年間降水量の全国平均は約1,800 mm である。

1・1・2　地球環境

（1）　フロンとオゾン層破壊

　フロンは分解すると塩素が発生し，これがオゾン層を破壊する。オゾン層が破壊されると，太陽光に含まれる有害な紫外線がそのまま地表に到達して，生物に悪影響を及ぼす。そのために冷凍機に使われている冷媒用フロンのうち，オゾン層破壊係数の大きな CFC11，12，113，114，115は特定フロンとして1996年1月より生産は全廃された。

◀ よく出題される

オゾン破壊係数（ODP）
　物質によるオゾン破壊強度の違いを，共通化して比較できるようにした値（係数）のことである。

　また，HCFC 22，123などの指定フロンは特定フロン（CFC）に比べてオゾン層への影響は小さいが0ではないため，2020年までに補充用を除き指定フロンの生産・輸入が禁止されている。国内ではオゾン層を保護するためフロン類の製造から廃棄までに携わる全ての主体に法令の順守を求める「フロン類の使用の合理化及び管理の適正化に関する法律」が平成27年に施行されている。

　ルームエアコンやビル用マルチなどパッケージエアコンに使用されている指定フロンは，すでにオゾン破壊係数0の R-410A が使われるようになっている。代替フロンの HFC134a はオゾン破壊係数は0であるが，地球温暖化係数が二酸化炭素より大きい。

◀ よく出題される

表1・2　フロン系冷媒と自然冷媒

冷媒名	番号	法規制名など	オゾン破壊係数 ODP	地球温暖化係数 GWP
CFC11	R11	特定フロン	1	4,750
CFC12	R12	特定フロン	1	10,900
HCFC123	R123	指定フロン	0.02	77
HCFC22	R22	指定フロン	0.05	1,810
HFC134a	R134a	代替フロン	0	1,430
HFC32/HFC125	R410A	代替フロン（混合）	0	2,090
二酸化炭素	R744	自然冷媒	0	1
アンモニア	R717	自然冷媒	0	<1
水	R718	自然冷媒	0	<1

（注）　GWP：IPCC 第4次報告書（2007）に基づく積分値100年値
　　　　（出典　環境省資料より作成）

（2）　温室効果ガス

　温室効果とは，日射により加熱された地表から放射される遠赤外線が，大気中の二酸化炭素など温室効果ガスに吸収され，大気の温度が上昇することをいう。

◀ よく出題される

　自然冷媒の二酸化炭素（CO_2）はオゾン破壊係数が0であり，地球の温暖化に影響を与える程度を示す地球温暖化係数（GWP）はメタンやフロンなどの温室効果ガスより小さいが，排出量が非常に多いので，地球温暖化への影響が大きい。

◀ よく出題される

　同じ自然冷媒のアンモニアは，オゾン破壊係数が0で地球温暖化係数も小さいが，毒性と可燃性を有する。

　LCCO$_2$（ライフサイクル二酸化炭素排出量）は，建築物など製品のライフサイクルにおける二酸化炭素の発生量を定量化したもので，地球温暖化に着目した環境負荷の評価指標のひとつとして用いられ，設計・建設段階，運用段階，廃棄段階のうち，運用段階が全体の過半を占めている。

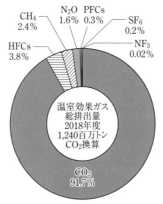

図1・3　日本の温室効果ガス排出量の内訳
（出典　環境省「令和2年版環境白書」より）

◀ よく出題される

　温室効果ガスである大気中の二酸化炭素の濃度は，人間活動に伴う化石燃料の消費，セメント生産，森林破壊などの土地利用の変化などにより，増加してきており，現在では2016年の世界の平均濃度が約400 ppmで，産業革命以前の平均的な値の280 ppmに比べて43％増加している。

　二酸化炭素 CO_2，メタン CH_4，二酸化窒素 NO_2 など大気中の温室効果ガス濃度が高くなると，干ばつや洪水などの異常気象を引き起こすおそれがある。

IPCC
　「気候に関する政府間パネル」のことで，地球温暖化についての科学的な研究の評価や今後の対策などを検討する国際的組織。

地球温暖化係数（GWP）
　温室効果ガスが地球温暖化に対する影響を，持続時間も考慮して，二酸化炭素 CO_2 の値を1としたときの相対的な値。ICPP は，その期間を100年間として比較した。

HFC$_S$：ハイドロフルオロカーボン
CH_4　：メタン
N_2O　：二酸化窒素
PFC$_S$：パーフルオロカーボン
SF_6　：六ふっ化硫黄
NF_3　：三ふっ化窒素

（3）　地球温暖化防止の国際条約と国内の動向

2015年に，国連気候変動枠組条約第21回締約国会議（COP21）が行われ，パリ協定などが参加全ての国により採択された。パリ協定は，「世界共通の長期目標として，世界の気温上昇を産業革命から2℃未満に抑え，さらに1.5℃未満を目標とすることがリスク削減に大きく貢献する」，「主要排出国を含むすべての国が削減目標を5年ごとに提出・更新すること」，「途上国の森林減少・劣化からの排出を抑制する仕組み」，「日本など締結国が他国に協力して実施した温室効果ガスの削減量は，実施した国の実績に繰り入れるとこができるとした市場メカニズムの活用」等が採択された。

日本は，脱炭素社会を掲げ2030年度までに2013年度比で26％削減の温室効果ガス削減目標を掲げている。また，京都議定書については，第二約束期間の実施に関する細則等が決定された。

特に，地球温暖化対策の実施策としてZEB（ネット・ゼロ・エネルギー・ビル）を推進している。ZEBとは，大幅な省エネルギー化の実現と再生可能エネルギーの導入により，室内環境の質を維持しつつ年間一次エネルギー消費量の収支をゼロとすることを目指した建築物ことである。

また，2015年の国連サミットで採択された「2030年までに持続可能でよりよい世界を目指す国際目標」である「持続可能な開発目標SDGs」は，17のゴール（目標1：あらゆる場所と形態の貧困を終わらせるなど）から構成されている。

（4）　大 気 汚 染

大気汚染の発生の原因は，工場や建物および自動車などの燃料の燃焼によるものが大半である。

(a)　**微小粒子状物質**　　大気中に浮遊している2.5 μm以下の小さな粒子（PM2.5）で，従来の環境基準を定めた10 μm以下の浮遊粒子状物質よりも小さい。おもに工場から排出される煤塵，ディーゼル車の排気ガス等から発生している。直接人体に与える影響だけでなく，日笠効果として地球の気候に影響を与えているといわれている。

(b)　**硫黄酸化物 SO_x**　　硫黄酸化物として問題になるのは亜硫酸ガスSO_2と無水硫酸SO_3で，大部分が石炭・石油などの化石燃料の燃焼によって発生する。酸性雨は，大気中の硫黄酸化物や窒素酸化物が溶け込んで酸性（pH5.6以下）となった雨のことで，湖沼や森材の生態系に悪影響を与える。

(c)　**一酸化炭素 CO**　　一酸化炭素の発生源の主なものに自動車の排出ガスがあり，発生源が広く分布しているうえ地表に近いので，交通量が多く地形的に風通しの悪いところは停滞して特に濃度が上がる。一酸化炭素の人体への影響は濃度と呼吸時間の積である。

(d)　**窒素酸化物 NO_x**　　燃焼温度が高いほど空気中のN_2や燃料中の窒

京都議定書
1997年気候変動枠組条約第3回締約国会議（COP3）のことで，2012年までが約束期間。しかし，実効性はほとんど上がらなかった。日本の場合，2005年度では逆に増加した。

ZEB：Net Zero Energy Building

SDGs：Sustainable Development Goals

◀よく出題される

素化合物が O_2 と反応して NO_x が発生し，燃焼ガスが冷却されるとき一部が NO_2 になる。工場に加えて自動車からの発生が多いが，規制の強化によって抑制の効果がみられる。NO_x は，特殊な条件を伴うと光化学スモッグの発生の原因となる。また，硫黄酸化物と同様に酸性雨の原因にもなっている。

(e)　**炭化水素，光化学汚染**　　光化学汚染は，窒素化合物と炭化水素の紫外線などによる光化学反応によって生成され，目や気管支等に障害をもたらす。その汚染度はオキシダントの濃度を指標とし，気象条件に大きく影響される。炭化水素類は，有機溶剤や石油が蒸発する工場やタンクなどから発生し，自動車の排出ガスにも含まれる。

(f)　**逆転層**　　太陽熱で温められた地上の軽い空気は上空の冷たく重い空気と対流を起こして入れ替わる。しかし，気象状態によっては地表からある高さまでは気温が低下するが，それ以上になるとかえって気温が高くなる場合がある。それを逆転層という。逆転層は上空にふたをしたようになり対流を抑え地表で発生した汚染がたまり，スモッグの発生などとなる。

(g)　**ヒートアイランド**　　大都市では，大きな消費熱量により気温が高くなり，夜間に地表から天空に熱が逃げる放射冷却が起こりにくく，周囲より気温が高くなる。

1・1・3　空気と環境

(1)　人間と環境

　室内の空気衛生と温熱の環境基準として建築基準法および建築物における衛生的環境の確保に関する法律（建築物衛生法）では，中央管理方式の空調設備のもつべき性能として表1・3の室内空気環境管理基準を定めており，一般室内環境の基準となるべきものである。

表1・3　室内空気環境管理基準

管理項目	基準値
①浮遊粉じんの量	0.15 mg/m³ 以下
②一酸化炭素の含有量	10 ppm 以下（100万分の10以下），外気が10 ppm 以上は20 ppm 以下
③二酸化炭素の含有量	1,000 ppm 以下（100万分の1,000 以下）
④温　　度	17～28℃，冷房時は外気との温度差を著しくしないこと（おおむね7℃以下）
⑤相対湿度	40～70%
⑥気　　流	0.5 m/s 以下
⑦ホルムアルデヒド	0.1 mg/m³ 以下（0.08 ppm 以下）

その他に，総揮発性有機化合物（TVOC）が400 μg/m³ 以下（厚生労働省指針値）
(注)　1 mg＝1,000 μg
②の建築物衛生法の基準値は，6 ppm 以下（100万分の10以下）
④の建築物衛生法の基準値は，18～28℃
⑦は建築物衛生法の基準値

（2）　室内空気の汚染

　人間のいる室内空気は，人体から発生する熱と水蒸気，CO_2 の発生と O_2 の減少，体臭，細菌の放出，生活行為による粉じん，臭気，喫煙，作業による熱，煙やガス，蒸気などにより絶えず汚染されていく。室内を清浄に保つには，換気による希釈や排出などにより汚染を十分に除去しなければならない。

　また，建築基準法では，建築材料からの飛散または発散による衛生上の支障を生ずるおそれがある物質として，石綿，ホルムアルデヒド，有機リン化合物であるクロルピリホスが規制の対象となっている。

（a）　**酸素 O_2**　　人体が生命を維持するのに必要な酸素は，大気中に約21%含まれている。これが19%以下になると器具が正常でも不完全燃焼が始まって急激に一酸化炭素の発生量が増加し，15%に低下すると火が消え，人体では脈拍や呼吸数が増加し大脳の機能が低下する。10%で意識不明となり，6%以下では数分間で死亡する。酸素が18%以下を酸欠空気といい，作業環境として不適である。◀ よく出題される

（b）　**二酸化炭素 CO_2**　　在室者の呼吸や燃焼によって増加し，無色・無臭で，酸素の欠乏がなければ（0.5%以下の低下であれば）それ自体としては人体に有害ではないが，他の空気汚染と並行することが多い。測定しやすいので古くから空気清浄度の指標とされている。自然の大気中には0.03%程度含まれる。

　　空気中の二酸化炭素濃度が18%程度になると人体に致命的となる。◀ よく出題される CO_2 は空気や一酸化炭素より重い。

　　建築基準法および建築物衛生法では，表1・3に示すように0.1%（1,000 ppm）以下を室内環境基準と定めている。

（c）　**一酸化炭素 CO**　　一般生活の中で普通に行われる燃焼により発生する可能性がある唯一の積極的な有害ガスで，燃焼中の酸素不足や器具不良により発生する。無色・無臭で空気に対する比重は0.967と二酸化炭素よりも小さい。空気中の一酸化炭素濃度が0.16%程度になると20分で頭痛，目まい，吐き気が生じ，2時間で致死，1.28%になると1〜3分で致死となる。

　　CO_2，CO，その他の微量ガスの測定には，ガス検知管法が簡単で一般的である。

（d）　**浮遊粉じん**　　室内の浮遊粉じん（浮遊粒子状物質）は在室者の活動による衣服の繊維やほこり，工場の排出ガスやディーゼル車の排出ガスなどを含む外気の大気じん，人間の持ち込む土砂の粒子，喫煙や燃焼によるものなどがあり，空気の乾燥したときに多い。◀ よく出題される

表1・4　COの濃度と中毒症状

濃度%	呼吸時間と症状
0.02	2～3時間内に前頭に軽度の頭痛
0.04	1～2時間で前頭痛，吐き気 2.5～3.5時間で後頭痛
0.08	45分で頭痛，めまい，吐き気，けいれん 2時間で失神
0.16	20分で頭痛，めまい，吐き気 2時間で致死
0.32	5～10分で頭痛，めまい 30分で致死
0.64	1～2分で頭痛，めまい 10～15分で致死の危険
1.28	1～3分で致死

表1・5　CO_2の許容濃度と有害度濃度

濃度%	意義	摘要
0.07	多数継続在室する場合の許容濃度 （Peffenkoferの説）	CO_2そのものの有害限度ではなく，空気の物理的，化学的性状がCO_2の増加に比例して悪化すると仮定したときの，汚染の指標としての許容濃度を意味する。
0.10	一般の場合の許容濃度 （Peffenkoferの説）	
0.15	換気計算に使用される許容濃度 （Rietshelの説）	
0.2～0.5	相当不良と認められる。	
0.5以上	最も不良と認められる。	
4～5	呼吸中枢を刺激して，呼吸の深さ，回数を増す。呼吸時間長ければ危険。O_2の欠乏を伴えば，障害は早く生じ決定的となる。	
～8～	10分間呼吸すれば強度の呼吸困難，顔面紅潮，頭痛をおこす。O_2の欠乏を伴えば障害はなお顕著となる。	
18以上	致命的	

　建築基準法や建築物衛生法では，空気1 m³中に0.15 mg以下と質量濃度（重量濃度）で規定され，10 μm以下を対象としている。無機性のものは肺に蓄積されて障害をきたし，病原性の細菌やかびが付着していることも多い。浮遊粉じんの濃度表示には，一般的に，個数濃度または重量（質量）濃度が使われる。

◀ よく出題される

(e)　**臭　気**　居室内ではいろいろな臭気が発生するので，室内の換気が不十分であると臭気がこもって不快感による諸症状の原因ともなる。一般には，喫煙による臭気を許容される限界濃度まで下げるには，タバコ1本につき20 m³/h程度以上の換気量が必要とされ，1人当たりでは約25 m³/h以上の換気量が必要とされている。

　人間の感覚量は刺激量の対数に比例することから，臭気濃度を対数

臭気濃度：無臭の空気で希釈して臭いが感じられなくなった希倍数である。

で表示したものを臭気強度（指数）といい，臭気は空気汚染を知る指標とされている。

$$臭気強度（指数）＝10×\log（臭気濃度）$$

（f）　**揮発性有機化合物**　　近年，新建材の利用が進み，これらに使用される材料から揮発性有機化合物（VOCs）が室内へ拡散される室内空気汚染が深刻化している。それらはホルムアルデヒド，トルエン，キシレンなど数種あり，これらを含む建材の使用には，使用量・換気量などで規制されている。ホルムアルデヒドは化学物質過敏症やシックハウス症候群の原因物質であり，濃度が100 ppm 程度（約130 mg/m³）以上になると死に至ることもある。さらに，ホルムアルデヒド及び揮発性有機化合物のうちいくつかは，発がん性物質の可能性が高い。

◀ よく出題される

◀ よく出題される

　TVOC（総揮発性有機化合物）は，個別物質の指針値とは別に空気質の状態の目安として用いられる。

1・1・4　排水の水質と環境

（1）　BOD（生物化学的酸素要求量）

　河川等の水質汚濁の指標として用いられ，水中に含まれる有機物が微生物によって酸化分解される際に消費される酸素量〔mg/L〕で表され，この値が大きいほど河川等の水質は，有機物による汚染度が高い。この指標は，1 L の水を20℃で5日間放置して，その間に微生物によって消費される酸素量として表される。

Biochemical Oxygen Demand

（2）　COD（化学的酸素要求量）

　湖沼や海域の水質汚濁の指標として用いられ，おもに水中に含まれる有機物が過マンガン酸カリウムなどの酸化剤で化学的に酸化したときに消費される酸素量〔mg/L〕で表され，水中の有機物および無機性亜酸化物の量を示す。

Chemical Oxygen Demand

◀ よく出題される

（3）　TOC（総有機炭素量）

　排水中の有機物を構成する炭素（有機炭素）の量を示すもので，水中の総炭素量から無機性炭素量を引いて求め，有機性汚濁の指標として用いられる。

Total Organic Carbon

◀ よく出題される

（4）　SS（浮遊物質）

　水の汚濁度を判断する指標として用いられ，水中に存在する浮遊物質〔mg/L〕で表される。SS は水中に溶解しないで浮遊または懸濁しているおおむね粒子径1 μm 以上2 mm 以下の有機性，無機性の物質量で，水

Susupended Solids

◀ よく出題される

の汚濁度を視覚的に判断する。

（5）　ノルマルヘキサン抽出物質含有量

　排水中に含まれる油脂類による水質汚濁の指標として用いられ，水中に ◀ よく出題される
含まれる油分等がヘキサンで抽出される量〔mg/L〕で表される。油脂類
は比較的揮発しにくい炭化水素，グリースなどである。建築設備において
は，厨房排水などで問題となる。

（6）　窒素・リン

　窒素やリンは，湖沼・海域等の閉鎖性水域において，植物プランクトン
や水生植物が異常発生する富栄養化のおもな原因物質で，湖沼においては
アオコの，海域においては赤潮の発生原因となる。

（7）　DO

　水中に溶存する酸素量〔mg/L〕で，生物の呼吸や溶解物質の酸化など Dissolved Oxygen
で消費される。 ◀ よく出題される

（8）　pH（ピーエッチ）

　水素イオン濃度（指数）のことで，溶液の酸性やアルカリ性の度合いを potential of Hydrogen,
示す量である。pH 値0（酸性）から pH 値14（アルカリ性）まで規定し power of Hydrogen
ていて，pH 値7は中性である。

　図1・4に示すように，pH 値が1大きくなると水素イオン濃度は10分
の1になる。たとえば，常温において，水素イオン濃度が pH 値4の硫酸
水溶液を蒸留水で100倍に薄めると pH 値6の水溶液となる。

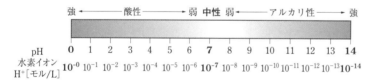

図1・4　水素イオン濃度と pH 値

（9）　そ　の　他

　大腸菌は，病原菌が存在する可能性を示す指標として用いられる。

　ヒ素，六価クロム化合物等の重金属は毒性が強く，水質汚濁防止法に基
づく有害物質として排水基準が定められている。

1・1・5　室内温熱環境

（1）　人　　　体

　人体は，空気中から酸素をとり食料を燃料として，仕事と熱を発生させ
る内燃機関であるといえる。また，成長し代謝が行われて生命を維持し続
けていく。

(a)　**代謝量と met（メット）**　　基礎代謝量は，人体が生命を保持するための最低の必要エネルギーで，人体表面積 $1\,m^2$ 当たりの 1 時間の必要熱量（W/m^2）を表す。met（メット）は，人体の代謝量を示す単位で，1 met はいす座安静時における代謝量（$58W/m^2$）である。

$1\,met = 58W/m^2$
基礎代謝量の約20%増。

作業をしたときのエネルギー代謝量と安静時の代謝量との差を基礎代謝量で割った値をエネルギー代謝率 RMR で表し，作業強度や呼吸量，酸素消費量，心拍数と関係する。

Relative Metabolic Rate

$$エネルギー代謝率 = \frac{作業時代謝量 - 安静時代謝量}{基礎代謝量}$$

(b)　**着衣量**　　人体からの放熱量は，室内の温熱状態のほかに着衣の断熱性にも関係して，clo（クロ）で表す。

$1\,clo = 0.155\;(m^2 \cdot K)/W$

（2）　温熱環境の評価

人体の放熱量は，大略で放射が全体の約1/2，対流が約1/3，蒸発が約1/5程度が普通で，この割合があまり大きく崩れると，熱量は平衡しても快感は低下するといわれる。

人体の温冷感には，空気の温度・湿度・風速・周壁や物体からの放射温度の 4 要素と，代謝量・着衣の状態の 6 要素が関係し，そのうちのいくつかの組合せで表示している。

(a)　**温度・湿度**　　最も簡単な温度と湿度の組合せでいえば，夏の冷房期の一般事務所で25～27℃，50%，冬の暖房期で20～24℃，40%が室内設計条件に使用されている。計測には，図 1・7(a)に示すアスマン式通風乾湿計を使用する。

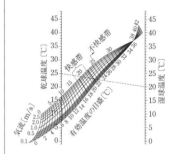

ヤグロー線図：ネクタイ線図ともいわれる。

(b)　**気　流**　　気流速度はある程度ないと，空気のよどみに感じられて不快感を生じることがある。しかし，夏の冷房時に強い気流速度を長時間あたると不快感を生じる。このときの気流をドラフトといい，局所温冷感に影響を与える。

(c)　**有効温度 ET**　　乾球温度・湿球温度・気流速度の 3 つの組合せを，同じ体感を得られる無風で湿度100%のときの空気温度（乾球温度）で表したもので，ヤグロー線図として知られている。周壁の表面温度は，空気温度に等しく放射の影響がないものとして実験され，壁面と空気の温度差が小さいときに使用される。

Effective Temperature

(d)　**修正有効温度 CET**　　乾球温度，湿球温度および気流速度の他に放射の影響を加味したもので，より実感に近い温度である。壁面の暖房用の放熱面からの放射の影響を加味することができる。有効温度に放射温度を加えているので修正有効温度という。

Corrected
Effective Temperature

(e)　**新有効温度 ET***　　湿度50％を基準とし，気温，湿度，気流，放射熱，着衣量，代謝量により総合的に評価したものである。

New Effective Temperature

(f)　**作用温度 OT**　　人体は，<u>周囲空間との間で対流と放射による熱交換を行っており</u>，これと同じ量の熱を交換する均一温度で閉鎖空間の温度を作用温度という。<u>空気温度，放射温度による対流熱伝達率と放射熱伝達との総合効果を表したもの</u>である。気流による冷却効果は評価できず，周壁表面温度と気温の差が比較的大きくて，汗の蒸発の少ない暖房に用いられ，湿度の影響は無視されている。

(g)　**等価温度 EW**　　乾球温度と気流速度および周囲の壁からの放射温度を用いて算出する。実用上はグローブ温度計（図1・7(b)）により求められる。

Equivalent Warmth

(h)　**PMV 予想平均申告**　　<u>温熱感覚に関する6要素をすべて考慮した指標である</u>。6要素には，環境側の気温・湿度・放射・気流の4要素と，人体側の代謝量・着衣量の2要素が含まれる。

Predicted Mean Vote

　　PMV は，実際の代謝量・着衣条件のもとで，人体と環境との間の熱の不平衡量を快適方程式に基づいて計算し，これを<u>人間の温熱感と対応させ，＋3から−3までの7段階で示したもの</u>である。

```
+3  暑い
+2  暖かい
+1  やや暖かい
 0  どちらでもない
−1  やや涼しい
−2  涼しい
−3  寒い
```

図1・5　PMV の指標

◀ よく出題される

　　たとえば，ISO では快適範囲として

　　−0.5＜PMV＜＋0.5

とし，それ以下では，やや涼しい・涼しい・寒い，以上ではやや暖かい・暖かい・暑いとしている。

ISO：International Organization for Standardization（国際標準化機構）

　　一方，予想不満足者率 PPD は，この温熱感で不満足に感じる人（PMV で表すと暑い・暖かい，寒い・涼しいと感じている人）の割合を百分率で示したもので，残りの人は熱的に，中立かやや暖かいまたはやや涼しいと感じている。PMV と PPD の関係を図1・6に示す。したがって，PMV が0に近づくほど快適に感じる人が多くなり，予想不満足者率は減少する。

Predicted Percentage of Dissatisfied

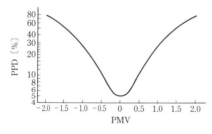

図1・6　予想平均申告 PMV を関数とした予想不満足者率 PPD

（ｉ）**不快指数 DI** 暑い季節の不快度を表すため米国で考えられ，乾球温度と湿球温度を組み合わせたもので，気温と湿度の２要素である。80以上では「不快」と感じる。

Discomfort Index

（ｊ）**グローブ温度計** 表面を黒色つや消しにした直径15 cm の薄い中空の銅球の中心に棒状温度計，その他測温体を挿入したもので，約20分で周囲の熱放射と気温に平衡してグローブ温度を示す。図１・７(b)にグローブ温度計を示す。

風速0.5 m/s 以下で，空気の乾球温度と壁面温度に差があるときに，気温に放射を含めた感覚を表し，暖房時の快適温度は17〜20℃とされている。全方向性の放射測定器として室の全壁面からの放射に等価な平均放射温度 MRT を求めることができる。

（ｋ）**平均放射温度 MRT**

Mean Radiant Temperature

$$MRT = \frac{（室内各部の表面温度×その部分の表面積）の総計}{室内各部の表面積の合計}$$

表面温度を積極的に調整するものに放射暖房・放射冷房がある。

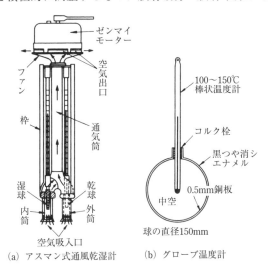

（a）アスマン式通風乾湿計 （b）グローブ温度計

図１・７ 温熱環境測定器の構造

確認テスト〔正しいものには○，誤っているものには×をつけよ。〕

□□(1)　日射の熱エネルギーは，赤外線部や紫外線部にはほとんど含まれない。

□□(2)　大気を透過して直接地表に到達する日射を天空日射（放射）といい，大気中で散乱して地表に到達する日射を直達日射という。

□□(3)　オゾン層が破壊されると，太陽光に含まれる有害な赤外線がそのまま地表に到達して，生物に悪影響を及ぼす。

□□(4)　二酸化炭素，メタン等の温室効果ガスのうち，地球の温暖化に影響を与える指標である地球温暖化係数が最も大きいのは，二酸化炭素である。

□□(5)　浮遊粉じんは，在室者の活動により，衣類の繊維の組織やほこりなどが原因で発生し，その量は空気の乾燥により減少する傾向にある。

□□(6)　ホルムアルデヒドは，化学物質過敏症やシックハウス症候群の原因物質であり，室内での濃度は$0.1\,\mathrm{mg/m^3}$以下とする。

□□(7)　CODは，湖沼や海域の水質汚濁の指標として用いられ，主に水中に含まれる有機物が酸化剤で化学的に酸化したときに消費される酸素量〔mg/L〕で表される。

□□(8)　新有効温度（ET*）は，湿度50％を基準として，気温，湿度，気流，放射温度，代謝量，着衣量の6要素に関係した温熱指標である。

□□(9)　PMVは，予想平均申告といわれ，人間の冷温感などの5要素の温熱指標を考慮したものである。

□□(10)　各作業強度に対する人体の代謝量をclo（クロ）という。

確認テスト解答・解説

(1)　×：最も含まれているのは赤外線部であり，次いで可視光線部である。紫外線部にはほとんど含まれない。

(2)　×：大気を透過して直接地表に到達する日射を直達日射といい，大気中で散乱して地表に到達する日射を天空日射（放射）という。

(3)　×：太陽光に含まれる有害な成分は，赤外線ではなく紫外線である。

(4)　×：二酸化炭素の地球温暖化係数は，メタンやフロンなどの温室効果ガスより小さい。

(5)　×：浮遊粉じんの量は空気の乾燥によって増加する傾向がある。

(6)　○

(7)　○

(8)　○

(9)　×：人間の冷温感の乾球温度，湿球温度，風速，周壁表面の放射温度のほか，代謝量，着衣量の6要素すべてを考慮した温熱指標である。

(10)　×：人体の代謝量はmetで表す。clo（クロ）は着衣の断熱性能を表す。

1・2 流　　　体

学習のポイント

1. 流体の基礎事項を理解する。
2. 流体に関する用語を理解する。
3. ベルヌーイの定理について，ダクト内あるいは管内の定常流において，流体のもっている運動のエネルギー，圧力のエネルギーおよび重力による位置のエネルギーの総和は一定であることを理解する。
4. ダルシー・ワイズバッハの式を理解する。

1・2・1　水の性質

（1）　空気と水

一般に，空気は圧縮性流体として，水は非圧縮性流体として扱われる。　　　◀ よく出題される

（2）　密度と比重

物質の単位体積の質量を密度といい，ρ〔kg/m³〕で表す。また，物質の単位質量の体積を比体積といい，v〔m³/kg〕で表す。空気の密度は1気圧0℃で1.2 kg/m³であり，1気圧における水の密度は，4℃で1,000 kg/m³と最大となる。　　　◀ よく出題される

固体や液体の密度と水の密度との比や，気体の密度と空気の密度との比を比重という。

（3）　気体の水に対する溶解

気体は水にある程度溶解するが，溶解度は温度の上昇とともに減少し，圧力の上昇に対してはほぼ比例して増加（ヘンリーの法則）する。ただし，アンモニア，塩素ガス，亜硫酸ガスなど完全に水に溶ける気体はヘンリーの法則に従わない。

（4）　水圧と水頭

水圧を生じさせる水の高さを水頭といい，単位はmAqである。水圧は，単位面積がある水頭を受ける圧力である。

図1・8に示すように，底辺a〔m〕×b〔m〕，高さh〔m〕である水柱の水頭はh〔mAq〕であり，

水柱の底部1 m²に働く水圧Pは，$P = \dfrac{abh\rho g}{ab}$

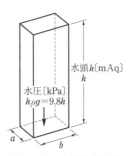

水頭h〔mAq〕

水圧〔kPa〕
$h\rho g = 9.8h$

図1・8　水頭と水圧の説明図

$[\mathrm{kg \cdot m/s^2}] = \rho g h$ 〔Pa〕であり，$\rho = 1\,\mathrm{kg/L} = 1{,}000\,\mathrm{kg/m^3}$，$g = 9.8\,\mathrm{m/s^2}$ であるから，$P = 9{,}800h$〔Pa〕$= 9.8h$〔kPa〕となる。

（5）表面張力，毛管現象

　液体には分子間引力による凝集力により，表面積を最小にしようとする**表面張力**が働き，無重力ならば球状になる。表面張力は，液体表面上の任意の線の両側に単位長さ当たりに作用する力であるから，単位は N/m である。

　異物質間の分子間引力を付着力という。

　表面張力が付着力より強ければ，ガラス上の水銀のように相手をぬらさないが，ガラス上の水滴のように付着力が弱ければ，表面に沿って広がり相手をぬらす。

　毛管現象は，細いガラス管を液中に入れると，ぬれの起こる場合にはガラス管内の液面が外の液面よりも上昇し，その液面は上部に凹となり，ぬれの起こらない場合にはガラス管内の液面が外の液面よりも下降し，その液面は上部に凸となる（図1・9）。

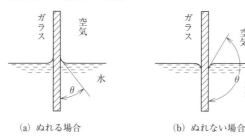

（a）ぬれる場合　　　　（b）ぬれない場合

図1・9

　ぬれの起こる場合には，図1・10に示すように，液体の密度をρ，液体の表面張力をT，ガラス管の内径をd，ガラス管内の液面の凹部（メニスカスという。）の半径をr，水と管の接触角をα，液面の平均高さをhとすれば，液が吸い上げられている部分の重さと液を吸い上げる

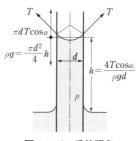

図1・10　毛管現象

力は等しい。すなわち，$\rho g \dfrac{\pi d^2}{4} h = \pi d T \cos\alpha$ であるから，$h = \dfrac{4T\cos\alpha}{\rho g d}$ となり，毛管現象による管内の液面高さ h は，液体の表面張力および接触角の余弦に比例し，管の内径および液の密度に反比例する。

（6）パスカルの原理

　パスカルの原理は，一定の容器内部に液体を満たして，ある面に圧力をかけると，重力の影響がなければ，その内部のあらゆる部分に均等に圧力が加わることを示している。

1・2・2　流体の運動

（1）粘　　性

完全流体とは，粘性がなく，その中では圧力のみが存在するような流体をいうが，このような流体は存在しない。

運動している流体内の接近した2つの部分が互いに力を及ぼし合う性質を，粘性という。

図1・11において，平行で距離 dy の2つの平面が，相対速度 v で運動するとき，その動きを妨げようとする流体摩擦応力 τ が働く。比例定数を μ とし，境界面に垂直方向の速度勾配 $\dfrac{dv}{dy}$ に比例する次の関係が成立する流体を

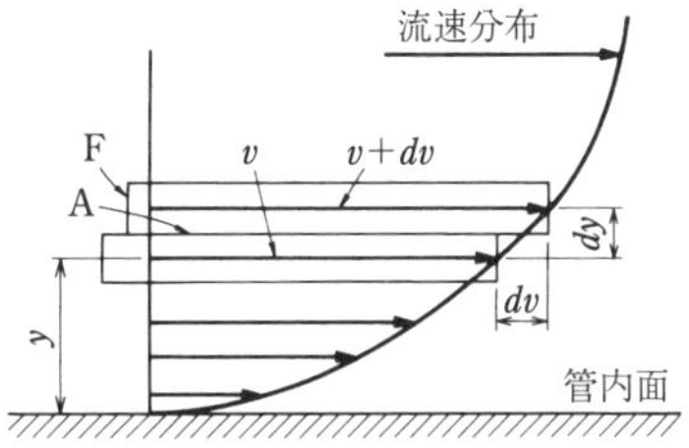

図1・11　粘性説明図

τ：タウ
μ：ミュー

ニュートン流体といい，水もこの流体に含まれる。ニュートン流体は，粘性による摩擦応力が境界面と垂直方向の速度勾配に比例する。 ◀よく出題される

$$\tau = \mu\,\frac{dv}{dy}\ \text{〔Pa〕} \qquad \mu：粘性係数（粘度）〔Pa・s〕$$

粘性の影響は流体の接する物体の表面近くで大きく，物体の表面近くで粘性により動きにくい流体の層を境界層という。一般に流体の粘性による摩擦応力（せん断応力）の影響は，表面近く（境界層）で顕著に現れる。 ◀よく出題される

粘性係数は，流体固有の定数である。液体の粘性係数は，温度が上昇すると減少し（20℃の水で1.002 mPa・s，60℃の水で0.467 mPa・s），圧力が高くなると少し増加するが，圧力変化がきわめて大きくなければ無視できる。 ◀よく出題される

気体の粘性係数は，温度が上昇すると増加し（20℃の乾燥空気で18.2 μPa・s，60℃の乾燥空気で19.2 μPa・s），圧力には無関係である。 ◀よく出題される

粘性の流体運動に及ぼす影響は，粘性係数 μ よりも μ を流体の密度 ρ で除した動粘性係数（動粘度）ν 〔m^2/s〕で決定される。 ◀よく出題される

ν：ニュー

（2）層流と乱流

流体の流れは，図1・12に示すように，流線が規則正しい層をなして流れる層流と，内部に渦を含んで不規則に変動しながら流れる乱流とに分けられる。摩擦応力が大きい流体の薄い層を境界層といい，空気・水など粘性の小さい流体が固体の回りを流れるときに固体の表面に生じる粘性が大きく，粘性による摩擦応力の影響は，一般に，境界層の近く，すなわち物体の表面近くで顕著に現れる。

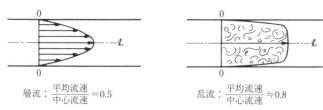

層流：$\dfrac{\text{平均流速}}{\text{中心流速}} = 0.5$ 　　　乱流：$\dfrac{\text{平均流速}}{\text{中心流速}} \fallingdotseq 0.8$

図1・12　層流と乱流

　層流と乱流の判定には，レイノルズ数が使用される。レイノルズ数は無 ◀ よく出題される
次元数で，慣性力の粘性力に対する比で表され，液体の平均流速に比例す
る。また，管内の流れにおいて，その値が小さいと層流，値が大きくなり
臨界レイノルズ数を超えると乱流になる。すなわち，次式で表される。

$$Re = \frac{v\,d}{v}$$

　　　Re：レイノルズ数　　　　d：管内径〔m〕
　　　v：流速〔m/s〕　　　　　v：動粘性係数〔m^2/s〕

　実用上の目安としては，$Re < 2,000$なら層流域，$Re > 4,000$なら乱流域
と考えてよい。

　一様な流れの中に置いた円柱などの下流側に発生する渦をカルマン渦と ◀ よく出題される
いい，レイノルズ数とともに大きくなる。

円柱など

図1・13　カルマン渦

（3）　定　常　流

　流れの状態が場所だけによって定まり，時間には無関係な流れを定常流
といい，場所と時間により変化する流れを非定常流という。乱流において
は，流体粒子の集団が上下，前後，左右に不規則な運動をしながら一定の
平均速度で流れるので，微視的には定常流とはいえないが，巨視的には定
常流として扱ってよい。

（4）　ベルヌーイの定理

　重力だけが作用する場におい
て，粘性もなく，圧縮性もない
完全流体のダクト内あるいは管
内の定常流において，流体のも
っている運動のエネルギー，圧
力のエネルギーおよび重力によ
る位置のエネルギーの総和は一

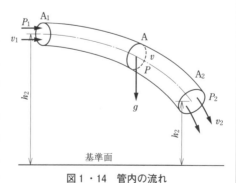

図1・14　管内の流れ

定である。この定理をベルヌーイの定理という。ベルヌーイの定理は，エネルギー保存の法則の一形式である。

図1・14で，A_1 と A と A_2 の面を流れる流体のもつエネルギーの総和は同じである。

$$\frac{1}{2}\rho v^2 + P + \rho gh = 一定$$

ρ：流体の密度〔kg/m³〕　　　g：重力の加速度〔m/s²〕

v：流体の流速〔m/s〕　　　　h：基準水平面からの高さ〔m〕

P：圧力〔Pa〕

上の式の第1項は流速による動圧，第2項は静圧，第3項は位置圧と呼ばれ，これらの合計は全圧と呼ばれる。静圧は流れに直角な管壁方向にかかり，全圧はダクトや管の断面方向にかかる。

ベルヌーイの定理を水頭で表すと次式になる。

$$\frac{v^2}{2g} + \frac{P}{\rho g} + h = 一定$$

第1項は速度水頭，第2項は圧力水頭，第3項は位置の水頭と呼ばれる。

ベルヌーイの定理に摩擦損失圧力 ΔP を考慮すると，ダクトあるいは配管のA，B2点間には，次式が成り立つ。

$$\frac{1}{2}\rho v_A^2 + P_A + \rho gh_A = \frac{1}{2}\rho v_B^2 + P_B + \rho gh_B + \Delta P$$

ダクトや水平の配管は位置の水頭が同じなので，

$$\rho gh_A = \rho gh_B$$

となり，もう少し簡単な式になる。

$$\frac{1}{2}\rho v_A^2 + P_A = \frac{1}{2}\rho v_B^2 + P_B + \Delta P$$

（例題）　図1・15の水平円形ダクトの例題図において，A点の動圧は38.4 Pa，静圧は80 Pa，B点の風速は12 m/s，空気の密度は1.2 kg/m³，A点とB点との間の圧力損失は10 PaであるときのA点における風速およびB点における静圧を求める。

◀ よく出題される

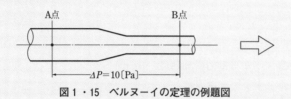

図1・15　ベルヌーイの定理の例題図

水平ダクトであるから，簡単な式を利用する。

条件より，空気の密度 $\rho = 1.2$ kg/m³，A点の動圧が38.4 Paなので

$$\frac{1}{2} \times 1.2 \times v_A{}^2 = 38.4$$

したがってA点の風速は，

$$v_A = 8 \text{ m/s}$$

また，

$$38.4 + 80 = \frac{1}{2} \times 1.2 \times 12^2 + P_B + 10$$

から，B点の静圧は，

$$P_B = 22 \text{ Pa}$$

このように，水平の管路の管径を縮小すると，上流側より下流側のほうが静圧が低くなる。また途中に管径を縮少して，くびれを設けた水平管路では，管断面積が最小になる部分で流速が最大，静圧が最小となる。

（5）　トリチェリーの定理

トリチェリーの定理はベルヌーイの定理の応用であるが，この定理のほうが早く，実験からつくられたものである。

水槽の側面の一定の水面までの高さ H にある小孔から水が噴出するときの速度 v を求める式で，速度 v は水面までの高さの1/2乗に比例する。

図1・16トリチェリーの定理において，水深 H の面を基準面にしてベルヌーイの式をたてれば，

$$\frac{1}{2} \rho v_1{}^2 + P_1 + \rho g H = \frac{1}{2} \rho v_2{}^2 + P_2$$

$v_1 = 0$, $P_1 = P_2 =$ 大気圧であるから，

$$H = \frac{v_2{}^2}{2g}, \quad v_2 = \sqrt{2gH}$$

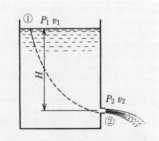

図1・16　トリチェリーの定理

小穴からの噴出する流体の噴出速度は粘性 ρ に無関係で，流体の運動エネルギーは粘性 ρ に比例する。

実際には，水には粘性があるから，

$$v_2 = C\sqrt{2gH} \qquad C：流速係数$$

（6）　ピトー管

ピトー管は，流体の流速を測定するもので，側面に静圧孔を，先端に全圧孔を有する管で静圧と全圧の差から，動圧を求めて流速を算出する。図1・17のように設置すると静圧孔からは静圧が伝わり，全圧孔からは全圧が伝わる。これを水銀などの流体の密度 ρ よりも大きい密度 ρ' の液体を入れたU字管（これをマノメータという。）の両端に導入すると，マノメータ両脚内の液体に高さ h の差が生じる。動圧を P_v，静圧を P_s とすれば，
$P_s + P_v + \rho'gh = P_s + \rho gh$　であるから，

$$P_v = (\rho' - \rho)gh = \frac{1}{2}\rho v^2 \qquad v = \sqrt{\frac{2(\rho' - \rho)gh}{\rho}}$$

となり，流速 v を求めることができ，流速から流量を求めることができる。

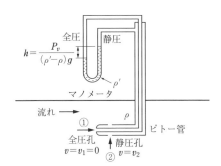

図1・17　ピトー管による流速の測定

（7）　オリフィス流量計

オリフィス流量計は，図1・18に示すように管路の途中にオリフィスを設け，その前後の管側壁に設けた小孔での静圧の差を求め，流量を算出するものである。

オリフィスのように水平に置かれた管路の管径を縮小すると，流れの上流側よりも縮小部である下流側の静圧のほうが低くなる。

（8）　ベンチュリー計（管）

ベンチュリー計（管）は，図1・19のように，大口径部①と小口径部②との静圧の差を測って流速を求め，流速から流量を求める計量器である。

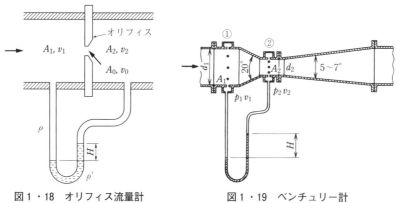

図1・18　オリフィス流量計　　　　　図1・19　ベンチュリー計

$$\frac{1}{2}\rho_1 v_1^2 + P_1 = \frac{1}{2}\rho_2 v_2^2 + P_2$$

$$P_1 - P_2 = \rho gH = \frac{1}{2}\rho\,(v_2^2 - v_1^2)$$

$$v_0^2 - v_1^2 = 2gH$$

一方，$Q = A_1 v_1 = A_2 v_2$ であるから，

$$Q = \frac{A_1 A_2}{\sqrt{A_1^2 - A_2^2}}\sqrt{2gH}$$

実際の流体では0.96〜0.99の流量係数を掛ける。

1・2・3　管　　路

（1）　管路の抵抗，圧力損失

　直管内に流体が流れると，粘性のために流体内部の摩擦や，流体と管壁などとの摩擦が生じ，図1・20に示すように，摩擦損失が生じる。

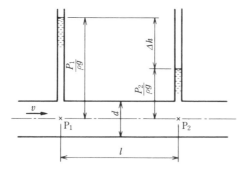

図1・20　管摩擦損失水頭

　摩擦による圧力損失 ΔP の計算には，次のダルシー・ワイズバッハ　　◀よく出題される

の式が用いられ，管の長さ l および動圧 $\dfrac{\rho v^2}{2}$ に比例（または速度の2乗

に比例）し，管の内径 d に反比例する。

$$\Delta P = P_1 - P_2 = \lambda \frac{l}{d} \cdot \frac{\rho v^2}{2} \qquad \lambda：管摩擦係数$$

管摩擦係数 λ は，図1・21のムーディ線図によって求める。滑らかな円

管の層流域においてはハーゲン・ポアズイユの式 $\lambda = \dfrac{64}{Re}$ で求め，管内面

表面の粗さには関係しないが，乱流域においてはレイノルズ数 Re と管の

相対粗さ $\dfrac{\varepsilon}{d}$ から求める。ε〔m〕は管内表面の粗さ，d〔m〕は管内径であ

る。

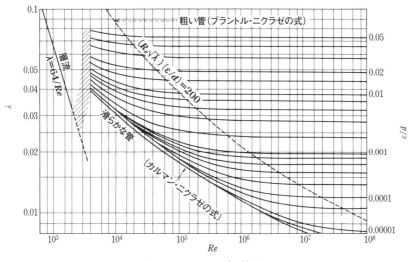

図1・21　ムーディ線図

また，レイノルズ数および管摩擦係数には，次のような意味がある。

① 　内面が滑らかな円管の層流域における管摩擦係数は，レイノルズ数
　に反比例するが，粗い円管の管摩擦係数は，乱流の範囲では管の内面
　の粗度により定まる。

② 　レイノルズ数は，管内の平均流速に比例する。

（2）　ウォータハンマ

管内を水が流れているときに，管の端にある弁を急閉止すると，流れが
急に減少して弁の上流側の水を圧縮するので，急激な圧力の上昇や振動を
生ずる。このような現象をウォータハンマ（水撃現象）という。

ウォータハンマは，管内を流れていた水を急閉止する際に生じるものと，ポンプの揚水管においてポンプ停止時に生じるものとがある。ポンプ停止時に生じるウォータハンマや水柱分離は，「第5章 給排水衛生設備（p.146）」に記述してあるので参照していただきたい。

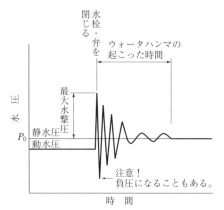

図1・22 弁急閉止の場合の水撃圧

管路の流れを急閉止すると，流れていた水の運動エネルギーが水を圧縮して弁直前の水圧を高めるエネルギー，管を膨張させるエネルギー，管を振動させたり騒音を発生させるエネルギーに変わる。弁が急閉止されて高くなった水圧は，圧力波となってある速度で管上流へ伝搬し，反射点で反射し，この間を往復して，図1・22に示すように，次第に減衰する。

弁を急閉止する場合に生じる圧力上昇の最大値 P_{max} は，下記のジューコフスキーの公式によって求めることができる。

$$P_{max} = \rho\, a v_0$$

> P_{max}：弁急閉止の場合の最大水撃圧〔Pa〕
>
> ρ：水の密度〔kg/m³〕
>
> a：圧力波の伝搬速度（音速）〔m/s〕
>
> v_0：流れていたときの流速〔m/s〕

管路閉止時の水撃圧力は，流体の密度が大きいほど高く，伝搬速度 a は，管材のヤング率が大きいほど，管壁の厚いほど大きな値になる。鋼管は，硬質ポリ塩化ビニル管に比べて，管材のヤング率が大きいため，弁の急閉止時に配管にかかる水撃圧は大きくなるのでウォータハンマが発生しやすい。

◀ よく出題される

（3）キャビテーション

キャビテーションは，流れの中で局部的に液体の圧力がその液体の飽和蒸気圧以下まで低下すると，液体が蒸発して気泡が発生する現象である。キャビテーションが発生すると，騒音や振動が発生したり，キャビテーションの発生部が侵食されたりする。

確認テスト〔正しいものには○，誤っているものには×をつけよ。〕

□□(1)　一般に，空気は非圧縮性流体として，水は圧縮性流体として扱われることが多い。

□□(2)　毛管現象は表面張力によるものであり，細管中の液面高さは表面張力に反比例する。

□□(3)　粘性係数が一定のニュートン流体では，粘性によるせん断応力は速度勾配に比例する。

□□(4)　水の粘性係数は水温の上昇とともに大きくなり，空気の粘性係数は，温度の上昇とともに小さくなる。

□□(5)　レイノルズ数は，慣性力と粘性力との比であり，管内の流れにおいて，その値が2,000程度より小さいときは乱流で，4,000程度より大きいときは層流である。

□□(6)　滑らかな円管の層流域における管摩擦係数は，レイノルズ数に反比例する。

□□(7)　ベルヌーイの定理は，定常流である非圧縮性の完全流体に適用されるエネルギー保存の法則である。

□□(8)　ダルシー・ワイズバッハの式によると，流体が直管路を流れている場合，流速が2倍となったときの摩擦による圧力損失の変化の割合は，2倍となる。

□□(9)　トリチェリーの定理は，ベルヌーイの定理に関係して，毛管現象とは関係ない。

□□(10)　ピトー管は，管路内の流れに平行に置かれた2重管の先端部の測定孔による動圧と，側壁に設けられた測定孔による静圧の差により，流速を算出することができる。

確認テスト解答・解説

(1)　×：空気は圧縮性流体，水は非圧縮性流体として扱われることが多い。

(2)　×：液面高さは表面張力に比例する。

(3)　○

(4)　×：液体の粘性係数は，温度が上昇すると減少する。

(5)　×：レイノルズ数は無次元数で，その値が2,000程度より小さいときは層流，4,000程度より大きいときは乱流である。

(6)　○

(7)　○

(8)　×：圧力損失は流速の2乗に比例するので，2×2＝4倍となる。

(9)　○

(10)　×：ピトー管は，管路内の流れに平行に置かれた2重管の先端部の測定孔による全圧と側壁に設けられた測定孔による静圧の差により，流速を算出することができる。

1・3　気体・熱・伝熱

> ## 学習のポイント
>
> 1. 物質の相変化，熱に関する用語，熱的現象，熱力学の法則など基本事項を覚える。
> 2. 熱移動や伝熱形態を覚える。
> 3. 燃焼も基本事項を覚える。
> 4. 冷凍サイクルなどの基本事項を理解する。

1・3・1　気体と熱

(1)　気体の法則

　気体に関する状態式には，ボイルの法則，ボイル・シャルルの法則，ダルトンの分圧の法則など重要な法則がある。

(a)　**ボイルの法則**　　温度を一定に保つとき，気体の圧力 P と体積 V の間には

$$PV = 一定$$

の関係があり，ボイルの法則という。右辺の一定値は気体の質量・温度，種類によって異なる。圧力を $P_1 \rightarrow P_2$ に変化すると，体積は圧力に反比例して $V_1 \rightarrow V_2$ に変化する。

$$P_1 V_1 = P_2 V_2$$

(b)　**ボイル・シャルルの法則**　　ボイルの法則による等温変化と，気体の体積は温度に比例するというシャルルの法則による等圧変化を行うと，一定質量の気体の体積と圧力および温度の間の関係を示すことができる。

$$\frac{P_1 V_1}{T_1} = \frac{P_2 V_2}{T_2} = 一定 \qquad PV = RT \qquad R：ガス常数$$

(c)　**ダルトンの分圧の法則**　　気体はすべて任意の割合で混合する。数種類の気体が，おのおの V の体積をもち，それぞれの圧力が P_1，P_2，P_3，……であるとすると，一定温度でこれらを混合して体積を V に保ったとき，混合気体の圧力 P は

$$P = P_1 + P_2 + P_3 + \cdots + P_n$$

となる。この P_1, P_2, ……, P_n を各気体の分圧といい，混合前の各気体の圧力に等しい。大気圧中でおのおのの占める圧力を，酸素の分圧，水蒸気の分圧（水蒸気圧）などという。

大気は，窒素，酸素，アルゴン，炭素ガス，水蒸気などの混合物である。

（2）　熱エネルギー

(a)　**熱　量**　　熱はエネルギーの一形態で，目にも見えず質量もないので，その量を直接計測することは難しい。熱量の単位は物理学ではジュール（J）を用いるが，建築設備の分野ではワット（Wh）を用いている。

$$1\,\text{J} = 2.778 \times 10^{-7}\,\text{kWh}$$

(b)　**比熱と熱容量**　　比熱とは物体の単位質量の熱容量である。熱容量とは，物体の質量にその比熱を掛けたもので，加熱したときの温まりにくさや冷えにくさを表す。比熱 J/(kg・K) は，質量 1 kg の物質の温度を 1℃ 高める熱量である。

K（ケルビン）：絶対温度の単位
0℃ = 273.15K

> 質量 G〔kg〕，比熱 c〔J/kg・K)〕の物体を温度 t_1〔℃〕から t_2〔℃〕まで上昇させるのに要する熱量 Q〔J〕は，
> $$Q = G \cdot c(t_2 - t_1)$$

　比熱には，定圧比熱 C_p と定容比熱 C_v とがある。固体や液体では温度による容積の変化が少なく C_v と C_p の差はほとんどないが，気体ではその差が大きく，常に

◀ よく出題される

> 定圧比熱 C_p ＞定容比熱 C_v

である。その差は気体の種類によって異なる。定圧比熱を定容比熱で除したものが比熱比であり，気体では 1 より大きい。

比熱比 $= \dfrac{C_p}{C_v} > 1$

(c)　**顕熱と潜熱，相の変化**　　物体に熱を加えると，その熱量は内部エネルギーとして物体の温度を上昇させ，一部は膨張によって外部に押除け仕事をする。この温度の変化に使われる熱を顕熱といい，分子運動のエネルギーの増加となる。

　温度変化を伴わないで，状態の変化（相の変化）のみに費やされる熱を潜熱という。物体は一般に固体・液体・気体の 3 つの状態をもっており，このよ

◀ よく出題される

図 1・23　状態の変化

うな状態を**相**といい，相が変化することを**相変化**という（図1・23）。

相の変化には融解・凝固，蒸発・凝縮，昇華があり，単一物質では相変化の温度，すなわち，融解温度と凝固温度，蒸発温度と凝縮温度は同じであり，その熱量も等しい。

（3）熱的現象

加熱または冷却によって温度が変化すると，物質を構成する原子や分子の運動エネルギーが増減するために，各種の熱的な現象が起こる。

(a) **熱膨張**　　固体または液体を加熱すると，通常は体積の膨張が起こる。結晶が等方性を有する物質において，体膨張係数 α は，線膨張係数 β の約3倍になる。常温において鉄とコンクリートの線膨張係数は，ほぼ等しい。

◀ よく出題される

$$\alpha \fallingdotseq 3\beta$$

(b) **熱電現象**　　金属の温度を上げると，電気抵抗が大きくなる性質を利用して，白金は温度計として利用されている。異なった2種類の金属線で回路を作り，一方の接点を加熱し他方接点を冷却すると，その温度差に応じて熱起電力を生じて電流が流れる。

これは各金属の電子の自由度が違うので，電位差が生じるためである。これをゼーベック効果といい，熱電温度計として使用される。熱電対を直列につないだ熱電堆を使った熱流計もある。

異種金属の回路に直流を流すと，一方の接点の温度が下がり他方は上がる。電流の方向を逆にすると温度の上がり下がりも逆になる。これをペルチェ効果という。

$t_1 > t_2$

図1・24　熱電対

ペルチェ効果はゼーベック効果の逆現象で電子冷凍として利用されている。

（4）熱力学の法則

(a) **熱力学の第一法則**　　エネルギーには，熱エネルギー，力学的エネルギー，電気的エネルギーおよび化学的エネルギーなどがあって相互に変換するが，その総和である総エネルギーの保存の原理，すなわち，エネルギー保存の法則が熱力学の第一法則であり，いろいろに表現さ

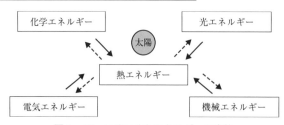

図1・25　いろいろなエネルギーの変換

れる。

① 　熱と仕事は同じエネルギーである。

② 　機械的仕事が熱に変わり，また熱が機械的仕事に変わる。

(b)　**熱力学の第二法則**　　エネルギーの変換と移動の方向とその難易を示した経験則であって，次のように表現される。

① 　熱は高温度の物体から低温度の物体へ移動し，低温度の物体から高温度の物体へ自然に移ることはない（クラウジウスの原理）。

クロジュースの原理ともいう。

　高温から低温への熱移動は，断熱によってその移動量を少なくすることはできるが，0にすることはできない。また，冷凍やヒートポンプのように，低温部の熱を高温部へ移動させるためには，冷凍機のような機構とその運転のエネルギーを必要とする。

　熱エネルギーを仕事のエネルギーに変換する装置が<u>熱機関</u>であり，その動作の<u>基本となるサイクルがカルノーサイクル</u>である。このサイクルは，図1・26に示すように，熱機関によって高温熱源（絶対温度 T_1）から Q_1 の熱量を吸熱し，仕事のエネルギーに変換する際に，必ず低温物体（絶対温度 T_2）へ熱の一部 Q_2 を捨てなければならない。

　これに対して外部から仕事を加えることにより低温熱源側から吸熱して高温熱源側へ熱を捨てると逆回りのカルノーサイクル（逆カルノーサイクル）となる。たとえば，外部からエネルギーを供給して圧縮機を働かせて，低温度の物体から高温度の物体へ熱を移動させるヒートポンプがある。これは，<u>冷媒（気体）を断熱膨張させると圧力および温度は下がる</u>ことを利用している。また，<u>気体を断熱圧縮させると圧力と温度は上がる。</u>

◀ よく出題される

　エンタルビーは，物質の持つエネルギーの状態量の一つで，その物質の内部エネルギーに，外部への体積膨張の仕事量を加えたもので表わされる。

　なお，閉じた系において，気体を等圧膨張させた場合，エンタル

ヒートポンプ：1.3.4　冷凍理論(3)（p.36）を参照のこと。

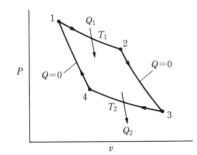

1→2	等温膨張
2→3	断熱膨張
3→4	等温圧縮
4→1	断熱圧縮

Q_1：高温熱源からの吸熱
Q_2：低温熱源への放熱
v：気体の体積
P：気体の圧力

図1・26　カルノーサイクル

ピーの変化量は外部から加えられた熱量に等しい。

　また，可逆過程において気体を断熱圧縮（図1・26の4→1への変化）させても，外部との間に熱のやりとりがないので，エントロピーの増減がない。

②　熱力学の第二法則によると，仕事を熱に変えることは容易であるが，熱を仕事に変えるには熱機関のような装置を必要とし，高温源から低温源に熱が移動する途中でその一部を仕事に変えて取り出すのである。

　このように，**熱力学の第二法則**は現象が自然に移動する方向とその不可逆過程を示し，エネルギー密度や温度は拡散して平均化し，これらを定量的に示すには<u>エントロピー</u>が用いられる。

1・3・2　伝　　熱

（1）　熱 の 移 動

　熱とは，温度の差によって物体から他の物体，または物体の一部から他の部分へ移るエネルギーである。このエネルギーの移動が伝熱現象である。<u>伝熱は伝導，対流，放射（ふく射）の3種類</u>の原理によるが，実際の伝熱はこれらが総合されて起こることが多い。

　伝熱の過程において，物体内の温度の分布が時間によって変化しないで一定の状態が継続する場合を定常な状態，時間的に変化する場合を非定常な状態という。

（a）　**熱伝導**　　固体内部を分子運動による熱エネルギーが，高温部から低温部に伝わる現象で，<u>伝熱量は，その固体内の温度勾配に比例する</u>。図1・27に示すように，温度勾配は固体両面の温度差Δt〔℃〕とその厚さd〔m〕の比で表す。

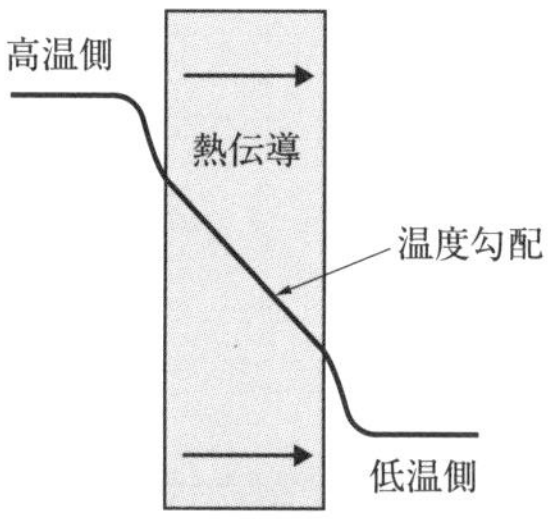

図1・27　固体の温度勾配

◀ よく出題される

　また熱伝導は，異なる温度の物質が接する場合に，高温の物質から低温の物質に，物質の移動なく熱エネルギーが伝わる現象である。

　等質な材料の両面が平行な平面壁の表裏に温度差があるとき，壁面に垂直な熱流を考えると，フーリエの法則と呼ばれる熱伝導方程式が成立し，単位面積時間当たりの伝熱量は温度勾配と材料固有の**熱伝導率**に比例する。

（b）　**対流伝熱と熱伝達**　　流体内の一部の温度が高くなると膨張して密

度が小さくなり，そのため浮力によって上昇し，周囲の低温の流体が代わって流入する。流体自身の移動によって熱が運ばれて，同時に流体内部でも熱伝導が起こる現象で，特に固体表面と流体との対流伝熱を熱伝達という。

<u>温度差により密度の差が生じる浮力により，上昇流や下降流が起こる場合を自然対流と呼び，外力による流動で流速が大きくて自然対流を無視できる場合を強制対流と呼ぶ。</u>強制対流は，自然対流と比べて熱移動量が大きくなる。 ◀ よく出題される

固体壁とこれに接する流体間における熱伝達による熱の移動量は，固体の表面温度と周囲流体温度との差に比例する。さらに固体壁表面の形状粗さ，寸法，水平との角度や，流体の特性，流れの状態などによっても変化し，このときの特性値を熱伝達率と表現している。熱伝達率は，固体壁の表面における流体の速度が速いほど大きくなるため，熱の移動量も多くなる。

実際の固体壁の表面とそれに接する液体の間の伝達は純粋な対流だけでなく，伝導や放射を伴った熱移動もあるが，これらを含めて熱伝達として取り扱ったニュートンの冷却則がある。

表1・6　空気と固体表面の熱伝達率

(a) 自然対流における平面壁の場合(放射率0.9)

表面の位置	熱流の方向	熱伝達率 〔W/(m²·K)〕
水平	上向	9.3～10.4
垂直	水平	8.1
水平	下向	5.8～7.0

(b) 強制対流における平面壁の場合(粗面)

風速 〔m/s〕	熱伝達率 〔W/(m²·K)〕
3	17.5～22.3
5	29.0～34.9
7	40.7～46.5

(c) **熱放射**　熱放射は，物体が電磁波の形で熱エネルギーを放出し，熱吸収して移動が行われるもので，<u>途中に媒体を必要としない。</u>一般に赤外線または熱線といわれる0.8～400 μm の波長の電磁波である。 ◀ よく出題される

<u>物体から放出される放射の強さと波長は，その物体の表面温度と表面の性状によって定まり，放射のエネルギー量は絶対温度の4乗に比例する（ステファン・ボルツマンの法則）。</u> ◀ よく出題される

熱放射が物体の面に入射すると一部は反射し，一部は透過し，残りは吸収される。吸収された放射エネルギーによって物体は加熱される。

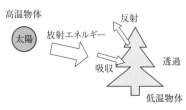

図1・28　熱放射

(d)　**熱通過（熱貫流）**　　実際の伝熱では異なった材料による平面多層壁を挟んで両側に流体があり，その温度差によって流体Aから固体壁に伝達し，固体壁の内部を伝導し，固体壁から流体Bへ伝達して2流体間の伝熱が行われることが多い。この過程を総称して**熱通過**または**熱貫流**という。この伝熱量は両側の流体の温度差と熱通過率（または熱貫流率）に比例するものとして次式で表す。

$$Q = K(t_1 - t_2)A$$

Q：伝熱量〔J〕

K：熱通過率または熱貫流率〔W/(m^2·K)〕

A：伝熱に関わる壁の面積〔m^2〕

図1・14に示す固体壁の場合，熱通過率(熱貫流率)は，次式で表す。

$$K = \cfrac{1}{\cfrac{1}{\alpha_1} + \cfrac{d_1}{\lambda_1} + \cdots + \cfrac{d_n}{\lambda_n} + \cfrac{1}{\alpha_2}}$$

d：物質1，2，……，nそれぞれの厚さ〔m〕

λ：物質1，2，……，nそれぞれの熱伝導率〔W/(m·K)〕

α_1：構造体高温側の熱伝達率〔W/(m^2·K)〕

α_2：構造体低温側の熱伝達率〔W/(m^2·K)〕

　上式でもわかるように，固体壁両側の流体間の熱通過（熱貫流）による熱移動量は，固体壁の厚さにも単純に反比例はせずに複雑な関係式になる。したがって，保温材の厚さを2倍にしても，伝熱量は$\frac{1}{2}$にはならない。

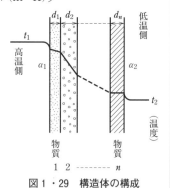

図1・29　構造体の構成

1・3・3　燃　　焼

（1）　燃　　料

　現在，一般に利用されている石炭・石油ガス・天然ガスなどの化石燃料といわれているものは太古の動植物であって，過去の太陽エネルギーの埋蔵物である。化石燃料は，一般に燃焼・消火，その貯蔵が割合に簡単で，小規模な個々の熱発生にも対応できるので，大量に消費されている。

（2）　発　熱　量

　燃料を完全燃焼して生じる燃焼ガスを最初の温度まで冷やしたとき，その間に外部へ出す全部の熱量を<u>高発熱量といい，発生した蒸気の潜熱も含まれている。</u>

◀ よく出題される

　しかし，熱機関やボイラでは，元の温度まで下げて復水するところまで冷やして熱を取り出すことはできずに，排ガスとして水蒸気は煙突から逃げてしまい，その潜熱は利用できない。したがって，<u>高発熱量から燃焼によって生じた蒸気の保有する潜熱を差し引いた熱量を低発熱量</u>といい，実際の利用状態に近いものといえる。

◀ よく出題される

図 1・30　高発熱量と低発熱量

　灯油の高発熱量は46.046 MJ/kg，低発熱量は43.535 MJ/kg くらいである。

（3）　燃　　　焼

　燃焼中の可燃物は炭素・水素・硫黄などであるが，排ガス汚染の防止のため低硫または脱硫燃料が望ましい。燃焼温度が高ければ一般に効率は高くなるが，反面では排ガス中の窒素酸化物 NO_x の量が多くなり，燃焼ガスの温度が低いとボイラの低温腐食なども起こってくる。また，窒素酸化物 NO_x は，燃料中の窒素成分が燃焼により酸素と結びついて発生するほか，高温下では空気中の窒素と酸素が結合しても発生する。

（4）　理論空気量

　燃料を燃焼させるには，燃焼の化学反応に必要なだけの酸素量を含む空気量を必要とし，<u>完全燃焼に必要な最小空気量を理論空気量という。</u>

　燃焼の発熱量4,186 kJ 当たり概略1.1～1.2m^3 の燃焼気が必要である。

（5）　空気過剰率

　燃焼は，酸素と燃料の分子が接触しなければ反応が起こらない。したがって，限られた燃焼空間と限られた時間の中で両者の接触をよくして，少なくとも燃料の側にあぶれを起こさないで完全燃焼に十分近づけるためには酸素の量，すなわち，空気量を理論空気量以上に増やしてやることが必要である。この割増しを<u>空気過剰率</u>という。

$$空気過剰率 = \frac{実際の空気量}{理論空気量}$$

　しかし，空気は約21％の酸素と78％の窒素を含み，酸化発熱に関与しない窒素と過剰な酸素はそれを温めるために熱を消費して燃焼ガスの温度を下げるので燃焼効率を低下させる。したがって，あまり完璧な完全燃焼を

求めて過剰空気を増すことは排ガスによる熱損失が増大する。 ◀ よく出題される

　実際に必要な空気量は燃料の種類や燃焼方式などによるが，気体燃料や蒸発しやすい液体の微粒噴霧は空気と混合しやすいので，固体燃料より理論空気量に近い少ない過剰率で完全燃焼する。表面だけで空気と接触する固体では多量の過剰空気が必要であるが，これも微粉化して接触面積を増せばよくなる。表1・8に示すように，空気過剰率は，気体＜液体＜固体 ◀ よく出題される
の順に大きくなる（理論空気量も同じ）。

表1・7　理論空気量

燃料高発熱量		理論空気量	
都市ガス （13A）	45.0 〔MJ/m³(N)〕	10.7 〔m³(N)/m³(N)〕	
灯　油	46.6 〔MJ/kg〕	10.8 〔m³(N)/kg〕	

表1・8　ボイラにおける空気過剰率(m)

燃料の種類		m
固 体 燃 料		1.3〜1.45
燃　焼 バ ー ナ	微粉炭燃焼	1.2〜1.3
	液 体 燃 料	1.1〜1.3
	気 体 燃 料	1.1〜1.3

（6）　燃焼ガス

　燃料の燃焼によって生じるガスを燃焼ガスといい，燃料の熱を利用して排出されるガスを排ガスという。理論空気で燃料を完全燃焼させたときに ◀ よく出題される
生じる燃焼ガスを理論燃焼ガス量（理論廃ガス量）という。

　燃焼ガスは炭酸ガス，水蒸気，窒素，残りの酸素，亜硫酸ガスと，不完全燃焼の一酸化炭素などで，燃焼排ガス中の NO_x は NO と NO_2 が主で，高温燃焼をすると低温燃焼時と比べ多くの窒素酸化物（NO_X）が生成され， ◀ よく出題される
大気中で NO_2 となる。不完全燃焼時の燃焼ガスには，二酸化炭素，水蒸気，窒素のほか一酸化炭素などが含まれる。

　燃焼生成物とは，化学変化によってできた水分や灰などをいい，排ガスではない。

1・3・4　冷凍理論

　冷凍とは，物体や空間を大気などの周囲の温度以下に冷却してその温度を維持することで，そのためには低温部から高温な周囲へ熱を移行するための装置や物質を使用し，エネルギーを消費する必要がある。

（1）　冷凍と冷媒

　一般的に用いられている方法は，蒸発しやすい液体を低圧低温で気化させ，その蒸発潜熱で冷却するもので，蒸発したガスは圧縮冷却して液化し，循環使用する。この液体もしくはガスを冷媒という。圧縮機による機械的エネルギーを利用する蒸気圧縮式冷凍機と熱エネルギーを利用する吸収冷凍機が，通常の冷凍方法として使用され，経済的にも優れている。

冷媒には，アンモニア，フロン，ハイドロカーボン，水などがあり，冷媒の状態変化を表したモリエ線図は，縦軸に絶対圧力，横軸に比エンタルピーをとったもので，冷媒の特性を分析する場合などに用いられる。

（2）　冷凍サイクル

圧縮式冷凍機の冷凍サイクルはモリエ線図で表すと，次のようになる（図1・31）。

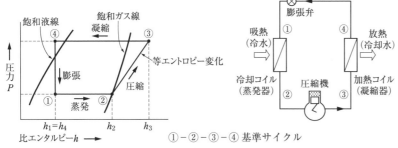

①－②－③－④ 基準サイクル

図1・31　モリエ線図上の冷凍サイクル

①→②	蒸発過程	低温低圧の液化冷媒が蒸発器で水や空気などから熱を奪い（水などは冷却される），気化して低温低圧のガスになる。
②→③	圧縮過程	蒸発した低温低圧ガスを圧縮機によって高温高圧のガスにする。
③→④	凝縮過程	高温高圧のガスを凝縮器で冷却して顕熱と凝縮潜熱を放出させて液化し，中温高圧の液にする。
④→①	膨張過程	中温高圧の液を膨張弁やキャピラリーチューブなどの絞り抵抗体を通過して低圧部に導き，低圧低温の液にする。

この4つの過程で冷媒が圧縮機の機械的エネルギーを入力として，液→気→液→気の状態変化を繰り返すことにより，低温の物体から熱を奪って高温部に放出するものである。

$$q_e = G_r(h_2 - h_1) \quad 冷却熱量〔kJ〕，蒸発器で$$
$$q_c = G_r(h_3 - h_4) \quad 除去熱量〔kJ〕，凝縮器で$$
$$W = G_r(h_3 - h_2) \quad 圧縮仕事〔kJ〕，圧縮機入力$$

G_r：循環冷媒量〔kg/h〕

h_1，h_2：蒸発器入口①，出口②の比エンタルピー〔kJ/kg〕

h_3，h_4：凝縮器入口③，出口④の比エンタルピー〔kJ/kg〕

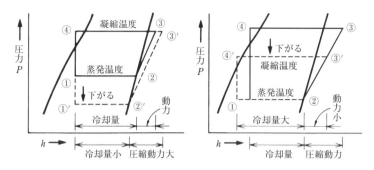

図1・32　凝縮温度と蒸発温度

　冷凍機の凝縮温度と蒸発温度の温度差は，水ポンプの揚程に相当し，凝縮温度を一定にして，蒸発温度が高くなれば冷凍能力は大きくなって圧縮動力は小さくなり（成績係数は大きくなる），蒸発温度が低くなれば冷凍能力は小さくなって圧縮動力は大きくなる（成績係数は小さくなる）。

　蒸発温度を一定にして，凝縮温度を低くすれば，冷凍能力が大きくなって圧縮動力は小さくなる。同じ冷却熱量に対する圧縮動力を減少させることができる。つまり，冷凍効率は大きくなる。

（3）　ヒートポンプ

　ヒートポンプとは，冷凍サイクルの高温高圧側の凝縮器からの放熱を加熱源として利用するものである。燃焼や電熱のように熱を発生させるものではなく，そのままでは加熱源として使用できない低温の水や空気を，冷凍機を使って蒸発器でさらに冷却し，採集した熱エネルギーを熱力学的に凝縮昇温して，高温側の凝縮器から吐き出した熱を利用するものである。

（4）　冷凍・ヒートポンプの成績係数（COP）

Coefficient Of
Performance

　冷凍機の成績係数は，蒸発器で奪う熱量（冷凍能力）$h_2 - h_1$ と，圧縮機が消費する動力（入力）$h_3 - h_2$ との比である。少ない動力で温度差に逆らって多くの熱量を移動させればこの値は大きく，エネルギー効率がよいことになる。これは，図1・31のモリエ線図上の冷凍サイクルで，

・低温側の冷却力を利用する冷凍の場合は

$$冷凍機の\ \mathrm{COP_c} = \frac{h_2 - h_1}{h_3 - h_2}$$

・高温側の加熱力を利用するヒートポンプの場合は $h_1 = h_4$ であるから

$$ヒートポンプの\ \mathrm{COP_H} = \frac{h_3 - h_4}{h_3 - h_2} = \frac{h_3 - h_2 + h_2 - h_4}{h_3 - h_2}$$
$$= 1 + \frac{h_2 - h_1}{h_3 - h_2} = 1 + \mathrm{COP_c}$$

となり，凝縮温度と蒸発温度が一定であれば，冷凍機のCOP_cに1を加えたものがヒートポンプのCOP_Hとなる。JISに定める空気条件下では，暖房（加熱）時のCOPは，冷房（冷却）時のCOPより大きい。屋外熱交換器が結霜する条件下では，相対湿度が高いほどCOPは小さくなる。なお，1日冷凍トンとは，0℃の水1tを1日で0℃の氷にするために必要な冷凍能力をいう。

（5）　吸収式冷凍機

吸収式は，冷媒（水を使用）を蒸発・凝縮させるのに圧縮機の代わりに水蒸気をよく吸収する吸湿剤（臭化リチウム LiBr）の溶媒の濃度差を，入力には機械的エネルギーの代わりに熱エネルギーを使用するものである。

真空容器の中で水蒸気を吸湿力の強い臭化リチウムの濃溶液で吸収して水蒸気圧を低くし，冷媒としての水を活発に蒸発させて，このとき機外で使う冷水を冷却する。蒸発器・吸収器・凝縮器・再生器の4部分と熱交換器および吸収液（臭化リチウム水溶液）と冷媒（水）の循環ポンプなどで構成され，基本的には熱交換器であって静的な機械である。容量制御は加熱量を加減して吸収液の濃度を変えて行う。薄くなった吸収液は再生器で加熱して蒸発させて濃度を上げ，循環使用する。

（6）　冷　　媒

冷凍機に用いる冷媒は，次のような性質が要求される。

①　低温でも大気圧以上の圧力で蒸発し，比較的低圧で液化すること。

②　蒸発潜熱大きく，液体の比熱が小さいこと。

③　粘性が小さく伝熱がよく，表面張力も小さいこと。

④　科学的に安定で，分解しにくいこと。

⑤　金属に対して腐食性がないこと。

⑥　引火性，爆発性がないこと。

⑦　無害で悪臭がないこと。特にフロン系冷媒は，オゾン破壊係数がゼロで，地球温暖化係数が小さいこと。

⑧　安価なこと。

アンモニアは，毒性や可燃性はあるが，蒸発潜熱が大きく熱伝導率も高いなど熱力学的に優れた特性を有する自然冷媒である。水も自然冷媒で，吸収式冷凍機の冷媒に用いられる。

確認テスト〔正しいものには○，誤っているものには×をつけよ。〕

□□(1) 融解熱や気化熱などのように，状態変化のみに費やされる熱を顕熱という。

□□(2) 気体を断熱膨張させても，熱の出入りがないため，その温度は変化しない。

□□(3) 気体では，定圧比熱が定容比熱よりも常に大きい。

□□(4) 熱力学の第一法則は，エントロピーに関係がある。

□□(5) 固体内部における熱伝導による伝熱量は，その固体内の温度勾配に比例する。

□□(6) 熱放射により伝熱されるエネルギー量は，物体の絶対温度の4乗に比例する。

□□(7) 固体壁とこれに接する流体間における熱伝達による熱の移動量は，固体の表面温度と周囲流体温度との差に反比例する。

□□(8) 一般に，液体燃料より気体燃料のほうが，理論空気量に近い空気量で完全燃焼する。

□□(9) 高発熱量とは，燃焼によって生じた水蒸気の潜熱を含んでいない値である。

□□(10) 蒸気圧縮式冷凍サイクルにおいて，凝縮器の凝縮温度が低くなると冷凍効果は大きくなる。

確認テスト解答・解説

(1) × 顕熱は物体の温度を上昇させるために使用される熱のことであり，潜熱は温度変化を伴わない状態変化に費やされる熱量である。

(2) ×：気体を断熱膨張させると圧力および温度は下がる。

(3) ○

(4) ×：熱力学の第一法則は，エネルギー保存の法則である。第二法則は不可逆過程を示し，エントロピーという概念が用いられる。

(5) ○

(6) ○

(7) ×：熱伝達による熱の移動量は，固体の表面温度と周囲流体温度との差に比例する。

(8) ○

(9) ×：潜熱を含んだ値であり，熱機関で利用できるのは，潜熱を含んでいない低発熱量である。

(10) ○

1·4 空　　　気

学習のポイント

1. 湿り空気とその用語について理解する。
2. 冷却・加熱・加湿など空気線上の変化および結露現象について理解する。

1·4·1　大気の組成

（1）　乾 き 空 気

　乾き空気（乾燥空気）とは組成が安定している N_2, O_2 などを主体として，変動しやすい水分を全く含まない空気を想定したもので，地球上では自然の状態で存在しないが，空気の状態を示す基準となる。

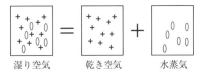

湿り空気　　　乾き空気　　　水蒸気

図 1·33　乾き空気と湿り空気

（2）　湿 り 空 気

　湿り空気は乾き空気と水蒸気の混合物であり，大気圧付近では希薄なガス体としてその特性を理想気体として取り扱うことができる。

　湿り空気の熱量の変化では，空気中に含まれた水分の変化によるものが大きい。

1·4·2　湿り空気の用語

（1）　水蒸気分圧

　大気すなわち，乾き空気と水蒸気の混合気体である湿り空気全体の示す圧力が標準気圧の 1 気圧 $P = 101.325 kPa$ であり，ダルトンの分圧の法則により，湿り空気の全圧は，窒素の分圧，酸素の分圧などの乾き空気の分圧と水蒸気の分圧との合計である。

　水蒸気の分圧 p または h は湿り空気中の水蒸気の多少を表す。飽和湿り空気中の水蒸気の分圧は，その温度の飽和水蒸気圧と同じ p_s または h_s で表す。

（2）　飽和湿り空気

　湿り空気でこれ以上水蒸気を含めない状態のものを飽和湿り空気または飽和空気という。水蒸気と液体の水が共存する 0～100℃，また固体の氷

と共存する0℃以下では，温度によって空気中
に含有する水蒸気量（水蒸気圧）に限度があり，
温度が高いほど含有量も多くなり，これを飽和
水蒸気量（飽和水蒸気圧）という。飽和状態を
超えた過剰の水分は水滴や氷粒となって空気中

空気中の水分が結露

図1・34 飽和水蒸気の結露

から凝縮析出し，冷たい物体に接触すれば結露となり，空気では雲や霧と
なる。

　飽和湿り空気では，アスマン式通風乾湿計（図1・7(a)（p.13））の乾
球温度と湿球温度は等しい。飽和湿り空気の水蒸気分圧は，その温度にお
ける飽和蒸気圧と等しい。

　不飽和空気とは，飽和空気より少ない量の水蒸気を含んだ空気である。

（3）　湿り空気線図の種類と構成

　湿り空気の状態は乾き空気1kg当たりに加えられた熱と水分によって
変化し，大気圧一定の下では乾球温度，湿球温度，絶対湿度（露点温度，
水蒸気圧），エンタルピーなどのうちのどれか2つを知れば他の特性値を
求めることができる。この関係を図にしたものが湿り空気線図である（図
1・35）。

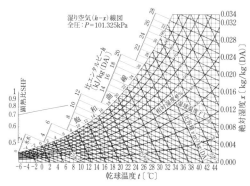

図1・35　湿り空気（h−x）線図

（4）　温度と湿度

(a)　**乾球温度（DB）**　　乾いた感熱部をもつ乾球温度計の示す空気の温
　　度で，周囲から放射熱を受けないようにして測る。通常，温度といっ
　　ているのはこの乾球温度のことである。| Dry Bulb Temperature

(b)　**湿球温度（WB）**　　湿ったガーゼで包んだ感熱部をもつ湿球温度計の
　　示す空気温度で，湿球からの水の蒸発潜熱と，それによって温度が降
　　下した湿球への周囲空気からの熱伝達が平衡する温度である。| Wet Bulb Temperature

　　　湿球に触れる風速が5m/s以上あれば十分に温度降下して安定し，
　　断熱飽和温度とみなしてよい示度が測定できる。湿球温度の等しい空

気のもつエンタルピーはほとんど等しい（蒸発前の水が0℃以上でもっていたわずかな顕熱が加わるだけである）。

　湿り空気線図の湿球温度は断熱飽和温度（熱力学的湿球温度）で書かれているから，これに使用する湿球温度はアスマン通風式乾湿計などの示度を用いなければならない。

　通風式乾湿計の湿球温度の差から，常温では最も精度よく湿度を測定することができる。オーガスト乾湿計のような非通風式乾湿計の湿球の示度は十分に降下しない。

(c)　**湿　度**　湿度とは空気中に含まれる水蒸気の質量または割合をいい，液体や固体として含まれる雲や霧は除外する。この場合に，基準となる気体として，水蒸気を含んだ湿り空気の単位体積・単位質量，水蒸気を全く含まない乾き空気の単位質量などが使用され，容積基準と質量基準に分けられる。

　空気調和設備は空気を加熱・冷却・加湿および減湿するものであり，途中で漏洩しない限り空調機の入口と出口での乾き空気の質量は変わらないから，乾き空気の質量を基準として空気状態の変化を表し，kg（DA）として表す。

Dry Air

①　絶対湿度〔kg/kg（DA）〕　乾き空気1kgを含む湿り空気中の水蒸気量が x〔kg〕のとき，絶対湿度 x〔kg/kg（DA）〕と表示する。

②　相対湿度（RH）　ある湿り空気の水蒸気分圧と，その温度における飽和空気の水蒸気分圧との割合をいい，％で表す。関係湿度ともいう。単に湿度といえば相対湿度をさす。

Relative Humidity

③　露点温度（DP）　空気の温度が低いほど飽和水蒸気圧が小さいから，湿り空気を冷却すると含まれる水蒸気量（絶対湿度）が一定のまま相対湿度がしだいに増加し，ある温度で相対湿度が100％となって飽和する。露点温度とは，ある湿り空気の水蒸気分圧に等しい水蒸気分圧をもつ飽和空気の温度であり，さらに温度が下がると水蒸気の一部が凝縮液化して露を結ぶ。絶対湿度が等しければ露点温度が等しい。

Dew Point temperature

(d)　**比エンタルピー h，全熱量**　常温付近で大気圧の湿り空気は理想気体と考えてよいので，前記のように乾き空気と水蒸気のエンタルピーの和であるから，混合気体である湿り空気のもつ全熱量は，（乾き空気の顕熱）＋（水蒸気の潜熱と顕熱）である。

　比エンタルピーは0℃の乾き空気を原点O（ゼロ）とし，1kgの乾き空気が t〔℃〕まで温度変化する顕熱量，x〔kg〕の水の0℃における蒸発潜熱量，x〔kg〕の蒸気が0℃から t〔℃〕まで温度変化する顕熱量の和である。

(e) **熱水分比 u**　空気に熱と水分が加わって比エンタルピーが $\varDelta h$，絶対湿度が $\varDelta x$ だけ変化したとき，比エンタルピーと絶対湿度の変化量の比 $\varDelta h/\varDelta x$ を熱水分比 u といい，h と x の斜交座標で書かれた湿り空気の $h-x$ 線図上で空気の状態が変化する方向を示すことができる。　◀ よく出題される

　蒸気加湿の場合，湿り空気の状態変化における熱水分比は，実用上，水蒸気の比エンタルピーと同じ値としてよい。

(f) **顕熱比 SHF**　空調計算上で顕熱負荷と潜熱負荷を求めて空気の状態変化方向を表したものであり，顕熱比 SHF により勾配が決まる。　Sensible Heat Factor

顕熱比 SHF は，顕熱の変化量と全熱の変化量との比をいう。

$$顕熱比\ SHF = \frac{顕熱量}{顕熱量 + 潜熱量} = \frac{顕熱量}{全熱量}$$

(5)　湿り空気の状態変化

代表的な湿り空気の状態変化を図1・36に示す。　◀ よく出題される

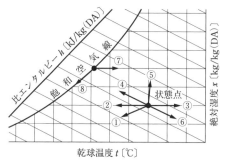

図1・36　空気線図上の状態変化

① **冷却減湿**　空気の露点温度以下になるので，乾球温度と絶対湿度は下がる。一般に行われている冷却方法である。

② **冷　却（顕熱冷却）**　露点温度以下の冷却ではないので，乾球温度は下がり，絶対湿度が一定である。熱交換器の表面温度が，冷却される湿り空気の露点温度より高い場合などの現象である。

③ **加　熱**　電気ヒータなどで加熱すると，乾球温度は上がり絶対湿度は一定である。そのために相対湿度は下がる。

④ **水噴霧加湿**　水スプレーで加湿すると，絶対湿度は上がり乾球温度は下がる。断熱変化の場合，比エンタルピーは一定（湿球温度もほぼ一定）の変化をする。

⑤ **蒸気加湿**　乾球温度はほぼ一定，絶対湿度と比エンタルピー，湿球温度が上がる。

⑥ **化学吸着吸収剤による除湿**　絶対湿度は下がり，乾球温度は上がる。シリカゲルなども吸着熱が発生し，乾球温度は上がる。

⑦ 飽和湿り空気の乾球温度を上げると，絶対湿度は変わらず，相対湿度は下がる。

⑧ 飽和湿り空気の乾球温度を下げると，絶対湿度は下がり，相対湿度は変わらない。

1・4・3 結 露

（1） 表 面 結 露

壁の表面温度が室内空気の露点温度以下になると壁の表面に水蒸気の凝縮を生じて水滴が発生する。したがって，室内側が高温高湿になる暖房時に壁，特に外壁の室内側表面温度が露点温度以下にならないように壁に断熱性をもたせなければならない。また，外壁に面した室の隅や出隅の部分は，他の部分より伝熱量が増すため，表面結露が生じやすく，暖房している室内では一般に，天井付近に比べて床付近のほうが結露を生じやすい。

表面結露の防止には次のような方法がある。

◀ よく出題される

① 表面結露を防止するには，断熱材を用いて，熱貫流抵抗を大きくし，室内側の壁体表面温度を高くする。

② 冬期は室内空気の温度を高くして，室内空気の相対湿度を低くする。

③ 冬期は室内空気の気流を確保して，室内側の熱伝達率を大きくし，壁体表面温度を高くする。

④ 厨房など水蒸気の発生する部屋は，十分に換気を行い相対湿度を高くしない。

⑤ 十分に換気を行い，室内側壁体の表面温度を低下させない。例えば，窓ガラス表面はカーテンを掛けないで，ガラスを露出させることが結露防止に有効である。

（2） 内 部 結 露

多層壁において，壁の内側表面温度が，その表面に接している空気の露点温度以下（水蒸気分圧の飽和温度以下）になると内部結露が起こる。そのために，壁は湿り熱伝導率 λ が大きくなり（熱抵抗が減少），表面温度を低下させ結露がさらに促進される。

内部結露の防止には次のような方法がある。

◀ よく出題される

① 多層壁の構造体の内部における各点の水蒸気圧を，その点における飽和水蒸気圧より低くする。

② 外壁の室内側に断熱材を設ける場合，防湿層は断熱材の屋外側より室内側に設ける。

③ 結露防止の断熱材は，グラスウールよりポリスチレンフォームがよい。

確認テスト〔正しいものには○，誤っているものには×をつけよ。〕

□□(1)　多層壁の構造体の内部における各点の水蒸気圧を，その点における飽和水蒸気圧より高くすることにより，結露を防止することができる。

□□(2)　外壁の内側に断熱材を設ける場合，防湿層は断熱材の室内側よりも，外側に設けたほうが結露が生じにくくなる。

□□(3)　100℃の蒸気を噴霧すると，乾球温度はほぼ一定で，比エンタルピーは増加する。

□□(4)　熱水分比とは，比エンタルピーの変化量と絶対湿度の変化量との比をいう。

□□(5)　絶対湿度が等しくても，相対湿度が違えば，露点温度はそれぞれ異なる。

□□(6)　顕熱比（SHF）とは，顕熱量と潜熱量の比をいう。

□□(7)　圧力一定のもとで湿り空気を電気加熱器で加熱すると，エンタルピーは増加するが，絶対湿度は変化しない。

□□(8)　冬季は，外気に面する部屋の隅の部分に結露の被害が現われやすい。

□□(9)　アスマン通風式乾湿計を用いて測定した乾球温度は，湿球温度にほぼ等しい。

□□(10)　噴霧された水がすべて蒸発して有効に加湿された場合，乾球温度と絶対湿度はともに上昇する。

確認テスト解答・解説

(1)　×：その点における飽和水蒸気圧より低くしないと結露が生じてしまう。各点の温度が露点温度以下にならないようにする。

(2)　×：防湿層を断熱材の高温側に設けると，湿流を防ぐことになり水蒸気圧が抑えられるので，結露が進行しにくくなる。冬季の結露防止には，防湿層が断熱材の室内側にあるほうがよい。

(3)　○

(4)　○

(5)　×：絶対湿度が等しければ露点温度は等しい。

(6)　×：顕熱比（SHF）は，全熱量に対する顕熱量の比をいう。

(7)　○

(8)　○

(9)　×：アスマン通風式乾湿計を用いて測定するのは湿球温度である。

(10)　×：乾球温度は下がり，絶対湿度は上昇する。

1·5 音

1. 音の速さ，可聴範囲，音の強さ，音圧レベル，音の大きさ，残響時間，音のマスキング効果など音の基礎事項を理解する。
2. 音圧レベルの等しい２つの音を合成すると，音圧レベルは約３dB大きくなることを覚える。
3. 騒音レベルは，騒音計のA特性を用いて測定した音圧レベルであることを覚える。

1·5·1 音　波

　音は，固体・液体・気体などの媒質中を伝わる粗密波であり，媒質粒子が音波の進行方向と一致して前後に振動する縦波である。そのために，風が吹いているとき，音は風上側より風下側によく伝わる。

　空気中では，ある点の圧力が交互に大気圧よりも高くなったり低くなったりして，圧力変動の振動によって鼓膜に感覚が生じる。

　空気中を伝わる音の速さは，空気の温度や気圧により変化し，温度が高くなると速くなる。大気圧における音の速さは，次式で表される。

◀ よく出題される

音速は，
水中では1,450 m/s,
固体中では空気中の約10倍
である。

$$c = 331.5 + 0.6t$$

　　　c：大気圧における空気中の音速〔m/s〕

　　　t：空気の温度〔℃〕

　　　　$t = 15$℃の場合，$c = 340$ m/s

　音の３要素として，音圧が大きさに，周波数が高低に，周波数分布が音色に対応する。

1·5·2 可聴範囲

　人間の耳は，20～20,000 Hzの音を聞くことができ，同じ音圧レベルの音であっても，3,000～4,000 Hz付近の音が最も大きく聞こえる。音の強さに対しては$10^{-12} \sim 10$〔W/m^2〕と約13桁の広い範囲にわたって聞くことができる。やっと聞こえる最小可聴限を０として，可聴範囲は０～130dBである。

1・5・3　音の強さと音圧

（1）　音の強さと強さのレベル

　音の強さは，音の進行方向に垂直な平面内の単位面積を単位時間に通過する音のエネルギー量をいい，単位は W/m^2 で示し，次式で表される。

$$I = \frac{P^2}{\rho c}$$

　　　　I：音の強さ〔W/m^2〕　　　　ρ：空気密度〔kg/m^3〕
　　　　P：音圧〔N/m^2〕　　　　　　c：音速〔m/s〕

　音の強さのレベル SIL は，音の強さ I と最小可聴限の音の強さ I_0（＝ 10^{-12} W/m^2）との比の常用対数の10倍で，音の強弱を dB で表す。

$$SIL = 10 \log_{10} \frac{I}{I_0} 〔dB〕$$

（2）　音圧と音圧のレベル

　音圧は，空気の粗密による圧力の大小であり，鼓膜やマイクロフォンの振動子を押したり引いたりする。音圧の単位は Pa〔N/m^2〕である。

　平面波の音の強さは，音圧の2乗に比例するから，音圧 P の2乗と 1,000 Hz 付近の最小可聴限である音圧 P_0（2×10^{-5} Pa）の2乗との比の常用対数の10倍で表し，一般に音の物理量として音圧レベル SPL を使用する。

$$SPL = 10 \log_{10} \frac{P^2}{P_0^2} = 20 \log_{10} \frac{P}{P_0} 〔dB〕$$

$$20 \log_{10} \frac{10P}{P_0} = 20 + 20 \log_{10} \frac{P}{P_0}$$

　たとえば，音圧が10倍になると，音圧レベルは20dB と大きくなる。音の強さを直接測定することはできないので，一般に音圧を測定して音圧レベルで表す。

　音の距離による減衰について，点音源から放射された音が球面状に一様に広がる場合，音源からの距離が2倍になると音のエネルギーは1/4になるので，音圧レベルは約6dB 低下する。

（3）　音圧レベルの合成

　音圧レベルの等しい2つの音を合成すると，音圧レベルは約3dB 大きくなる。　　　　　　　　　　　　　　　　　　　　　　　　◀ よく出題される

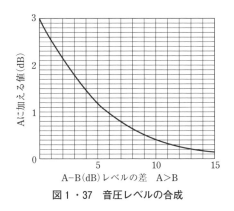

図 1・37　音圧レベルの合成

1・5・4　残　　響

　室内においては音源が停止してからも，音波が壁などによって反復反射するので，音が聞こえなくなるまでにはいくらかの時間を要する。この現象を残響という。

　音源が停止してから平均音圧レベルが60dB 下がるのに要する時間を，その室の残響時間という。

1・5・5　音の大きさ

　音の大きさは，人間の耳に感じる音の感覚量で，周波数によって耳の感度が異なるので，よく聞こえる音と聞こえにくい音がある。大きい音では耳の感度は割合に平坦であるが，小さい音では低音域と高音域が1,000 Hz 付近の中音域に比べて感度が低下し，大きな音圧でないと同等に聞こえない。

　また，音の大きさは，その音と同じ大きさに聞こえる周波数が1,000 Hz の純音の音圧レベルで表される。

1・5・6　音の伝わり方

（1）　透 過 損 失

　壁などの遮音性は，入射した音の音圧レベルと透過した音の音圧レベルとの差である透過損失で表し，透過損失が大きい材料ほど遮音性能がよい。また，すき間が少なく，単位面積当たりの質量が大きくなるほど透過損失が大きく，同じ材料については，音の周波数が高いほど大きい。

（2）回　　析

塀の内側に居るのに，塀の向こう側の声が聞こえるのは，音の回析性のためである。

1・5・7　吸　音　材

吸音材には，材料の内部の空気を振動させて，摩擦などによって音のエネルギーを熱に変え，<u>低音域での吸音率は小さいが，中・高温域での吸音率は大きい</u>グラスウール，ロックウールなどの多孔性のもの，板を震動させて音のエネルギーを消費させ，200〜300 Hz の低音域での吸音率が大きい合板・プラスチック板などの板振動によるもの，共鳴作用によって音のエネルギーを吸収し，共鳴周波数以外の音に対しては吸音率が小さい孔あき合板・孔あきせっこうボードなどがある。

◀ よく出題される

1・5・8　騒　　音

（1）　NC曲線

NC曲線は，騒音を分析して，周波数別に音圧レベルの許容値を示したもので，騒音の評価として使用されている。<u>NC曲線の音圧レベル許容値は</u>，図1・38に示すように，<u>周波数が低いほど大きい。</u>

◀ よく出題される

測定されたオクターブ別の音圧レベルをこの線図にプロットして，各周波数のNC値を読み取って，その内の最大値を対象騒音とする。

（2）　騒音レベル

騒音計は，A，Cおよび平坦（Z）の3種の周波数補正回路をもつが，40dB の比較的小さな音に対する人間の聴覚特性に近似させたA特性で測定した値を騒音レベルといい，単位は dB（A）である。

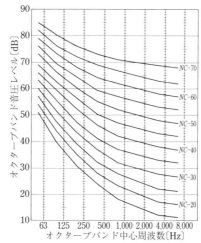

図1・38　NC曲線

暗騒音は，測定しようとする音が停止したときにも，その場所に存在する騒音のことで，対象音より暗騒音が10dB 以上小さいときは，一般に暗騒音を考慮しなくてよい。

（3）　マスキング

　　マスキングとは，騒音など同時に存在する他の音のために，聞こうとする音が聞きにくくなる現象で，耳の最小可聴値が上昇するために起こる。音の<u>マスキング効果は，互いの周波数が近いほど大きくなる。</u>

確認テスト〔正しいものには○，誤っているものには×をつけよ。〕

□□(1)　音の速さは，一定の気圧のもとでは，空気の温度が高いほど速くなる。

□□(2)　人の耳で聴くことができる音の周波数は，一般に，20〜20,000 Hz である。

□□(3)　音の強さは，音の進行方向に垂直な平面内の単位面積中を単位時間に通過する音のエネルギー量をいい，単位は W/m² で表示される。

□□(4)　音圧レベルの等しい2つの音を合成すると，音圧レベルは約6dB大きくなる。

□□(5)　残響時間とは，音源を停止した後，音圧レベルが60dB減衰するまでの時間をいう。

□□(6)　音の大きさとは，その音と同じ大きさに聞こえる周波数が1,000 Hz の雑音の音圧レベルの値である。

□□(7)　NC曲線の音圧レベル許容値は，周波数が高いほど大きい。

□□(8)　一重壁の透過損失は，壁の単位面積当たりの質量が大きくなるほど大きい。

□□(9)　ロックウールやグラスウールは，一般に，高音域よりも低音域の音をよく吸収する。

□□(10)　音のマスキング効果は，互いの周波数が遠いほど大きい。

確認テスト解答・解説

(1)　○

(2)　○

(3)　○

(4)　×：音圧レベルの等しい2つの音を合成すると，音圧レベルは約3dB大きくなる。

(5)　○

(6)　×：1,000 Hz の純音の音圧レベルの値である。

(7)　×：周波数が低いほど大きい。

(8)　○

(9)　×：ロックウールやグラスウールは，一般に，低音域での吸音率は小さいが，中・高温域での吸音率は大きい。

(10)　×：互いの周波数が近いほど大きい。

1·6 腐食・防食

1. イオン化傾向の大きい金属は腐食しやすいことを理解する。
2. 金属材料の腐食は水温と流速が影響することを理解する。
3. 鋼の腐食の要因を理解する。

1・6・1 金属の腐食の一般的傾向

(1) イオン化傾向と異種金属の接触腐食

イオン化傾向とは，水と接触している金属が電子 e^- を金属内に放出して陽イオンになりやすい傾向をいい，金属のイオン化傾向の大きい（卑な）ものから，小さい（貴な）ものに並べたものをイオン化列という。

水中でイオン化傾向の異なる2つの金属を接触させると，それぞれの電位差により電池が形成され，その陽極となるイオン化傾向の大きい金属が腐食する。異種金属接触腐食は，貴な金属と卑な金属を組み合わせた場合に生じる電極電位差により，卑な金属が局部的に腐食する現象である。 ◀ よく出題される

一般に建築設備で使用される金属は，イオン化傾向が大きい順に 亜鉛，鋳鉄，炭素鋼，銅，ステンレス鋼 である。また，鋼管と銅管，鋼管とステンレス鋼管などの異種金属を接合する場合には，接続部には絶縁継手を使用する。

(2) 流速の影響

一般に流速が速くなると，図1・39に示すように，溶存酸素の供給量が増すので，金属の腐食速度は増加するが，ある流速に達すると，金属面への酸素の拡散が十分に行われるので，金属表面の不動態化が促進され，腐食は減少し始める。

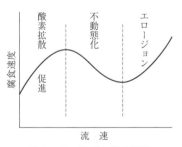

図1・39 流速と腐食速度

1・6・2　鋼の腐食

（1）　pHの影響

　水に接している鋼は，pH4以下では，酸化第一鉄の不動態皮膜が溶解して，腐食が増大するが，pH10以上では，鋼表面の水酸化物の溶解度が減少するため，腐食も減少する。

◀ よく出題される

pH＜7　酸性
pH＞7　アルカリ性
pH＝7　中性

（2）　温度の影響

　金属の腐食は，一般に水温が高いほど溶存酸素の拡散速度が増加するので腐食速度は増加する。

　開放系配管の鋼管の腐食は，図1・40に示すように，水温が約80℃のときに水中の溶存酸素量が急激に増加し，最大となる。

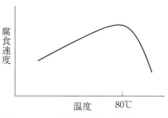

図1・40　開放系配管の鋼管における水温による腐食の影響

◀ よく出題される

（3）　マクロセル腐食

　マクロセル腐食は，図1・41に示すように，土中埋設の給水管やガス管などの鋼管の外面に発生する腐食で，建屋導入部の配管と基礎梁などのコンクリートや鉄筋の間および土質の電位差によって生じる腐食である。これを防止するため，絶縁継手，絶縁パイプ，絶縁スリーブなどを用いて鉄筋との金属的接触を避ける措置もしくは，マグネシウム合金陽極を用いて防食電流を軽減する方法がとられる。

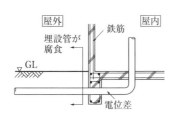

図1・41　コンクリートや鉄筋と接触する土中配管の腐食

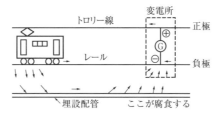

図1・42　埋設配管の迷走電流による腐食

（4）　電　　食

　直流電気軌道の近くに地中埋設される鋼管は，迷走電流による電食が生じやすい。この現象は，図1・42に示すように，レールから漏れ出た電流が近くの土中埋設管に流入し，変電所近辺で再び電流が流出する部分が腐食を受けるものである。

1・6・3　その他の腐食

（1）　ステンレス鋼製受水タンクの腐食

SUS 304などのステンレス鋼製受水タンク内表面は，気相と液相の境界で腐食を生じやすい。これは，タンク内の気相部において，水の蒸発により塩素イオン濃度が高くなり，ステンレス鋼表面に生じる不動態皮膜を破壊して，液相の境界で孔食が発生するためである。

（2）　銅管の腐食

銅管は，ステンレス鋼鋼管と同様に，管内面に形成される不動態の酸化被膜によって耐食性を維持するが，曲がり部の下流の外側など流速が速い箇所においては酸化被膜が形成されず，周囲の酸化被膜が形成されている部分との間に電位差が生じ，潰食（エロージョン）が生じることがある。したがって，流速は，1.5 m/s 以下に抑える必要がある。

また，銅管においては酸化被膜が局部的に破壊されて針の穴のような孔食が生じることがあり，pH 6.5程度の微酸性の水では，中性の水と比較して高い腐食速度を示す。

（3）　脱亜鉛腐食

脱亜鉛腐食は，青銅弁において黄銅製の弁棒中に含まれる亜鉛成分が，選択的に失われる局部腐食である。したがって，青銅弁を使用する場合には，脱亜鉛対策用黄銅製の弁棒のものを使用するのがよい。

（4）　電　気　防　食

電気防食は通常，陰極防食法が用いられ，防食対象金属に防食電流を与えて，腐食電流を消滅させる方法である。防食電流の与え方の一つに外部電源方式があり，直流電源装置を用いて，耐久性電極をプラス側に防食対象金属をマイナス側に接続し，土中などを介して電流を送る方式である。

（5）　すきま腐食

配管のフランジ接合部など，金属と金属，あるいは，金属と非金属の合わさったすきま部が優先的に腐食される現象をすきま腐食という。すきま腐食は，すきま部の入口と内部の間で水中の溶存酸素濃度の濃淡が生じ，不働態電池を構成させて起こるものである。

一般基礎

確認テスト〔正しいものには○，誤っているものには×をつけよ。〕

□□(1)　腐食しやすい金属はイオン化傾向が小さく，腐食しにくい金属はイオン化傾向が大きい。

□□(2)　亜鉛や鉄など電気化学的腐食を起こしやすい金属は，イオン化傾向が大きい。

□□(3)　亜鉛は，鉄よりもイオン化傾向が小さいので，腐食しにくい。

□□(4)　一般に，流速が速くなると腐食が増加するが，ある流速域では，金属表面が不動態化して腐食速度が減少する。

□□(5)　配管システムが開放系の場合，鋼管の腐食速度は，温度が約80℃で最も大きくなり，その後，温度の上昇に伴い減少する。

□□(6)　地中埋設された鋼管が鉄筋コンクリートの壁等を貫通する場合，コンクリート中の鉄筋に電気的に接続されると，電位差を生じてガルバニック腐食を起こす。

□□(7)　鉄はpH4以下では不動態皮膜が溶解して腐食が増大するが，pH10以上では水酸化物の溶解度が減少するため腐食も減少する。

□□(8)　SUS 304製受水タンクは，気相と液相の境界で腐食を生じやすい。

□□(9)　銅管には，潰食（エロージョン）が生じることがある。

□□(10)　直流電気軌道の近くに地中埋設された鋼管は，迷走電流による腐食が生じやすい。

確認テスト解答・解説

(1)　×：イオン化傾向が大きい金属のほうが，腐食しやすい。

(2)　○

(3)　×：亜鉛は，鉄よりもイオン化傾向が大きいので腐食しやすい。

(4)　○

(5)　○

(6)　×：地中埋設された鋼管が鉄筋コンクリートの壁等を貫通する場合，コンクリート中の鉄筋に電気的に接続されると，電位差を生じてマクロセル腐食を起こす。

(7)　○

(8)　○

(9)　○

(10)　○

第2章　電気設備

電気設備の出題傾向

　電気設備においては，毎年2題出題されており，出題内容は以下のとおりである。

2・1　配線・配管および接地工事

　3年度は，電気設備工事に関して出題されている。4年度は，低圧屋内配線工事の基本事項について出題された。

2・2　動力設備と動力配線工事

　3年度は，三相誘導電動機の電気設備工事の基礎事項について出題されている。4年度は，電気設備用語とその用語の説明の組合せについて出題された。

2・1 配線・配管および接地工事

学習のポイント

1. 電気配線工事方法の種類，特に合成樹脂可とう管（CD管，PF管），金属管工事の施設基準について理解する。
2. 接地工事の種類，特にC種とD種の施設基準の違い，省略することができる場合について理解する。

2・1・1 電源設備と電気（配電）方式

（1） 電源の種類

　電源の種類は，電力会社からの供給電源，自家用発電機による電源，蓄電池による電源に分けられる。一般電源は，電力会社よりの電源でまかなわれる。

　電力会社との契約電力が，50kW 未満が低圧受電，50kW 以上が高圧受電，そして2,000kW 以上が特別高圧受電となる。

　小規模施設の場合は，電力会社より低圧で供給され，電気方式は電灯用として単相2線式100 V もしくは単相3線式100/200 V で，動力用として三相3線式200 V である。一般に建築設備で使用される三相誘導電動機の電源には，三相3線式200 V が使用される。

表2・1　契約電力と受電電圧

契　約　電　力	受　電　電　圧	
50 kW 未満	単相2線式	100 V
	単相3線式	100/200 V
	三相3線式	200 V
50 kW 以上	三相3線式	6,000 V （または3,000 V）
2,000 kW 以上	三相3線式	20,000 V （または60,000 V）
10,000 kW 以上	三相3線式	60,000 V

表2・2　使用電圧の分類

		直　　流	交　　流
低　　圧		750 V 以下	600 V 以下
高　　圧		750 V を超え7,000 V 以下	600 V を超え7,000 V 以下
特別高圧		7,000 V を超える	7,000 V を超える

（2） 電圧と電線路

　(a)　**電　圧**　電気設備で使用する電圧は，低圧・高圧・特別高圧に分けられる（表2・2）。また，電気使用の機械および器具には定格電圧が定めてあり，使用上の基準となる電圧を示す。

　(b)　**電線路**　電源（低圧引込み口あるいは高圧引込みの変電設備）からの幹線と分岐回路からなる。分岐回路とは，電動機などの電気機械

器具に接続される電線路である。また，幹線とは電源から分岐回路に到る電線路をいう。

2・1・2　配線・配管（電線路）

電気設備の低圧屋内配線は，電技解釈に施工方法，資材，その他規制について定められている。また，JIS による電線の規格，内線規程などに詳細が規定されている。

電技解釈：「電気設備の技術基準の解釈」の略，「電気設備に関する技術基準を定める省令　通商産業省」の具体的な判断基準を示したもの。

表 2・3　低圧屋内配線の施設場所による工事の種類

施設場所の区分		使用電圧の区分	工事の種類								
			がいし引き工事	合成樹脂管工事	金属管工事	金属可とう電線管工事	金属線ぴ工事	金属ダクト工事	バスダクト工事	ケーブル工事	フロアダクト工事
展開した場所	乾燥した場所	300 V 以下	○	○	○	○	○	○	○	○	
		300 V 超過	○	○	○	○		○	○	○	
	湿気の多い場所または水気のある場所	300 V 以下	○	○	○	○				○	
		300 V 超過	○	○	○	○				○	
点検できる隠蔽場所	乾燥した場所	300 V 以下	○	○	○	○	○	○	○	○	
		300 V 超過	○	○	○	○		○	○	○	
	湿気の多い場所または水気のある場所	—		○	○	○				○	
点検できない隠蔽場所	乾燥した場所	300 V 以下		○	○	○				○	○
		300 V 超過		○	○	○				○	
	湿気の多い場所または水気のある場所	—		○	○	○				○	

（備考）○は，使用できることを示す。

展開した場所：室内，機械室など露出した場所

点検できる隠蔽場所：点検口のある天井内やシャフト内

点検できない隠蔽場所：床下や天井内で点検できない場所

屋内低圧配線は，特殊場所（粉じんや可燃性ガス，危険物，火薬庫，腐食性など）を除き，合成樹脂管工事，金属管工事，金属線ぴ工事，可とう電線管（1種・2種）工事もしくはケーブル工事，その他（がいし引き，バスダクト工事など）で施設する。工事の種類と場所について，表2・3に示す。電動機負荷関係の配線は，ケーブル工事と電線管工事が多い。

低圧電路の電線相互間の絶縁抵抗は，使用電圧が高いほど大きい値に定めている。また，熱絶縁抵抗は，周囲温度が高いほど低い値となる。

（1）　金属管工事

金属管は建物の配線工事として，コンクリート埋込みや露出配管などに多く使用されている。電気工事に用いられる金属管は，鋼管に亜鉛めっき

または電気めっきを施したものが主として使用され，管の厚さによって薄鋼電線管・厚鋼電線管・ねじなし電線管の3種類に分類される。

金属管工事の特徴としては，次のような事項があげられる。

① 建築物の水気のある場所などのあらゆる場所に施設することができる。（表2・3参照）

② 電線が管の内部で短絡しても火花が外部に飛び散らないため，電気災害（火災・爆発など）のおそれがない。

③ 金属管によって電線を保護しているため，外圧による損傷を受けない。

④ 金属管であるため，管の接地線として用いることができる。

⑤ 電線の引替えが容易にできる。

（2） 金属管工事の注意点

金属管工事の注意点は，次のような事項があげられる。

① 交流回路の往復線（三相3線，単相2線など）は，同一金属管内に収めること。同一の管内に収めると電磁的平衡を保つので安全である。三相3線，単相2線などを1本ずつとか別の管内に入れてはならない。　◀ よく出題される

② 電気方式の異なる回路を同一金属管内に収めないこと（同一変圧器の場合はよい）。

③ 同一金属管内に収める電線は10本未満にすること。10本以上入れると電線自体の温度上昇が大きくなる。

④ 金属管内に接続点を設けてはならない。プルボックスなどの内部で接続すること。

⑤ 金属管相互及び管とボックスその他の附属品とは，堅ろうに，かつ，電気的に完全に接続すること。

⑥ 金属管の屈曲をできるだけ少なく，かつ，できるだけゆるやかにすること。

⑦ 金属管内に収める電線は，IV電線（600 Vビニル絶縁電線）またはEM-IE電線（600 V耐熱性ポリエチレン絶縁電線）であること。

⑧ 同一ボックス内に低圧の電線と弱電気電線を収納する場合は，直接接触しないように隔壁を設ける。

⑨ 電動機端子箱への電源接続部には，金属可とう電線管を使用する。

①について，交流回路の往復線を別の管内に入れると，交流による磁束が金属管で強められ，また電流の増減による磁束もあり，その磁束が管を切り，管に電圧が起きて電線管に電流が流れる。その結果，管内の電線が過熱し，電線の許容電流が低下，電力の損失も大きくなり，電圧降下も増大する。同一管内に入れば各電線の電流によって生じる磁束は互いに打ち消し合うので，配管には電圧は起こらない。

③について，10本以上入れると電線による温度上昇が大きくなり，電線の許容電流が低下し，電力の損失も大きくなり，電圧降下も増大する。また後日引換えにも困難である。

⑤について，金属製ボックスの電気的な接続は，1.6 mm 以上の裸銅線のアースボンド線（またはボンド線）を用いて相互に接続する。なお，厨房内の電動機用配線工事において，厨房は施設場所の区分で，「湿気の多い場所又は水気のある場所」なので，使用電圧が300 V 以下の場合には，管に D 種接地工事を施すこととされており，金属管と金属製ボックスを接続するアースボンド線が必要である。

（3）　合成樹脂管工事

合成樹脂管は，軽量で加工が容易であり，施工性に優れている。工期の短縮や経済的にも安価であり，多く使用されている。

合成樹脂管の種類は，管の種別によって次のような電線管がある。

① 　合成樹脂製可とう管（PF 管）

② 　CD 管

③ 　硬質塩化ビニル電線管（VE 管）

PF 管はポリエチレン，ポリプロピレン等を主材とした内管に，耐燃性材料の外管を重ねて耐燃性（自己消火性）をもたせた複層管，耐燃性材料で作った単層管のものがあり，ともに可とう性がある。

> JIS C 8411合成樹脂製可とう電線管では，PF 管と CD 管のどちらも合成樹脂製可とう管と規定している。

CD 管はポリエチレン，ポリプロピレン等で作られており，オレンジ色に着色してあり，自己消火性はなく可とう性がある。

◀ よく出題される

硬質塩化ビニル電線管は，可とう性がなく衝撃性のものもある。

合成樹脂管工事の特徴は，次のとおりである。

① 　軽量であり，耐食性・絶縁性に優れている。

② 　特に，PF 管および CD 管は，軽量・長尺で運搬が容易であり，可とう性に富み，加工はナイフだけで対応できるので，作業が容易である。

③ 　非磁性体であり，電磁的平衡の配慮が不要である。

④ 　非導電体であり，接地線を施す必要がないが，接地線としては利用できない。

⑤ 　金属管工事に比較して経済的である。

⑥ 　機械的強度が劣るために，工事中多くの養生・点検を必要とする。

⑦ 　寒暖による膨脹係数が大きく，管の硬さが変わる。

⑧ 　金属管に比較して熱的強度（不燃・準不燃など）がないので，使用上の制限がある。

（4）　合成樹脂管工事の注意点

合成樹脂管工事の注意点は，次のような事項があげられる。

① CD管は，天井内などを直接ころがして施設してはならず，直接コンクリートに埋め込んで施設するか，不燃性または自消性のある難燃性の管やダクトに収めて施設しなければならない。

② 合成樹脂製可とう管相互，CD管相互および合成樹脂製可とう管とCD管とは，直接接続してはならない（カップリング接続は可）。

③ 管相互および管とボックスとは，差込み接続により堅ろうに接続すること。

④ 合成樹脂管内では，電線に接続点を設けないこと。

⑤ 合成樹脂管内に収める電線は，IV電線（600Vビニル絶縁電線）またはEM-IE電線（600V耐燃性ポリエチレン絶縁電線）であること。

⑥ 合成樹脂可とう管（PF管）は，天井内で直接ころがしたり，コンクリートに埋め込んで施設してもよい。

◀ よく出題される

（5）ケーブル工事

ケーブル工事は，事務所ビルの隠蔽場所をはじめ，住宅などの屋内配線として非常に多く使われている。施工的に簡易であり，また経済的にも優れている。

ケーブル配線の種類は，次のようなものがある。

① ビニル外装ケーブル配線（VVなど），クロロプレン外装ケーブル配線またはポリエチレン外装ケーブル配線（CVなど）

② コンクリート直埋用ケーブル配線

③ 鉛被またはアルミ被のあるケーブル配線

④ キャブタイヤケーブル配線

⑤ MIケーブル配線

高低差のあるケーブルラックに敷設するケーブルは，ケーブルラックの子ゲタに固定する。

ケーブル配線：内線規程による種類
内線規程：(一社)日本電気協会編の民間規格

2・1・3　接地工事

電線および配線を保護する金属部，機械器具の金属製外箱は，電気回路の絶縁低下や劣化など高圧回路との接触による火災，もしくは感電事故を防止するために接地を行う。

（1）金属管

低圧屋内配線は使用電圧より区分される。

① 300V以下の金属管………D種接地工事

② 300Vを超える金属管……C種接地工事

したがって，使用電圧が400Vの低圧回路の金属管にはC種接地工事，

電技解釈第159条

300 V 以下の低圧回路の金属管にはD種接地工事を施すことが必要である。

◀ よく出題される

（2）　機械器具の金属製外箱など

電技解釈第29条

機械器具の鉄台，金属製外箱および鉄枠などは，使用電圧によって，接地工事を施さなければならない。

①　300 V 以下の低圧用の機械器具 ………D種接地工事

②　300 V を超える低圧用の機械器具 ……C種接地工事

③　高圧・特別高圧用の機械器具…………A種接地工事

したがって，三相200 V の電動機の鉄台には，少なくともD種接地工事を施す必要がある。

（3）　接地工事の省略

電技解釈第29条

電動機の鉄台，手元開閉器や制御盤の金属製外箱，コンデンサのケース，金属管などの接地については，接地工事の省略の特例がある。

①　乾燥した場所で，一定の性能の漏電遮断器を設ける場合

②　使用電圧が直流300 V 以下または交流対地電圧150 V 以下の回路で使用するものを乾燥した場所に施設する場合

③　低圧用の機械器具を乾燥した木製の床，畳，合成樹脂製タイル，石，リノリウムなどの絶縁性のものの上で取り扱うように施設する場合

④　機械器具を人が触れるおそれがないように，木製の架台などの絶縁性のあるものの上に施設する場合

⑤　鉄台または外箱の周囲に作業者のために適当な絶縁台を設ける場合

⑥　電気ドリルなど電気用品取締法の適用を受ける二重絶縁構造の機械器具を施設する場合

⑦　低圧用の機械器具で，その電路の電源側に絶縁変圧器（2次電圧300 V 以下，定格容量3 kVA 以下に限る。）を施設し，非接地式電路とする場合

⑧　回路が遮断によって公共の安全に支障が生じる回路には，漏電遮断機に代えて漏電警報器を設けることができる。

電技解釈第36条第5項

④について，合成樹脂で被覆した機械器具に接続する三相3線200 V の電路において，漏電遮断器（ELCB）も同様に省略できる。

合成樹脂管を金属製のボックスに接続して使用する際に，使用電圧が300 V を超える場合には，金属製のボックスにC種接地工事を施す必要がある。しかし，使用電圧が300 V 以下で乾燥した場所に施設する場合には，接地工事を省略することができる。

電技解釈158条第3項第五号

（4）　漏電遮断器の設置が必要な回路

飲料用冷水器回路，し尿浄化槽回路，屋外コンセント回路，湿気の多い地下室などに設置した給水ポンプなど。

電気設備

2・2 動力設備と動力配線工事

学習のポイント

1. 三相誘導電動機の特性，特に同期速度，回転数について覚える。
2. 電動機の始動方式の種類，特にスターデルタ始動方式の特徴を覚える。
3. 電動機のインバータ制御方式の特徴を理解する。
4. 電動機の分岐回路構成，過負荷・欠相保護を行う装置について覚える。

2・2・1　動力設備

（1）　電動機の種類

　電動機は電源の種類により，図2・1のように，交流を電源とする交流電動機と直流を電源とする直流電動機に大別される。

　一般的にビル用の動力源としては，一部の高速エレベータなどに使用されている直流電動機を除き，種類が多く，構造が簡単で，価格が安く，保守管理が容易な誘導電動機が最も多く使用されている。そのなかで単相誘導電動機は農事用，家庭電気器具などの小動力用に適している。

　また，同期電動機は構造および保守点検が複雑で，高価であるが，力率がよく，大出力用に適している。整流子電動機は，回転数を広範囲に調整可能であるが，整流子の保守点検が複雑で価格も高い。

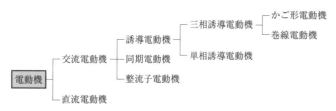

図2・1　電動機の種類

　トップランナーモータとは，三相誘導電動機の標準形（IE1）に対して，高効率電動機（IE2）よりもさらに高い効率（IE3）の誘導電電機で，JIS C 4213「低圧三相かご形誘導電動機−低圧トップランナーモータ」に規定されている。標準型よりも定格出力が10〜2％高い効率である。しかし，電動機の外形寸法や定格回転速度，始動電流，トルクなどが従来形よりもやや大きくなる傾向にあるので注意が必要である。

トップランナーモータ
　トップランナーモータ：1999年省エネ法に基づき，エネルギー消費効率の向上と普及促進を目的に，国内に出荷される製品の省エネルギー基準を，現在商品化されている最高のエネルギー消費効率以上に定めた「トップランナー方式」が制定された。トップランナー方式では，三相かご形誘導電動機などが対象の機器に指定されている。

（2）　電動機の特性

（a）　**極数と同期速度**　　固定子にできる磁界は，いくつかの磁石を組み合わせたようなもので，その磁石に相当した極を電動機の極数という。極数は2～10極（標準）までが採用されている。

$$\text{同期速度}\quad N_s = \frac{2\times60\times周波数}{極数（\text{pole}）}\quad 回転/分〔\text{rpm}〕$$

実際に回転する速度は，同期速度よりいく分低いもので，その程度を滑り（slip）といい，同期速度と回転子速度との差の同期速度に対する比で表す。

$$\text{滑り}\ S = \frac{n_s - n}{n_s}\times100\ 〔\%〕\qquad n_s：同期速度$$
$$n：回転子速度$$

滑りSは無負荷の場合はゼロに近く，したがって，無負荷の回転数はほぼ同期速度に等しい。定格電圧，定格周波数のもとでは，負荷がかかると，回転速度は滑りのため同期速度より遅くなる。

（b）　**誘導電動機の回転速度**　　誘導電動機の回転子は，固定子巻線に三相交流が流れて励磁された回転磁界を切って回転力を生ずるものであり，外部に機械力を取り出すために回転磁界の回転数（同期速度）よりも少し遅れた速度で回転する。回転子の回転速度と同期速度の差が同期速度に対する比を滑りという。回転数N，同期速度N_0，滑りSとすると，

$$S = \frac{N_0 - N}{N_0}\qquad N = N_0(1-S)$$

$$\text{同期速度}\ N_0 = \frac{120f}{p}\ 〔\text{rpm}〕\qquad p：極数\qquad f：電源周波数$$

誘導電動機の回転数は，電動機の極数に反比例し，電源の周波数に比例する。したがって，極数を4極から2極にすると，同期速度と回転数が2倍になる。

（c）　**電動機の絶縁種別**　　電気機器の絶縁の種別は，許容温度上昇限度より，Y種からC種まで表2・4のように7種類に区別されるが，一般に低圧電動機はE種（120℃）が用いられる。

（d）　**回転方向**　　三相電動機については，電動機への電源（三相，R，S，T）接続を2相変えると，磁界が変わり，回転方向が変わる。

表2・4　電動機の絶縁種別

絶縁種別	許容温度上昇限度〔℃〕
Y　種	90
A　種	105
E　種	120
B　種	130
F　種	155
H　種	180
C　種	180超過

同期速度
　回転磁界の回転する速度をいう。

電気設備

(e) **誘導電動機の特性** 汎用誘導電動機は，その電気的特性が JIS により規定されている。

電気的特性は，電源電圧や周波数の変動によって影響を受ける。電源電圧 ±10％以内，電源周波数 ±5％以内が実用範囲である。

(f) **電圧・周波数の変化の影響** 商用電源では，周波数の変動はほとんどないといえるが，電圧変動，特に電圧降下は電源仕様，負荷状態，配線の影響などで比較的起きやすいので注意しなければならない。

① **電圧変化の影響** トルクは電圧の2乗に比例するので，電源の電圧が降下すると，始動トルクは減少する。同期速度は変化しない。

このため，負荷が大きいときには始動不能になったり，運転中に滑りが増加して電流が増大し，効率が低下し電動機が過熱するので特に注意を要する。電圧が上昇した場合は，トルク特性が増加するため比較的問題は小さいが，無負荷電流，損失が増加し力率が低下する。このため，電圧上昇が大きい場合には電流が増大し，電動機が過熱することもある。

② **周波数の影響** 周波数が低下すると，それに比例して回転数が小さくなり冷却効果が減少する。トルク特性は増加するが，無負荷電流，損失が増加し電動機は定格時より熱くなる。

周波数が上昇すると回転数が大きくなり，冷却効果は増大するがトルク特性は低下し，電圧降下時と同様，電動機が過熱する。

（3） 電動機の保護

幹線から分岐して電動機に至る分岐回路には，原則として1台の電動機以外の負荷を接続させないこと。ただし，定格電流の限度および過負荷保護装置などの施設のある場合は，2個以上の電動機などを1つの分岐回路に施設することもできる。

（4） 保 護 装 置

電動機を保護するため保護装置が使用される。

① **ヒューズ** ヒューズには，つめ付ヒューズ・筒形ヒューズ・栓形ヒューズなどがある。また，A種，B種に分かれていて，動力回路保護を目的とする場合にはB種ヒューズを使用しなければならない。

② **保護機器** 保護機器については，保護の内容によって選定する。一般的に多く使用されている保護装置として，モータブレーカ・サーマルリレーなどである。

③ **電磁開閉器** 電磁接触器と過負荷継電器（サーマル）の組み合わせで，電動機の過負荷保護を司る。

ここで述べる電圧，周波数の変化は商用電源での変動の範囲であり，インバータなどの可変電圧・可変周波数電源に対するものではない。

表 2・5　保護の目的と保護機器

保護の対象	保護項目	保　　護　　機　　器
電　動　機	過負荷, 拘束	サーマルリレー, モータブレーカ, 2Eサーマルリレー, 3Eリレー
	欠相, 不平衡	2Eサーマルリレー, 3Eリレー
	過電圧, 不足電圧	電圧継電器
電線, 配線器具	短　絡　保　護	配線用遮断器, モータブレーカ, ヒューズ
人, 火　災	漏　電　保　護	漏電遮断器, 漏電リレー, 漏電保護機能付静止型保護継電器
負荷機械	反　相　保　護	3Eリレー

④　**配線用遮断器**　配線用遮断器は, ヒューズのように過電流によって溶断したとき取り替える手間をかけずに再投入できる利便がある。

配線用遮断器は, 過電流負荷に対してはバイメタル要素で, 短絡電流に対しては電磁力で動作するものが多いが, 半導体による電子式制御回路を内蔵して限流遮断特性をもたせたものもある。

⑤　**保護強調**　電磁開閉器（サーマルリレー）は電動機の過負荷, 欠相などによる焼損保護や, 通常の開閉操作を目的としているので, 過負荷以上の電流（全負荷電流の約10倍以上）が短絡電流として流れる場合には, 開閉, 遮断能力がない。そのために, 短絡時の過大電流に対する保護には, 短絡遮断能力をもつ配線用遮断器などの過電流遮断器を使用する保護強調をおこなっている。このほかに, 回路の保護強調には次の条件がある。

イ．電磁開閉器と遮断器の合成保護特性が, 電動機と電線の熱特性の下側にあること。

ロ．定格負荷運転時の定常電流や始動電流で, 保護機器が動作しないこと。

ハ．過負荷領域では電磁開閉器が遮断器よりも先に動作すること。

ニ．電磁開閉器の遮断可能電流以上の領域は過電流遮断器が動作し, 電磁開閉器を保護すること。

⑥　**その他**　過負荷及び欠相を保護する回路に, 保護継電器と電磁接触器を組み合わせて使用する。スターデルタ始動の冷却水ポンプの回路に, 過負荷・欠相保護継電器（2Eリレー）を使用する。全電圧始動（直入始動）の水中モータポンプの回路に, 過負荷・欠相・反相保護継電器（3Eリレー）を使用する。

（5）　低圧三相誘導電動機の分岐回路の例

図 2・2の記号の名称と意味を次に示す。

MCCB：配線用遮断器, 回路保護を目的としたもので, 幹線または分岐

回路の電路保護に使用

Ａ：電流計：回路に流れる電流の大きさを測る計器

52：電磁接触器，電磁石の吸引力により接点を開閉するもので，電動機の過負荷保護に使用

２Ｅ：過負荷・欠相保護継電器，電動機の過負荷または欠相を生じたとき，主回路を解放する保護継電器

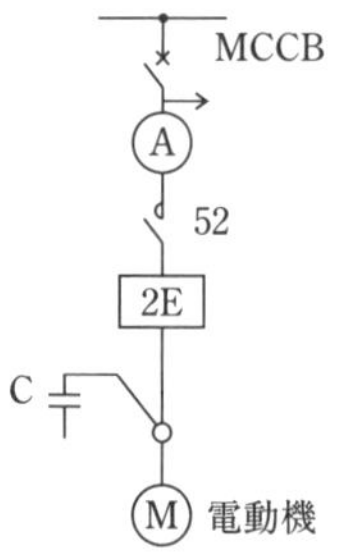

Ｃ：低圧進相コンデンサ，電圧に対して電流が遅れる位相差による力率の低下を防止するための力率改善に使用

Ｍ：電動機

図2・2　低圧三相誘導電動機の分岐回路

（6）　進相用コンデンサの施設

　誘導電動機は誘導負荷なので力率が悪く，力率改善用のコンデンサを設置する必要がある。進相用コンデンサの設置方法には，一括して変電設備に高圧コンデンサを設ける場合と，電動機ごとに低圧コンデンサを取り付ける場合があり，低圧需要家では後者の場合が原則となっている。

　また，既設の交流電気回路に，新たに進相コンデンサを設ける場合の力率改善の効果としては，電線路および変圧器内の電力損失の軽減，電圧降下の改善，電力供給設備余力の増加などがある。

（7）　制　御

　自動運転　　人が操作するのでなく，あらかじめ定められた条件に従って，種々の制御機器が自動的に運転操作を行うものである。自動運転で注意することは，試運転の際あるいは自動制御機構の点検修理の際などに手動切替え運転ができるようにしておく必要がある。

　　自動運転の制御指令の出所により次のように分類される。

①　**自己の指令によるもの**　　給排水ポンプのように，制御盤に内蔵している液面制御リレーによって自動運転するもの，あるいはタイムスイッチにより一定時刻に自動運転，停止を行うものであり，他の電動機などとの連動のないものが多い。

②　**他の機器の指令によるもの**　　冷凍機のクーリングタワーファンのように，他の機器である冷凍機からの指令で自動的に運転・停止をするものであり，この指令をインターロックという。

③　**交互運転・交互並列運転**　　給水ポンプなどで2組を設置し，うち1組を予備機として遊休させることをせずに，1組が一定の運転を終了したら次の運転を他の1組が行う方式を交互運転という。ま

た，排水ポンプなどで常時は交互運転で行い，異常増水時に2組が同時に並列運転をするのを交互並列運転という。

（8）　電動機の始動方式

　電動機の始動方式には，全電圧始動と減電圧始動がある。三相誘導電動機を全電圧始動させると，その始動電流は，定格電流の7～8倍の大きな電流となり，電圧降下が生じて電源系統の電圧変動の要因となる。

　(a)　**全電圧始動方式**（直入れ始動方式）　一般に直入れ始動方式と呼ばれ，始動装置を用いずに直接電動機に回路の定格電圧を加えて始動する方式である。この利点は，始動装置を必要とせず，低コストとなる。この始動方式は，配線用遮断器と電磁開閉器を組み合わせたものが多く用いられている。

　(b)　**スターデルタ始動方式**　スターデルタ始動方式は，電動機巻線をスター（Y）結線とし，各相に加わる電圧を$1/\sqrt{3}$にし，始動電流を低減して始動することにより，定格速度に近づいたときにデルタ（Δ）結線に切り替えて運転する方式である。Y結線時の始動電流および始動トルクは，全電圧始動時の1/3になる。比較的安価であるが，始動から運転に入るときに，電気的，機械的ショックを生じる。一般に，11 kW 以上の電動機に使用される。

　スターデルタ始動方式の電動機は，スター結線に接続された3本の配線に電流を流して始動し，その後デルタ結線に接続された3本の配線に切り替えて定格運転をする。そのために，電動機への配線数は6本の電線となる。

　スターデルタ始動方式以外に三相誘導電動機の始動装置には，リアクトル始動方式，コンドルファ始動方式，始動補償器方式（コンペン始動方式），パートワインディング始動方式などがある。なお，コンデンサ始動は単相誘導電動機の始動方式である。

（9）　電動機の速度制御方式

　(a)　電動機の速度制御の各種方式を，図2・3に示す。

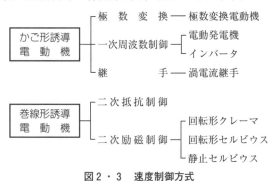

図2・3　速度制御方式

内線規定では3.75 kWを超える三相誘導電動機は，始動装置の使用推奨。

◀ よく出題される

電気設備

電気設備

（b）**インバータ制御方式**

① **インバータ**とは，商用電源から交流電動機駆動用の可変電圧・可変周波数の電源に変換する装置で，VVVF ともいわれる。

VVVF：Variable Voltage Variable Frequency

② **インバータ制御方式**は，かご形誘導電動機を用いて，他のすべての電動機の特性を作りだせることで，省エネルギー，省力化，省保守の観点から広く普及している。

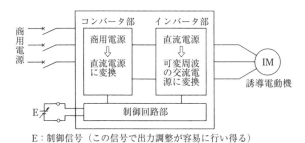

E：制御信号（この信号で出力調整が容易に行い得る）

図2・4　インバータの基本構成

③　電動機のインバータ制御の特徴

長所

◀ よく出題される

1）　三相かご形誘導電動機を使用することができる。

2）　インバータにより電圧と周波数を変化させて，速度を制御する。

3）　速度を連続的に制御できるため，負荷に応じた最適の速度を選択することができる。

4）　直入れ始動方式よりも始動電流を小さくできるため，電源設備容量が小さくなる。

短所

◀ よく出題される

1）　高調波が発生するため，フィルタなどによる高調波除去対策が必要である。

2）　電圧波形にひずみを含むため，インバータを用いない運転よりも電動機の温度が高くなる。

3）　高調波が発生して，進相コンデンサ等が焼損することがある。

4）　正弦波パルス幅変調制御（PWM 制御）の低速運転時に騒音が顕著になる傾向があり，振動にも注意が必要である。

　なお，インバータ装置の高調波ノイズ対策用としてはリアクトルを採用する。また，インバータの一次側に設置する漏電遮断器は，高調波・サージ対応品の使用が望ましい。

（10）　動力設備の試験・測定

　動力設備には，絶縁抵抗試験・連動試験・回転方向チェックなど，多くの試験・チェック事項がある。

2・2・2　動力配線工事

　動力配線は，電動機，保護装置，制御装置，接地，監視操作などをシステムとして接続することであり，幹線，分岐，制御等の配線などである。

(1)　分　岐　回　路

　電動機は，1台ごとに専用の分岐回路を設けて施設しなければならない。次のいずれかに該当する場合は，この限りでない。

① 　単相で15 A 分岐回路または20 A 配線用遮断器分岐回路に使用する場合

② 　出力が0.2 kW 以下の場合

③ 　2台以上の電動機で，おのおのに過負荷保護装置を設けてある場合

　この過電流遮断器は，電路の短絡保護を目的として，原則として電動機1台ごとに1つの過電流遮断器を設ける。一般には配線用遮断器（MCCB）を使用し，始動電流では動作しない定格のものを選定する。

(2)　分岐回路の配線の太さ

　電動機に供給する分岐回路の電線は，過電流遮断器の定格電流の1/2.5（40％）以上の許容電流のあるもので，連続運転または短時間運転などにより電線の太さが定めている。

(3)　配線の耐熱保護の工事方法

　MI ケーブル，耐火電線を除き，金属管工事，可とう電線管工事またはフロアダクト工事とし，その埋設深さは躯体などの表面から10 mm 以上とする。ただし，埋設深さ20 mm 以上とした場合は，硬質ビニル管工事とすることができる。その他，非常電源用などの耐火保護については消防法等に規定している。

(4)　動　力　幹　線

　動力幹線は熱源機器・空調機・給排気ファン・給排水ポンプ・消火ポンプ・エレベータ・エスカレータなどの機器へ電力を供給するためのもので，これには常時電力会社より供給されている常用動力幹線（一般動力幹線）と，買電の停電など非常時に発電機へ切り替わり給電される非常用動力幹線がある。

　なお，制御盤から電動機までの配線は，CV ケーブル又は EM-CE ケーブルで接続する。

電気設備

> ### 確認テスト〔正しいものには○，誤っているものには×をつけよ。〕

□□(1)　金属管工事で，三相3線式回路の電線を1本ずつ別々の金属管に収めて施工した。

□□(2)　低圧屋内配線工事において，使用電圧が200Vなので，金属管にD種接地工事を施した。

□□(3)　CD管は，二重天井内に直接転がして施設することができる。

□□(4)　PF管を直接コンクリートに埋め込んで敷設した。

□□(5)　低圧屋内配線で，乾燥した場所に施設した合成樹脂管内において，電線に接続点を設けた。

□□(6)　三相誘導電動機のスターデルタ始動方式は，巻線をスター結線で始動させ，デルタ結線で運転する方式で，始動電流は，全電圧始動時の約 $\frac{1}{3}$ になる。

□□(7)　三相誘導電動機において，過負荷及び欠相保護のために，配線用遮断器を設けた。

□□(8)　三相かご形誘導電動機の極数を4極から2極にすると，同期速度が小さくなり，回転数が大きくなる。

□□(9)　インバータ制御は，高調波が発生するため，フィルタ等による高調波除去対策が必要である。

□□(10)　電動機のインバータ制御は，速度を連続的に制御できるため，負荷に応じた最適の速度を選択することができる。

> ## 確認テスト解答・解説

(1)　×：三相3線，単相2線などを1本ずつとか別の管内に入れてはならない。

(2)　○

(3)　×：CD管は可燃性のポリエチレン製であるので，直接コンクリートに埋め込んで施設するか，不燃性または自消性のある難燃性の管またはダクトに収めて施設しなければならない。

(4)　○

(5)　×：合成樹脂管内では，電線に接続点を設けてはならない。

(6)　○

(7)　×：過負荷及び欠相保護には，過負荷欠相防止過電流継電器と電磁接触器を組み合わせて使用する。配線用遮断器は，分岐回路の電路保護が目的である。

(8)　×：回転数は同期速度にほぼ比例し，また同期速度は極数に反比例するので，極数が1/2になると同期速度は2倍になり，回転数も大きくなる。

(9)　○

(10)　○

第3章　建築工事

建築工事

建築工事の出題傾向

　建築工事においては，毎年2題出題されており，出題内容は以下のとおりである。

3・1・1　鉄筋コンクリート工事

　3年度は，コンクリートの性状に関して出題されている。4年度は，建築材料に関する内容，鉄筋に対するコンクリートのかぶり厚さについて出題された。

3・1・2　梁貫通

　3年度，4年度ともに，出題がなかった。

3・1・3　反力と曲げモーメント

　3年度は，単純梁の反力について出題された。4年度は，出題がなかった。

3·1 鉄筋コンクリート

学習のポイント

1. 水セメント比とスランプ値について理解する。
2. コンクリートの施工について理解する。
3. 鉄筋について理解する。
4. 梁貫通孔の位置と大きさに関する諸条件を理解する。
5. 曲げモーメントについて理解する。

3・1・1　鉄筋コンクリート工事

　鉄筋コンクリート構造は，一般に，柱や梁の各節点が剛接合するラーメン構造が多い。鉄筋は主に引張力，コンクリートは圧縮力を負担している。

（1）コンクリート

　(a) **コンクリートの材料**　　コンクリートとは，骨材（砂・砂利）にセメントペースト（セメントを水で溶いたもの）を接着材として固めたものである。

　① **セメント**　　セメントは風化すると著しく強度が低下する。セメントの風化とは，セメントが空気中の湿気や二酸化炭素と結合して次第に粒状化し，さらに塊状に固まる現象をいう。

　　主としてポルトランドセメントおよび早強ポルトランドセメントが使用される。

　　高炉セメントB種は，普通ポルトランドセメントと同様に使用されるが，普通ポルトランドセメントと比較して次の特徴がある。

　1）初期強度はやや小さいが長期強度は大である。したがって，<u>強度の発現は遅い。</u>
　2）水和熱が小さい。
　3）乾燥収縮が小さい。
　4）アルカリ骨材反応の抑制に効果がある。

　② **骨　材**

　　　粗骨材：粗骨材は，5mm以上の粒径の土粒子が85%以上含まれている骨材をいう。

　　　細骨材：砂のことである。砂は，土粒子の粒径が2.4mmから74μmの間のものをいい，肉眼で見えるものである。

水和熱は，(c)①（p.74）参照のこと

(b) コンクリートの調合

① **レディミクストコンクリート** 工場で製造され，荷卸し地点まで搬送される生コンクリートのことをいう。

レディミクストコンクリートは，コンクリートの種類，粗骨材の最大寸法，スランプおよび呼び強度の定められた組合せから指定して発注する。なお，躯体を打設するコンクリートの強度は，設計基準強度を割り増しする。

② **単位水量** フレッシュコンクリート $1\,\mathrm{m^3}$ 中に含まれる水量〔kg〕のことである。

単位水量の大きなコンクリートは，乾燥収縮によるひび割れ，ブリーディングを誘発する等，耐久性上好ましくない。したがって，その上限値は $185\,\mathrm{kg/m^3}$ としている。

単位水量を増加させると，コンクリートの流動性は増し，ワーカビリティが良くなるが強度は低下する。

③ **単位セメント量** フレッシュコンクリート $1\,\mathrm{m^3}$ 中に含まれるセメントの質量〔kg〕のことである。

単位セメント量は，水和熱や乾燥収縮によるひび割れ防止のためには，できるだけ少ないほうがよいが，少なすぎると，ワーカビリティが悪く施工上の欠陥も出やすいため，一定の範囲がよく下限値を $270\,\mathrm{kg/m^3}$ としている。

◀ よく出題される

④ **水セメント比** 水セメント比とは，セメントペースト中のセメント（C）に対する水（W）の質量百分率をいい，W（水の質量）/C（セメントの質量）で表す。水セメント比が小さくなると，コンクリートの強度は大きくなるので耐久性が高くなり，中性化が遅くなる。

水セメント比の最大値は，ポルトランドセメントで65%，高炉セメントB種で60%である。

◀ よく出題される

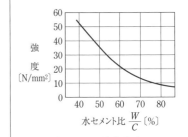

水セメント比と強度

⑤ **スランプ試験** スランプ試験とは水平に設置した厚鉄板の上にスランプコーンを置き，これにコンクリートをコーンの高さ（30 cm）の約1/3ずつ3回に分けて入れて，各回ごとに突き棒で突く。最終回を突き終わったら頂部を平らに均し，直ちにスランプコーンを静かに鉛直に引き上げ，コンクリートの中央部の下がり x〔cm〕を測定してスランプとする（図3・1）。

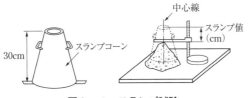

図3・1 スランプ試験

　　スランプ試験は，コンクリートの流動性と材料分離に対する抵抗性の程度を測定する試験である。

　　スランプを大きくすると，付着強度が低下し，乾燥収縮によるひび割れが増加する。スランプ値が小さくなると流動性が小さくなるため，ワーカビリティは低下して，コンクリートの打設効率が低下し，充填不足を生じることがある。

　　スランプは，コンクリートの流動性に影響を与え，スランプが大きすぎるとコンクリートの骨材分離等が発生するが，水セメント比の影響に比べると，コンクリートの強度に最も影響を及ぼすものではない。

(c)　**硬化前のコンクリートの性質**

①　**水和熱**　　セメントと水を混ぜると，熱が発生する。この熱を水和熱といい，長期的に発熱状態が継続する。

②　**ワーカビリティ**　　コンクリートが材料分離を起こすことなく，打込み・締固め等の施工のしやすさの程度をいう。

③　**ブリーディング**　　コンクリートは打込み後，軽い水あるいは微細な物質などが上昇し，重い骨材やセメントは沈下する。

　　この水の上昇する現象をブリーディングといい，ブリーディングに伴ってコンクリート面は沈下する。

　　スランプ値が大きくなると，ブリーディング量は多くなる。

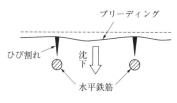

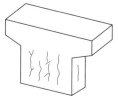

図3・2　ひび割れの状況図

④　**レイタンス**　　ブリーディングで上昇した水分等がコンクリート表面で固化した不純物をいう。コンクリート打継ぎ時には必ず清掃除去する必要がある。

(d)　**硬化後のコンクリートの性質**

①　**質量**　　コンクリートの単位容積質量は使用骨材によって決まる。普通コンクリート$2.3\,t/m^3$，AE剤を混入した場合は$2.2\,t/m^3$，軽量コンクリートは$2.0\,t/m^3$以下である。ちなみに鉄筋コンクリートでは$2.4\,t/m^3$である。

②　**強度**　　コンクリートは，圧縮強度に比べて引張り・曲げ・せん断強度が著しく小さいため，構造上はもっぱら圧縮強度が利用される。

　　建築基準法に，設計基準強度での引張りおよびせん断強度は圧縮強

コンクリートの熱膨張係数：
$7 \sim 13 \times 10^{-6}/℃$

鉄の熱膨張係数：$10 \times 10^{-6}/℃$

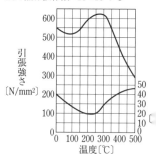

温度による鋼材の性質

度の1/10とすることが規定されている。

③　**熱膨張係数**　コンクリートの熱膨張係数は使用骨材によって異なるが，普通コンクリートと鉄筋はほぼ同じである。

④　**耐火性**　コンクリートは，長時間高温にさらされると強度・弾性が低下する。普通コンクリートでは300〜350℃以上に加熱されると強度は著しく低下し，500℃では常温強度の約60％以下に低下する。弾性係数の低下はそれ以上で，500℃では常温の10〜20％となる。このため，一般のコンクリートでは500℃以上に加熱されたものを構造材として再使用することはきわめて危険である。

⑤　**中性化**　初期のコンクリートは pH12強のアルカリ性であるため，鉄筋に対して防錆の効果があるが，日時の経過とともに空気中の水蒸気や二酸化炭素の作用を受けて，表面から徐々にアルカリ性をなくしていく。この現象を中性化という。中性化が進むと鉄筋に対する防錆効果がなくなり，鉄筋が腐食して鉄筋コンクリートとしての寿命が尽きることになる。

pH＝7は中性
pH＞7はアルカリ性
pH＜7は酸性

（2）　コンクリートの施工

（a）　**コンクリートの打設（その1：片押し打ち工法と回し打ち工法）**　コンクリートの打込みには，片押し工法と回し打ち工法とがある。片押し工法とは，コンクリートを1箇所に大量に打ち込み，バイブレータ等を使用して順次横流しして打設する方法である。回し打ち工法とは，打ち込む位置の近くにコンクリートホースの筒先を移動しながら，全体が均一な高さになるように，水平に打ち込む工法である。

　　片押し工法は，次のような不具合が生じるおそれがある。

①　バイブレータ等を使用してコンクリートの横流しを行うと，骨材分離を引き起こすおそれがあるため，行ってはならない。

②　コンクリートを1箇所に大量に打ち込むことによる，コンクリートの上昇速度が速くなり，型枠に及ぼす側圧の上昇も大きくなる。

　　回し打ち工法は，片押し工法と比較して，下記のような特徴がある。

③　上記の片押し工法による不具合が生じるおそれは少ない。

④　コンクリートを打ち込んだあと，ある程度落ち着いてから次のコンクリートを打ち継ぐため，ブリーディングが小さい。

⑤　コンクリートホースの筒先を移動しながらコンクリートを打ち込むため，コンクリート圧送の中断が多くなる。

（b）　**コンクリートの打設（その2）**

①　コンクリート打込み直前に型枠内部を清掃し，せき板に十分散水する。型枠が乾燥した状態でコンクリートを打設すると，コンクリート

建築工事

中の水分が型枠に吸収され, 脆弱_{ぜい}なコンクリートとなる。

② コンクリートは, あまり練混ぜ時間を長くすると, 粗骨材が砕かれたり, 空気量が減少したりすることによりスランプの低下量が増大して, ワーカビリティが悪くなる。

③ 外気温度が25℃以上の場合には, 練混ぜから打込み終了までの時間を90分以内とし, 25℃未満の場合は, 120分以内とする。

④ コンクリートの性状として, 気温が高くなると凝結, 硬化が早くなる。

⑤ 打込み時にスランプが所定の値より小さくなっている場合でも, ワーカビリティをよくするため加水すると水セメント比が大きくなり, コンクリートの強度が落ちるとともに鉄筋への付着強度もおちるので, 行ってはならない。

⑥ コンクリートは, 骨材の分離を避けるためと, 配筋を乱さないためにできる限り低い位置から打ち込む。自由落下高さは1m以下とする。

⑦ バイブレータによる加振は, 鉄筋や型枠に直接接触しないようにし, バイブレータ使用の加振時間が長すぎるとコンクリートが分離するため, 1箇所で長時間の使用は避ける。

⑧ コンクリートの打継面は, 梁およびスラブではそのスパンの中央付近に設け, 柱および壁では床スラブまたは基礎の上端に設け, 水平または垂直とする。打継面のレイタンスは完全に取り除く。

(c) **コールドジョイント**　　コンクリート打設中に, 先に打ち込まれたコンクリートが固まり, 後から打ち込んだコンクリートと一体化しないでできた継目のことで, 漏水の原因になりやすい。

コールドジョイントを少なくするには, 先に打ち込まれたコンクリートが固まる前に, 次のコンクリートを打ち込んで一体化する。

(d) **打設後の養生**

① コンクリートに急激な表面乾燥が生じると, 表面ひび割れの発生が多くなる。コンクリート打込み後5日間は散水養生を行う。

② 冬季は, コンクリートの表面温度を2℃以上に保つ。

(e) **コンクリートの強度の確認**　　打ち込まれた普通コンクリートの構造体強度の確認は, 材齢28日の供試体で行う。

(f) **ジャンカ**　　コンクリート打設時に, 締め固め不足やセメントと骨材の分離などで内部に空隙ができることをいい, コンクリートの強度不足や鉄筋の腐食の原因になる。

(3) 鉄　　筋

(a) **鉄筋の加工**

① 鉄筋の切断はシャーカッタまたはのこぎりを用いて切断するのを原

異　形　鉄　筋		
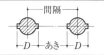		
あき	・呼び名の数値の1.5倍 ・粗骨材最大寸法の1.25倍 ・25mm のうちの大きい数値	
間隔	・呼び名の数値の1.5倍＋最外径 ・粗骨材最大寸法の1.25倍＋最外径 ・25mm＋最外径 のうちの大きい数値	

則とする。やむを得ずガス切断による場合は，急激な加熱による材質の変化をできるだけ少なくするように注意する。

② 鉄筋の折曲げ加工は冷間加工とし，熱を加えない。

③ あまり急角度に曲げると，鉄筋に割れなどが生ずる危険がある。

(b) **鉄筋の継手および定着**

① 鉄筋径が大きいほど，重ね長さは長くなる。

② 径の異なる鉄筋の重ね継手の長さは，径の細いほうの鉄筋に所定の倍数を乗じた寸法とする。

③ 継手の位置は応力が最も小さい部分に設けることが望ましい。

④ フックの長さは，鉄筋の継手長さには含めない。

⑤ **定着長さ**とは，鉄筋コンクリート造で梁や柱などの主筋が移動したり引き抜けないように，必要な長さをコンクリートに埋め込んで固定する場合の有効長さのことであり，鉄筋径の30〜45倍の定着長さを必要とするため，引張り強度に関係なく鉄筋径が大きくなるほど長くなる。

(c) **鉄筋のガス圧接部の引張試験** 鉄筋のガス圧接部の引張試験において，引張強さが母材の強度の規格値以上であっても，圧接面で破断したときは不合格とする。

(d) **鉄筋コンクリート造の鉄筋の役割と名称**

① 役 割：鉄筋コンクリート造において，コンクリートは圧縮力を，鉄筋は引張力を受け持つ。

② 名 称：

主筋：鉄筋コンクリート部材で軸方向または曲げモーメントを負担する鉄筋のことである。柱では軸方向の鉄筋，梁では上端・下端の軸方向の鉄筋をいう。

　　　床スラブでは，荷重は主として短辺方向が受け持つため，矩形スラブの短辺方向の鉄筋を主筋という。ただし，床スラブでも抵抗モーメントの大部分を長辺方向に期待するときは，その方向の鉄筋を主筋という。

配力筋：鉄筋コンクリート造スラブで，主筋の位置を確保し，主筋の方向以外の応力を伝えるために配筋する鉄筋のことである。一般には主筋と直角方向の鉄筋をいい，四周で支えられた長方形スラブでは長手方向の鉄筋をいう。

帯筋（フープ筋）：柱主筋の組み立て配置を確実にするとともに，柱のせん断補強を行い，主筋の座屈およびそれに伴うコンクリートのはらみ出しを防ぎ，柱の圧縮強度を増大させる役割をもつ。連続した帯筋を，スパイラルフープ筋という。

建築工事

あばら筋（スターラップ
　　筋）：梁の受けるせ
　ん断力に対する補強
　筋であるとともに，
　施工上，主筋の位置
　を固定するためにも
　重要な鉄筋である。

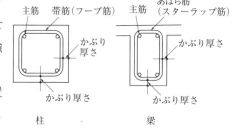

主筋　帯筋（フープ筋）　　主筋　あばら筋
　　　　　　　　　　　　　　（スターラップ筋）

かぶり
厚さ

かぶり厚さ

かぶり厚さ

かぶり厚さ

柱　　　　　　　　梁

図3・3　鉄筋の名称とかぶり厚さ

スパイラル筋：柱のせん断補強や耐震補強壁のアンカー周辺の補強と
　　　　しても設置される。

(e)　**鉄筋に対するコンクリートのかぶり厚さの確保**

①　かぶり厚さを確保するために，スペーサを使用する。スペーサは，
　型枠と鉄筋の間に入れるサイコロ状などの仮設材である。

②　鉄筋に対するコンクリートのかぶり厚さは，柱・梁については帯　　◀ よく出題される
　筋・あばら筋の外側から，壁・床については鉄筋の外側からコンクリ
　ートの表面までの最短距離をいう。

③　伸縮目地等がある場合は，コンクリートの表面とは，目地底をいう。

④　鉄筋のかぶり厚さは，土に接する部分や高熱を受ける部分を，その　　最小かぶり厚さ：20〜60mm
　他の部分に比べて大きくする。しかし，捨てコンクリート部分の厚さ　　◀ よく出題される
　は含めない。

⑤　耐力壁のかぶり厚さは，柱，梁と同じ厚さとする。

　　鉄筋のかぶり厚さが必要な理由には，次のようなものがある。

1)　**耐火上の問題**：火災を受けた際に，鉄筋の表面温度を500℃以下
　におさえるために必要である。

2)　**鉄筋の錆の問題**：コンクリートは強アルカリ性であるため，内部
　の鉄筋は錆びることはないが，コンクリートが中性化するにつれて
　錆が発生する。いったん，鉄筋に錆が発生すると体積が膨張してコ
　ンクリートにひび割れを生じさせ，空気や水分が侵入してますます
　鉄筋の腐食を増大させる。

（4）　**その他建築材料**

①　強化ガラスは，割れても破片が細かい粒状になるため安全性が高い。

②　複層ガラスは，ガラスとガラスの間に中空層をもたせ，乾燥空気な
　どを封入，又は真空にして高い断熱性能を持たせたガラスである。

③　石こうボードは，火災時に石こうに含まれる結晶水が失われるまで
　の間，温度上昇を抑制するため，耐火性に優れている。

④　ロックウールやグラスウール等の多孔質材料は，一般的に，周波数
　が高い音域に対する吸音効果が優れている。

3・1・2　梁　貫　通

（1）　スリーブの材質等

①　スリーブの材質は耐水性があり，取付け加工が容易で強度のあるものとする。

②　未使用のスリーブで防火区画を貫通するものは，不燃材料で密閉する。

（2）　梁貫通孔の梁に対する影響

①　構造計算上は，梁には貫通孔などの断面欠損による応力低下などは考慮されていない。

②　貫通孔の部分の断面欠損によってせん断力が大きく低下するとともに，貫通孔の周囲に二次的な曲げ応力が発生する。

③　貫通孔の位置は，応力の小さい部分に設けることが望ましい。

（3）　梁貫通孔のサイズと間隔・位置

①　梁貫通孔の大きさは，梁せいの1/3以下とする。　◀ よく出題される

②　梁貫通孔の位置は，梁せいの中心付近とし，梁下端より梁せいの　◀ よく出題される
　　1/3の範囲に設けてはならない（図3・4）。

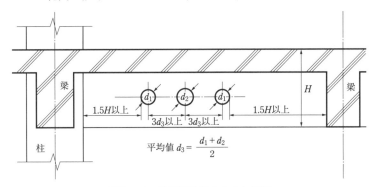

$$平均値\ d_3 = \frac{d_1 + d_2}{2}$$

図3・4　梁貫通孔の大きさと位置

③　梁貫通孔が並列する場合は，その中心間隔は孔の径の平均の3倍以上とする（図3・4）。

④　梁貫通孔の位置はせん断力の大きくかかる梁端部を避け，スパンの1/4の付近からスパンの中心部が好ましい。

⑤　梁貫通孔の外面は，柱および直交する梁および小梁の面から梁せいの1.5倍以上離す必要がある。

⑥　梁貫通孔の形状が円形でない場合は，外接円に置き換えて対応する。

⑦　梁貫通孔の径が，梁せいの1/10以下，かつ，150 mm 未満の場合は補強筋を必要としない。

⑧　梁貫通孔の周囲には，曲げモーメントとしての引張応力の集中，およびコンクリートの断面欠損によるせん断力の減少が生じるため，縦

筋，斜め筋，上下横筋等による**開口補強**を行う。

⑨　梁の主筋は，梁自体の曲げ耐力の向上およびクリープ変形の防止が目的であるため，梁貫通孔の補強として主筋量を増やしてもあまり意味がない。

⑩　スリーブを最寄りの鉄筋に接して直接緊結すると，スリーブに接した鉄筋がコンクリートによる所定のかぶり厚さを確保できず，火災時の鉄筋の保護や錆を防止できない。

（4）　壁・床貫通

①　構造壁でない壁の開口部の径が300 mm以下で，鉄筋を緩やかに曲げて配筋できるときは，補強を省略してもよい。

②　スラブの開口の最大径が700 mmで鉄筋を切断するときは，開口の周囲や隅角部を鉄筋で補強する。

③　窓などの開口部は，開口部周囲を鉄筋で補強し，隅角部には斜め筋を配置する。

④　小さな壁開口が密集している場合，その全体を大きな開口とみなして開口補強を行うことができる。

⑤　壁の開口補強には，鉄筋に代えて溶接金網を使用することができる。

3・1・3　反力と曲げモーメント

（1）　反　　　力

構造物に作用する力（自重・積載荷重・風圧力・積雪荷重・地震力等）を総称して荷重という。図3・5(a)のような梁に荷重P_1，P_2がかかった場合，これらの荷重に抵抗するためには，これを支える支点A，Bが必要である。この支点には荷重と大きさが等しく反対方向の抵抗力が働く。この抵抗力を反力といい，水平方向に働く反力H，垂直方向に働く反力Vと曲げようとする力に対する反力Mの3つがある。

（2）　支　　　点

支点には，ピン（回転端）・ローラー（移動端）・固定の3つがある。

①　**ピン支点**　　支点は動かず，自由に回転できるものをピン支点といい，反力は水平反力と垂直反力の2つがある（図3・5(b)①および図3・6の①）。

②　**ローラー支点**　　ピンをレールの上に載せたようなもので，水平方向には自由に動く。したがって，反力は垂直反力だけである（図3・5(b)②および3・6の②）。

③　**固　定**　　移動も回転も起こさないような支点を固定という（図3・5(b)③および3・6の③）。それぞれの支点に対する反力は，H，V，Mの3つである（図3・5，図3・6）。

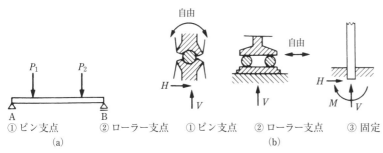

図3・5

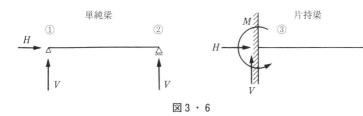

図3・6

（3）　反力の求め方

　一般に構造物に荷重が作用すると，支点に反力が生じ，この構造物が移動しないで静止しているときは，荷重と反力とがつり合っているはずである。すなわち，反力の大きさおよび方向は，荷重との間につり合い条件の式をたてて，これを解くことで求める。

（a）　単純梁の反力（図3・7）

① 支点に反力を仮定する（ピン支点には，水平方向の反力 H_A と，垂直方向の反力 V_A，ローラー支点には，垂直方向の反力 V_B をそれぞれ仮定する（図3・8(a)）。

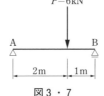

図3・7

② 水平方向に生ずる力の総和 $\Sigma X = 0$ より，水平方向の反力 H_A を求める。ここでは，水平方向の外力は他にはないので，

$$H_A = 0$$

③ 支点Aを中心に回転させようとする力の総和 $\Sigma M_A = 0$ より，垂直方向の反力 V_B を求める（時計回りのモーメントを＋と仮定）。

$$\Sigma M_A = 6\,\mathrm{kN} \times 2\,\mathrm{m} - V_B \times 3\,\mathrm{m} = 0$$

$$3\,\mathrm{m} \times V_B = 12\,\mathrm{kN \cdot m}$$

よって，$V_B = 4\,\mathrm{kN}$

となる。

④ 垂直方向に生ずる力の総和 $\Sigma Y = 0$ より，垂直方向の反力 V_A を求める（上向きの力

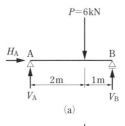

(a)

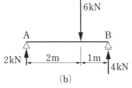

(b)

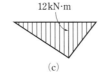

(c)

図3・8

を＋と仮定する）。

$$\Sigma Y = V_A + V_B (4\,\mathrm{kN}) - 6\,\mathrm{kN} = 0$$

よって，$V_A = 2\,\mathrm{kN}$　となる（図3・8(b)）。

　ここで計算中に答えが－で出てきたら，仮定した反力の方向が間違っていたことを示し，仮定と反対方向の矢印とする。

⑤　曲げモーメント図である（図3・8(c)）。

(b)　**片持ち梁の反力**（図3・9）

①　支点に反力を仮定する。A点は固定点であるので，H_A，V_A，M_Aの3つの反力が生じる。B点は自由端であるから，反力は生じない（図3・10(a)）。

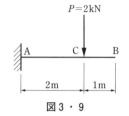

図3・9

②　$\Sigma X = 0$より，水平方向の反力H_Aを求める。この場合，水平方向に外力が作用していないので，$H_A = 0$である。

③　$\Sigma Y = 0$より，垂直方向の反力V_Aを求める。

$$\Sigma Y = V_A - 2\,\mathrm{kN} = 0$$

よって，$V_A = 2\,\mathrm{kN}$

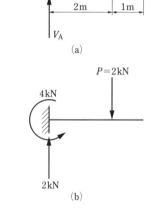

(a)

④　$\Sigma M_A = 0$より，回転の反力${}_R M_A$を求める（図3・10(b)）。

$$\Sigma M_A = {}_R M_A - 2\,\mathrm{kN} \times 2\,\mathrm{m} = 0$$

よって，${}_R M_A = 4\,\mathrm{kN \cdot m}$

⑤　曲げモーメント図である（図(c)）。

（4）　曲げモーメント図

　外力を受けて部材が曲げられるとき，回転しようとする力が働く。この曲げようとする力を曲げモーメントといい，適当な尺度で図示したものを曲げモーメント図という。曲げられたとき，中立面を境として一方が引張り側となり，他方が圧縮側となり，引張り側となるほうに図を書く。

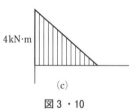

(c)

図3・10

　単純梁およびラーメンにかかる荷重と曲げモーメント図との関係は，図3・11のとおりである。

◀ よく出題される

（5）　応　　　力

　構造部材に荷重を受けたとき，部材には軸方向応力の引張力または圧縮力，支点を中心にした回転力の曲げモーメント，軸直角方向に生じる応力

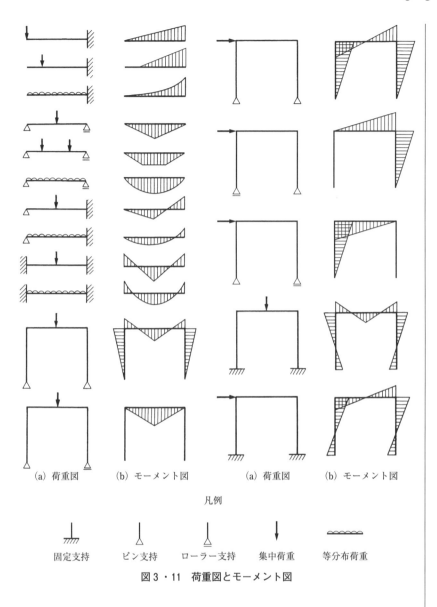

(a) 荷重図　　(b) モーメント図　　　　　(a) 荷重図　　(b) モーメント図

凡例

固定支持　　　ピン支持　　　ローラー支持　　　集中荷重　　　等分布荷重

図 3・11　荷重図とモーメント図

であるせん断応力（またはせん断力）の 3 種類の応力に分けて作用する力を考える。

（6）　荷重を受ける梁の断面

　鉄筋コンクリート造の梁において，上部から集中荷重または等分布荷重を受けると，下部最外縁部に引張応力，上部最外縁部に圧縮応力を受ける。鉄筋コンクリートは，鉄筋が引張応力，コンクリートが圧縮応力に対して規定の強度を有する組合せなので，コンクリートの付着力を超える引張応力になるおそれがある下部最外縁部の端部に近い部分には，鉄筋を配置する必要がある。鉄筋の配置が適切でないとコンクリートに亀裂が入ってしまい，やがて破断にいたる。

建築工事

建築工事

確認テスト〔正しいものには○，誤っているものには×をつけよ。〕

□□(1)　水セメント比が小さくなると，コンクリートの強度が小さくなる。

□□(2)　水セメント比が小さいコンクリートほど，中性化が早くなる。

□□(3)　コールドジョイントの発生を少なくするには，先に打ち込まれたコンクリートが十分に固まってから，次のコンクリートを打ち込んで一体化する。

□□(4)　コンクリートのスランプ値が大きくなると，ワーカビリティが向上する。

□□(5)　単位セメント量が多いほど，水和熱や乾燥収縮によるひび割れの発生が少ない。

□□(6)　柱の鉄筋のかぶり厚さは，主筋の外側からコンクリートの表面までの最短距離をいう。

□□(7)　鉄筋コンクリートの梁貫通孔は，梁せいの中心付近とし，その径の大きさは梁せいの1/3以下とする。

□□(8)　鉄筋コンクリートの梁貫通孔の径が梁せいの1/10以下で，かつ，150 mm 未満の場合は，補強筋を必要としない。

□□(9)　鉄筋コンクリートの梁貫通孔の周囲は応力が集中するため，梁の上下の主筋の量を増やさなければならない。

□□(10)　ピン支点やローラ支点には，曲げモーメントは発生しない。

確認テスト解答・解説

(1)　×：水セメント比とは，セメントペースト中のセメントに対する水の質量百分率をいい，この数値が小さくなるとコンクリートの強度は大きくなる。

(2)　×：水セメント比が大きいほど，中性化が早くなる。コンクリート中の水分が多いと，余分な水分がコンクリート内部から表面に浸み出し蒸発する。そのために，コンクリート硬化後に微細な空隙が残り，空気中の二酸化炭素が内部まで入り込んで，中性化を早める。

(3)　×：先に打ち込まれたコンクリートが固まる前に，次のコンクリートを打ち込んで一体化する。

(4)　○

(5)　×：単位セメント量は，水和熱や乾燥収縮によるひび割れ防止のためには，できるだけ少ない方がよい。ただし，少なすぎると，ワーカビリティが悪く施工上の欠陥も出やすい。

(6)　×：鉄筋に対するコンクリートのかぶり厚さは，一番外側の鉄筋の表面からコンクリートの表面までの最短距離をいう。したがって，柱の場合はフープ筋，梁の場合はスターラップ筋の外側からとなる。

(7)　○

(8)　○　ただし，構造設計者の了承が必要である。

(9)　×：梁貫通孔の周囲には，曲げモーメントとしての引張応力の集中，およびコンクリートの断面欠損によるせん断力の減少が生じるため，縦筋，斜め筋，上下横筋等による開口補強を行う。梁の主筋は，梁自体の曲げ耐力の向上およびクリープ変形の防止が目的である。

(10)　○

第4章 空気調和設備

空調設備

空気調和設備の出題傾向

4・1　空調負荷

3年度は，熱負荷について出題されている。4年度は，冷房負荷計算について出題された。空調負荷は，冷房・暖房に関するものが毎年のように出題されている。

4・2　空調装置容量の算出法

3年度は，冷房時の定風量単一ダクト方式における湿り空気線図の状態変化にする問題が出題された。4年度は，暖房時の定風量単一ダクト方式における湿り空気線図の状態変化から空気調和機の有効加湿量を計算する問題が出題された。冷房または暖房に関して，毎年出題されている。

4・3　熱源方式・空調方式

3年度は，建築計画の省エネルギー，各種空気調和方式の特徴，空気調和設備の自動制御，地域冷暖房，空気熱源ヒートポンプの合計5問が出題された。4年度は，省エネルギー効果のある空調計画，各種空気調和方式の特徴，変風量単一ダクト方式の自動制御機器の制御する機器と検出要素の組合せ，コージェネレーション，蓄熱方式に関する問題など5問が出題された。　内容が広範のため，交互ではあるがよく出題される箇所である。

4・4　換気設備

3年度は，換気設備の特徴，機械換気設備における電気室の発熱除去に必要な最小換気量計算に関しての2問が出題された。4年度は，換気設備の特徴，居室の二酸化炭素濃度を許容値に保つために必要な最小換気量計算に関しての2問出題があった。いずれもよく出題される内容である。

4・5　排煙設備

3年度は，排煙系統における各部の必要最小風量，排煙設備の構造についての基本問題が2問出題された。4年度は，排煙設備の基本的事項に関する問題について2問出題があった。

4・1 空調負荷

学習のポイント

1. 冷房負荷（顕熱と潜熱）の種類を理解する。
2. 負荷計算の要素，冷房負荷と暖房負荷との違いを理解する。

4・1・1 設計条件

（1） 設計外気温湿度

設計外気温湿度は，それぞれの地域の気象条件によって異なり，過去の気象統計から求めた TAC 温度を用いる。冷房計算用の外気温度として TAC 温度を用いる場合，超過確率を小さくとるほど設計外気温度は高くなる。暖房計算用の外気温度に TAC 温度を用いる場合，超過確率を小さくとるほど設計外気温度は低くなる。設計外気湿度も温度と同様である。

（2） 地中温度

地階では建物から地中に放熱するので，主として暖房負荷計算に必要な要素である。

（3） 室内温湿度

事務所ビルの場合，一般に冷房時の室温は26℃，相対湿度は50%とし，暖房時の室温は22℃，相対湿度は40%を目安としている。

TAC 温度で超過確率（危険率）2.5%というのは冷房計算用の場合，夏4か月（6月〜9月）の全時間2,928時間のうちから2.5%，つまり73.2時間は設計条件として決めた外気温度より高くなることを意味する。

TAC：Technical Advisory Committee

表4・1　冷房負荷の種類と装置容量との関係

負荷の種類 (s:顕熱, l:潜熱)		送風量に関係	冷却コイル容量に関係	冷凍機容量に関係
構造体負荷	s	○	○	○
ガラス面負荷	s	○	○	○
人体負荷	s	○	○	○
	l		○	○
照明負荷	s	○	○	○
室内器具負荷	s	○	○	○
	l		○	○
ダクト負荷	s	○	○	○
導入外気負荷	s		○	○
	l		○	○
再熱負荷	s		○	○
配管負荷	s			○

4・1・2　冷房負荷

（1）　冷房負荷

　冷房負荷には乾球温度の変化をもたらす顕熱負荷と，湿球温度または絶対湿度を変化させる潜熱負荷がある。冷房負荷の種類と，これらの負荷が送風量，冷却容量，冷凍機容量に関係するかなどの区分を表4・1に示す。

（2）　構造体負荷

　外壁，天井，床などの構造体を通して侵入する顕熱負荷 q_s 〔W〕は，構造体の面積，内外の温度差，熱通過率（熱貫流率）によって，次式のように計算される。

$$q_s = A \cdot K \cdot \varDelta t \ \text{〔W〕} \tag{4・1}$$

　ここで，A は構造体を熱が通過する部分の面積〔m^2〕，$\varDelta t$ は構造体の両側の温度差である。K は熱通過率〔$\text{W}/(\text{m}^2 \cdot \text{K})$〕で構造体を形成する層の材料，厚み，外壁か内壁かなどによって決まってくる値で，図4・1の構成の場合，次式で計算される。

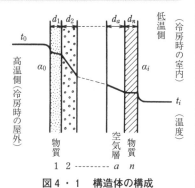

図4・1　構造体の構成

単位〔$\text{W}/(\text{m}^2 \cdot \text{K})$〕の〔K〕は，絶対温度の単位で「ケルビン」と読む。

$$K = \cfrac{1}{\cfrac{1}{\alpha_0} + \cfrac{d_1}{\lambda_1} + \cdots + \cfrac{d_n}{\lambda_n} + \cfrac{d_a}{\lambda_a} + \cfrac{1}{\alpha_i}} \tag{4・2}$$

d：物質1，2，……，n それぞれの厚さ〔m〕

d_0：空気層の厚さ〔m〕

λ：物質1，2，……，n それぞれの熱伝導率〔$\text{W}/(\text{m} \cdot \text{K})$〕

λ_a：空気層の相当熱伝導率〔$\text{W}/(\text{m} \cdot \text{K})$〕

α_0：構造体外表面の熱伝達率〔$\text{W}/(\text{m}^2 \cdot \text{K})$〕

α_i：構造体内表面の熱伝達率〔$\text{W}/(\text{m}^2 \cdot \text{K})$〕

　式（4・2）からわかるように，構造体の材質が同じである場合は，厚さの薄いほうが熱通過率 K は大きくなる。また，表面の熱伝達率 α は各種材料の表面の状態，その表面における気流の速度，方向，熱流の方向などにより異なる値である。

　内表面側熱伝達率 α_i は静止空気による熱伝達，外表面側熱伝達率 α_0 は流動空気によるものなので，外表面側熱伝達率 α_0 のほうが大きい値になる。したがって，壁体表面の熱伝達率が大きくなるほど熱通過率は大きく

空気層の相当熱伝導抵抗（空気層の厚さを相当熱伝導率で除したもの）

　空気層の位置，熱流の方向，空気層の厚さなどにより異なるが，厚さ2cmを超えると熱抵抗はほとんど増加せず一定となる。

屋外側の表面熱伝達率

　夏の風速は3m/sを標準として α_0（夏）＝22.6〔$\text{W}/(\text{m}^2 \cdot \text{K})$〕，冬は6m/s程度で α_0（冬）＝34.0〔$\text{m}^2 \cdot \text{K}$〕である。

空調設備

なる。また，同じ構造体でも熱通過率 K の値が異なり，冬のほうが夏より大きく，外壁のほうが内壁より大きい。

　また，構造体の構成材料として断熱材や空気量を入れた場合の熱通過率 K の値は，これがない場合の熱通過率 K と比べてかなり小さくなる。

（3）　実効温度差

　外壁・屋根などの構造体は，直達日射と天空放射の全放射熱を受ける。直達日射量と天空放射量は一般に太陽定数，大気の透過率，太陽高度，太陽方位角などにより変わるが，季節や時刻によっても変わる。

　放射熱は，日照の時間経過とともに構造体に蓄積され外表面温度はかなり高温となる。このような状態の外壁（北側も含む），屋根を通過する取得熱量は式（4・1）の $\varDelta t$ を実効温度差として計算する。<u>実効温度差は構造体断面構成，構造体表面にあたる全日射量，日射吸収率および時刻など（時間遅れ）により変わってくる。</u>

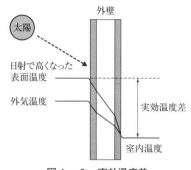

図4・2　実効温度差

実効温度差は外壁表面の熱が，時間遅れで室内表面に伝わることを考慮している。

◀ よく出題される

　したがって，<u>日射などの影響を受ける外壁からの熱負荷は，時間遅れを考慮して計算する。</u>夜間放射の影響を受ける外壁や日影，北側外壁の冷房計算も実効温度差を用いる。

（4）　窓ガラスからの日射・伝熱負荷

　<u>ガラス面からの熱負荷は，室内外の温度差によるガラス面通過熱負荷と，透過する太陽放射によるガラス面日射熱負荷に区分して計算する。</u>

① 　窓ガラスの外側と内側の温度差による熱負荷は式（4・1）で計算する。式（4・1）の A はガラスの面積〔m²〕，K はガラスの熱通過率〔W/(m²·K)〕，$\varDelta t$ は外気温と室内温度の差とする。ガラスに対して実効温度差は使用しない。

② 　窓ガラスを通過する日射熱取得を，図4・3に示す。

　直達日射はガラスに対する入射角によって透過率，反射率および吸収率が異なる。また，ガラスの種類や厚さによっても異なる。窓面にブラインドを設けると日射による熱取得は少なくなる。ブラインドを設けた場合の太陽放射による熱取得と，ブ

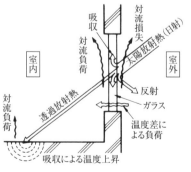

図4・3　ガラスを透過する負荷

建物の外側にブラインドを設けた場合は，ブラインドからの対流負荷がないので，内側に設けた場合より負荷が小さくなる。

ラインドを設けない場合の熱取得に対する割合を遮蔽係数と呼び，ブラインドの種類やガラスの種類により異なった値を示す。ブラインドが明色より中等色のほうが遮蔽係数は大きくなる。二重ガラスの窓にブラインドを設ける場合，ガラスの間に設けたほうが日射の遮蔽効果が大きい。

◀ よく出題される

直射日光を受けない北側や，日影の窓ガラスからも天空放射による透過熱があるので，北側のガラス窓からの熱負荷には，日射の影響も考慮しなければならない。このように，ガラス面積の大きいアトリウムの熱負荷の特徴は，日射熱負荷が大きい。

　明色ブラインドより中等色ブラインドを使用している場合のほうが，太陽放射による負荷が大きい。

◀ よく出題される

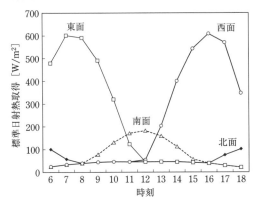

図4・4　夏季(7月)東京地方における方位による日射負荷

(5)　人体による熱負荷

室内にいる人間も冷房負荷となる。人体からの熱負荷には顕熱負荷と潜熱負荷とがある。この値は人種，性別，年齢，運動の程度，室内の乾球温度により異なった値となる。

この値は，室内温度が下がると顕熱発生量は大きくなり，潜熱発生量は小さくなるが，全熱量はほとんど変わらない。

◀ よく出題される

(6)　照明器具・その他の器具による負荷

照明負荷は顕熱のみであり，その発生熱量は照明器具によって異なる。

その他の室内発生熱負荷としては，室内に設置されている電気器具やガス器具などがある。

　人の活動が激しくなると，顕熱発生量，潜熱発生量とも大きくなり，特に潜熱は著しく大きくなる。

(7)　すき間風による熱負荷

外気が窓や扉のすき間から侵入した場合は，すき間風が顕熱および潜熱の負荷となる。扉からのすき間風を考慮する場合は，換気回数法などによりすき間風量を算定する。空調を行っている場合には外気も強制的に空調機へ導入し，温度，湿度を調整して室内へ給気しているので，一般的には室内圧力は屋外より高くなっているとみなせる。したがって，サッシからのすき間風負荷は，導入外気量と排気量を調整し，室内を正圧に保つことで無視することが多い。

　一般に蛍光灯の発生熱量は1,195〜1,163 W/kW，白熱灯で1,000 W/kW。

空調設備

（8）　導入外気負荷

送風量算出には関係ないが，冷却コイル容量決定に関する負荷である。

（9）　その他の負荷

ダクトや送風機による熱負荷がある。この負荷量は室内顕熱負荷の10〜20％程度と見込むことが多い。また，冷房負荷の計算では，一般に，土間床・地中壁からの熱負荷は年間熱損失側のため無視する。　　◀ よく出題される

4・1・3　暖房負荷

（1）　暖房負荷の種類

送風量に関係するか，加熱コイル容量，ボイラまたはヒートポンプなどの容量に関係するかなどの別を表4・2に示す。

表4・2　暖房負荷の種類と装置容量との関係

負荷の種類 (s：顕熱，l：潜熱)			送風量に関係	加熱コイル容量に関係	ボイラ容量に関係
室内負荷	構造体負荷	s	○	○	○
	すき間風負荷	s	○	○	○
		l		○	○
ダクト負荷		s	○	○	○
導入外気負荷		s		○	○
		l		○	○
配管負荷		s			○
予熱負荷		s			○

冷房負荷計算と違う点は，構造体負荷は構造体の両側の空気温度の差として処理する。日射による影響は暖房負荷としては安全側なので通常は考慮しない。

（2）　すき間風による熱負荷

空調では室内をプラス圧にしているので，冷房計算ではすき間風の侵入はゼロとしていることが多い。しかし，暖房，特に直接暖房ではすき間風は考慮しなければならない。特に，玄関まわりや地下エントランス部については考慮すべきである。

（3）　土中からの熱負荷

暖房負荷計算の場合は，一般に，土間床・地中壁からの熱負荷は無視できないので計算する。　　◀ よく出題される

空調設備

確認テスト〔正しいものには○，誤っているものには×をつけよ。〕

□□(1)　外壁の構造体冷房負荷は，構造体の熱通過率，面積および室内外の空気温度差から求め，時間遅れは考慮しない。

□□(2)　人体からの発生熱量は，周囲温度が上がるほど潜熱分が大きくなる。

□□(3)　北側の外壁からの冷房負荷計算には，一般に，実効温度差は用いない。

□□(4)　暖房負荷計算において，一般に，土間床・地中壁からの熱負荷は無視する。

□□(5)　冷房計算用の外気温度として TAC 温度を用いる場合，超過確率を小さくすると設計外気温度も低くなる。

□□(6)　直達日射のあたらない北面のガラス窓からの冷房負荷としての日射負荷は考慮しない。

□□(7)　二重サッシの場合，ブラインドは窓ガラスの室内側に設けるより，窓ガラスの中間に設ける方が遮へい効果が高い。

□□(8)　同じ外壁の構造体では，K（熱通過率）の値は夏と冬で同じである。

□□(9)　照明による負荷は，一般に顕熱のみである。

□□(10)　冷房負荷計算において，ガラス面からの熱負荷は，透過する太陽放射によるものだけを計算する。

確認テスト解答・解説

(1)　×：「室内外の温度差」ではなく，日射の影響と時間遅れを考慮した「実効温度差」から求める。

(2)　○

(3)　×：北側でも天空放射熱を受けて外壁の表面温度が上昇するので冷房負荷になる。実効温度差は，日射の影響を考慮した温度差である。

(4)　×：地中温度のほうが室内温度より低いので，暖房負荷は，地階では土間床・地中壁からの熱負荷を計算する。冷房負荷は，一般にマイナスとなるので考慮しない。

(5)　×：超過確率を小さくすると，設計外気温度は高くなる。

(6)　×：北側の窓からも天空放射による日射負荷があるので，冷房負荷では計算に入れる。

(7)　○

(8)　×：冬のほうが夏より大きい。これは，外壁の外側表面の熱伝達率が冬のほうが大きいからである。

(9)　○

(10)　×：室内外の温度差によるガラス面通過熱負荷も計算しなければならない。

4·2 空調装置容量の算出法

学習のポイント

1. 第1章1·3「空気」と合わせ，湿り空気の具体的な変化は空気線図上でどのように示されるのかを理解する。
2. 空調装置により，送風空気はどのように調和（変化）されて居室に供給されるのかを理解する。
3. 加熱・加湿・冷却・減湿の熱量，比エンタルピーなどの関係とその値を使った計算法を理解する。

4·2·1　基本的な状態変化

（1）冷　　却

　絶対湿度が変わることなく冷却されると，図4·5の点Bが点Aに移る。このとき，点Bの空気の乾球温度 t_B，相対湿度 φ_B，比エンタルピー h_B はそれぞれ t_A, φ_A, h_A に変化する。絶対湿度 x，露点温度 t'' については変化しない。

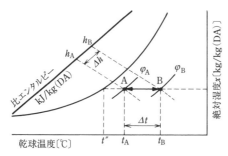

図4·5　冷却または加熱

（2）冷 却 減 湿

　冷房時の冷却コイルを通過する空気は，温度も絶対湿度も低下する変化が多い。図4·6に示すように点Aの空気を冷却すると，点Bの状態に変化する。点Cにならないのは冷却コイルで熱交換が行われず素通りしてしまう空気があるためで，この素通りする割合をバイパスファクタという。点Cは冷却コイルの装置露点温度という。

　冷却コイルによる冷却熱量は，点Aと点Bの比エンタルピー差（$h_A - h_B$）から求める。また，室内の冷却風量（送風量）は，点Dを室内状態とすると，点Dと点Bの温度差（$t_A - t_B$）から求める。

　冷却減湿に対して，絶対湿度が変化しない冷却現象を顕熱冷却という。

装置露点温度
　冷却コイルに一定温度の冷水を通したときのコイル表面の平均温度。

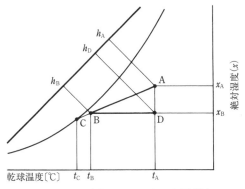

図4・6　冷却コイルによる冷却減湿

（3）　加　　熱

前ページ（1）「冷却」の逆向きの現象で，絶対湿度が変化しないで，図4・5の点Aが点Bに移る。

（4）　水噴霧による加湿

微細な水滴を噴霧してそのほとんどが蒸発することによって加湿が行われる。水温が常温付近の場合，状態変化は図4・7に示すように点Aから点Bに変化し，ほぼ湿球温度一定線上の変化と考えてよい。

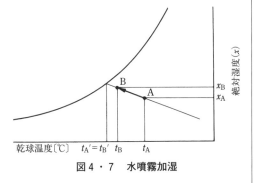

図4・7　水噴霧加湿

（5）　蒸 気 加 湿

空気が蒸気の熱と水分の両方による変化（それぞれΔh，Δxとする）を受けるので，図4・8に示す熱水分比$u = \Delta h / \Delta x$で求めた値の曲線（u）上の点Nと，この曲線（u）の原点Mとを結んで直線MNに平行に点Aは点Bに変化する。絶対湿度はx_Aからx_BにΔxだけ増加する。

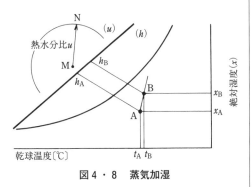

図4・8　蒸気加湿

この場合，温度も$t_A \rightarrow t_B$となりわずかに上昇するが，近似的には$t_A = t_B$として問題はない。

（6）　空気の混合による状態変化

　点Aの空気 V_A〔m³〕と点Bの空気 V_B〔m³〕を混合したときの空気 $V = V_A + V_B$〔m³〕の状態点は図4・9に示す点Cになる。点Cは次のように乾球温度を用いて求めることができる。

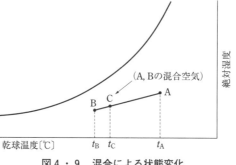

図4・9　混合による状態変化

$$\frac{V_A}{V_B} = \frac{BC}{AC} = \frac{t_C - t_B}{t_A - t_C}$$

$$t_C = \frac{V_A \times t_A + V_B \times t_B}{V_A + V_B}$$

$$= \frac{V_A \times t_A + V_B \times t_B}{V}$$

（7）　全熱交換器と顕熱交換器による状態変化

　全熱交換器は，顕熱と潜熱を合わせた全熱を外気と排気の間で熱交換するので，乾球温度と絶対湿度が全熱交換効率に比例して変化する。図4・10は暖房時の変化を示している。

　暖房時の外気と室内空気との間では，外気AはAB間でCに変化するので，外気の乾球温度は t_A から t_C に上昇し絶対湿度は x_A から x_C に増加する。

　顕熱交換器は，顕熱だけ熱交換するので顕熱交換効率に比例して変化し，外気がAからDに絶対湿度一定のままで変化する。外気の乾球温度は t_A から t_D に上昇する。

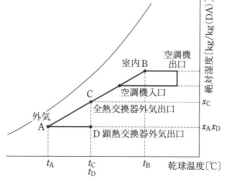

図4・10　暖房時の全熱交換器と顕熱交換器の変化

4・2・2　空調機と空気の状態変化

（1）　冷房時の状態変化

◀ よく出題される

図4・11に示す空調設備による空気状態の変化を図4・12の空気線図に表示する。

図4・11の各点は，図4・12の同番号の各点に対応する。両図において，

　　点①：室内空気

　　点②：冷却コイルの出口空気（室内供給空気）実用的には，相対
湿度が90％の線上をとる場合が多い。

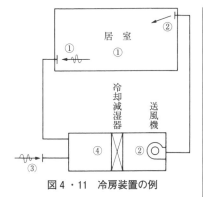

図4・11　冷房装置の例

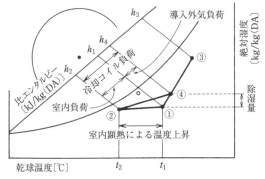

図4・12　冷房時の基本パターン

　　点③：外気

　　点④：冷却コイルの入口空気（室内還気と外気との混合空気）
を示している。④は導入空気取入れ量の割合を多くすると③に近づく。

（2）　暖房時の状態変化

◀ よく出題される

図4・13に示す空調装置による空気状態の変化を空気線図上に示すと図4・14のようになる。

両図において，

　　点①：室内空気

　　点②：加湿器の出口空気（室内供給
　　　　　空気）

　　点③：外気

　　点④：加熱コイル入口空気，室内還
　　　　　気と外気の混合空気で，還気
　　　　　量と外気量の割合に応じて決
　　　　　まる。

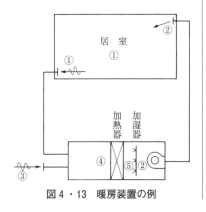

図4・13　暖房装置の例

空調設備

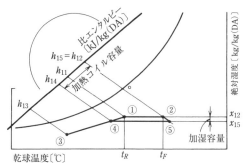

図4・14　暖房時の基本パターン（水加湿）

点⑤：加熱コイル出口空気

を示している。

　図4・14は水噴霧による加湿の場合であり，蒸気加湿の場合は図4・15
に示すようになる。各状態点の番号は図4・13に対応している。

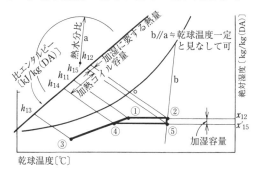

図4・15　暖房パターン（蒸気加湿）

4・2・3　空調機装置容量

（1）　冷却風量・加熱風量

　空調における必要送風量 Q〔m³/h〕は次式で計算される。

$$Q = \frac{3{,}600 q_{SH}}{c_P \cdot \rho \cdot (t_R - t_C)} \tag{4・3}$$

$$= \frac{3{,}000 q_{SH}}{t_R - t_C} \text{〔m}^3\text{/h〕}$$

　　q_{SH}：室内顕熱負荷〔kW〕

　　c_P：空気の定圧比熱（一般値として約1.0kJ/(kg・K)

　　ρ：空気の密度（一般に1.2kg/m³ を使用）

　　t_R：室内空気の乾球温度〔℃〕

　　t_C：コイル出口空気の乾球温度〔℃〕

空調では一般に，冷房時の送風量と暖房時の送風量は同一である。つま

◀ よく出題される

（4・3）式は，
q_{SH} の単位を〔W〕として
$Q = \dfrac{q_{SH}}{0.33\,(t_R - t_C)}$〔m³/h〕
としてもよい。

空調設備

り，冷房負荷を基に算出した風量で暖房するので，暖房時は t_R と t_C の差で調整する。

$\Delta t = (t_R - t_C)$ を正確に求めるには空気線図上に描いた状態線によるのであるが，状態線は冷房負荷のうちの顕熱負荷 q_{SH}〔W〕と潜熱負荷 q_{LH}〔W〕による**顕熱比 SHF** で決まってくる。顕熱比は次式で計算する。

Sensible Heat Factor

$$SHF = \frac{q_{SH}}{q_{SH} + q_{LH}} \qquad (4 \cdot 4)$$

暖房時の加熱風量も式（4・3）の室内顕熱負荷 q_{SH} を加熱量 q_{SH} と読み替えれば求めることができる。

（2）　冷却コイルによる冷却熱量

◀ **よく出題される**

（4・5）式は，
$q_{CD} = 0.33Q(h_A - h_B)$〔W〕
としてもよい。

$$q_{CD} = 1.2Q(h_A - h_B)\,\text{〔kJ/h〕} = \frac{1.2Q(h_A - h_B)}{3,600}\,\text{〔kW〕}$$

$$= \frac{Q(h_A - h_B)}{3,000}\,\text{〔kW〕} \qquad (4 \cdot 5)$$

q_{CD}：冷却コイルの冷却熱量〔kW〕

Q：送風量〔m³/h〕

h_A：冷却コイル入口の比エンタルピー〔kJ/kg(DA)〕

h_B：冷却コイル出口の比エンタルピー〔kJ/kg(DA)〕

空気の密度：1.2〔kg/m³〕

（3）　加熱コイルによる加熱量

◀ **よく出題される**

絶対湿度が変わらないので，上記（1）の「送風量」を求める式（4・3）から計算できる。

（4・6）式は，
$q_{SH} = 0.33Q(t_R - t_C)$〔W〕
としてもよい。

$$q_{SH} = \frac{Q(t_R - t_C)}{3,000}\,\text{〔kW〕} \qquad (4 \cdot 6)$$

q_{SH}：加熱量〔kW〕　　Q：送風量〔m³/h〕

t_R：加熱コイル入口の乾球温度〔℃〕

t_C：加熱コイル出口の乾球温度〔℃〕

比エンタルピーを用いれば（2）で用いた式（4・5）でも計算ができる。

（4）　加　湿　量

絶対湿度差から計算する。

$$L = 1.2Q(x_A - x_B)\,\text{〔kg/h〕} \qquad (4 \cdot 7)$$

L：加湿量〔kg/h〕　　Q：送風量〔m³/h〕

x_A：加湿器出口の絶対湿度〔kg/kg(DA)〕

x_B：加湿器入口の絶対湿度〔kg/kg(DA)〕

確認テスト〔正しいものには○，誤っているものには×をつけよ。〕

□□(1)　図1の冷房時の空気線図において，下記
　　　　1～5の記述の正誤について答えよ。ただ
　　　　し，空気の密度1.2 kg/m³，空気の定圧比熱
　　　　1.0 kJ/(kg・K)，送風量は9,000 m³/h とする。

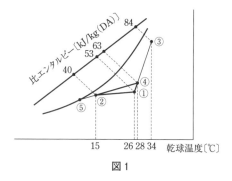

図1

　　　1.　④は冷却コイル入口の状態点であり，
　　　　　外気量が少なくなるほど④は③に近づく。
　　　2.　室内冷房負荷の顕熱比が大きくなるほ
　　　　　ど，直線②④の傾きが小さくなる。
　　　3.　冷却コイルの冷却量は，②と④の比エンタルピー差と送風量の積から求められる。
　　　4.　冷却コイルの冷却量は，39 kW である。
　　　5.　室内顕熱負荷は，39 kW である。

□□(2)　図2の暖房時の空気線図において，下記
　　　　の6～8の記述の正誤について答えよ。ただ
　　　　し，空気の密度1.2 kg/m³，空気の定圧比熱
　　　　1.0 kJ/(kg・K)，外気導入には全熱交換器
　　　　を用い，送風量は10,400 m³/h とし，④は空
　　　　気調和機入口，③は全熱交換器外気出口を示
　　　　す。

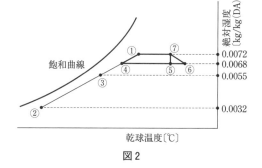

図2

　　　6.　⑥→⑦は，蒸気加湿の状態変化を示す。
　　　7.　⑤→⑦は，水噴霧加湿の状態変化を示す。
　　　8.　有効加湿量は，約21 kg/h である。

確認テスト解答・解説

(1)−1　×：外気量が少なくなるほど④は室内状態の①に近づく。

(1)−2　×：顕熱比の傾きは直線②①で表され，顕熱比が大きいほど，傾きは小さくなる。

(1)−3　○

(1)−4　×：$q_{CD} = \dfrac{Q\,[\text{m}^3/\text{h}] \times \Delta h\,[\text{kJ/kg(DA)}]}{3,000} = \dfrac{9,000 \times (63-40)}{3,000} = 69\,[\text{kW}]$

(1)−5　×：$q_{SH} = \dfrac{Q\,[\text{m}^3/\text{h}] \times \Delta t\,[\text{℃}]}{3,000} = \dfrac{9,000 \times (26-15)}{3,000} = 33\,[\text{kW}]$

(2)−6　×：水噴霧加湿の状態変化を示す。

(2)−7　×：蒸気加湿の状態変化を示す。

(2)−8　×：$L = 1.2Q\,[\text{m}^3/\text{h}] \times \Delta x\,[\text{kg/kg(DA)}]$
　　　　　　$= 1.2 \times 10,400 \times (0.0072 - 0.0068) = 4.992 ≒ 5\,[\text{kg/h}]$

4·3 熱源方式・空調方式

学習のポイント

1. 熱源機器・方式の原理・特徴を，第6章6・2・2「ボイラ」，6・2・3「冷凍機」と合わせて覚える。
2. 省エネルギー対策について主要事項を覚える。
3. 各種空調方式の原理，利点・欠点などの特徴を理解する。
4. 空調システムの自動制御および，その検出端について覚える。
5. コージェネレーションシステムや地域冷暖房についての基本的事項を覚える。

4·3·1 熱源設備と方式

（1） 冷熱源機器

　冷熱源機器には，往復動冷凍機・回転冷凍機・遠心冷凍機，空気熱源のヒートポンプなどが使用されている。ヒートポンプの採熱源は，容易に得られること，量が豊富で時間的変化が少ないこと，平均温度が高く温度変化が少ないことが適応条件である。河川水・海水・下水などもヒートポンプの採熱源に利用可能である。　◀ よく出題される

　ヒートポンプは図4・16に示すように，四方弁を切り替え，室内外熱交換器に対して冷媒の流れを逆にして，冷房サイクルと暖房サイクルの運転を行っている。室内外熱交換器はそれぞれ蒸発器や凝縮器の役割をして，ヒートポンプパッケージの場合は室内に冷風や温風を送風する。

　空気熱源ヒートポンプの除霜運転は，四方弁を冷房サイクルに切り替えて行う。空気熱源ヒートポンプを寒冷地で使用する際は，補助加熱装置を用いる。ヒートポンプの成績係数COPは，加熱能力を投入したエネルギーで除したものであり，圧縮仕事の駆動エネルギーが暖房能力に加わえれるために，冷凍機（冷房時）の成績係数より高くなる。また，室温の設定温度を上げると，凝縮圧力が高くなる。さらに，外気温度が低くなると，蒸発圧力と蒸発温度が低くなり，暖房能力が低下するとともに，COPも下がる。

　◀ よく出題される

　空気熱源ヒートポンプは冬期の暖房運転時に室外側熱交換器に霜が付き，熱交換効率が悪くなり，除霜運転が必要になる。

　空気熱源ヒートポンプ

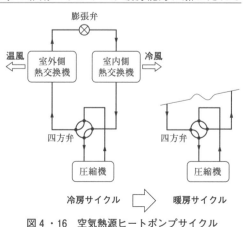

図4・16　空気熱源ヒートポンプサイクル

には，空冷ユニットを複数台連結するモジュール型があり，部分負荷に対応して運転台数を変えることができる。また，法定冷凍トンの算定をする場合，連結するモジュールを合算する必要がない。

ガスエンジンヒートポンプは，圧縮機の駆動にガスエンジンを使い，<u>エンジンの排ガスや冷却水からの排熱を回収するための熱交換器を備えたシステム</u>である。冷暖房サイクルの原理は図4・16と同様である。

（2） 吸収冷凍機

吸収冷凍機は蒸気や高温水をエネルギー源とし，冷媒は水で，吸収液に臭化リチウム溶液を用いている。遠心冷凍機と比べて，冷水は7℃程度までしか作れないが，わずかな電力しか必要とせず，振動・騒音も小さいうえ，冷凍容量が10％くらいまで絞れる。しかし，機内は真空を要し，重量・形状ともに大きい。

また，二重効用の吸収冷凍機は，低温再生器と高温再生器を設けるため，必要とする加熱量が少なく，単効用に比べて成績係数が高いが，同じ冷凍能力の場合，どちらも必要となる冷却塔の冷却能力は圧縮式冷凍機よりも大きい。

直だき吸収冷温水機は吸収冷凍機とほぼ同じ特徴をもっており，蒸気や高温水の代わりにガスや油を直接燃焼させて，冷水と温水を同時または別々に取り出すことができる。

図4・17に単効用吸収冷凍サイクルの概要を示す。

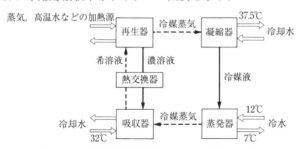

図4・17 単効用吸収冷凍サイクル（温度は一例）

（3） 蓄 熱 槽

蓄熱槽を利用すると熱源機器（冷凍機やヒートポンプ）の容量をピーク負荷より小さくすることができる。機器容量は蓄熱運転時間を長くするほど小さくできる。水蓄熱槽を使用したシステムの例を図4・18に示す。

水蓄熱槽には，建物の二重スラブ内等に水槽を設置する完全混合型，水深の深い水槽を用いる温度成層壁等がある。

蓄熱槽を利用するメリットは，次のとおりである。

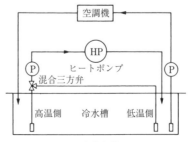

図4・18 水蓄熱槽システム

① ピークカットによる熱源機器容量の低減

② 熱源機器の運転負荷の均一化により，高効率の連続運転が可能　◀よく出題される

③ 運転時や時刻を自由に選択でき，電気の契約容量の低減も可能

④ 深夜電力の使用が可能

これに対して，デメリットは次のとおりである。

① 水槽の建設費がかかる。槽の上面を含め全ての面に断熱が必要になる。

② 開放水槽が多く，二次側配管系を開放回路にするとポンプの水頭　◀よく出題される
（揚程）増加により動力が増大する。そのために，高層建物では，水
－水熱交換器を設けて二次側を密閉回路方式とする。

　一方，氷蓄熱方式のうち，ダイナミック形は，氷塊や氷片を製造するも
のと，シャーベット状の氷粒を製造するものとがある。これに対して製氷
部の熱交換器において着氷，融解させるものをスタティック形と呼ぶ。ス
タティック方式は，ダイナミック方式に比べて冷凍機成績係数（COP）が低
くなる。

　氷蓄熱方式の特徴は，次のとおりである。

① 氷充填率 IPF は，スタティック形よりもダイナミック形のほうが大きい。　IPF：Ice Packing Factor

② IPF が大きくなれば，蓄熱槽容量を小さくできる。

③ 水蓄熱に比べ氷の融解潜熱も利用するため蓄熱槽を小さくできる。　◀よく出題される

④ 水蓄熱に比べ冷媒の蒸発温度が低いので，冷凍機の成績係数　◀よく出題される
（COP）が小さくなる。

⑤ 5℃以下の低温の冷水が出せるので，水蓄熱方式に比べ温度差が大　◀よく出題される
きくとれ，搬送動力の低減が可能である。

⑥ 冷水温度が低いので，ファンコイルユニットや空調ダクトの吹出し
口に結露の生じるおそれがある。

4・3・2　コージェネレーションシステム

　コージェネレーションシステム（CGS）とは，タービンやエンジンを駆
動し，または燃料電池のように化学反応により発電し，その際に出る排熱
を利用して冷房・暖房・給湯の熱源に利用するシステムである。したがっ

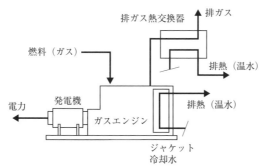

図4・19　ガスエンジンコージェネレーションシステム

て，病院やホテルのような年間を通じて熱需要のある建築物に適していて，BCP（事業継続計画）の主要な構成要素の1つである。

　内燃機関としては，おもにガスエンジン・ガスタービン・ディーゼルエンジンが使用される。システムの経済性は，イニシャルコスト及びランニングコストの試算結果により評価される。

　図4・19はガスエンジンシステムの概要である。その特徴は，次のとおりである。

① システムの運転方法に熱主電従運転と電主熱従運転とがある。

② 熱主電従運転は，熱負荷に合わせて必要な排熱に見合う分だけ発電する方式であり，余剰排熱が発生しないためエネルギー効率の高い運転が可能である。

③ 電主熱従運転は，電力負荷に追従して発電する方式であり，排熱の利用が少ない場合には余分な排熱が大気に放出される。

④ 受電並列運転（系統連系）は，コージェネレーションシステムによる電力を商用電力に接続して，一体的に供給する方式で発電量に余裕のあるとき電力会社に発電した電気を売れるので経済性は高く，電力供給の信頼性が上がる。　◀ よく出題される

⑤ 電気事業法の小出力発電設備に該当するものは，電気主任技術者の選任が不要である。

⑥ マイクロガスタービン発電機を用いたシステムでは，工事，維持，運用に係る保安の監督を行う者として，ボイラー・タービン主任技術者の選任が不要である。

電気主任技術者の選任が不要な CGS は，出力10kW未満の原動機利用の発電機と燃料電池発電設備。

⑦ ガスエンジンのジャケット冷却水を空調機などに直接供給するのは好ましくないが，同一階にある温水吸収冷凍機への利用は可能である。

⑧ 発電機は同期発電機が用いられる。

⑨ 排熱の効率的な利用は，高温から低温に向けて順次多段階に活用す　◀ よく出題される

表4・3　コージェネレーションシステムの熱電比・効率

原動機	排熱回収源	回収熱の形態	熱電比	熱回収率〔%〕	発電効率〔%〕	総合効率〔%〕
ディーゼルエンジン	排ガス	蒸気・温水	約1.0	～20	35～45	80～90
	ジャケット水			～25		
ガスエンジン	排ガス	蒸気・温水	1.0～1.5	～20	30～40	80～90
	ジャケット水			～30		
ガスタービン	排ガス	蒸気(高圧蒸気も可能)	2.0～3.0	～55	20～35	75～90
(燃料電池)	化学反応熱	温水	約1.0	～45	30～50	80～85

(注)　効率は低位発熱量基準　　　熱電比 $= \dfrac{排熱回収量〔kW〕}{発電出力〔kW〕}$

るカスケード利用を行うように計画する。

⑩　ディーゼルエンジン，ガスエンジンは，ジャケット冷却水と排ガスから排燃を回収する。

⑪　ガスタービンは，一般に排ガスボイラで，蒸気として排熱回収する。

⑫　内燃機関を用いた方式の発電効率は，
ディーゼルエンジン＞ガスエンジン＞ガスタービンの順である。　◀ よく出題される

　燃料電池は，燃料中の水素と大気中の酸素を結合させる過程で，電気と熱を同時に取り出すことができるもので，表4・3に示すように内燃機関を用いた発電方式に比べ発電効率も高く，低負荷時でも効率が低下しない。また騒音や振動も少なく，NO_xの発生も少ないが，高価である。　◀ よく出題される

4・3・3　地域冷暖房

（1）　熱媒方式と特徴

　複数の建物等（需要家）の冷房用および暖房用熱源を1か所のプラントに集約して設置し，そこで製造した熱媒を各建物へ供給するシステムを地域冷暖房（DHC）方式という。この方式採用の採算性は，地域の熱需要密度〔MW/km^2〕がなるべく大きいこと，需要者側のピーク負荷の発生時刻が重なっていないことなどが重要である。　◀ よく出題される

　地域冷暖房の利点としては，需要者側は，建物ごとに熱源機器が不要となり床面積の利用効率がよくなる。エネルギー的には，高効率の熱源機器の採用が可能であり，発電設備を併設すれば排熱利用が可能で，エネルギーの有効利用になる。熱源機器の集中化により，人件費の節約が図れ，より効率的なばい煙管理が可能で大気汚染防止にも貢献できる，などがあげられる。　◀ よく出題される（×2）

　また，地下鉄の排熱やゴミ焼却熱等の未利用排熱の有効利用が可能である。

（2）　サブステーション

　熱源プラントからの熱媒の温度・圧力・流量などを二次側設備の要求する状態に調整したり，変換したりする施設が必要で，これをサブステーションという。サブステーションには次の3方式があり，それぞれ図4・20に示す。

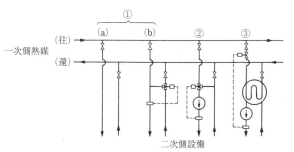

①　直結方式
②　ブリードイン方式
③　間接方式

Ⓟ　ポンプ

図4・20　サブステーション

空調設備

① 直結方式のうち，(a)は一次側熱媒をそのまま高温・高圧で直接二次側設備に供給する方式，(b)は一次側は定流量，二次側は負荷に応じた変流量で制御する。

② ブリードイン方式は，二次側の還りを二次側の供給側に混合し，温度を下げて供給することができる。熱媒が蒸気の場合には用いない。

③ 間接方式は熱交換方式ともいい，一次側と二次側は配管回路上切り離されているため，二次側の圧力を任意に選定することができ，二次側の漏水事故でも一次側に影響が及ばない。

（3） 加圧方式

高温水を得るためには，装置内を飽和蒸気圧以上の高圧にするための加圧装置が必要となる。加圧方式にはガス加圧方式がおもに使われる。密閉式膨張水槽に，金属を腐食させない N_2（窒素）や Ar（アルゴン）などの不活性ガスを封入して加圧する方式である。

4・3・4 省エネルギー性能の評価

（1） ゾーニング

空調をいくつかの区域（ゾーン）に分けることを，ゾーニングという。空調方式を決定するとき，ゾーンの区分を考慮することは重要である。ペリメータゾーン（外周部）とインテリアゾーン（内周部）は負荷の特性が異なるために，負荷傾向別ゾーニングとする必要がある。

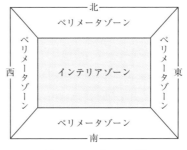

図 4・21 ゾーニング

そのほかに，方位別（北側と南側事務室），日射別（東側と西側事務室），空調条件別（事務室とサーバ室），使用時間別（事務室と会議室）の各ゾーニングがある。

（2） 省エネルギー計画

建築と空調計画について，次のような項目を検討する。

(a) **建築計画**　◀ よく出題される

① 建物の平面形状をなるべく正方形（縦横比が1）に近づける。

② 日射量は南面よりも東西面のほうが大きいので，建物平面が長方形の場合，長辺が南北面となるように配置すると冷房負荷が小さくなる。

③ 非空調室を建物の外周部（ペリメータゾーン）に配置する。東西面への配置は，さらに効果がある。

④ 建物の出入口に風除室を設ける。

空調設備

⑤ 外壁面積に対する窓面積の比率を小さくする。東西面を極力減らす。

⑥ 屋上，外壁を緑化する。

⑦ 二重ガラス窓のブラインドは，二重ガラスの間に設置する。

⑧ 窓は，ひさし，高遮熱ガラス，ブラインド等による日射遮へい性能の高い（遮へい係数の小さい）ものを採用し，日射熱取得を減らす。

⑨ 外壁・屋根の塗装には，赤外線を反射し，建物の温度上昇を抑制する効果のある塗料を採用する。

(b) **空調計画**

◀ よく出題される

① 方位別ゾーニングをした建物で外気冷房を行う場合は，北ゾーンより日射量の多い南ゾーンのほうが，効果が高い。

② 熱源の台数制御は，熱源を適切な容量，台数に分割することで，低負荷時に熱源機器の運転効率を良くする。

③ 蓄熱方式による空調システムは，省エネルギーが図れて，一般に，熱源容量も非蓄熱方式より小さくなる。

④ 冷温水の往き還り温度差を大きくすると，流量が少なくなり搬送動力の低減に効果がある。

⑤ 空気搬送動力の節減のためには，送風空気の利用温度差を大きくし，風量を小さくする。

⑥ 水搬送システムの場合は，開放回路は押上げ揚程を必要とし，ポンプ動力が大きくなるため，密閉回路が望ましい。

⑦ 変流量システムで，ポンプの搬送動力は台数制御より可変速制御（インバータによる回転数制御）のほうが，効果が大きい。

⑧ 全熱交換器は建物からの排気と導入外気を熱交換させて，導入外気の温湿度を室内空気の温湿度に近づけることができるために，省エネルギー効果が大きい。ただし，便所や湯沸し室の排気を利用しない。

(3) 建築物のエネルギー消費性能の向上に関する法律(建築物省エネ法)

「建築物のエネルギー消費性能の向上に関する法律（建築物省エネ法）」。

新築および増改築で2,000 m² 以上の非住宅大規模建築物に基準への適合義務があり，300 m² 以上の非住宅と住宅に届出義務がある。300 m² 未満の住宅事業建築主（住宅トップランナー）には，適合の努力義務がある。また，全ての建築物において，新築・増改築・修繕・模様替え・空気調和設備等の改修の際には，性能向上計画認定・容積率特例制度と省エネルギーに関する表示制度がある。

なお，文化財保護法による文化財等の建築物，現場事務所等の仮設建築物は本制度の対象外である。

建築物省エネ法による評価

非住宅に関する規制措置の評価基準は，設計一次エネルギー消費量

住宅トップランナー：建て売り戸建ての供給数が年間150戸（予定）以上の住宅事業建築主が該当する制度。性能向上計画認定・容積率特例：対象設備は，①太陽熱集熱設備，太陽光発電設備など　②燃料電池設備，③コージェネレーション設備，④地域熱供給設備，⑤蓄熱設備，⑥蓄電池（床に据え付けるものであって，再生可能エネルギー発電設備と連系するものに限る），⑦全熱交換器　の7項目。

（GJ/年）が基準一次エネルギー消費量（GJ/年）を超えないことである。

　設計一次エネルギー消費量は，空調，機械換気，照明，給湯，昇降機，その他の消費量と，エネルギー利用効率化設備（太陽光発電やコージェネレーション設備）による削減量の合計値である。

　なお，性能向上計画に関する評価基準は，次の2つにより判断される。

① 設計一次エネルギー消費量（GJ/年）が誘導基準一次エネルギー消費量（GJ/年）より小さいこと。

② ペリメータゾーンの年間熱負荷（MJ/m²·年）が建物用途と地域区分に応じた値（MJ/m²·年）よりも小さいこと。

ペリメータゾーンの年間熱負荷：従前の評価基準（省エネ法）のPAL*（パルスター）に相当し，各階のペリメータゾーン（最上階と外気に接する床部分を含む）の年間熱負荷を当該床面積で除した値である。

4・3・5　空調方式

空調方式は，水−空気方式，全空気方式に大別される。

全空気方式は，水−空気方式と比較して

① 送風量が大きいので冬期，中間期に外気冷房が可能である。

② 機器やエアフィルタなどの保守管理が簡単である。

③ 高度の空気清浄，臭気除去および騒音対策が可能である。

一方，水−空気方式の利点は，

① ダクトが小さくなり，ダクトスペースを小さくできる。

② 個別制御が可能となる。

などである。

（1）　定風量単一ダクト方式

送風空気の温度・湿度を室内の熱負荷に応じて変化させ，常に一定風量を各室に送風して空調を行うもので，特徴は次のとおりである。

◀ よく出題される

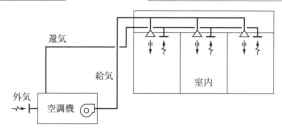

図4・22　定風量単一ダクト方式

① 負荷傾向のほぼ等しい複数の室を1台の空気調和機で処理する場合に適している。一部の室だけ，運転停止はできない。

② 各室間で時刻別負荷パターンが異なると，各室間で温湿度のアンバランスを生じやすい。

③ 換気量が十分確保できるので，中間期に外気冷房が可能である。

④　部屋の用途変更，負荷の増加などへの対応が難しい。

⑤　大空間や劇場など風量が大きい部屋の空調に適している。

⑥　クリーンルーム・手術室など高度な空気清浄や温湿度処理が必要な場合や，厳密な騒音防止対策を要する用途にも適している。

部分負荷とは，最大負荷よりも小さな負荷のことをいう。冷房の部分負荷時には，絶対湿度が室内より外気が高い場合，最大負荷時に比べて吹出し温度差が小さくなるので，冷却コイル出口空気温度が高くなり，室内の湿度が上昇する。しかし，換気量は定風量のため，最大負荷時と同じ換気量を確保できる。

（２）　変風量単一ダクト方式（VAV方式）

同一系統の各室ごとに室内負荷に応じて送風量を増減して，室温を制御できる。空調機の風量制御は変風量（VAV）ユニットの開度信号により行う。VAVユニットを試運転時の風量調整に利用できる。

変風量ダクト方式の<u>特徴は，次のとおりである。</u>　◀よく出題される

①　定風量単一ダクト方式に比べ，室の間仕切り変更が容易である。

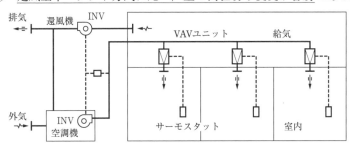

図4・23　変風量単一ダクト方式

②　定風量単一ダクト方式に比べ，<u>室の負荷変動に対して応答が早い。</u>

③　定風量単一ダクト方式に比べ，<u>搬送動力を低減できる。</u>

④　低負荷時には送風量が少なくなり，室内の気流分布が悪くなるので温度むらを生じやすくなる。

⑤　<u>低負荷時には送風量が少なくなるため，外気量を確保するための最小風量の設定が必要である。</u>

⑥　個別またはゾーンごとに湿度や清浄度の調整はできない。

（３）　ダクト併用ファンコイルユニット方式

ファンコイルユニットを各室に設置し，室内空気を吸引し冷風または温風にして吹き出す方式で，室内空気を循環して，室ごとの温度を制御する。

一般に，ペリメータ負荷を処理するように窓側にファンコイルユニットを設置し，内部発熱負荷はダクトからの送風で処理するように計画されることが多い。また，室内の換気上必要な最小限の外気もダクトにより各室へ供給する。このため，<u>ダクトは全空気式に比べてサイズが小さく，納ま</u>　◀よく出題される

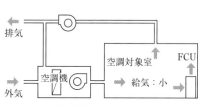

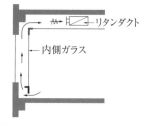

図4・24　ダクト併用ファンコイルユニット方式　　図4・25　エアフローウインド方式

りの点で有利であるうえ搬送動力も小さいが，外気冷房には適さない。

　外気を供給するダクト系統に全熱交換器を設け排気の熱を回収することもできる。この場合を，全熱交換器ユニット＋ファンコイルユニット方式と呼ぶこともある。

（4）　ペリメータ空気処理方式

　図4・25に示すように，エアフローウインド方式は，二重化した外壁の窓ガラスの間にレタン空気を流し，日射や外気温度による室内への影響を小さくする方式である。また，簡易形として，エアバリア方式もある。どちらも，窓面の熱負荷軽減やコールドドラフト防止に有効である。◀よく出題される

（5）　床吹き出し方式

　床吹き出し方式は，二重床内のチャンバから吹き出すので吹出し口の移動・増設が容易であり，OA機器の配置換えなどに対応しやすい。しかし，在室者がいるケースでは，あまり低温の空気を吹き出すと不快感を生じやすいので，天井吹出しに比べて冷房の吹出し温度はやや高めにして吹出し温度差を小さくする。床面から吹き出すので，居住空間を効率的に空調することができるが，冷房時は空調室内の垂直方向の温度差が生じやすく，暖房時は温度差が小さい。室内浮遊粉じん量は，一般に少ない。加圧式やファン付床吹出し方式がある。◀よく出題される

（6）　その他の空調方式

　パッケージユニット方式やファンコイルユニット方式に，全熱交換器ユニットを組み合わせた方式は，全空気方式に比べて搬送能力が小さく，空気浄化能力や加湿能力が劣る。大温度差送風（低温送風）方式は，送風量の減少によりダクトサイズを小さくできる。◀よく出題される

　天井放射冷房方式は，効率的に顕熱負荷を処理できるとともにドラフトが生じないため快適性が高いが，結露防止に配慮する必要がある。

（7）　加湿方式

　加湿は暖房期の低湿度対策だけでなく，冷房期に必要となる場合もある。加湿方式には蒸気方式や気化方式，水噴霧方式がある。加湿後の空気の温度について，蒸気方式は変わらないが，気化方式と水噴霧方式は空気から

蒸発潜熱（気化熱）を奪うために温度が下がる。また，気化方式では，加湿前の空気が低温・高湿であるほど加湿量が少なくなり，水噴霧方式では，加湿水の中に含まれる硬度成分などが機内（もしくは空気中）に放出される。

　蒸気方式には電力により装置内で加湿蒸気を発生させる電熱式，電極式，パン型加湿器，ボイラで発生した蒸気を直接利用する一次蒸気式，間接式に利用する二次蒸気式がある。気化方式には，滴下式，透湿膜式があり，エアワッシャ式は工場などで使用する方式である。水噴霧方式には遠心式，超音波式，水スプレー式などがある。

4・3・6　暖房設備

（1）　温水暖房

　温水暖房は45～55℃程度の温水を温水コイルに送水して，温水の温度差を利用する暖房方式である。配管系統に温水の熱膨張を吸収する膨張タンクが必要である。

（2）　蒸気暖房

　蒸気暖房は蒸気の潜熱を利用する暖房方式で，ボイラからの蒸気を蒸気コイルに送り，蒸気が凝縮するときの凝縮潜熱で温風暖房や蒸気のもつ高温を利用して放射暖房を行う方式である。

（3）　放射暖房

　放射暖房は，室内に設けた放熱器から放射による熱を利用する暖房方式である。放射暖房では室内空気の乾球温度だけでなく，室内の平均放射温度と気流の速度を加味した効果温度により快感の指標を決める。

　平均放射温度（MRT）は室内の壁・床・天井などパネル面を含んだ室内表面の平均温度であり，このMRTが高いと室内空気温度がある程度低くても高い暖房効果が得られる。

> 温水の温度差は5℃差の利用が多いが，7～10℃差の大温度差利用もある。

> 空調設備

4・3・7　自動制御

（1）　自動制御の種類

　自動制御の種類は，信号の伝達および操作動力源によって自力式，電気式，電子式，空気式に分類される。これらは一般にフィードバック制御で行う。なお，シーケンス制御は，設定した順序で，機器などの状態を段階的に設定していく方式である。

　①　自力式　　電気や空気などが不要で検出部で得た力が直接調節部および操作部に伝えられて制御動作を行うもので，ボールタップなどが

ある。制御精度はあまりよくないが設備費は安い。

② **電気式**　信号の伝達および操作の動力に電気を用いる。あまり精度を必要としない制御に多く使われる。

③ **電子式**　調節機構に電子増幅機構をもち，検出信号を増幅して操作信号に変換し，操作部を動作させる方式である。高精度な制御や複雑な制御が可能で，制御系の追従が速い。電気式に比べて高価である。

④ **デジタル式**　調節部にマイクロプロセッサを使用し，複雑で高度な演算処理を行うことが可能である。

⑤ **空気式**　信号の伝達や操作に圧縮空気を使用するもので，大きな操作動力が得られる。適用としては，防爆の必要な場所などにも使用される。空気源のためエアコンプレッサ装置が必要となり，割高となる。

（2）　自動制御システムの例

(a)　**変風量単一ダクト方式（VAV方式）**　VAV方式の自動制御を図4・26に示す。　制御方法は，次のようになる。

◀ よく出題される

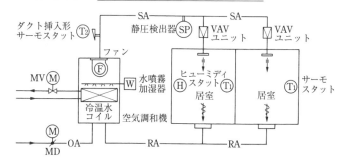

図4・26　変風量単一ダクト方式の自動制御

① 室内温度を検出して，VAVユニットの風量を制御する。

② VAVユニットの開度信号（風量）により，デジタルコントローラで演算して，空気調和機の送風量を制御する。

③ 空気調和機のファンは，サプライダクト（SA）の静圧を検出して制御する。

④ 省エネ効果を高めるため，サプライダクトの圧力検出器はできるだけ端末に取り付ける。

⑤ 送風量制御は，インバータを使用し送風機の回転数を制御する。

⑥ 予冷・予熱時に外気および排気ダンパは一定時間閉とする。また，空気調和機ファン停止時にも閉とする。

⑦ 冷温水コイルの制御弁は，空気調和機出口空気の温度を検出して制御する。

⑧ 加湿器は，代表室内又は還気ダクト内の湿度を検出して制御する。

⑨ 加湿器は，空気調和機ファンおよび外気取入れダンパとインタロッ

クをとる。

⑩　室内又は還気ダクトの二酸化炭素濃度を検出して，外気および排気ダクトのダンパを制御する（外気導入量最適化制御）。

なお，部分負荷時における省エネ効果は，高い順に，回転数制御＞スクロールダンパ制御＞吸込みベーン制御＞吐出しダンパ制御の順となる。

(b)　定風量単一ダクト方式

主な制御は，次のようになる。図4・27にこの方式の自動制御を示す。　◀ よく出題される

① 室内温度は，代表室内の温度調節器により行う。

② 冷温水コイルの制御弁は，レターンダクト（RA）空気の温度または代表室内の温度を検出して制御する。

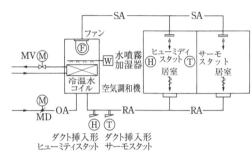

図4・27　定風量単一ダクト方式の自動制御図

③ 加湿器は，空気調和機ファンおよび外気取入れダンパとインタロックをとる。

④ 電気集じん器は，空気調和機ファンとインタロックをとる。

⑤ 外気取入ダンパは，空気調和機の起動後，一定時間閉として予冷・予熱後に開とする。

⑥ 外気冷房が有効な場合，外気取入ダンパ及び排気ダンパは，給気温度により比例制御とする。

(c)　その他の制御例

① 冷却塔の冷却水温度制御は，冷却塔の冷却水出口温度による二位置制御とし，冷却塔送風機の発停や冷却水バイパス制御を行う（外気温度で送風機の発停はしない）。　◀ よく出題される

② 冷温水配管系統が変流量（VWV）システムの場合，空気調和機コイルの水量制御は，電動二方弁を使用する。

③ 電気集じん器や自動巻取り形空気清浄機は，ファンとインタロックをとり，自動巻取形は巻取り完了表示を中央監視盤に送る。

④ ダクト挿入型温度検出器は，エルボ，ダンパの直下流などを避け，偏流が生じない場所に設置する。

⑤ 室内型温度検出器は，吹出口からの冷温風，太陽からの放射熱などの影響がない場所に設置する。

空調設備

確認テスト〔正しいものには○，誤っているものには×をつけよ。〕

□□(1)　氷蓄熱では，冷凍機の成績係数（COP）が大きくなる。

□□(2)　コージェネレーションシステムは，一般にホテルや病院などの熱需要と電気需要が同時に発生する施設に適している。

□□(3)　地域冷暖房の採算が成立するためには，地域の熱需用密度〔MW/km²〕がなるべく小さいほうがよい。

□□(4)　ガスエンジンヒートポンプは，エンジンの排ガスや冷却水からの排熱を回収するために熱交換器を備えている。

□□(5)　建築計画において，省エネルギーの観点から，建物平面が長方形の場合，長辺が東及び西面となるように配置する。

□□(6)　搬送動力を削減するため，冷温水の往き返り温度差を大きくし，流量を少なくした。

□□(7)　定風量単一ダクト方式は，各室ごとの温湿度調整を行いやすく，個別運転にも有利である。

□□(8)　変風量単一ダクト方式は，低負荷時にも，必要外気量が確保されるようにする必要がある。

□□(9)　ファンコイル・ダクト併用方式は，全空気方式に比べて一般に搬送動力が小さい。

□□(10)　変風量方式の空気調和設備における自動制御において，還気ダクトの静圧を検出して，空気調和機ファンを回転数制御した。

確認テスト解答・解説

(1)　×：製氷による冷媒蒸発温度の低下に伴い，COP は低下する。

(2)　○

(3)　×：地域の熱需要度〔MW/km²〕が大きいことが必要である。

(4)　○

(5)　×：長辺を東西面にすると，日射による冷房負荷が増大するので省エネには不利になる。

(6)　○

(7)　×：1台の空気調和機で複数の室を，同じ温湿度の空気で処理しているので，各室ごとには温湿度調整ができない。また，個別運転もできない。

(8)　○

(9)　○

(10)　×：空気調和機のファンの制御のための検出要素は，給気ダクトの静圧である。

4・4 換気設備

学習のポイント

1. 法規上の必要換気量を覚える。
2. 換気方式の特徴と，対応する部屋について覚える。
3. 室内空気汚染除去のための換気量の計算方法を理解する。

4・4・1 換気量と汚染濃度計算

一定量の汚染質が発生している室の（必要）還気量は，その室の容積に比例はせずに，次の（1）から（4）の式にしたがって算出する。

（1） 汚染ガス除去の換気量 V 〔m³/h〕

室内を定常の換気をしている場合における汚染ガス量のバランス式は，換気量 V 〔m³/h〕，室内の許容濃度 C 〔m³/m³〕，導入外気の汚染ガス濃度 C_0 〔m³/m³〕，室内の汚染ガス発生量 M 〔m³/h〕とすると，

外気に含まれる量（$V \times C_0$）＋室内の発生量（M）＝排気に含まれる量（$V \times C$）

よって，$M = VC - VC_0$　となって，次式が成立する。

$$V = \frac{M}{C - C_0}$$

（計算例）人間の極軽作業時における CO_2 の発生量を0.02〔m³/(h・人)〕，CO_2 の許容濃度を1000 ppm，導入外気の CO_2 濃度を400 ppm とすれば，人員15人のときの換気量は次のようになる。

1000 ppm＝0.001 m³/m³

400 ppm＝0.0004 m³/m³ であるから，

$$V = \frac{15 \times 0.02}{0.001 - 0.0004} = 500 \text{〔m}^3/\text{h〕} \quad \cdots \quad \text{約34〔m}^3/(\text{h・人)〕}$$

◀ よく出題される

二酸化炭素濃度の室内環境基準は1,000 ppm 以下である。

（2） 室内発熱量除去の換気量 V 〔m³/h〕

次式により換気量を計算できる。

◀ よく出題される

$$V = \frac{H_S}{0.33(t_i - t_0)}$$

H_S：発熱量〔W〕

t_i：許容室内温度〔℃〕

t_0：導入外気温度〔℃〕

（3）　室内汚染濃度の計算

室内汚染濃度 C〔$\mathrm{mg/m^3}$〕は(1)のようにバランス式をつくり，式を変形すると次式のようになる。

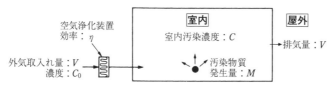

図4・28　再循環のない場合の浄化の概念図

$$C=\frac{M}{V}+(1-\eta)C_0 \qquad 又は \qquad V=\frac{M}{C-(1-\eta)C_0}$$

η：空気浄化装置の汚染物質除去率

V：外気取入れ量〔$\mathrm{m^3/h}$〕

C_0：外気の汚染濃度〔$\mathrm{mg/m^3}$〕

M：室内の汚染物質発生量〔$\mathrm{mg/h}$〕

浮遊粉じんの室内環境管理基準は0.15 $\mathrm{mg/m^3}$ 以下である。

（4）　法規による有効換気量 V〔$\mathrm{m^3/h}$〕

◀ よく出題される

建築基準法では，機械換気による居室の有効換気量 V〔$\mathrm{m^3/h}$〕は次式のようになる。

$$V=\frac{20A_f}{N}$$

V：有効換気量〔$\mathrm{m^3/h}$〕　　A_f：床面積〔$\mathrm{m^2}$〕

N：実況に応じた1人当たりの占有面積

・換気上，無窓階の居室の場合は $N \leqq 10\ \mathrm{m^2/人}$

・特殊建築物の居室の場合は $N \leqq 3\ \mathrm{m^2/人}$

20：1人当たりの換気量〔$\mathrm{m^3/(h・人)}$〕

（計算例）居室(1)の床面積200 $\mathrm{m^2}$，在室人員24人，居室(2)の床面積300 $\mathrm{m^2}$，在室人員20人の換気上有効な開口を有しない特殊建築物でない2室を機械換気する場合の最小有効換気量はつぎのように求める。

実況に応じた1人当たりの専有面積は10 $\mathrm{m^2/人}$なので

居室(1)　200 $\mathrm{m^2}$÷10 $\mathrm{m^2/人}$＝20人　＜24人　条件通りとする

居室(2)　300 $\mathrm{m^2}$÷10 $\mathrm{m^2/人}$＝30人　＞20人　計算値の30人とする

最小有効換気量＝（24人＋30人）×20$\mathrm{m^3/(h・人)}$＝1,080 $\mathrm{m^3/h}$

4・4・2　換気設備

（1）　自然換気設備

　建築基準法の換気設備には，自然換気設備と機械換気設備がある。自然換気設備は，給気口・排気口の位置や排気筒の立上がり高さの規定がある。

　温度差による換気は，（室内空気温度）＞（外気温度）であれば，（室内空気の密度）＜（外気の密度）であり，密度差によって浮力が生じ外気が建物下部開口から侵入し，建物内の空気は上部の開口部から屋外へ排出され，換気が行われる。季節により外気温度が変化するので，換気効果も変化する特徴がある。

　4・4・3「建築基準法による留意事項」(p.117) 参照のこと。

（2）　機械換気設備

　機械換気設備は給気ファン・排気ファンのうち，いずれか一種以上を設け，強制的に換気を行うもので，その組合せにより第一種，第二種，第三種機械換気と称している。その特徴は，下記のとおりである。

　(a)　第一種換気　　給気・排気ともそれぞれ専用の送風機を設ける方式であり，確実に換気効果が上がり，給気量，排気量も期待どおりのものが得られる。

　　室内の圧力はプラス圧でもマイナス圧でもどちらにも計画が可能である。たとえば，業務用厨房は燃焼用空気を確保したうえで，厨房内の臭気が客席へ拡散しないように排気量を給気量より大きくして負圧に保ち，換気効果を果たす。

　(b)　第二種換気　　送風機によって強制給気を行い，室内を正圧に保ち，排気は排気口から排出する方式である。臭気や有害ガスを発生する室の換気には適さない。

　(c)　第三種換気　　送風機によって強制排気を行い，室内を負圧に保ち，給気は給気口から流入する方式である。この方式は便所や浴室のように，臭気または水蒸気を室外に拡散させない効果がある。

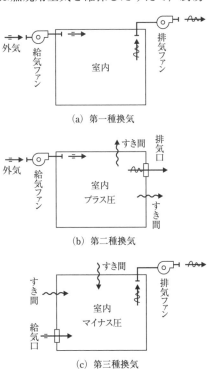

（a）第一種換気

（b）第二種換気

（c）第三種換気

図4・29　機械換気の種類

空調設備

(d)　その他の部屋の用途に適用すべき機械換気方式

①　地下階の無窓居室は，1人当たり20 m³/h以上の外気量を導入するために第一種換気とする。

②　機械室や電気室は，機器熱を除去するため第一種換気とする。

③　ボイラ室は燃焼用と室内冷却用の空気が必要になるので，第二種換気もしくは第一種換気で給気量を排気量より多くして正圧にする。

④　喫煙室は受動喫煙を防止し，煙草の煙を除去するために，第三種換気もしくは第一種換気で室内を負圧に保ち，出入口等から室内に流入する空気の気流を0.2 m/s以上とする。空気清浄装置の併用もある。

⑤　車庫や駐車場の排気は再循環してはならない。第三種換気もしくは第一種換気で，室内を負圧にする。

⑥　大規模な地下駐車場などの換気には，誘引誘導換気方式が用いられる場合がある。誘引誘導換気方式とは，給気ファンからの外気を高速でノズルから吹き出して，駐車場の汚染空気を排気側まで誘引誘導し，排気ファンで屋外に排気する第1種機械換気設備である。

⑦　「駐車場法」では，建築物である一定規模の路外駐車場であって，換気に有効な開口面積を有さないものにおいては，床面積1 m²につき14 m³/h以上の能力を有する換気設備を設けなければならない。

⑧　小規模の台所，便所，浴室，シャワー室，湯沸し室は第三種換気とする。

⑨　ドラフトチャンバ内の圧力は，室内より負圧にし，設置した室は第一種換気もしくは第三種換気で隣接する他の室よりも負圧に保つ。

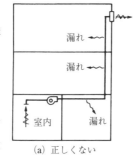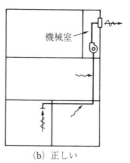

（a）正しくない　　（b）正しい

図4・30　排気ファンの位置

（3）　一般留意事項

①　ダクト途中での漏れによる汚染に注意をしなければならない。図4・30(a)は好ましくないので，図(b)のように排気ファンは排気ガラリの近くに設け，室内を通すダクトは負圧部分にする。

②　図4・31のように，A室とB室を同一排気系統にすると，排風機が停止しているとき，ダクトを通じてA室の臭気や有害ガスがB室へ流れ込み汚染を

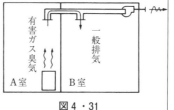

図4・31

引き起こすおそれがある。したがって，このような汚染空気の排気は一般系統と切り離して単独排気にする必要がある。

③　外気取入れ口の位置は，排気や外気，煙突などからの汚染空気や燃焼排ガスのショートサーキットがないように注意しなければならない。また，砂じんや車からの排ガスなど汚染物質を吸い込まないように，外気取入れ口をできるだけ地上から高い位置に設ける。ボイラ室，電気室などは，機器の保護のために，フィルタを設ける。

④　給気口や排気口には，雨水またはねずみ，虫，ごみなど衛生上有害なものを防ぐための設備をしなければならない。

⑤　浴室の換気ファンは，浴室の使用後も継続して稼動させるために，タイマを設ける。

⑥　排気フードは，汚染源に近接して，汚染源を囲むように設ける。

⑦　エレベータ機械室の換気は，熱の除去が主な目的であり，サーモスタットにて換気ファンの発停を行い，室温が許容値以下となるようにする。

4・4・3　建築基準法による留意事項

（1）　火を使用する室としての換気設備を設けなくてもよい場合

次の項目に該当する場合は火を使用する室としての換気設備を設けなくてもよい。

①　換気上有効な開口部のある居室（調理室を除く）に，発熱量の合計が6 kW 以下のガスストーブを設置

②　換気上有効な開口部がある床面積が100 m2以下の住宅の調理室で，発熱量の合計が12 kW 以下の開放式ガス器具を設ける場合

③　密閉式の燃焼器具のみを設置した室

なお，図4・32の排気口が火気使用室に設けるものである場合は，天井面または天井から下方80 cm 以内の位置に設ける。さらに，発熱量が6 kW を越える場合は，排気口を直接，排気筒に接続して，排気筒は，所定の立上り部を設けて，排気する。ただし，密閉式の燃焼器具を使用している場合は，換気設備は不要である。

換気上有効な開口部
　床面積の1/10以上の有効開口面積を有する窓。

◀ よく出題される

　発熱量6 kW を超える場合には，換気扇により直接屋外に排気するか，排気筒で排気が必要。

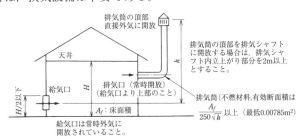

図4・32　自然換気設備の構造

（2）　機械換気設備または中央管理方式の空気調和設備が必要な居室

　映画館や公会堂，集会所などの居室や劇場，映画館の客席部では，窓など換気上有効な開口部がある場合でも機械換気設備または，中央管理方式の空気調和設備が必要である。有効換気量の算出においては，窓等の開口面積を考慮しない。

（3）　一 般 居 室

　一般建築物の居室では，その居室の床面積の1/20以上の窓その他の開口があれば換気設備は設けなくてもよい。

　また，居室に機械換気設備を設ける場合に，有効換気量を求めるための1人当たりの占有面積は特殊建築物 $3 \, \mathrm{m}^2$ 以下，その他 $10 \, \mathrm{m}^2$ 以下である。

　住宅等の居室のシックハウス対策として，必要有効換気量を算定する場合の換気回数は，一般的に，0.5回/h 以上とする。

（4）　換気設備の構造

　その他，換気設備に関する構造規定には次のような項目がある。

① 　火を使用する設備または器具を設けた室の換気設備のダクトは，他の系統のダクトに接続してはならない。

② 　自然換気設備の給気口上端は，居室の天井の高さの1/2以下とする。

③ 　火気を使用する室の排気口は天井から下方80 cm 以内とする。

④ 　火気使用室の換気を自然換気方式で行う場合，排気筒の有効断面積は，燃料の燃焼に伴う理論廃ガス量，排気筒の高さなどから算出する。

⑤ 　床面積の合計が1,000 m^2 を超える地下街に設ける機械換気設備の制御および作動状態の監視は，中央管理室で行わなければならない。

⑥ 　排気フードの基準は，図4・33に示すとおりである。

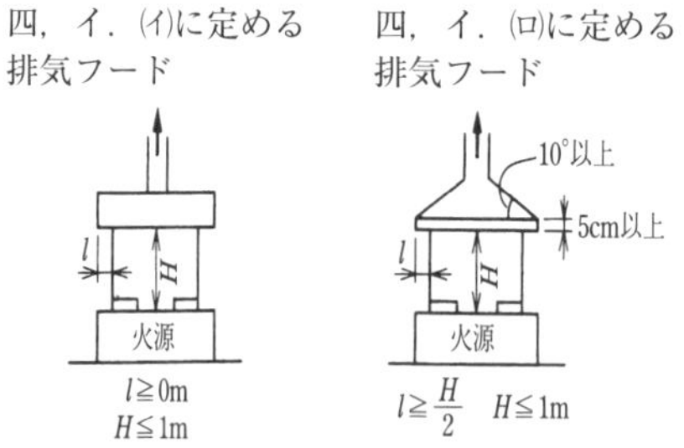

四，イ．（イ）に定める　　四，イ．（ロ）に定める
排気フード　　　　　　排気フード

10°以上
5cm以上

火源　　　　　　　　　火源

$l \geqq 0\mathrm{m}$　　　　　　$l \geqq \dfrac{H}{2}$　$H \leqq 1\mathrm{m}$
$H \leqq 1\mathrm{m}$

図A　Ⅰ型　　　　　図B　Ⅱ型

1．換気扇等のみにより排気する場合　　　$V = 40\,KQ$〔m^3/h〕
2．図Aに示す排気フードⅠ型を有する場合　$V = 30\,KQ$
　図Bに示す排気フードⅡ型を有する場合　$V = 20\,KQ$
3．煙突を設ける場合　　$V = 2\,KQ$
　　1・2・3において，
　　$V =$ 有効換気量〔m^3/h〕
　　K：燃料の単位燃焼量当たりの理論廃ガス量
　　Q：燃料消費量〔kW または kg/h〕

図4・33　排気フードの換気基準

　中央管理方式の空気調和設備の居室における室内環境基準は，1・1・3「空気と環境」表1・3　室内空気環境管理基準（p.6）を参照のこと。

◀ よく出題される

四，イ．（イ）および（ロ）：昭和45年建告第1826号「換気設備の構造を定める件」第3調理室に設ける換気設備第四号イの（イ），（ロ）による。

空調設備

確認テスト〔正しいものには○，誤っているものには×をつけよ。〕

□□(1)　在室人員が18人の居室の二酸化炭素濃度を，1,000 ppm に保つために必要な最小換気量は約590 m³/h である。ただし，外気の二酸化炭素濃度は390 ppm，人体からの二酸化炭素発生量は0.02 m³/（h・人）とする。

□□(2)　厨房の換気を第一種機械換気方式とし，燃焼空気のため排気量より給気量を多くした。

□□(3)　ボイラ室は，酸素の供給及び熱を除去するために，第三種機械換気を行った。

□□(4)　浴室・シャワー室は，湿度を除去するために，第三種機械換気で室内を負圧とした。

□□(5)　劇場，映画館では，窓の有無にかかわらず，機械換気設備または中央管理方式の空気調和設備が必要である。

□□(6)　床面積の合計が100 m² 以内の住戸の調理室で，12 kW 以下の火を使用する器具を設けた場合，床面積の1/20以上の有効開口面積を有する窓があれば，火を使用する室としての換気設備を設けなくてよい。

□□(7)　自然換気設備の給気口は，居室の天井高さの1/2以上の位置に設けなければならない。

□□(8)　一般建築物の居室では，その居室の床面積の1/50以上の窓その他の開口部があれば換気設備は設けなくてもよい。

□□(9)　各構えの床面積の合計が1,000 m² を超える地下街に設ける機械換気設備の制御及び作動状態の監視は，中央管理室において行うことができるものとした。

□□(10)　浮遊粉じんは，その濃度を超えると直ちに人の健康に有害であるということはないが，室内環境基準は，1.5 mg/m³ が許容濃度とされている。

確認テスト解答・解説

(1)　○：$\dfrac{18 \times 0.02}{0.001 - 0.00039} = 590.16 \rightarrow$ 約590

(2)　×：厨房からの臭気を周辺居室に拡散しないよう配慮が必要であるので，第三種機械換気方式または給気量より排気量を多くした第一種機械換気方式が望ましい。

(3)　×：ボイラ室は，燃焼のための空気の供給が必要である。同時に発熱も大きいので，第二種機械換気設備または第一種機械換気設備とする。

(4)　○

(5)　○

(6)　×：当該調理室の床面積の1/10（0.8 m² 未満のときは0.8 m² とする）以上の有効開口面積があればよい。

(7)　×：天井高さの1/2以下の位置に設けなければならない。

(8)　×：居室の床面積の1/20以上が必要である。

(9)　○

(10)　×：0.15 mg/m³ が許容濃度である。

4・5 排煙設備

学習のポイント

1. 排煙風量，ダクトサイズ上の対象風量について理解する。
2. 排煙口，垂れ壁，開放装置など排煙設備の一般事項と方式を覚える。

4・5・1 排煙設備が必要な建築物

(1) 排煙設備の目的

　排煙設備は火災時の煙，ガスの流動を制御し，避難・救出・消火活動を容易にさせ，人命の安全を守る目的で設置が義務づけられている。

　設置対象となる建築物を表4・4に示す。

表4・4　排煙設備設置基準

設置しなければならない建築物		
建物用途の名称あるいは規模	面　積	設置免除される場合または部分(その1)
Ⓐ 特殊建築物 (1) 劇場，映画館，演芸場，観覧場，公会堂，集会場など	延べ面積＞500 m²	
(2) 病院，診療所，ホテル，旅館，下宿，共同住宅，寄宿舎，養老院など	延べ面積＞500 m²	床面積100 m² 以内に防火区画された部分
(3) 学校，体育館など 博物館,美術館,図書館など ボーリング場，スケート場，水泳場など	延べ面積＞500 m²	学校，体育館 ボーリング場，スキー場，スケート場，水泳場またはスポーツの練習場
(4) 百貨店，マーケット，展示場，キャバレー，カフェー，ナイトクラブ，バー，舞踏場，遊技場，その他	延べ面積＞500 m²	
Ⓑ Ⓐ以外の建築物で階数が3以上	延べ面積＞500 m²	1. 高さ31 m 以下にある居室で床面積100 m² 以内ごとに防火区画，防煙壁で区画された部分 2. 機械製作工場，不燃性の物品の倉庫などの用途に供する建築物で，主要構造部分が不燃材料で造られたもの 3. 火災が発生した場合に避難上支障のある高さまで煙またはガスの降下が生じない建築物の部分
Ⓒ 排煙に有効な開口部を有しない居室（天井または天井から下方80 cm 以内の部分で，開放できる面積の合計がその居室の床面積1/50に満たない居室）	床面積＞200 m²	高さ31 m 以下にある居室で床面積100 m² 以内ごとに防火区画，防煙壁で区画された部分
Ⓓ 延べ面積1,000 m² を超える建築物の居室	居室の床面積＞200 m²	高さ31 m 以下にある居室で床面積100 m² 以内ごとに防火区画，防煙区画された居室

4・5・2　排煙設備の種類

　排煙設備の種類には，自然排煙設備と機械排煙設備がある。以下，「階および全館避難安全検証法」および「特殊な構造」によらない排煙設備について記述する。

　自然排煙設備は，煙の浮力を利用して開口部より煙を排出する方法であり，高温の煙ほど排煙能力が高くなり，天井高の高い大空間に適している。排煙上有効な開口部が設けられれば，特に機械力を要しない。

　機械排煙方式は，煙を排煙機により排出する方式で，排煙中の室内圧力が低くなるため他室への漏煙は少ない。

　特別避難階段の付室や非常用エレベータの乗降ロビー，地下街の地下道など特殊な部分に設ける排煙設備については，自然排煙設備・機械換気設備とも基準が厳しい。

　<u>1つの防煙区画部分に自然排煙と機械排煙を併用してはならない。</u>　◀よく出題される

4・5・3　排煙設備の構造

　排煙設備の構造は，法規及び関連する技術基準により定められている。

（1）防煙区画

　①　防煙区画は，間仕切壁または垂れ壁その他これと同等以上の煙の流動を妨げる効果があって，<u>不燃材料で造るか覆われたいわゆる防煙壁で，床面積500 m² 以下に区画する。</u>

　②　劇場や集会場などの客席に限り500 m² を超えた区画をすることができる。

（2）防煙垂れ壁

　<u>天井から50 cm 以上下向きに突き出すこと。</u>　◀よく出題される

（3）自然排煙の開口面積と機械排煙風量

　①　<u>自然排煙は，直接外気に接する排煙上有効な開口面積が防煙区画の床面積の1/50以上必要である。</u>　◀よく出題される

　②　機械排煙は，防煙区画の床面積 1 m² につき 1 m³/min 以上必要である。

（4）排煙機の能力

　①　<u>能力は120 m³/min 以上で，防煙区画の床面積 1 m² につき 1 m³/min 以上</u>　◀よく出題される

　②　<u>2以上の防煙区画を受け持つ排煙機は，最大の防煙区画面積 1 m² につき 2 m³/min 以上</u>　◀よく出題される

　③　防煙区画面積 ≧500 m² の劇場等は，500 m³/min 以上で，かつ防火区画の床面積（2以上区画がある場合はその合計面積）1 m² につき 1 m³/min 以上

④　排煙機を選定する場合には，多翼形，軸流形等，一般の送風機に使用されている機種を用いるが，サージングやオーバロードがないように排煙ダクト系に合う機種，一般に，リミットロード特性を有する後向き送風機を選定することが多い。

⑤　排煙機の耐熱性能は，吸込温度が280℃に達する間に運転に異常がなく，かつ，吸込温度280℃の状態において30分以上異常なく運転できること。

（5）　排煙口・排煙機の位置

①　上下位置は，建築物一般で天井高が 3 m 未満の場合，天井面から80 cm 以内とし，防煙壁の下端より上方の部分に設ける。　◀ よく出題される

②　天井高さ 3 m 以上の場合は天井高の1/2以上で，かつ2.1 m 以上とし，防煙壁の下端より上方の部分に設ける。

③　平面的な位置は，防煙区画の各部からの水平距離が30 m 以内とする。　◀ よく出題される

④　L 字型廊下などは排煙口を 2 個設け，連動して開放できるようにする。

⑤　防煙区画に可動間仕切りがある場合は，それぞれに排煙口を設け連動して開放できるようにする。　◀ よく出題される

⑥　排煙機は最上階の排煙口よりも高い位置とする。ただし，一の階のみ排煙する場合又は排煙系統の最上階に設置する場合で，排煙上支障のないものは除く。

⑦　避難方向と煙の流れが反対になるように配置する。　◀ よく出題される

⑧　パネル形排煙口は，排煙口扉の回転軸が排煙気流方向と平行になるように取り付け，排煙気流により排煙口が閉じないようにする。

（6）　手動開放装置

①　排煙口には手動開放装置を設け，平常時は閉鎖状態を保持し，火災時に手動開放装置によって開放できること。

②　手動開放装置の手で操作する部分の取付け位置は，床面よりの高さを壁付きの場合80 cm 以上1.5 m 以下，天井吊りの場合約1.8 m とする。

（7）　排煙機の作動

①　1 の排煙口の開放によって，排煙機は自動的に作動する。

②　排煙口と排煙機が 1 対 1 の場合は，排煙口は常時開放とする。

③　同一防煙区画に複数の排煙口を設ける場合は，排煙口の 1 つを開放することで他の排煙口を同時に開放する連動機構付きとする。　◀ よく出題される

（8）　予 備 電 源

30分以上電力を供給しうる蓄電池または自家発電装置が必要である。　◀ よく出題される

（9）　遠隔監視操作

　非常用エレベータの設置義務のある建築物（高さ31 m を超える建築物）または床面積の合計が1,000 m² を超える地下街に設ける排煙設備の制御および作動状態の監視は，中央管理室（防災センター）で行えること。

（10）　排煙ダクト

①　排煙口，風道その他煙に接する部分は不燃材料で造ること。

②　排煙風道で小屋裏，天井裏などにある部分は，可燃物から150 mm 以上離すか又は金属以外の不燃材料で覆うこと。準不燃材料の使用は認められない。

③　ダクトサイズはダクト内風速を20 m/s 以下にする。

④　居室と廊下の横引きダクトは，たてダクトまで別系統にする。

⑤　排煙たてダクトの風量は，最下階から順次比較し，各階ごとの排煙風量のうち，最も大きい風量とする。

（11）　排煙口・防火ダンパ

①　排煙口の吸込み風速は10 m/s 以下とする。

②　防火ダンパのヒューズは，作動温度が280℃とする。

③　たてダクトは耐火構造のシャフト内に納め，床貫通部に防火ダンパを設けない。

④　排煙機に接続されるたてダクトの排煙機室の床貫通部には，防火ダンパーを設けてはならない。

（12）　天井チャンバー方式

①　天井内防煙区画部分の直下の天井面には，防煙壁を設ける。

②　天井内の小梁，ダクト等により排煙が不均等になるおそれがある場合は，均等に排煙できるように排煙ダクトを延長する。

③　排煙口の開放が目視できないので，手動開放装置には開放表示用のパイロットランプを設ける。

④　同一排煙区画内の間仕切りは，排煙ダクト工事をしないで自由に変更ができる。

（13）　そ　の　他

①　特別避難階段の付室，非常用エレベータの乗降ロビーは，排煙口と給気口の両方を設ける。

②　特別避難階段の付室又は非常用エレベータの乗降ロビーに機械排煙方式の排煙設備を設けた場合の排煙風量は，その付室又はロビーの面積にかかわらず4 m³/s 以上とし，付室兼用非常用エレベータ乗降ロビーの排煙風量は，6 m³/s 以上とする。

不燃材料：ロックウール25 mm 以上又はグラスウール24 K 以上で25 mm 以上

◀ よく出題される

◀ よく出題される

◀ よく出題される

防煙壁：25 cm 以上の防煙垂れ壁

空調設備

4・5・4　排煙設備の風量算定例

　図4・34のように，1台の排煙機で2以上の防煙区画を受け持つ排煙設備における排煙ダクトの算定風量，排煙機の最小風量は次のように決める。　◀ よく出題される

　同一階では隣接する防煙区画の排煙口は同時開放があり，上下階の排煙口は同時開放が起こらないとして，ダクトの風量を決定する。

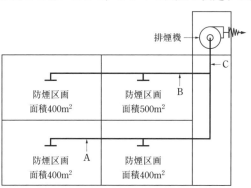

図4・34　排煙ダクト系統図

① **A部のダクト風量**　　排煙風量は防煙区画の床面積1 m² につき1 m³/min 以上なので

　　$400 \ \text{m}^2 \times 1 \ \text{m}^3/(\text{min} \cdot \text{m}^2) = 400 \ \text{m}^3/\text{min}$

② **B部のダクト風量**　　隣接する防煙区画の排煙口があるので，同時開放として

　　左の排煙口風量 $= 400 \ \text{m}^2 \times 1 \ \text{m}^3/(\text{min} \cdot \text{m}^2) = 400 \ \text{m}^3/\text{min}$

　　右の排煙口風量 $= 500 \ \text{m}^2 \times 1 \ \text{m}^3/(\text{min} \cdot \text{m}^2) = 500 \ \text{m}^3/\text{min}$

　　左右合計風量 $= 400 + 500 = 900 \ \text{m}^3/\text{min}$

③ **C部のダクト風量**　　1階の分岐ダクト風量（合計風量）は，②と同様の計算により

　　$400 + 400 = 800 \ \text{m}^3/\text{min}$

したがって，B部のダクト風量のほうが大きいので

　　C部のダクト風量 $=$ B部のダクト風量 $= 900 \ \text{m}^3/\text{min}$

④ **排煙機の風量**　　2以上の防煙区画があるので，最大の防煙区画面積1 m² につき2 m³/min 以上および120 m³/min 以上なので

　　$500 \ \text{m}^2 \times 2 \ \text{m}^3/(\text{min} \cdot \text{m}^2) = 1{,}000 \ \text{m}^3/\text{min} > 120 \ \text{m}^3/\text{min}$

となる。

確認テスト〔正しいものには○，誤っているものには×をつけよ。〕

□□(1)　自然排煙口面積は，当該防煙区画の床面積の1/60以上の排煙上有効な開口部が必要である。

□□(2)　1つの防煙区画において，自然排煙の有効開口面積の不足分を補うために機械排煙機を併設する。

□□(3)　1つの防煙区画における排煙口の位置は，その防煙区画内のどこからも30 m 以内になければならない。

□□(4)　手動開放装置の手で操作する部分は，壁付の場合，床から1.8 m の高さのところに設けた。

□□(5)　排煙ダクトのサイズ決定にあたっては，同一階にある隣り合った防煙区画の排煙口は同時に作動することがあるとみなして排煙風量を算出し，サイズを決定する。

□□(6)　110 m^2 の防煙区画専用の排煙機風量は，110 m^3/min 以上あればよい。

□□(7)　複数の防煙区画を1台の排煙機で対応する場合，排煙機の能力は，その系統の防煙区画面積の合計で算出する。

□□(8)　防煙区画の防煙壁または間仕切り壁は準不燃材料または不燃材料でなければならない。

□□(9)　防煙区画の最大面積は，劇場・映画館などは，500 m^2 を超えた区画とすることができる。

□□(10)　天井高さが3 m 未満の場合の排煙口は，天井面または天井から下方80 cm 以内で防煙垂れ壁の下端より上の部分に設ける。

空調設備

確認テスト解答・解説

(1)　×：1/50以上の排煙上の有効開口部が必要である。

(2)　×：自然排煙の排煙口が機械排煙の給気口になってしまい効果が出ないので，併設はやってはならない。

(3)　○

(4)　×：壁付の場合は，床から0.8 m 以上1.5 m 以下のところでなければならない。

(5)　○

(6)　×：排煙風量は床1 m^2 当たり1 m^3/min 以上あればよいが，排煙機能力の最小は120 m^3/min である。

(7)　×：その系統内の最大の防煙区画面積1 m^2 当たり2 m^3/min にしなければならない。ただし，排煙機能力の最小は120 m^3/min である。

(8)　×：準不燃材料は不可である。

(9)　○

(10)　○

第5章　給排水衛生設備

給排水衛生設備の出題傾向

5・1　上水道
　3年度は，上水道の施設について出題された。4年度は，上水道の配水管について出題された。

5・2　下水道
　3年度は，管きょの布設基準などについて出題された。4年度は，管きょの布設基準について出題された。

5・3　給水設備
　3年度は，給水設備全般について2問が出題された。4年度は，給水圧力と給水量などに関して，給水設備全般についての2問が出題された。

5・4　給湯設備
　3年度は，給湯設備全般について出題された。4年度も，給湯設備全般について出題された。

5・5　排水・通気設備
　3年度は，排水設備，排水・通気設備，通気設備に関して3問が出題された。4年度は，排水・通気設備に関して3問が出題された。

5・6　消火設備
　3年度は，不活性ガス消火設備に関して出題された。4年度は，スプリンクラ設備に関する問題が出題された。

5・7　ガス設備
　3年度は，ガス設備全般について出題された。4年度は，ガス設備全般に関する問題が出題された。

5・8　浄化槽
　3年度は，浄化槽の処理対象人員の算定基準と，浄化槽に関する問題が2問が出題された。4年度は，浄化槽について，FRP製浄化槽の設置に関する2問が出題された。

5・1　上　水　道

学習のポイント

1. 水道の各施設の概要を覚える。
2. 配水施設の施工に関する事項を覚える。
3. 給水装置の試験圧力を覚える。

5・1・1　水道施設

（1）　上水道の概略フロー

　上水道は，人の飲用に適する水を水道法に基づいて水道事業者が供給する施設で，建物の給水源として最も一般的に利用されている。

　その概略フローを図5・1に示す。

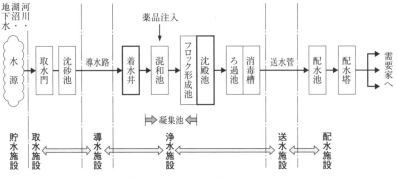

図5・1　上水道の概略フロー

（2）　取水施設

　取水施設は，水源から水を取り入れ，用水路や導水管などの導水施設に水を供給するための設備である。地表水の取水では，水源に応じて取水せき・取水門・取水塔・取水枠などがある。

1）　水　　　源

　水道水の水源は，地表水として河川水・湖沼水・貯水池水があり，地下水として浅層水・深層水・湧水および伏流水が利用される。

2）　取　水　門

　河岸や湖岸に設置される水門の一種であり，水位や取水量を調節するためのゲート（開閉機構あるいは調節機構）をもつ。ゲートの全面にはスクリーンと呼ばれる格子が配置され，流木などの浮遊物が流入するこ

とを防止する。

3）沈　砂　池

　取水門で粗大ごみ等を除去したのち，沈砂池で浮遊物および流砂を沈殿させ，上澄み水を導水施設へ送水する。

（3）導　水　施　設

取水施設で取水された原水を浄水施設まで導く施設をいい，導水方式には自然流下式，ポンプ加圧式及び併用式がある。

（4）浄　水　施　設

浄水施設は，原水を水質基準に適合させるために沈殿・ろ過・消毒などを行う施設である。

1）着　水　井

　着水井は，河川などから原水を導入する際に原水の水位の動揺を安定させるとともに，その水量を調節するために設ける。また，原水の水質状況に応じて，薬品を注入する所でもある。

2）凝　集　池

　凝集池は，凝集剤と原水を混和させる混和池と，混和池で生成した微小フロックを大きく成長させるフロック形成池から構成される。

◀ よく出題される

　(a)　混和池　　原水に注入した水道用薬品を短時間で均等にかくはんするための施設である。通常注入する薬品はポリ塩化アルミニウムと補助剤の次亜塩素酸ナトリウムで，その他の薬品は水質状況により調整して注入する。

　(b)　フロック形成池　　混和池の中で完全に水に混和した凝集剤により形成したフロックを凝集吸着する機能をもったものである。

3）沈　殿　池

　沈殿池は，フロック形成池から出た原水を導入してフロックを沈殿除去し，ろ過池の負荷を軽減させるためのものである。

4）ろ　過　池

　ろ過池には，原水をろ過する速度によって，緩速ろ過池と急速ろ過池がある。

　(a)　緩速ろ過池　　緩速ろ過池のろ過流速は，4〜5 m/日で低濁度の水の処理に適していて，処理方式も普通沈殿＋砂，砂利ろ過である。

　(b)　急速ろ過池　　急速ろ過池は，薬品沈殿池の後に設けられ，そのろ過速度は，120〜150 m/日，濁度と色度の高い高濁度の水の処理に適していて，処理方式は，砂，砂利ろ過方式である。

給排水衛生設備

5）消　毒　槽

　ろ過により水中の病原生物を100％除去することは不可能で，必ず消毒設備が必要である。消毒薬には，一般に液化塩素，高度さらし粉，次亜塩素酸ナトリウム等が使用され，需要家の給水栓における水の遊離残留塩素濃度を0.1 mg/L以上に保持できるようにする。

　水に塩素を注入すると，塩素は水と反応して次亜塩素酸（HClO）と塩酸（HCl）になる。さらに次亜塩素酸の一部は次亜塩素酸イオン（ClO⁻）と水素イオン（H⁺）とにかい離する。次亜塩素酸と次亜塩素酸イオンとを遊離残留塩素といい，水中に有機物やアンモニア性窒素があると，遊離残留塩素はそれらと化合してモノクロラミンとジクロラミンになる。これらは結合残留塩素と呼ばれ，遊離残留塩素より殺菌作用は弱いが，殺菌力はある。なお，有機物を含む水を塩素消毒すると，塩素と有機物が反応して，有害なトリハロメタンが生成する。

　原水中の臭気物質などの処理のためには，活性炭処理・オゾン処理などの高度浄水処理が用いられる。

（5）送　水　施　設

　送水施設は，浄水場から配水池まで常時一定量の水を送る施設をいい，送水するためのポンプ，送水管などで構成される。

　送水管は，浄水を取り扱うため，外部から汚染されないような管水路とする。送水施設の計画送水量は，1年を通じて1日の給水量のうち最も多い量を基準として，計画1日最大量としている。

（6）配　水　施　設

　配水施設は，配水池，配水塔または配水ポンプにより浄水施設で浄化された水を給水区域内の需要者にその必要とする水圧で所要量を配水するための施設である。

5・1・2 給水装置

（1） 給水装置

　給水装置とは，需要者に水を供給するために水道事業者の施設した配水管から分岐して設けられた給水管およびこれに直結する給水用具をいうと規定されている。

　給水装置（貯湯湯沸し器および貯湯湯沸し器の下流側に設置されている給水用具を除く。）は，厚生労働大臣が定める耐圧に関する試験（以下「耐圧性能試験」という。）により1.75 MPaの静水圧を1分間加えたとき，水漏れ，変形，破損その他の異常を生じないことと規定されている。

　配水管から給水管を分岐する箇所での最小動水圧は0.15 MPa以上とし，最大静水圧は0.74 MPaを超えないようにする。

　水道法により，配水管から分岐して給水管を設ける工事を施工しようとする場合において，配水管の位置の確認に関する水道事業者との連絡調整は，給水装置工事主任技術者が行う。

　汚染防止のために配水管は，水道事業体または水道用水供給事業体の水道以外の施設と接続してはならない。

（2） 埋設深さ・地下埋設物

① 配水管を埋設する場合においては，その頂部と路面との距離は，1.2 m（工事上やむを得ない場合にあっては0.6 m以下としない。）

② 配水管を他の地下埋設物と交差または近接して敷設するときは，少なくとも30 cm以上の間隔を保つ。

（3） 軟弱地盤・可とう性継手

① 軟弱地盤に配水管を布設する場合の基礎は，はしご胴木基礎などとする。

② 軟弱層が深い場合，管径の1/3～1/1程度（最小50 cm）を砂又は良質土に置き換える。

③ 軟弱地盤や構造物との取合い部等，不同沈下のおそれのある箇所には，たわみ性の大きい伸縮可とう継手を設ける。

④ 溶接継手を用いた水管橋など伸縮自在でない継手を用いた管路の露出配管部には，20～30 mの間隔で，伸縮継手を設ける。

（4） 明　　示

① 道路（公道）に埋設する外径80 mm以上の配水管には，原則として，占用物件の名称，管理者名，埋設した年などを明示する。

② 道路掘削時に配水管の損傷を防止するために設ける明示シートは，配水管の上部30 cm程度の位置に埋設する。

給水装置工事主任技術者
　給水装置に関する技術上の管理，給水装置工事に従事する者の技術上の指導監督，給水装置工事に係る給水装置の構造および材質が基準に適合していることの確認，施工した給水装置工事に関して水道事業者が行う検査への立ち会いを業務とする。

◀ よく出題される

◀ よく出題される

給排水衛生設備

（5）　不断水分岐工法

①　不断水工法により配水管の分岐を行う場合，既設管に図5・2に示すような割T字管などを取り付けた後，所定の水圧試験を行って漏水のないことを確認してから，穿孔作業を行う。

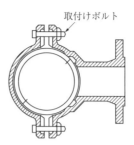

取付けボルト

図5・2　割T字管

②　配水管より分水栓又はサドル付分水栓によって給水管を取り出す場合は，他の給水装置の取付口から30 cm以上離す。

（6）　離脱防止措置

①　配水管の異形管継手部の離脱防止を検討する場合に用いる管内の圧力は，最大静水圧に水撃圧を加えたものとする。なお，ダクタイル鋳鉄管は，硬質ポリ塩化ビニル管に比べて，管材のヤング率が大きい（硬い）ため，弁の急閉時に配管にかかる水撃圧は大きくなる。

②　ダクタイル鋳鉄管および硬質ポリ塩化ビニル管の異形管防護は，原則として，コンクリートブロックによる防護または離脱防止継手を用いる。ただし，小口径管路で管外周面の拘束力を十分期待できる場合は，離脱防止金具を使用する。

（7）　そ　の　他

配水支管に設けた消火栓は，配水支管の充水・排水時には排気・吸気に利用できる。

給排水衛生設備

確認テスト〔正しいものには○，誤っているものには×をつけよ。〕

□□(1)　緩速ろ過方式は，急速ろ過方式に比べて，濁度と色度の高い水を処理する場合に適している。

□□(2)　送水施設は，浄水施設で浄化した水を給水区域内の需要者にその必要とする水圧で所要量を供給するための施設である。

□□(3)　不断水分岐工法は，既設配水管に分岐用割T字管を取り付けて管を分岐する工法である。

□□(4)　浄水施設のうち凝集池は，消毒剤と原水を混和させる混和池と微小フロックを成長させるフロック形成池で構成される。

□□(5)　配水管を他の地下埋設物と交差又は近接して敷設するときは，少なくとも30 cm 以上の間隔を保つ。

□□(6)　配水管は，他の水道事業体又は水道用水供給事業体の水道施設と接続してはならない。

□□(7)　水道直結部の給水管は，耐圧性能試験により1.5 MPa の静水圧を加えたとき，水漏れ，変形等の異常が認められないことを確認する。

□□(8)　給水管を分岐する箇所での配水管内の最小動水圧は0.15 MPa とし，最大静水圧は0.74 MPa を超えないようにする。

□□(9)　配水管から分岐し最初に設置する止水栓は，操作の容易性，損傷防止のため，メータます又は止水栓筐内に収納する。

□□(10)　配水管より分水栓又はサドル付分水栓によって給水管を取り出す場合は，他の給水装置の取付口から30 cm 以上離す。

確認テスト解答・解説

(1)　×：緩速ろ過池は，砂層，砂利層より構成され，急速ろ過池に比べて，一般に井戸水などの低濁度の水を処理するのに適している。

(2)　×：送水施設は，浄水場から配水池まで常時一定量の水を送る施設である。

(3)　○

(4)　×：消毒剤ではなく，凝集剤である。消毒剤は浄水施設の最後の工程で，ろ過した水を消毒するために消毒槽に投入する。

(5)　○

(6)　×：他の水道事業体又は水道用水供給事業体の水道施設と接続してもよい。

(7)　×：給水装置の耐圧性能試験では，1.75 MPa の静水圧を1分間加えたとき，水漏れ・変形・破損その他の異常がないことを確認する。

(8)　○

(9)　○

(10)　○

5・2 下 水 道

学習のポイント

1. 汚水管きょおよび雨水管きょ・合流管きょの許容流速，最小管径を覚える。
2. 管きょの管径が変化する場合の接合方法，伏越し管きょ，取付け管，下水道管の基礎など
について理解する。

5・2・1　下水道の種類

　下水道法における用語の定義は，下記のように定められている。（下水道法第2条）

（1）　下　　水

　生活若しくは事業（耕作の事業は除く。）に起因し，もしくは付随する廃水（以下「汚水」という。）または雨水をいう。

（2）　下　水　道

　下水を排除するために設けられる排水管，排水きょその他の排水施設（かんがい排水施設を除く。），これに接続して下水を処理するために設けられる処理施設（し尿浄化槽を除く。）またはこれらの施設を補完するために設けられるポンプ施設その他の施設の総体をいう。

（3）　公共下水道

　主として市街地における下水を排除し，または処理するために地方公共団体が管理する下水道で，終末処理場を有するものまたは流域下水道に接続するものであり，かつ，汚水を排除すべき排水施設の相当部分が暗きょである構造のものをいう。

（4）　流域下水道

　次のいずれかに該当する下水道をいう。

① 専ら地方公共団体が管理する下水道により排除される下水を受けて，これを排除し，および処理するために地方公共団体が管理する下水道で，2以上の市町村の区域における下水を排除するものであり，かつ，終末処理場を有するもの

② 公共下水道（終末処理場を有するものに限る。）により排除される雨水のみを受けて，これを河川その他の公共の水域または海域に放流するために地方公共団体が管理する下水道で，2以上の市町村の区域における雨水を排除するものであり，かつ，当該雨水の流量を調節するための施設を有するもの

下水道の目的

　この法律は，流域別下水道整備総合計画の策定に関する事項並びに公共下水道，流域下水道及び都市下水路の設置その他の管理の基準等を定めて，下水道の整備を図り，もって都市の健全な発達及び公衆衛生の向上に寄与し，あわせて公共用水域の水質の保全に資することを目的とする。（下水道法第1条）

（5）　都市下水路

　主として市街地における下水を排除するために地方公共団体が管理している下水道（公共下水道および流域下水道を除く。）で，その規模が政令で定める規模以上のものであり，かつ，当該地方公共団体が指定したものをいう。

（6）　終末処理場

　下水を最終的に処理して河川その他の公共の水域または海域に放流するために下水道の施設として設けられる処理施設およびこれを補完する施設をいう。

　ポンプ場は，下水を自然流下によって放流できない場合などに設ける揚水施設である。

　汚水処理は，粗ゴミを除去した後，最初沈澱池で下水を緩やかに流して細かいゴミなどを沈ませ，上澄み水は反応タンクへ，沈殿物は汚泥処理施設へ送り，最終沈殿池では活性汚泥をゆっくり沈殿させ，上澄みのきれいな水を排出する。

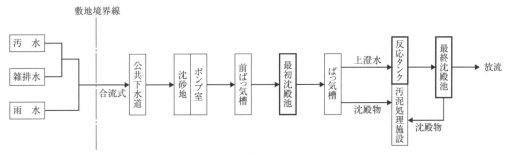

図 5・3　下水道の概略フロー

（7）　処　理　区　域

　排水区域のうち，排除された下水を終末処理場により処理することができる地域で規定により公示された区域をいう。

　処理区域において，くみ取り便所が設けられている建築物を所有する者は，下水の処理を開始すべき日から3年以内に水洗便所に改造しなければならない。

5・2・2　下水道の排除方式

　下水道の排除方式には，汚水と雨水とを同一の管きょ系統で排除する合流式と，これらの下水を別々の管きょ系統で排除する分流式とがあり，原則として分流式とすることになっている。なお，合流式においては，雨天時に計画下水量の3倍程度を超える下水は，無処理で公共用水域などへ放流される。

5・2・3　管 路 施 設

（1）　下水本管の施工

　雨水を排除すべき排水設備は，多孔管その他雨水を地下に浸透させる機能を有するものとすることができる。

　軟弱地盤等において，マンホールと管きょとの不同沈下が想定される場合には，接続部分に可とう性をもたせる。

　管きょ周辺が液状化するおそれがある場合は，良質土，砕石，又は固化改良土で埋め戻すなどの対策を施す。

（2）　流速および勾配

　一般に下流に行くに従い流量が増大するので，勾配を緩やかにして流速を漸増させる。なお，雨水管きょや合流管きょのように，太い管きょは，細い管きょに比較して，緩やかな勾配でよく，速い流速が得られる。分流式の汚水管きょは，合流式に比べれば小口径のため，管きょの勾配が急になり埋設が深くなる場合がある。

　(a)　**汚水管きょ**　　汚水管きょにあっては，計画汚水量に対し，原則として，最小流速は，沈殿物が堆積しないように0.6 m/sとし，最大流速は，管きょやマンホールに損傷を与えないように3.0 m/sとする。　◀ よく出題される

　(b)　**雨水管きょおよび合流管きょ**　　雨水管きょおよび合流管きょにあっては，計画下水量に対し，原則として，流速は最小0.8 m/sとし，最大3.0 m/sとする。最小流速は，汚水管きょよりも大きい。

（3）　最 小 管 径

　管きょは，下流に行くほど流量が増大するので，勾配を緩やかにしても流速を漸増させることができる。

　汚水管きょは200 mmを標準とし，雨水管きょおよび合流管きょは250 mmを標準とする。　◀ よく出題される

（4）　管きょの接合

　(a)　**管きょの管径が変化する箇所の接合方法**　　管きょの管径が変化する場合または2本の管きょが合流する場合の接合法には，図5・4に示すような4種類の接合方法があるが，原則として水面接合または管頂接合とする。　◀ よく出題される

　水面接合は，各々の管径について計画流量に対する水深を計算して，その水位が上下流で一致するように管の据付け位置を決定する方法である。管頂接合は，管内面頂部の高和を合わせて接合する方法で，水利学的には水面接合に劣るが計算は容易である。しかし，管の埋設深さが次第に増すので，地表勾配のある地域に適する。

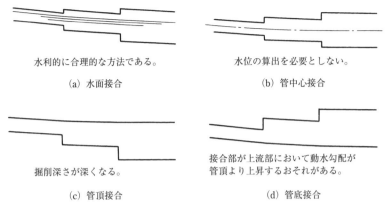

水利的に合理的な方法である。

（a）水面接合

水位の算出を必要としない。

（b）管中心接合

掘削深さが深くなる。

（c）管頂接合

接合部が上流部において動水勾配が
管頂より上昇するおそれがある。

（d）管底接合

図5・4　管きょの管径が変化する箇所の接合方法

（b）　**地表勾配が急な場合の接合方法**　　地表勾配が急な場合には，管径の
変化の有無にかかわらず，原則として，図5・5に示す地表勾配に応
じて<u>段差接合又は階段接合</u>とする。段差接合において，段差が0.6 m
以上ある場合には，原則として，副管を使用する。

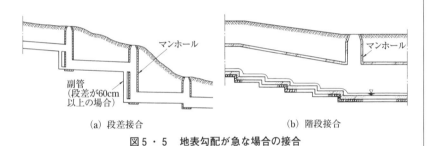

（a）　段差接合

（b）　階段接合

図5・5　地表勾配が急な場合の接合

（c）　**2本の管きょが合流する場合の接合**　　図5・6に示すように，2本
の管きょが合流する場合の中心交角は，なるべく60度以下とし，曲線
をもって合流する場合の曲率半径は内径の5倍以上とする。

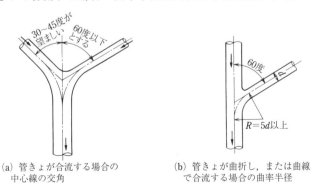

（a）　管きょが合流する場合の
　　　中心線の交角

（b）　管きょが曲折し，または曲線
　　　で合流する場合の曲率半径

図5・6　管きょが合流する場合の中心交角と曲率半径

（5）　伏　越　し

伏越しとは，管を河川，鉄道などを横断させるために，管をいったん下
げて，それらの下をくぐらせる施設をいう。伏越し管きょ内の流速は，<u>上
流管きょ内の流速よりも速くし</u>（一般に20～30％増し），土砂の堆積を防ぐ。

下水管きょの伏越しの構造を図5・7に示す。

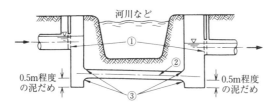

①：上下両側ともにゲートまたは角落しを設ける。
②：伏越し管（一般に複数管）
③：入口・出口は損失水頭を少なくするためにベルマウス形とする。

図5・7　伏　越　し

（6）　取　付　け　管

　取付け管はますから本管への接続管であり，敷設方向は本管に対して直角とし，本管取付け部は本管に対して60°または90°とし，本管の中心線より上方に取り付ける。取付管の最小管径は，150 mm を標準とする。また，勾配は10‰以上とする。取付け管の間隔は，施工性，本管の強度および維持管理上から，1 m 以上離す。

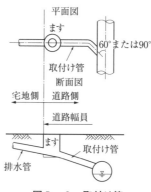

図5・8　取付け管

◀ よく出題される

（7）　下水道管の管種

　下水道管きょには，一般に鉄筋コンクリート管・硬質ポリ塩化ビニル管（VU 管）などを用いる。管きょに硬質ポリ塩化ビニル管などの可とう性のある管きょを布設する場合の基礎は，原則として，自由支承の砂基礎または砕石基礎とする。

◀ よく出題される

（8）　排　　水　　管

　排水管の土被りは，建物の敷地内では，原則として20 cm 以上とする。

（9）　ま　　　　　す

　汚水ますの形状は，内径又は内法寸法が15 cm 以上の円形または角形とし，構造はコンクリート製，鉄筋コンクリート製またはプラスチック製とする。

　汚水ますの上流と下流側管底間の落差は，原則として 2 cm 程度とし，半円状のインバートで滑らかに接続する。

　また，T字形会合の汚水ますは，流れを円滑にするため，管きょとますの中心軸をずらして，合流管のインバートの曲率半径を大きくする。

　雨水排水系統に用いる雨水浸透ますは，ます本体が透水性を有するもので，原則として，内径または内法寸法が30 cm 以上の円形または角形とする。

確認テスト〔正しいものには○，誤っているものには×をつけよ。〕

□□(1) 下水道本管に取付管を接続する場合は，他の取付管から1m以上離す。

□□(2) 硬質ポリ塩化ビニル管の管きょの基礎は，原則として，自由支承の砂又は砕石基礎とする。

□□(3) 汚水管きょの最小流速は，合流管きょの最小流速よりも大きくする。

□□(4) 処理区域内において，くみ取便所が設けられている建築物を所有する者は，公示された下水の処理を開始すべき日から5年以内に水洗便所に改造しなければならない。

□□(5) 管きょの最小管径は，汚水管きょでは150mm，雨水管きょでは200mmを標準とする。

□□(6) 管きょは，下流に行くほど流量が増大するので，勾配を緩やかにして流速を漸増させる。

□□(7) 管きょ径が変化する場合の接合方法は，原則として，水面接合又は管頂接合とする。

□□(8) 管きょに取付管を接続する場合の取付部は，管きょに対して60度又は90度とする。

□□(9) 伏越し管渠内の流速は，上流管渠内の流速よりも遅くする。

□□(10) ますと本管をつなぐ取付け管は，本管の中心線より下方に取り付ける。

確認テスト解答・解説

(1) ○

(2) ○

(3) ×：汚水管きょの流速は，最小0.6m/sとするが，合流管きょでは砂等が滞留しないようにするため，その最小流速は，汚水管きょの流速よりも大きく，0.8m/sである。

(4) ×：処理区域内においては，くみ取り便所が設けられている建築物を所有する者は，下水の処理を開始すべき日から3年以内に，その便所を水洗便所に改造しなければならない。

(5) ×：汚水管きょの最小管径は200mm，雨水管きょでは250mmを標準とする。

(6) ○

(7) ○

(8) ○

(9) ×：伏越し管とは，管路が鉄道や河川を横断する場合に，その部分を下げて配管する方法である。この伏越し管の内部には土砂などが堆積しやすいため，上流管径より一回りサイズダウンさせて，流速を20～30%増加させる。

(10) ×：汚水本管への取付け管は，汚水中の浮遊物質の堆積などで管内が閉塞することがないように本管の中心線から上方に取り付ける。

5・3 給水設備

> **学習のポイント**
>
> 1. 吐水口空間，クロスコネクション，バキュームブレーカなど逆流防止関連用語を理解する。
> 2. 給水量，給水圧力，給水方式，給水機器容量などについて理解する。
> 3. ウォータハンマの防止策を理解する。
> 4. 給水タンクの設置要領について理解する。

5・3・1　給水設備における汚染防止

　給水の汚染の原因には，逆流などによる給水以外の水の混入，受水タンク・高置タンクなどの開放タンクへの異物の侵入，配管内面など水に接する材料からの有害物質の溶出などがある。

　逆流の原因には，クロスコネクションと逆サイホン作用とがある。

(a)　**クロスコネクション**　緊急飲料用の井水系統と飲料水系統を逆止め弁や常時閉の切替弁を介して接続してもクロスコネクションとなるので，行ってはならない。逆止め弁を介しても，逆止め弁の弁座にごみがかむと逆流を防止することができない。防止策として，飲料水管（上水管）と雑用水管を異なる配管材質にすることも有効である。

　　散水栓系統は飲用されるおそれがあるので，上水系統とし，雨水を利用した植栽灌水系統と分離する。

(b)　**逆サイホン作用**　逆サイホン作用は，水受け容器に給水する場合に，図5・9に示すような，吐水口と容器のあふれ縁との間に十分な吐水口空間がないと，給水管内が負圧時に水受け容器の中の水が給水管内に逆流する現象で，図5・10にその説明図を示す。

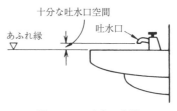

図5・9　吐水口空間

　したがって，逆サイホン作用による汚染の防止には，吐水口空間の確保が有効である。

　洗面器の吐水口空間は，給水栓の吐水口端とあふれ縁との垂直距離をいう。

大便器洗浄弁のように，吐水口空間を確保して給水することができない場合には，大気圧式バキュームブレーカを設置する。

バキュームブレーカには，図5・11に示すように，**常時は水圧がかからない位置に設ける大気圧式バキュームブレーカ**と，**常時水圧はかかるが逆圧のかからない位置に設ける圧力式バキュームブレーカ**とがあり，いずれも**水受け容器のあふれ縁より負圧破壊性能の2倍（最大150 mm）以上高い位置の給水管に設置**する必要がある。

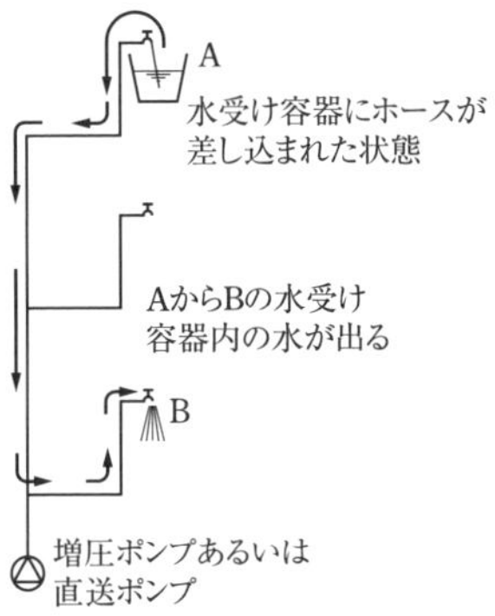

バキュームブレーカは，逆サイホン作用は防止できるが，逆圧による逆流は防止できない。

洗車場の水栓は，ホースを設置して使用するため，バキュームブレーカ付きとする。

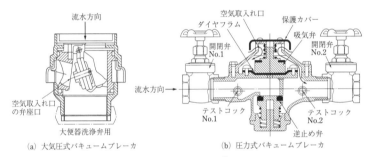

図5・10　逆サイホン作用説明図

◀ よく出題される

A

水受け容器にホースが差し込まれた状態

AからBの水受け容器内の水が出る

B

増圧ポンプあるいは直送ポンプ

ポンプ故障時にBの水栓を開けたり，ポンプ性能劣化時にBの水栓を開けて多量の水を出すと負圧により逆サイホン作用による逆流が発生する可能性がある。

流水方向

空気取入れ口の弁座口

大便器洗浄弁用

(a) 大気圧式バキュームブレーカ

空気取入れ口

ダイヤフラム

保護カバー

吸気弁

開閉弁 No.1

流水方向

開閉弁 No.2

テストコック No.1

テストコック No.2

逆止め弁

(b) 圧力式バキュームブレーカ

図5・11　バキュームブレーカ

また，水道直結増圧方式では，配水管への水の逆流を防止するために，図5・12に示すような，逆止め弁よりも逆流を確実に防止できる減圧式逆流防止器を設置する。この装置は，二次側逆止め弁に異物がかんで逆流が生じた場合には，逃し弁が開き，逆流水を排水口から排水する。

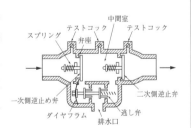

スプリング

テストコック

中間室

テストコック

弁座

一次側逆止め弁

ダイヤフラム

排水口

逃し弁

二次側逆止め弁

図5・12　減圧式逆流防止器

5・3・2　給　水　量

建築物における使用水量の概念には，1日当たりの予想給水量，これを1日平均使用時間で除した**時間平均予想給水量**，水が最も多く使用される1時間において使用される**時間最大予想給水量**（時間平均予想給水量の1.5〜2.0倍），30分程度継続するピーク時に使用される**ピーク時最大予想**

器具給水負荷単位

大便器洗浄弁6〜9単位，洗浄タンク（ロータンク），洗面器1単位などと決めている。

給水量，1分間継続する瞬時最大予想給水量などがある。なお，空調用冷却塔補給水など定常的に消費する水量がある場合には，適宜加算する。

人員による1人当たりの日予想給水量は，給水対象人員と建物種類別の1人1日当たり使用水量から求める。共同住宅においては200～250 L 程度，一般の事務所ビルにおいては60～100 L 程度である。

給水管径は瞬時最大給水流量を算定して，ヘーゼン・ウィリアムスの式に基づいた流量線図から選定する。瞬時最大給水流量は，器具給水負荷単位による方法，器具利用から予測する方法，水使用時間率と器具給水単位による方法などがあり，器具給水負荷単位による方法などは，衛生器具数が増えるほど同時使用率を小さくして瞬時最大給水流量が決定される。また，器具給水負荷単位は，私室用よりも，公衆用で使う場合の方が大きい値となる。

大便器洗浄弁の1回当たりの使用水量は，一般に13～15 L 程度であり，大便器の器具給水負荷単位は，ロータンク方式より洗浄弁方式が大きい。

総水量の調整は，仕切弁（ゲート弁）に比べて圧力損失が大きい玉形弁（グローブ弁）が適している。

▶ 最近の節水便器では，1回の使用水量が5L以下のものがある。

◀ よく出題される

5・3・3　給水圧力

給水装置（貯湯湯沸し器および貯湯湯沸し器の下流側に設置されている給水用具を除く。）は，厚生労働大臣が定める耐圧に関する試験により1.75 MPa の静水圧を1分間加えたとき，水漏れ・変形・破損その他の異常を生じないことが定められている。

給水配管の最低水圧は，衛生器具の最低必要圧力を考慮して決定し，通常使用される大便器洗浄弁，一般のシャワーなどにおいては70 kPa，一般の給水栓においては30 kPa である。

水圧が高すぎると，水使用時に水が跳ねたり，ウォータハンマが発生したり，流水音が生じたり，接水部品の寿命が短くなったりするので，給水圧力は，事務所ビルにおいては400～500 kPa とする。そのため，高層建築物では，高層，低層等に給水系統をゾーニングや減圧弁を設けるなどの措置を施し，給水圧力が500 kPa（大便器洗浄弁にあっては400 kPa）を超えないようにする。

◀ よく出題される

ウォータハンマ：1・2・3(2)を参照のこと(p.23～24)。

◀ よく出題される

5・3・4　給水方式

給水方式は，水道直結方式（図5・13）と受水タンク方式（図5・14）に大別される。

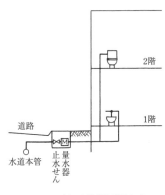
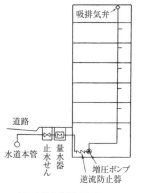

（a）水道直結直圧方式　　　　　（b）水道直結増圧方式

図5・13　水道直結給水方式

器具の最低必要圧力	
器　　　具	必要圧力(kPa)
一般水洗	30
大便器洗浄弁	70
小便器水栓	30
小便器洗浄弁	70
シャワー	70
ガス瞬間湯沸器	
4～5号	40
7～16号	50
22～30号	80

（1）　水道直結方式

　水道直結方式は，水道法により給水装置となり，水道法の適用を受ける。

　水道直結方式は，受水タンク方式に比べ，受水タンク・高置タンクなどの開放タンクがないため，異物の混入がなく，水質汚染の可能性が低い。水道直結方式（直圧・増圧共に）は，高置タンクがないので，<u>高置タンク方式と比べて給水引込み管の管径が大きくなる</u>。

　水道直結直圧方式の給水栓の圧力は，水道本管の圧力に応じて変化する。

　水道直結増圧方式では，各水道事業者によりメータ口径や配管システムなどが詳細に決められていて，図5・13に示すように，配水管への逆流を確実に防止できる<u>逆流防止器が必要</u>で，給水栓の圧力は水道本管の圧力の変動を受けないように制御装置がある。又，給水立て管には，<u>断水時に配管内が負圧にならないように，最上部に吸排気弁を設置</u>する。

◀ よく出題される

　集合住宅の給水設備において，ポンプ直送方式を直結増圧給水方式に変更する場合は，水道引込み管のサイズアップが必要である。

　<u>水道直結増圧方式のポンプの吐出し量は，瞬時最大予想給水量に基づいて決定</u>するので，<u>高置タンク方式に比べて，ポンプの吐出し量が大きくなる</u>。

◀ よく出題される

（2）　受水タンク方式

　受水タンク方式には，図5・14に示すように，高置タンク方式，圧力タンク方式およびポンプ直送方式がある。

　使用水量が時期によって大きく変動するおそれがある<u>学校などの受水タンク</u>は，タンクの分割や水位調整装置などにより，<u>貯水量を可変</u>できるようにする。受水タンクの容量を過大に設定すると，タンク内滞留中に残留塩素が消費され，水が腐敗しやすくなるので，<u>受水タンクの容量</u>は，一般に，<u>1日予想給水量の1/2程度</u>としている。

◀ よく出題される

給排水衛生設備

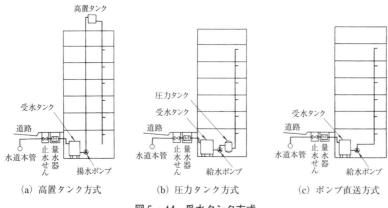

図5・14 受水タンク方式

(a) **高置タンク方式**　高置タンクの容量は，一般に，時間最大予想給水量の0.5〜1倍とする。高置タンクの設置高さは，高置タンクから最高位に設置される水栓，器具までの配管摩擦損失および器具の最低必要圧力を考慮して求める。例えば，最上階のシャワーヘッドと，高置タンクの低水位との高さは，シャワーヘッドに必要とされる70 kPaが最低でも確保できる高さとする。 ◀ よく出題される

　　高置タンク方式における揚水ポンプの揚水量は，原則として，時間最大予想給水量とする。また，揚水ポンプの吸込揚程の最大値は，常温の水では6 m程度である。 ◀ よく出題される

　　予想給水量が同じ場合において，高置タンク方式は，ポンプ直送方式と比べてポンプの容量を小さくすることができる。また，直結増圧方式に比べて給水引込み管径が小さくなる。

(b) **圧力タンク方式およびポンプ直送方式**　給水主管の管径は瞬時最大給水量をまかなう必要があるので，高置タンク方式の場合と同じになる。また，高置タンクがないため，高置タンク方式と比べてポンプの容量が大きくなる。

　　圧力タンク方式における給水ポンプの揚水量は，瞬時最大予想給水量以上とする。

　　ポンプ直送方式における給水ポンプの揚程は，配管抵抗，受水タンクの水位と代表給水器具の高低差およびその器具の必要最小圧力から算出する。また，給水量は，瞬時最大予想給水量以上とする。

(c) **ポンプの発停**

　　高置タンク方式における揚水ポンプは，高置タンクに設置した電極棒によりその発停を行い，圧力タンク方式における給水ポンプの発停は，圧力タンク内の圧力の変動により行い，ポンプ直送方式における給水ポンプの発停は，吐出し圧力の変動により行う。

　ポンプ直送方式のポンプ制御方式には，吐出し圧力一定制御方式と末端圧力推定方式とがある。

5・3・5　飲料用受水タンク・高置タンク

　飲料用受水タンクの吐水口空間は，給水管の吐水口端とオーバフロー口のあふれ縁との鉛直距離をいう。

　パネル組立式受水タンクの組立ボルトは，上部気相部には鋼製ボルトを合成樹脂で被覆したものを，液相部にはステンレス鋼製ボルトを使用する。

　なお，FRP 製タンクと鋼管との接続には，フレキシブルジョイントを設けて，配管の重量や配管の変位による荷重が直接タンクにかからないようにする。

　飲料用タンクには，内部の点検清掃が容易に行えるように直径60 cm 以上の円が内接できるマンホールを設け，保守点検スペースは，周囲および下部は0.6 m 以上とし，上部は1.0 m 以上とする。◀ よく出題される

　受水タンクの上にやむを得ず排水管を通す場合は，配管の下に受け皿を設置し，受水タンクとの空間を1 m 以上確保する。

　飲料用タンクのオーバフロー管は間接排水とし，管端開口部には金網（防虫網）等を設け，水抜き管は，排水管に直接接続せず，間接排水とする。タンク内部の底部には，吸込ピットを設け，勾配をピットに向かって1/100程度とする。◀ よく出題される

　タンク出口側給水管には，地震時の対応として，緊急遮断弁を設ける。なお，地震時にタンク内の水面が波動を起こし，水の自由表面が水槽の天井面や側面に衝突する現象をスロッシングという。

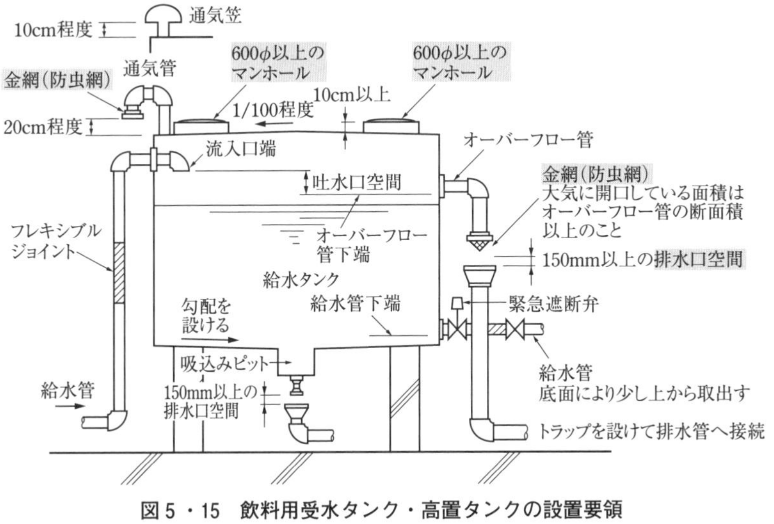

図5・15　飲料用受水タンク・高置タンクの設置要領

5・3・6　ポンプ停止時のウォータハンマ

　管内を流れていた水を急閉止する際に生じるウォータハンマについては，1・2・3「管路」(2)(p.23) に記述してあるので参照していただきたい。

① 　ウォータハンマを防止するには，管内流速を2.0 m/s を超えないものとする。　◀ よく出題される

② 　一般に，揚水ポンプの吐出し側の逆止め弁にスイング逆止め弁を使用すると，ポンプ停止時に逆流が始まってから急激にスイング逆止め弁が閉止してウォータハンマが生じることがあるので，スイング逆止め弁は使用しない。

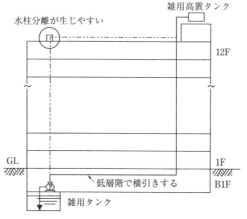

図5・16　受水タンク方式

③ 　揚程が30 m を超える揚水ポンプの吐出し側に設ける逆止め弁は，ウォータハンマを防止するために緩閉形逆止め弁などの衝撃吸収式のものとする。　◀ よく出題される

④ 　揚水管の横引きが長い場合には，水圧の低い高層階で横引きを行うと，ポンプ停止時にポンプが停止しても慣性によって水は先に行こうとするので，管内が負圧になり水が蒸発して水柱分離が生じ，すぐに管内の圧力がもとに戻り蒸発した水蒸気が水に戻るときにウォータハンマが生じる。したがって，揚水管の横引きが長い場合には，水圧の高い低層階で横引きを行う。　◀ よく出題される

給排水衛生設備

確認テスト〔正しいものには○，誤っているものには×をつけよ。〕

□□(1) 洗面器の吐水口空間とは，給水栓の吐水口端とあふれ縁との垂直距離をいう。

□□(2) 大気圧式バキュームブレーカは，常時水圧のかかっている箇所で，器具のあふれ縁より上部に設置する。

□□(3) 人員による時間最大予想給水量は，人員による時間当たり平均予想給水量に1.5～2を乗じて求める。

□□(4) 人員による時間平均予想給水量は，人員による1日予想給水量を1日平均使用時間で除したものである。

□□(5) ウォータハンマ防止等のため，給水管内の流速は，一般に，4.0 m/s 程度にする。

□□(6) 一般水栓の最低必要圧力は，70 kPa である。

□□(7) 高置タンク方式における揚水ポンプの揚水量は，原則として，時間最大予想給水量から算出する。

□□(8) ポンプ直送方式における給水ポンプの揚程は，受水槽の水位と給水器具の高低差，その必要最小圧力，配管での圧力損失から算出する。

□□(9) 受水タンクの保守点検スペースは，上部は1 m 以上とし，周囲及び下部は0.6 m 以上とする。

□□(10) 揚水管の横引き配管が長くなる場合は，ウォータハンマを防止するために上層階で横引きする。

確認テスト解答・解説

(1) ○

(2) ×：バキュームブレーカには，大気圧式と圧力式があり，大気圧式は，器具を使用するとき以外には圧力がかからない配管や水栓に設けるものであり，末端が開放されている大便器洗浄弁に使用される。器具のあふれ縁より上部で，負圧破壊性能の2倍（最大150 mm）以上に設置する。

(3) ○

(4) ○

(5) ×：一般に2.0 m/s 以下とする。

(6) ×：一般水栓の最低必要水圧は，30 kPa である。

(7) ○

(8) ○

(9) ○

(10) ×：最上階での横引き配管が長い場合にウォータハンマが起こりやすい。これを避けるため，揚水管は可能な限り，水圧の高い低層部で横引きする。

5·4 給湯設備

1. 給湯温度を覚える。
2. 加熱装置を理解する。
3. 給湯管および返湯管の管径決定法を理解する。
4. 中央式給湯配管における循環ポンプの循環湯量と揚程の決定方法を理解する。
5. 安全装置について理解する。

5・4・1　給湯方式

給湯方式には，湯を使用する箇所ごとに加熱器を設置して給湯する局所式と，図5・17に示すように，機械室などに温水発生機や加熱コイル付貯湯タンクなどの加熱装置を設置して，これらから湯を建物全体に配管によって供給する中央式とに大別される。

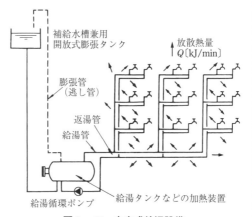

図5・17　中央式給湯設備

補給水槽兼用
開放式膨張タンク

放散熱量
Q〔kJ/min〕

膨張管
（逃し管）

返湯管

給湯管

給湯循環ポンプ

給湯タンクなどの加熱装置

局所式給湯方式は，給湯箇所が少ない場合には，少ない設備費で必要温度の湯を比較的簡単に供給することができるが，供給箇所が多くなると維持管理が煩雑となる。飲料用の給湯使用温度は95℃程度と高いので，給湯方式は局所式とする。

中央式給湯方式においては，給湯栓を開いたときにすぐに適温の湯が出るように，返湯管を設け，さらに返湯管に給湯循環ポンプを設けて湯を循環させる。ただし，厨房系統などいったん湯が使用され始めると比較的連続して湯が使用される場合には，返湯管を設けない場合もある。

中央式給湯方式には，各縦系統ごとに給湯主管を立ち上げる上向き循環式配管方式（図5・17）と，給湯主管を立ち上げて配管内の空気を排除してから循環させる下向き循環式配管方式とがある。

上向き循環式配管方式の場合は，配管中の空気抜きを考慮して給湯管を先上がり，返湯管を先下がりとする。下向き循環式の場合は，給湯管，返

湯の使用温度

使用用途	使用温度〔℃〕
飲　用	85～95（実際に飲む温度は50～55）
入浴・シャワー	42～45（差し湯・追いだきは60）
洗面・手洗	35～40
ひげそり	45～50
ちゅう房	40～45（皿洗機は60，皿洗機すすぎは80）

湯管とも先下り勾配とする。

中央式給湯設備の循環経路に気水分離器を取り付ける場合は，配管経路の高い位置に設置する。

5・4・2　給 湯 温 度

湯の使用温度は用途により異なるが，給湯温度は60℃程度とし，湯の使用箇所において水と混合して使用する。なお，中央式給湯設備においては，給湯温度を低くするとレジオネラ症（在郷軍人病）の病原菌であるレジオネラ属菌などの細菌が増殖するので，貯湯タンク内で60℃以上とし，給湯温度はピーク使用時においても55℃以上とする。

◀ よく出題される

浴場の給湯設備においては，給湯温度は55〜60℃とし，循環式浴槽系統には，レジオネラ属菌が繁殖する可能性があるので，シャワーや打たせ湯には使用しないで，別の系統としてシステムを分ける。

◀ よく出題される

循環式浴槽でレジオネラ属菌対策として，塩素系薬剤により消毒を行う場合は，遊離残留塩素濃度を通常0.2〜0.4 mg/L 程度に保ち，かつ1.0 mg/L を超えないようにする。

5・4・3　加 熱 装 置

（1）　加熱装置の種類

瞬間湯沸し器を複数台ユニット化し，大能力を出せるようにしたマルチタイプがあり，Q機能付きガス瞬間湯沸し器は，冷水サンドイッチ現象に対応する機能を有する湯沸し器である。

無圧式温水発生器は，間接加熱方式の温水器で，本体は開放形容器構造により，常に大気圧に保たれ，熱媒体の沸点は100℃以上になることはない。真空式温水発生器は，缶体内を減圧状態にして水を100℃以下の低温で沸騰させ，その蒸気を熱源として熱交換器により水を加熱して温水を発生させる。両者ともに，労働安全衛生法に規定するボイラに該当しないので，運転には，有資格者を必要としない。同様に，小型貫流ボイラは，保有水量が少ないため負荷変動の追随性が良く，伝熱面積が30 m² 以下の場合，取扱いにボイラー技士を必要としない。

図5・18に示す真空式温水発生器や無圧式温水発生器またはヒートポンプ給湯機を使用するときは，貯湯量がないので，一般に貯湯タンクを併設して，貯湯量を確保する。なお，瞬間湯沸し器は住宅に多く使用され，貯湯量がないので，ピーク時の使用流量を加熱できるものが使用されている。

（2）　加熱装置の容量

貯湯タンクの容量と加熱能力とは，一方を大きくすれば他方を小さくす

マルチ給湯システム

湯量に応じ，給湯器台数，ガス量を自動コントロールし，給湯温度により循環ポンプを自動運転，最大24台程度連結可能

冷水サンドイッチ現象

シャワーを使用中，1度止めた後，再度出湯させると，熱くなったり冷たくなったりする現象のこと。冷水が温水の中にサンドされて出るためにサンドイッチ現象という。

◀ よく出題される

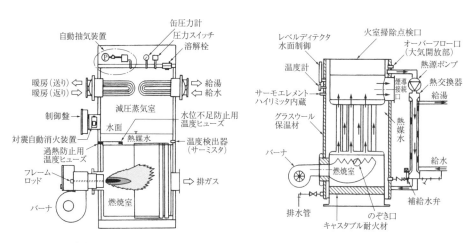

(a) 真空式温水発生器　　　　(b) 無圧式温水発生器

図5・18　温水発生器

ることができるが，貯湯タンクの容量はホテル・事務所などにおいては，1日当たり給湯使用量の1/5程度とする。

（3）　ガス瞬間湯沸し器の号数

　ガス瞬間湯沸し器においては，<u>水温上昇25℃の場合の出湯量1〔L/min〕の能力を1号</u>（加熱能力は約1.74 kW）としている。<u>住宅において，冬期にシャワーと台所を同時に使用できるように，24号程度が必要である。</u>　◀ よく出題される

　給湯箇所2箇所を同時使用する場合には，1箇所の出湯量を10 L/min，水温上昇を5℃から35℃の30℃とすると，ガス瞬間湯沸し器の必要号数は，

　　10 L/（min・箇所）× 2箇所×30℃/25℃ ＝24 L/min，　→24号

5・4・4　管　　径

　<u>給湯管径</u>は，瞬時最大給湯量に基づいて，<u>流速または許容摩擦損失から決定する。</u>給湯流量は給湯単位を決め，その累計により同時使用流量を算定する。同時使用流量は，一般的に，事務所，共同住宅，病院，レストランの順に大きくなる。また，返湯管径は，一般に<u>給湯管径の1/2程度</u>とし，循環ポンプの流量を決定後，管内流速を確認して管径を決定する。　◀ よく出題される

　<u>配管の流速</u>は，銅管を用いる場合には，管がえぐられるような潰食（エロージョン）の発生を防ぐため，<u>管内流速が1.5 m/s以下</u>になるように管径を決める。　◀ よく出題される

潰食については1・6・3「(2)銅管の腐食」(p.53)参照。

5・4・5　給湯循環ポンプの容量

　中央式給湯配管の<u>循環量</u>は，<u>循環経路の配管の熱損失と許容温度降下</u>　◀ よく出題される

（一般に，加熱装置の出入口温度差5℃で除して）から求める。

循環ポンプを使用する給湯配管の回路は密閉回路であるため，高低差による圧力損失は考慮する必要はなく，循環ポンプの<u>揚程</u>は，循環流量が各循環管路に配分された場合の，<u>最も摩擦損失水頭の大きい循環回路における摩擦損失水頭</u>である。 ◀ よく出題される

<u>給湯栓における吐出し圧</u>は，補給水タンクからの圧力，給湯栓の設置位置，配管摩擦損失によって定まる<u>（循環ポンプの揚程には関係がない）</u>。

中央式給湯方式では，給湯栓を開いたときにすぐに適温の湯が出るように，<u>返湯管の貯湯タンクの入口側に給湯用循環ポンプを設ける。</u> ◀ よく出題される

5・4・6 安全装置

水は加熱すると膨張するので，瞬間湯沸し器のように水が加熱されるときには装置が密閉されていない場合を除き，給湯設備内の圧力が上昇して危険なので，給湯設備には安全装置を設ける必要がある。安全装置には，逃し管・逃し弁・安全弁・膨張タンクなどがある。

逃し管は膨張管とも呼ばれ，図5・17に示したように，貯湯タンクなど<u>から単独配管として立ち上げ，止水弁を設けてはならない。</u>逃し弁または安全弁は，貯湯タンクやボイラ本体を設けて，圧力が設定値を越えないように，内部の湯を放出する。

膨張タンクは，膨張した湯を受けるタンクで，開放式のものと密閉式のものとがある。開放式膨張タンクは，一般に給湯設備への補給水槽を兼ねる。補給水槽を兼ねる開放式膨張タンクの有効容量は，一般に，給湯装置内の水の膨張量に時間最大予想給湯量の1/3～1倍を加えた容量とする。

密閉式膨張タンクは密閉したタンクで，膨張した湯はタンク内の気体を圧縮して，圧力の上昇を低減する。密閉式膨張タンクを使用する場合は，<u>水圧の低い位置に設置する方がその容量は小さくなる。</u>しかし，異常な圧力上昇を防止するために，逃し弁等の安全装置を設置する必要がある。

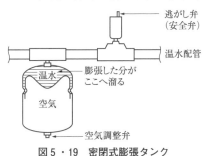

図5・19　密閉式膨張タンク

確認テスト〔正しいものには○，誤っているものには×をつけよ。〕

□□(1) 住戸に使用するガス瞬間湯沸器は，冬期におけるシャワーと台所の同時使用に十分対応するため，24号程度の能力が必要である。

□□(2) 中央式給湯設備では，貯湯槽内の温度が60℃以上，末端の給湯栓でも55℃以上になるような加熱装置を備える。

□□(3) 中央式の給湯管内の給湯温度は，レジオネラ属菌の増殖を防止するため，40℃程度とする。

□□(4) 中央式給湯設備の熱源に使用する真空式温水発生機の運転には，有資格者を必要としない。

□□(5) 中央給湯方式の循環ポンプは，貯湯タンクの入口側に設置する。

□□(6) 給湯配管に銅管を用いる場合は，管内流速が2.5 m/s 以下になるように管径を決める。

□□(7) 中央給湯方式の循環ポンプの循環量は，循環配管路の熱損失と許容温度降下により求める。

□□(8) 循環ポンプの揚程は，貯湯タンクから最高所の給湯栓までの配管による圧力損失及び給湯栓の最低必要圧力を考慮して求める。

□□(9) 中央式給湯設備の返湯管の管径は，一般に，給湯管の1/2程度とし，循環流量から管内流速を確認して決定した。

□□(10) 密閉式膨張タンクを設けた場合は，配管系の異常圧力上昇を防止するための安全装置は不要である。

確認テスト解答・解説

(1) ○
(2) ○
(3) ×：レジオネラ属菌による事故を防止するため，中央式給湯配管内の給湯温度を60℃（ピーク時においても55℃）以上とする。
(4) ○
(5) ○
(6) ×：銅管は，流速が速いと潰食を起こす。そのため管内流速は1.5 m/s 以下になるようにする。
(7) ○
(8) ×：循環ポンプを使用する給湯配管の回路は密閉回路であるため，貯湯タンクと給湯栓の高低差および給湯栓の必要圧力は考慮する必要がない。循環ポンプの揚程は，循環流量が各循環管路に配分された場合の，最も摩擦損失水頭の大きい循環回路における摩擦損失水頭である。
(9) ○
(10) ×：密閉形膨張タンクは，空気の圧縮性を利用して膨張分を吸収するが，内部の圧力は上昇するので，逃し弁などの安全装置は必要である。

5・5 排水・通気設備

学習のポイント

1. 排水トラップの機能および封水の破れる原因を理解する。
2. 排水管の管径と勾配について理解する。
3. 通気管の種類と役割を理解する。

5・5・1 排水の種類

　下水道法においては，生活や耕作の事業を除く事業に起因する廃水をすべて汚水と定義しているが，給排水衛生設備では，排水の種類を次のように区分している。

① **汚　水**　大小便器およびこれらと類似の用途をもつ器具から排出される水ならびにそれらを含む排水をいう。

② **雑排水**　大小便器およびこれらと類似の用途をもつ器具を除くその他の器具からの排水をいう。ただし，次に記述する特殊排水を除く。

③ **特殊排水**　一般の排水系統，または公共下水道などへ直接放流できない有害・有毒・危険，その他望ましくない性質を有する排水をいい，放流に先立って処理施設を必要とする排水をいう。

④ **雨　水**　雨水およびこれに準じる排水をいう。

5・5・2 排水トラップ

　衛生器具からの排水を直接排水管に接続すると，下水ガスや害虫などが室内に侵入して，室内環境を非衛生にする。下水ガスは，悪臭を放つばかりでなく，有毒ガスや爆発性ガスを含む場合もある。

　下水ガスや害虫が衛生器具などを通って室内へ侵入するのを防止するものは，排水トラップである。排水トラップは，図5・20に示すように，器具の中や器具からの排水管の途中に水をため，この水によって下水ガスの

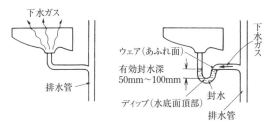

（a）排水トラップのない場合　　（b）排水トラップのある場合

図5・20　排水トラップ

室内への侵入を阻止しようとするもので，このための水を封水という。したがって，排水トラップが設置されていても，封水が保持されていなければ，トラップの有効性はなくなる。排水トラップの封水強度を高めるためには，トラップの封水の深さを大きくすることと，トラップの脚断面積比を大きくすることが有効である。<u>有効封水深（ディップからウェアまでの高さ）は，50 mm 以上100 mm 以下</u>（ただし，阻集器を兼ねるトラップにおいては50 mm 以上）でなければならない。

　排水トラップは，器具ごとに設けなければならない。また，敷地雨水排水管を敷地汚水排水管に接続する場合には，敷地雨水排水管に排水トラップを設けなければならない。

5・5・3　トラップの種類

　図5・21に，トラップの種類を示す。図(a)～(c)のトラップはサイホン作用を起こしやすいのでサイホン式トラップといい，図(d)および図(e)は非サイホン式トラップという。

　PトラップやSトラップは，サイホン式トラップで，トラップ内の自掃作用がある。

　ドラムトラップは，混入物をトラップに堆積させ，清掃できる構造となっている。<u>ドラムトラップは，サイホン式トラップに比べて脚断面積比が大きいので，破封しにくい</u>。したがって，<u>自己サイホン作用の防止には，脚断面積比の大きなトラップが有効である</u>。

トラップの脚断面積比：（流出脚断面積／流入脚断面積）をいい，この比が大きいほど封水強度が大きい。トラップの封水強度とは，排水管内に正圧または負圧が生じたときのトラップの封水保持能力をいう。

◀ よく出題される

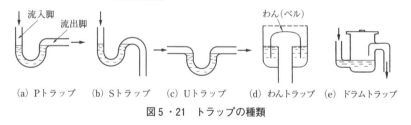

(a) Pトラップ　(b) Sトラップ　(c) Uトラップ　(d) わんトラップ　(e) ドラムトラップ

図5・21　トラップの種類

5・5・4　阻　集　器

　阻集器は，排水中に含まれる有害・危険な物質または望ましくない物質もしくは再利用できる物質の流下を阻止・分離・収集して，残りの水液のみを排水するもので，厨房器具からの排水に含まれる油脂類を阻集して，排水管の閉塞を防止するためのグリース阻集器や，ガソリンなどの流出する箇所の近くに設け，ガソリン等を阻集器の水面に浮かべて回収し，それらが排水管中に流入して爆発事故を起こすのを防止するオイル阻集器などがある。工場製造の<u>グリース阻集器は，許容流量及び標準阻集グリース量，掃除周期などを確認して選定する。</u>

◀ よく出題される

　阻集器にはトラップ機能をあわせもつものが多いので，器具トラップを設けると，二重トラップになるおそれがあるので，行ってはならない。プラスタ阻集器もトラップ機能をもつものがあるので，トラップ付手洗器などの排水管を接続してはならない。

5・5・5　トラップ封水の損失の原因と防止

（1）　自己サイホン作用

　自己サイホン作用とは，洗面器などに水を満水にし，排水栓を抜いて排水すると洗面器・トラップ・器具排水管内が満水状態になり，排水終了時にサイホン作用が生じて，トラップ内に封水があまり残らなくなる現象で，排水を流した器具のトラップに発生する現象である。

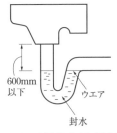

図5・22　自己サイホン防止距離

　器具排水口からトラップウェアまでの垂直距離は，自己サイホン作用を防止するため600 mm 以下とする。

　自己サイホンを生じやすいトラップには，各個通気方式を採用する。

（2）　誘導サイホン作用

　上階から排水が流れた場合の排水管内の圧力は，図5・23に示すように，上階では負圧，下層階では正圧となる。誘導サイホン作用は，負圧部に接続されているトラップの封水が，図5・24に示すように，流出脚に吸い上げられて損失する現象である。封水は，静的に吸い上げられるが，振動によっても損失する。

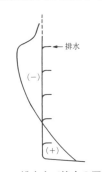

図5・23　排水立て管内の圧力変動

　誘導サイホン作用と跳ね出し作用は，排水管に通気管を設けて，排水管内の圧力をできるだけ大気圧に保てばかなり防止できる。

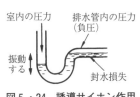

図5・24　誘導サイホン作用

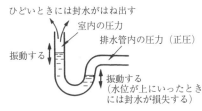

図5・25　跳ね出し作用

（3）　跳ね出し作用（跳ね水現象）

　跳ね出し作用は，正圧部に接続されているトラップの封水が，図5・25

給排水衛生設備

に示すように，流入脚に持ち上げられて，室内へ飛び出して損失する現象で，飛び出さない場合でも封水は振動によって損失する。

　防止するには，排水横主管の管径を太くしたり，誘導サイホン作用防止と同様に通気管を設ける。

（4）そ　の　他

　トラップのウェア部に糸くずや髪の毛が引っかかった場合には，毛管現象により封水は損失する。また，長い間封水が補給されないと，蒸発により封水が損失する。

5・5・6　間接排水

　器具排水管を他の排水管に接続すると，排水管の詰まりやトラップの破封などによる器具への排水や下水ガスの侵入を皆無にすることはできない。

　したがって，そのような事態が生じてはならない機器からの器具排水管は間接排水とし，間接排水の方法には，排水口空間と排水口開放とがあり，間接排水管は，衛生面を考慮して，機器・装置の種類又は排水の水質を同じくするものごとに系統を分ける。

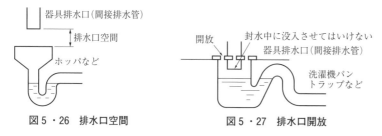

図5・26　排水口空間　　　　図5・27　排水口開放

　排水口空間による方法は，図5・26に示すように，器具排水管と排水管との間に空間を設けて間接的排水する。そのための空間を排水口空間といい，水飲み器の排水は，この方法による。なお，間接排水を受ける排水管にはトラップを設けなければならない。

　間接排水管の排水口空間は，管径65mm以上の場合，最小150mmとし，飲料用貯水タンクに設ける場合には，管径によらず最小150mmとする。　　◀よく出題される

　図5・27に示す排水口開放による方法は，洗濯機パントラップなどの流入側に間接排水管を入れる方法で，逆流の影響が少ない機器の間接排水管に適用される。

5・5・7　排水管の勾配と管径

　排水横管許容流量は通気方式により異なり，各個及びループ通気方式の方が，伸頂通気方式よりも約2倍大きい。

　排水横管の勾配は，あまり緩やかにすると管内の固形物を流下させることができないので，流速が0.6m/s以上得られるような勾配とする。排

水横管の流水深さを管径の50％前後とすれば，一般に，流速は平均1.2 m/s程度となるが，1.5 m/s以下とする。

排水管の最小勾配は，表5・1とする。

表5・1　排水管の最小勾配

管径	排水管の最小勾配
65 mm 以下	1/50
75 mm，100 mm	1/100
125 mm	1/150
150 mm 以上	1/200

排水は，器具排水管→排水横枝管→排水立て管→排水横主管→敷地排水管の順に流れるが，排水管の管径は，下流に向かって縮小してはならない。

なお，器具排水管の管径は，最小30 mmとし，かつ，トラップ口径より小さくしてはならない。大便器の排水トラップの口径は，一般に，75 mmである。

排水立て管の管径は，どの階においても最下部の最も大きな排水負荷を負担する部分の管径と同径とする。また，伸頂通気方式では，高さ30 mを超える排水立て管の許容流量は，低減率を乗じて算出する。

地中埋設管および地下の床下に設けられる配管の管径は，50 mm以上とする。

低減率：SHASE-S218において確認された高さ30 m時の許容流量に対するもの。

5・5・8　器具排水負荷単位法

排水管径を決定する方法には，器具排水負荷単位法と定常流量法があるが，一般には器具排水負荷単位法が用いられている。各種器具の排水負荷単位は，器具の種別による同時使用率，使用頻度などを考慮して決定され，洗面器の器具排水単位流量28.5 L/minを1排水単位と定め，これを基準として各種器具の同時使用率，使用頻度および使用形態・仕様特性などを考慮して定められた数値である。器具排水負荷単位の流量とは，1回の排水時間中の1秒ごとの排水量のうち，その最大値をとり，それを毎分に換算した流量をいう。

器具排水負荷単位法による排水管径は，器具ごとの器具排水負荷単位を合計して求めるが，大便器（洗浄弁方式）が3個接続される排水横枝管の管径は100 mmである。また，大便器の器具排水負荷単位は，公衆用と私室用で異なる値である。

大便器の器具排水負荷単位公衆用は，6または8（使用頻度が高い場合）

排水管の管径決定において，ポンプからの排水管を排水横主管に接続する場合は，器具排水負荷単位に換算して決定する。

5・5・9　排水立て管のオフセットとオフセット部の管径

配管を，図5・28に示すように，エルボなどによって並行に位置を移動する配管形状をオフセットという。

排水立て管のオフセット部は圧力の変動が大きいので，できるだけオフ

給排水衛生設備

セットのない計画とし，オフセットの上部および下部の600 mm 以内の部分には，排水横管を接続してはならない。

　排水立て管の45°以下のオフセットの管径は，垂直な立て管として決定してよいが，45°を超えるオフセットの管径は，次のように決定する。

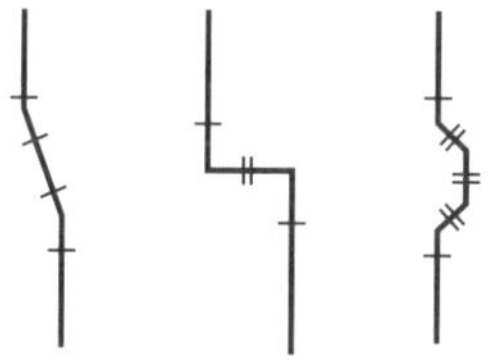

図5・28　オフセット

◀ よく出題される

① オフセットから上部の立て管の管径は，その上部の負荷流量によって，通常の立て管として決定する。

② オフセットの横管の管径は，排水横主管として決定する。

◀ よく出題される

③ オフセットから下部の立て管の管径は，オフセットの横管の管径と立て管全体に対する負荷流量によって定めた管径とを比較し，いずれか大きいほうで決定する。

　なお，伸頂通気方式の排水立管には，原則としてオフセットを設けてはならない。

5・5・10　ブランチ間隔

　ブランチ間隔とは，排水立て管に接続されている各階の排水横管どうしの垂直高さ，あるいは最下階の排水横管と排水横主管の垂直高さが2.5 m を超えている間隔をいい，1ブランチ間隔に満たない上下の排水横管からの排水は，排水立て管に排水が1箇所に同時に流入したものとみなす。

◀ よく出題される

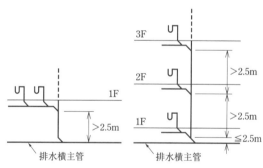

（a）ブランチ間隔数1　　（b）ブランチ間隔数2

図5・29　ブランチ間隔の数え方

5・5・11　掃　除　口

　排水管には掃除口が必要であるが，SHASE-S 206の掃除口に関する規定のうち，おもな項目は次のとおりである。

SHASE-S 206
給排水衛生設備規準・同解説（空気調和・衛生工学会規格）

① 掃除口は，次の箇所および特に必要と思われる箇所に設ける。ただし，容易に排水管内の掃除のできる場合には，この限りでない。

1）排水横主管および排水横枝管の起点

2)　延長が長い排水横管の途中

3)　排水管が45°を超える角度で方向を変える箇所

4)　排水立て管の最下部，またはその付近

5)　高層の集合住宅の排水立て管最上部および中間階

6)　排水横主管と敷地排水管の接続箇所に近いところ

② 排水横管の掃除口取付け間隔は，排水管の管径が100 mm 以下の場合には15 m 以内，100 mm を超える場合には30 m 以内とする。 ◀ よく出題される

③ すべての掃除口は，排水の流れと反対または直角方向に開口するように設ける。

④ 掃除口の大きさは，配管の管径が100 mm 以下の場合は配管と同一の口径とし，また，100 mm を超える場合には100 mm 以上とする。

5・5・12　排水管の施工

建物の階層が多い場合，同一排水立て管系統の最下階の排水横枝管は，直接その系統の立て管に接続せず，単独で排水ますまで配管するか，または排水立て管から十分距離を確保して排水横主管に合流させる。 ◀ よく出題される

排水横枝管を合流させる場合は，45°以内の鋭角をもって水平に近い勾配で接続する。

敷地排水管において，管きょの長さがその内径または内のり幅の120倍を超えない範囲内において管きょの清掃上適当な箇所には，ますまたはマンホールを設ける。

インバートますの上流側管底と下流側管底との間には，20 mm 程度の落差を設ける。

雨水排水を汚水排水に接続する場合のトラップますは，50〜100 mm 程度の封水深と，150 mm 以上の泥だまりを設ける。

屋外排水管の管径が100 mm の場合には，12 m 以内に排水ますを設置する。

伸頂通気方式の場合の排水横主管は，排水立て管底部より3 m 以内には曲がりを設けない。

特殊継排水システムは，排水横枝管の流れを排水立て管内に円滑に流入させることを目的に排水用特殊継手を用いたシステムである。

5・5・13　排　水　槽

排水槽の構造を図5・30に示す。排水槽の容量は，最大排水量又は排水ポンプの能力および槽内貯留時間などを考慮して決定し，流入汚水の変動が大きい排水槽は，最大排水流量の30分間程度の容量とする。

また，排水の腐敗の進行が速くなるため，厨房排水と汚水は別々の排水

槽とし，清掃や維持管理を考慮して排水槽の近くに水栓を設ける。

◀ よく出題される

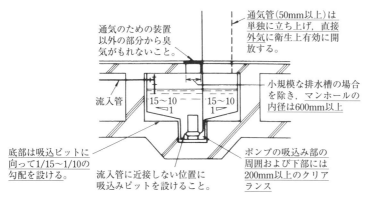

図5・30　排水槽の構造

5・5・14　排水ポンプ

　排水ポンプの容量は，排水量がほぼ一定の場合は，平均排水量の1.2〜

◀ よく出題される

1.5倍程度とし，排水量の変動が激しく排水タンクの容量が小さい場合，

排水ポンプの容量は最大排水量を処理できる能力とする。

　なお，排水の貯留時間が長くなるおそれがある場合は，臭気の問題等か

ら，一定時間を経過するとタイマーでポンプを起動させる制御方法を考慮

する。

　排水ポンプには予備ポンプを設け，常時は2台交互運転，非常時には2

台同時運転ができるようにする。

① 　雑排水用水中モータポンプは，口径50 mm 以上とし，直径20 mm の

　大きさの球形固形物を容易に排出できるものとする。ポンプに接続する

　配管の管径は，65 mm 以上とすることが望ましい。

② 　汚物用水中モータポンプは，口径80 mm 以上が望ましく，直径53 mm

　の大きさの球形固形物を容易に排出できるものとする。なお，大便器

　からの排水が含まれる場合や，固形物を多く含んだ汚物用のポンプは，

　ブレードレス形水中モータポンプ，ノンクロッグ形水中モータポンプ，

◀ よく出題される

　ボルテックス形水中モータポンプなどを用いる。

　　厨房からの排水に固形物が含まれる場合には，口径80 mm 以上の汚

物用水中モータポンプを用いる。

③ 　汚水用水中モータポンプは，地下からの湧水，浸透水，空調機器から

　の排水など固形物のほとんど含まない排水に用いられ，口径40 mm 以

　上とする。

④ 　一般に汚水用あるいは雑排水用水中モータポンプはストレーナ付きで

　ある。汚物用水中モータポンプにはストレーナを設けない。

給排水衛生設備

5・5・15 通気管の種類

（1） 通気方式

通気管の目的は，排水管内の圧力をできるだけ大気圧に保持し，トラップの封水損失を極力少なくすることである。

通気方式は，図5・31に示すように，各個通気方式，ループ通気方式および伸頂通気方式に大別される。

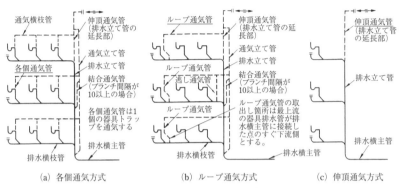

（a） 各個通気方式　　　（b） ループ通気方式　　　（c） 伸頂通気方式

図5・31　通　気　方　式

（2） 各個通気方式

各個通気方式は，各個通気管によって自己サイホン作用を防止するとともに，排水横枝管の圧力をできるだけ大気圧に保持する。

各個通気管の取出し位置は，<u>トラップウェアから管径の2倍以上離れた位置</u>と，通気管接続箇所は，大便器その他これと類似の器具を除き，トラップウェアより高い位置に設けなければならない。各個通気管の管径は，それが接続される排水管の管径の1/2以上とする。

（3） ループ通気方式

ループ通気方式は，ループ通気管によって排水横枝管の圧力をできるだけ大気圧に保持するが，各個通気管が設けられていないので，洗面器などのため洗いの排水などで生ずる自己サイホン作用は防止できない。

ループ通気管は，最上流の器具排水管が排水横枝管に接続した箇所の直後の排水横枝管の鉛直線の45°以内の角度で取り出して，横走り部は，その階における最高位の器具のあふれ縁より150 mm 以上の高さで横走りさせ，先上がり勾配で通気立て管に接続する。他の通気管との接続も同様とする。

ループ通気管の管径は，<u>排水横枝管と通気立て管のうち，いずれか小さいほうの管径の1/2以上</u>とする。

◀ よく出題される

排水横枝管に数多くの器具が接続されていると，排水横枝管が満流になり，ループ通気管が機能しなくなる可能性があるので，平屋建ておよび最上階を除くすべての階の大便器またはこれと類似の器具8個以上を受け持

つ排水横枝管は，最下流の器具排水管を排水横枝管に接続した箇所の直後の排水横枝管から鉛直線から45°以内の角度で逃し通気管を取り出す。

逃し通気管の管径は，排水横枝管の管径の1/2以上とする。

（4）　結合通気管

各個通気方式あるいはループ通気方式に設ける結合通気管は，高層建物の排水立て管内の圧力変化を緩和するために設け，ブランチ間隔10以上をもつ排水立て管は，最上階から数えてブランチ間隔10以内に設ける。

結合通気管の管径は，通気立て管と排水立て管のうち，いずれか小さいほうの管径以上とする。

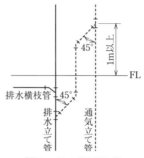

図5・32　結合通気管

結合通気管は，その階からの排水横枝管が排水立て管に接続する部分の下方からとり，45度Y継手等を用いて排水立て管から分岐して立ち上げ，その床面から1m以上の上方で通気立て管に接続する。

（5）　伸頂通気方式

伸頂通気方式は，通気は伸頂通気管のみにより，他の通気管を設けず，原則として排水立て管に各階1本の器具排水管を接続する方式である。

その役割は排水立て管内の圧力変動を緩和させるためであり，管径は排水立て管と同口径とする。

トラップの誘導サイホン作用の対策のうち，管内圧力を緩和させる方法としては，伸頂通気方式よりループ通気方式のほうが有効である。

（6）　通気立て管

① 通気立て管の下部は，管径を縮小せずに，最低位の排水横枝管より低い位置で排水立て管に接続するか，または排水横主管に接続しなければならない。

② 通気立て管の上部は，最高位の器具のあふれ縁より150 mm以上高い位置で伸頂通気管に接続するか，又は，単独で大気に開放する。　　◀ よく出題される

（7）　通　気　弁

通気弁は，負圧になると開き，常時及び正圧になると閉じる機能を有し

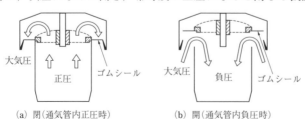

(a) 閉（通気管内正圧時）　　　(b) 開（通気管内負圧時）

図5・33　通　気　弁

ているため，管内が負圧になる箇所に使用すると通気管を大気に開口しないことができる。ただし，伸頂通気管のように，正圧緩和の効果はない。 ◀ よく出題される

　また，排水槽の通気末端に使用できない。

（8）　特殊継手排水システム

　特殊継手排水システムは，一般的に，伸頂通気方式とした排水立て管をもつ高層の集合住宅などに採用され，排水横枝管の流れを排水立て管内に円滑に流入させ，立て管内の流速を減ずる特徴があり，誘導サイホン作用の防止にも有効である。

◀ よく出題される
　器具排水負荷単位は，口径30 mm のトラップを有する洗面器の最大排水量28.5 L/min を 1 単位として，他の器具の排水負荷単位を算定している。

（9）　通気管の管径など

① 排水管に設ける通気管の管径は，30 mm 以上とする。

② 通気管径の決定方法には定常流量法と器具排水負荷単位法があり，定常流量法は通気管の実管長に局部損失を加えた相当管長から許容圧力損失を求める。器具排水負荷単位法は，通気管の長さ（実長とし局部損失相当管長を加算しない）と接続される器具排水負荷単位の合計から求める。 ◀ よく出題される

③ 排水槽の通気管は単独に立ち上げて大気開放とし，管径は50 mm 以上とする。 ◀ よく出題される

④ 排水横枝管に分岐がある場合には，各排水横枝管に通気管を設ける。

⑤ 排水立て管のオフセットの逃し通気管は，通気立て管と排水立て管とのうちいずれか小さい方の管径以上とする。

5・5・16　通気管の大気開口部

　屋根に開口するする通気管は，屋根から200 mm 以上立ち上げた位置で大気中に開口させる。

　屋上を庭園・運動場・物干し場などに使用する場合は，屋上に開口する通気管は，屋上から 2 m 以上立ち上げた位置で大気中に開口させる。

　通気管の大気開口部が，その建物および隣接建物の出入口・窓・外気取入れ口・換気口などの付近にある場合には，それらの開口部の上端から600 mm 以上立ち上げるか，それらの開口部から水平に 3 m 以上離して，大気に開口させる。

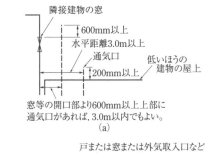

窓等の開口部より600mm以上上部に
通気口があれば，3.0m以内でもよい。
(a)

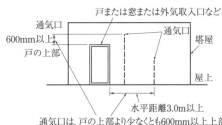

通気口は，戸の上部より少なくとも600mm以上上部
または水平距離で3.0m以上離した位置に設ける。
(b)

◀ よく出題される

図 5・34　通気口の位置

確認テスト〔正しいものには○，誤っているものには×をつけよ。〕

□□(1)　トラップの深さ（封水深）は，50 mm 未満とする。

□□(2)　器具排水口からトラップウェアまでの鉛直距離は600 mm 以下とする。

□□(3)　排水立て管に対し45度を超えるオフセット部分の管径は，垂直な立て管と見なして管径を決定する。

□□(4)　排水立て管に接続する排水横枝管の垂直距離の間隔が，2.5 m を超える場合を1ブランチ間隔という。

□□(5)　管径75 mm の排水管に取り付ける掃除口のサイズを65 mm とした。

□□(6)　排水槽の通気管は，最小管径を50 mm とし，直接単独で大気に衛生上有効に開放する。

□□(7)　排水槽の底部には，吸込みピットに向かって1/10の勾配をつけた。

□□(8)　通気立て管を最高位の器具のあふれ縁より150 mm 以上高い位置で伸頂通気管に接続した。

□□(9)　物干場に使用される屋上に設ける通気管は，その末端を屋上面から600 mm 立ち上げた。

□□(10)　結合通気管の管径は，通気立て管と排水立て管の管径のうち，いずれか小さい方の管径の1/2以上とする。

確認テスト解答・解説

(1)　×：排水トラップの深さ（封水深）は50 mm 以上100 mm 以下とするが，特殊の用途の場合には100 mm を超えるものもある。

(2)　○

(3)　×：排水立て管に対して45度を超えるオフセットの管径は，排水横主管として決定する。

(4)　○

(5)　×：管径100 mm 以下の排水管に取り付ける掃除口のサイズは配管と同一の口径とする。

(6)　○

(7)　○

(8)　○

(9)　×：通気管の末端の開口部は，建築物の屋上が庭園・運動場・物干し場などに利用される場合には，通気管の末端は屋上の床仕上面より人間の高さ以上（2 m），そのような用途に使用されない場合には，屋上の雨水等が通気管内に流入しないような高さ以上（200 mm）に，それぞれ立ち上げる。

(10)　×：いずれか小さい方の管径以上にしなければならない。

5·6 消火設備

学習のポイント

1. 消防法に規定されている技術的基準は, 第9章9・5消防法と合わせて理解する。
2. 屋内消火栓設備の基本事項は理解する。
3. スプリンクラ消火設備のスプリンクラヘッドについて理解する。
4. 水噴霧消火設備, 泡消火設備, 粉末消火設備, 不活性ガス消火設備の消火原理について理解する。

5・6・1 屋内消火栓設備

屋内消火栓には, 1号消火栓と2号消火栓とがある。1号消火栓には2人で操作する従来型の1号消火栓と, 1人で操作可能な易操作性1号消火栓がある。どちらも防火対象物の階ごとに, その階の各部からの水平距離が25 m以下となるように設ける。また, 2号消火栓は1人で操作をするもので, 従来型と広範囲型2号消火栓とがある。倉庫・工場または作業場に設置する屋内消火栓は, 1号消火栓または易操作性1号消火栓でなければならない。

易操作性1号消火栓のノズルは, 棒状放水と噴霧放水の切替えができる。

9・5・2「屋内消火栓設備」(p.335) 参照。

給排水衛生設備

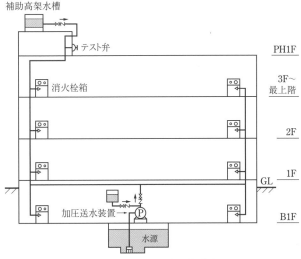

図5・35 屋内消火栓設備系統図

5・6・2　スプリンクラ設備

スプリンクラ設備には，一般の場所に設ける閉鎖型と劇場の舞台部に設ける開放型とがあり，閉鎖型には，湿式，予作動式および乾式があるほか，大空間などに設ける放水銃などの固定式あるいは移動式の放水型ヘッドを用いる方式もある。

9・5・3「スプリンクラ設備」（p. 337）参照

湿式は，スプリンクラヘッドまで水が充満している方式で，最も一般的な方式で，スプリンクラヘッドが熱により温度ヒューズが溶け開栓して放水はじまる。このとき，湿式流水検知装置が開き表示・警報装置が作動，同時に配管内の圧力低下により加圧送水装置の圧力タンクに設けた圧力スイッチの作動によりポンプが起動して放水，消火する。

予作動式は，スプリンクラヘッドから放水があった場合に水損が大きくなる部分に使用される方式である。予作動弁まで配管は水が充満しているが，予作動弁から先の配管にはコンプレッサによって圧縮空気が入っている。スプリンクラヘッドのほかに火災感知器が設置されていて，火災感知器の作動によって予作動弁（予作動式流水検知装置）が開き，スプリンクラヘッドと火災感知器の両方が作動したときでないと放水が行われない方式である。

乾式は，寒冷地で使用される方式である。配管内の凍結防止のために，乾式弁（乾式流水検知装置）まで配管は水が充満しているが，乾式弁から先の配管にはコンプレッサによって圧縮空気が入っている方式で，スプリ

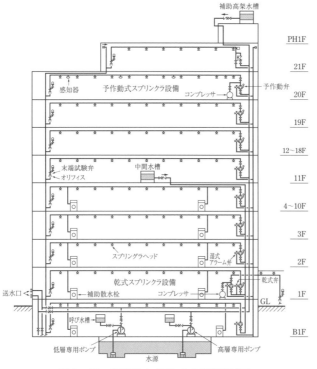

図5・36　閉鎖型スプリンクラ設備系統図

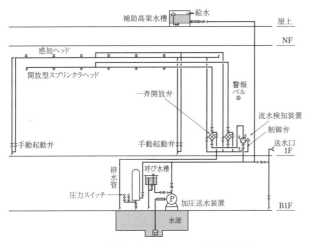

図5・37 開放型スプリンクラ設備系統図

ンクラヘッドが熱により開栓し，管内空気の圧力低下を感知することで，ポンプが作動し消火するものである。

開放型は，火災時には火災感知器と連動あるいは手動により，一斉に開放弁を開いて消火管内に送水してヘッドから注水する方式である。主として，舞台・スタジオ等の天井の高い部分に用いられる。

標準型ヘッドには，有効散水半径が2.3 m のものと2.6 m のものがある（図5・38）。

事務所用途の建築物は，11階以上の場合は，スプリンクラ設置義務があるが，10階以下ではスプリンクラ設備の設置の義務はない。

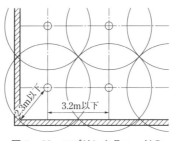

図5・38 スプリンクラヘッドの配置間隔例

閉鎖型スプリンクラヘッドのうち，標準型ヘッドは，給排気ダクトや棚等で，その幅または奥行が1.2 m を超える場合には，ダクトや棚等の下面にも設ける。

標示温度 閉鎖型スプリンクラヘッドは，その取り付ける場所の正常時における最高周囲温度に応じた標示温度を有するものを設ける。

表5・2 取付け場所と標示温度

取り付ける場所の最高周囲温度	標 示 温 度
39℃ 未満	79℃ 未満
39℃ 以上64℃ 未満	79℃ 以上121℃ 未満
64℃ 以上106℃ 未満	121℃ 以上162℃ 未満
106℃ 以上	162℃ 以上

閉鎖型において，スプリンクラヘッドを設置しなくてもよい場所には，2号屋内消火栓と同様な**補助散水栓**を設ける。

給排水衛生設備

5・6・3　水噴霧消火設備・泡消火設備

水噴霧消火設備の消火原理は，水を霧状に噴霧し，燃焼面を覆い，酸素を遮断するとともに，霧状の水滴により熱を吸収する冷却効果により消火する。

◀ よく出題される

泡消火設備の消火原理は，燃焼物を泡の層で覆い，窒息と冷却の効果により消火する。

◀ よく出題される

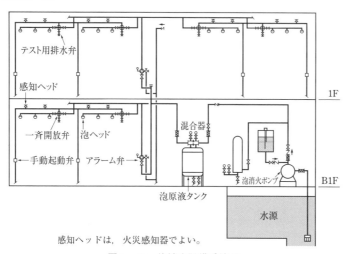

テスト用排水弁
感知ヘッド
一斉開放弁　泡ヘッド
手動起動弁　アラーム弁
混合器
泡消火ポンプ
泡原液タンク
水源
1F
B1F

感知ヘッドは，火災感知器でよい。

図5・39　泡消火設備系統図

5・6・4　不活性ガス消火設備

（1）　消火原理等

不活性ガス消火設備の消火剤には，二酸化炭素，窒素，IG-541，IG-55の4種類がある。

IG-541：窒素＋アルゴン
　　　　＋二酸化炭素
IG-55：窒素＋アルゴン

消火の原理は，不活性ガスを放出し，主として酸素の容積比を低下させ，窒息効果により消火する。

◀ よく出題される

不活性ガスは，電気の絶縁性，金属および油性物質に対して変化を与えないので，ボイラ室など多量の火気を使用する室や電気室などの消火設備として適用される。

（2）　放　出　方　式

全域放出方式と局所放出方式は，常時人がいない部分に適用する。

◀ よく出題される

(a)　**全域放出方式**　不燃材料で造られた壁・柱・床または天井により区画され，かつ，開口部には消火剤放出前に自動的に閉鎖される自動閉鎖装置を設けた部分（これを「防護区画」という。）に，防護区画内の可燃物に応じた消火剤を適切な時間内に放出する方式である。

防護区画が2区画以上あり，貯蔵容器を共用するときは，防護区画ごとに選択弁を設けなければならない。

給排水衛生設備

(b)　**局所放出方式**　　防護対象物の形状，性質，数量または取扱いの方法および周囲の状況に応じて，防護対象物を包含するように消火剤を放出する方式である。

(c)　**移動方式**　　全域放出方式または局所放出方式が採用できない場合に採用される方式で，煙が著しく充満するおそれのない場所に採用される。人がホースを持って防護対象物に消火剤を放出する方式である。

(d)　**非常電源**　　全域放出方式又は局所放出方式の非常用電源は，当該設備を有効に<u>1時間作動</u>できる容量とする。　　◀ よく出題される

（3）　安 全 対 策

① 　貯蔵容器は，防護区画外の場所に設置する。

② 　貯蔵容器は，<u>周囲が40℃以下</u>で温度変化が少なく直射日光や雨水のかかるおそれの少ない場所に設置する。　　◀ よく出題される

③ 　防護区画には，放出された消火剤および燃焼ガスを<u>安全な場所に排出するための措置</u>を講じる。　　◀ よく出題される

④ 　窒素，IG-55またはIG-541は，放出時の防護区画内の圧力上昇を防止するための避圧口を設けるが，二酸化炭素には必要がない。

5・6・5　粉末消火設備

　粉末消火設備は，<u>炭酸水素ナトリウム</u>などを主成分とする消火剤が熱分解で発生した炭酸ガスや水蒸気によって，可燃物と<u>空気を遮断する窒息作用</u>，<u>熱吸収の冷却作用</u>により消火する。　　◀ よく出題される

5・6・6　連結散水設備

　連結散水設備は，建物の地階の火災の消火に利用する設備で，消防隊が消防ポンプ車からホースを送水口に接続して送水する設備である。以下に，主な技術基準を示す。

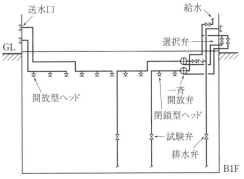

図5・40　連結散水設備系統図

9・5・5「連結散水設備」（p.340）参照。

① 　**設置対象**　　地階の倉庫・事務所などで延べ床面積が700 m² 以上となるものが設置対象となる。

　主要構造部を耐火構造とした防火対象物のうち，耐火構造の壁もしくは床または自動閉鎖の防火戸で区画された部分で，当該部分の床面積が50 m² 以下の部分には設置しなくてもよい。

② **ヘッドの種別**　1の送水区域に接続する散水ヘッドは，開放型散水ヘッド，閉鎖型散水ヘッドまたは閉鎖型スプリンクラヘッドのいずれか1の種類のものとする。

③ **ヘッド数**　1の送水区域に接続する散水ヘッドの数は，開放型散水ヘッドおよび閉鎖型の散水ヘッドにあっては10個以下，閉鎖型スプリンクラーヘッドにあっては20個以下となるように設ける。

④ **ヘッド間の水平距離**　天井又は天井裏の各部分からそれぞれの部分に設ける1の散水ヘッドまでの水平距離は，原則として，開放型散水ヘッドおよび閉鎖型散水ヘッドにあっては3.7m以下とする。

⑤ **送水口**　送水口のホース接続口は，散水ヘッドが5個以上の場合，双口形のものとして地盤面からの高さが0.5m以上1m以下の箇所または地盤面からの深さが0.3m以内の箇所に設ける。

5・6・7　連結送水管

連結送水管は，建物の高い建物，地下街およびアーケードの火災の消火に利用する設備で，消防隊が消防ポンプ車からホースを送水口に接続して送水する設備である。

図5・41に，連結送水管の系統図を示す。

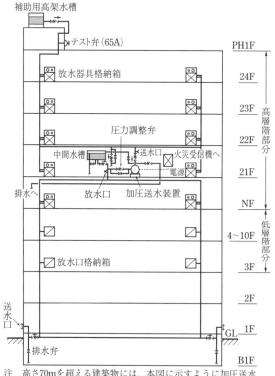

注　高さ70mを超える建築物には，本図に示すように加圧送水装置（ブースタポンプ）を設置する。

図5・41　連結送水管系統図

確認テスト〔正しいものには○，誤っているものには×をつけよ。〕

□□(1) 易操作性1号消火栓は，防火対象物の階ごとに，その階の各部からの水平距離が15m以下となるように設ける。

□□(2) 予作動式スプリンクラ設備のスプリンクラヘッドは，開放型とする。

□□(3) 水噴霧消火設備は，水を霧状に噴霧し，燃焼面を覆い，酸素を遮断するとともに，霧状の水滴により熱を吸収する冷却効果により消火するものである。

□□(4) 粉末消火設備は，消火剤の主成分である臭素化合物の化学反応による冷却効果により消火するものである。

□□(5) 泡消火設備は，泡消火薬剤を放出し，薬剤の化学反応により消火するものである。

□□(6) 不活性ガス消火設備を設置した場所には，その放出された消火剤及び燃焼ガスを安全な場所に排出するための措置を講じる。

□□(7) 不活性ガス消火設備において，消火の原理は，不活性ガスを放出し，主として酸素の容積比を低下させ，窒息効果により消火するものである。

□□(8) 全域放出方式又は局所放出方式に附置する非常電源は，当該設備を有効に10分間作動できる容量以上とする。

□□(9) 貯蔵容器は，防護区画以外の場所で，温度40℃以下で温度変化が少なく，直射日光及び雨水のかかるおそれの少ない場所に設ける。

□□(10) 連結散水設備において，一の送水区域に接続する散水ヘッドの数は，開放型散水ヘッド及び閉鎖型散水ヘッドにあっては10以下とする。

給排水衛生設備

確認テスト解答・解説

(1) ×：1号消火栓，易操作性1号消火栓は，その階の各部からの水平距離が25m以下となるように設ける。

(2) ×：予作動式スプリンクラ設備のスプリンクラヘッドは，閉鎖型である。

(3) ○

(4) ×：粉末消火設備は，炭酸水素ナトリウムなどを主成分とする粉末消火剤を用いたもので，放射させると，火災の熱により熱分解を起こし，炭酸ガスと水蒸気を発生し，可燃物と空気を遮断する窒息作用と熱分解のときの熱吸収による冷却作用で消火する。

(5) ×：泡消火設備は，燃焼物を泡の層で覆い，窒息と冷却の効果により消火するものである。

(6) ○

(7) ○

(8) ×：不活性ガス消火設備の非常電源は，その容量を当該設備が有効に1時間作動できる容量以上とする。

(9) ○

(10) ○

5·7 ガ ス 設 備

学習のポイント

1. 都市ガスと液化石油ガスとの違いを理解する。
2. ガス漏れ警報器の設置位置を理解する。

5・7・1 概　　要

　建築物においてガスは，給湯設備・厨房設備・冷暖房設備などの熱源と
して使用され，都市ガスが利用できる地域においては一般に都市ガスを使
用するが，都市ガスの得られない地域においては液化石油がス（LPG）を
使用する。

　ガスの発熱量とは，標準状態の乾燥したガス1 m³（N）が完全燃焼した
ときに発生する熱量をいい，一般に，低発熱量に蒸発熱を含めた高発熱量
〔kJ/m³（N）〕で表す。　◀ よく出題される

　標準状態における気体の密度は，空気が約1.3 kg/m³，メタンが約
0.7 kg/m³，プロパンが約2 kg/m³であり，同じく比重は，空気が1，メ
タンが約0.6，プロパンが約1.6である。

　都市ガス設備の工事は，ガス事業者又はガス事業者が認めた施工者が施
工し，液化石油ガス設備の工事は，液化石油ガス設備士が作業に従事する。

5・7・2 都 市 ガ ス

　都市ガス設備は，ガス事業法の適用を受ける。

（1）　都市ガスの種類と性質

　都市ガスには，メタンを主成分とする天然ガスを冷却して液化した液化
天然ガス（LNG）が多く使用されている。常温・常圧で気化した状態の
LNG の比重は，約0.64と，液化石油ガス（LPG）よりも小さい。　◀ よく出題される

　液化天然ガス（LNG）は無色・無臭の液体であり，一酸化炭素，硫黄
分やその他の不純物を含んでいない。また，LNG は，燃焼すると，灯油
に比べ，発熱量当たりの二酸化炭素の発生は少ない。

　都市ガスの種類は，ウォッベ指数および燃焼速度により分類される。

　ウォッベ指数とは，ガス器具に対する入熱量を表現する指数で，ガスの
単位体積当たりの総発熱量〔MJ/m³〕をガスの比重の平方根で除した値

である。

　燃焼速度とは，燃焼が周囲に伝搬されていく際に，火炎が火炎面に垂直な方向の未燃焼混合ガスへ移動する速度をいう。なお，燃焼速度はガスの成分，空気との混合割合，混合ガスの温度・圧力などによって異なる。

　都市ガスの種類は，数値と記号の組合せで表され，数値は標準熱量（13は43 MJ/m³，12は41 MJ/m³など）を表し，記号はA，B，Cで表し，A呼称のガスは，燃焼速度が最も遅いグループで，13AはLNG主体で製造された都市ガスである。

◀よく出題される

（2）　都市ガスの圧力

　都市ガスの圧力は，ガス事業法では，次のように区分されている。

◀よく出題される

　高圧　1 MPa以上の圧力（ゲージ圧力をいう。以下同じ。）

　中圧　0.1 MPa以上1 MPa未満の圧力

　低圧　0.1 MPa未満の圧力

　都市ガスは導管により一般の需要家に供給される。供給されるガスの圧力は，0.5～2.5 kPa程度の低圧であるが，消費量が多い熱源機器等のある建物には，中圧で供給される場合もある。中圧導管には，中圧A（0.3 MPa以上1.0 MPa未満）導管と中圧B（0.1 MPa以上0.3 MPa未満）導管がある。

◀よく出題される

ガスメータの種類

分　類	おもな用途
膜式	低圧・小容量で一般的に使用される。
回転子式	低中圧・大容量で工業用などに使用される。
タービン式うず式	中圧・大容量で工業用などに使用される。

（3）　ガス器具

　低圧，小容量のガスメータには，一般に，膜式が使用される。

　潜熱回収型給湯器は，二次熱交換器に水を通し，燃焼ガスの顕熱および潜熱を活用することにより，水の予備加熱を行うものである。

5・7・3　液化石油ガス（LPG）

　液化石油ガス設備は，一般に液化石油ガスの保安の確保および取引の適正化に関する法律の適用を受ける。

（1）　LPGの種類と性質

　LPGは，「液化石油ガスの保安の確保及び取引の適正化に関する法律」で，プロパン，プロピレンの含有率によりい号，ろ号およびは号に区別され，い号はプロパンおよびプロピレンの含有率が高い。一般の用途に使用されている液化石油ガスは，い号である。

　液化石油ガス（LPG）の比重は，空気よりも重い。LPGは，一般には容器から自然気化させたものが使用されるが，寒冷地など自然気化では気化量が不足する場合には，電熱または温水によるベーパライザ（気化装置）によって加熱して気化させる。

（2）　LPGの圧力

　液化石油ガス（LPG）の供給方式には，ボンベ供給方式と導管供給方式

があり，ボンベ供給方式は，一般に10 kg，20 kg，50 kg の容器に加圧・液化されて供給される。容器内の圧力は，温度によって異なるが，500〜1,500 kPa 程度であり，圧力調整器によって2.8 kPa 程度に減圧されてガス器具に供給される。

　液化石油ガス設備士でなければできないガス配管工事は，硬質管のねじ切り，切断・接合，ガス栓やメータなどの取付け・取外し，埋設管の防食，気密試験などである。配管は，0.8 MPa 以上で行う耐圧試験に合格したものを使用する。

　充填容器は，常に40℃以下に保つことと規定されている。内容積が20 L 以上の充填容器は，原則として屋外に設置し，設置位置から2 m 以内では，火気使用を禁じ，かつ，引火性又は発火性の物を置かない。ただし，火気等を遮る措置を講じてあればよい。

5・7・4　ガス漏れ警報器の設置

　3階以上の共同住宅にガス漏れ警報器を設置する場合，液化天然ガス（LNG）を主体とする都市ガスの検知部は，周囲温度またはふく射温度が50℃以上になるおそれのある場所には設けてはならない。

　空気より軽い都市ガスのガス漏れ警報器の検知部は，燃焼器から水平距離が8 m 以内で，かつ，梁が天井面から60 cm 以上突出している場合は，梁より燃焼器側に設置しなければならない。検知部は，給気口・排気口・換気扇等に近接したところに設けてはならない。

　特定地下室等に都市ガスのガス漏れ警報器を設置する場合，導管の外壁貫通部より8 m 以内に設置する。

　液化石油ガス（LPG）のガス漏れ警報器の検知部は，燃焼器からの水平距離が4 m 以内で，かつ，その上端は床面から30 cm 以内の位置に設置する。

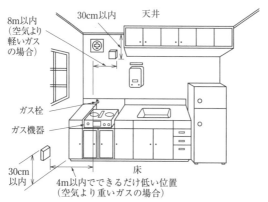

図5・42　ガス漏れ警報器の検知部の設置位置

確認テスト〔正しいものには○，誤っているものには×をつけよ。〕

□□(1)　都市ガスの種類は，燃焼速度及びウォッベ指数により分類される。

□□(2)　液化天然ガス（LNG）には，通常，一酸化炭素が含まれていない。

□□(3)　都市ガスの燃焼速度の種別を表す記号A・B・Cのうち，Aは燃焼速度が最も速いものを表している。

□□(4)　供給ガスの発熱量は，一般に，低発熱量で表示する。

□□(5)　LNGは，無色・無臭の液体であり，硫黄分やその他の不純物を含んでいない。

□□(6)　常温，常圧で気化した状態の液化天然ガス（LNG）の比重は，同じ状態の液化石油ガス（LPG）の比重より小さい。

□□(7)　「ガス事業法」では，低圧とは1.0 MPa未満のガス圧力をいう。

□□(8)　「液化石油ガスの保安の確保及び取引の適正化に関する法律」上，液化石油ガス（LPG）の規格は，プロパン及びプロピレンの含有率により「い号」，「ろ号」及び「は号」に区分されている。

□□(9)　液化天然ガス（LNG）は，灯油に比べて，単位発熱量当たりの二酸化炭素発生量が多い。

□□(10)　3階以上の共同住宅にガス漏れ警報器を設置する場合，液化天然ガス（LNG）を主体とする都市ガスの検知部は，周囲温度又はふく射温度が40℃以上になるおそれのある場所には設けてはならない。

給排水衛生設備

確認テスト解答・解説

(1)　○

(2)　○

(3)　×：都市ガスの燃焼速度の種別を表す記号A，B，Cのうち，A，B，Cの順に，遅い，中間，速い　を表している。

(4)　×：ガスの発熱量とは，標準状態のガス $1 m^3$ (N)が完全燃焼したときに発生する熱量をいい，一般に，高発熱量〔kJ/m^3 (N)〕で表す。

(5)　○

(6)　○

(7)　×：低圧は0.1 MPa未満のガス圧力である。

(8)　○

(9)　×：液化天然ガス（LNG）は，主成分がメタンガス（CH_4）であり，灯油に比べて炭素（C）の割合が少なく，水素（H）の割合が多いため，二酸化炭素（CO_2）の発生量は少ない。

(10)　×：周囲温度又はふく射温度が50℃以上になるおそれのある場所には設けてはならない。

5・8　浄　化　槽

学習のポイント

1．浄化槽における生物学的処理方法を理解する。
2．活性汚泥法と生物膜法の特徴を理解する。
3．処理対象人員の求め方を理解する。
4．BOD 除去率の計算式を覚える。
5．小規模合併処理浄化槽のフローシートを覚える。

5・8・1　概　　　要

　浄化槽の技術的基準は建築基準法により，また，浄化槽の施工，保守点検および清掃は浄化槽法により定められている。

　浄化槽からの放流水の水質の技術上の基準は，浄化槽からの放流水の生物化学的酸素要求量（BOD）が20 mg/L 以下であることおよび浄化槽への流入水の BOD の数値から浄化槽からの放流水の BOD の数値を減じた数値を浄化槽への流入水の生 BOD の数値で除して得た割合が90％以上であることとすると規定されている。したがって，浄化槽は，汚水および雑排水を一緒に処理するいわゆる合併浄化槽でなければならない。

5・8・2　浄化槽の浄化原理

　浄化槽は，汚水を浄化し，衛生的で安全な水質の確保および水域の汚濁抑制に資することを目的として設置される装置で，汚水の浄化方法には，生物による汚濁物質の分解，化学的処理による凝集，物理的処理による沈殿がある。

　汚水中の有機物質は，一般に，有酸素呼吸をしている好気性細菌，無酸素状態で生育する偏性嫌気性細菌，いずれの条件でも生育できる通性嫌気性細菌などにより分解される。この原理を利用して汚水を分解するのが浄化槽で，これに対応して，浄化槽での**生物学的処理方法**には，好気性処理，嫌気性・好気性処理，嫌気性処理がある。好気性細菌による好気性処理が浄化槽のメーンプロセスである。好気性細菌は水中などの溶存酸素を利用して繁殖するので，酸素の供給は欠かせない。水中においては，汚水への酸素の溶解速度は，水面からのものより水中に送り込まれた気泡からのもののほうが大きいので，浄化槽においてはばっ気によって酸素を供給する。

　好気性処理においては，有機物のかなりの部分が水と二酸化炭素とに分

解され，嫌気性処理においては，有機物のかなりの部分がメタンガスおよび二酸化炭素とに分解される。また，嫌気性処理は，好気性処理に比べ，亜硝酸や硝酸を窒素に分解する脱窒能力が高い。

　汚水中の窒素およびリンを除去する場合，窒素は生物学的方法により，リンは凝集剤を加えて沈殿分離させ処理するのが一般的である。

　浮遊物質 SS を除去する場合には，硫酸アルミニウムなどの凝集剤を加えて，凝集沈殿を行う。

　二次処理は，一次処理で除去できなかった非沈殿性の浮遊物質や，水中に溶存している有機物等を微生物の代謝作用を利用して除去する処理工程である。

5・8・3　浄化槽の処理法

　浄化槽の処理法には，図5・43に示す活性汚泥法と，図5・44～図5・46に示す生物膜法とがある。

給排水衛生設備

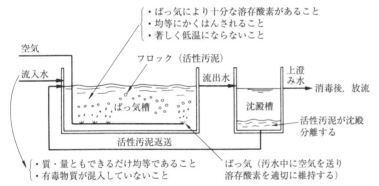

図5・43　活性汚泥法

　活性汚泥法は，水中に空気を送り込みばっ気して好気性微生物を繁殖させ，これにより有機物質を分解する。汚水の流入とともに沈殿槽へ流出する水の中には有機物質を分解する能力のある活性汚泥が含まれているので，これをばっ気槽へ返送する。

　活性汚泥法には，小規模な浄化槽に用いられるばっ気時間を長くする長時間ばっ気法と，大規模な浄化槽に用いられる標準活性汚泥法とがある。

　生物膜法は，接触材の表面に生物膜を繁殖させ，有機物質を分解する。

　生物膜法には，図5・44に示す接触ばっ気法，図5・45に示す回転板接触法および図5・46に示す散水ろ床法がある。

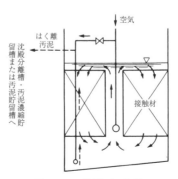

図5・44　接触ばっ気法

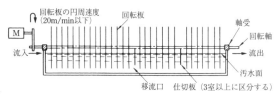

図5・45　回転板接触法　　　　　　　図5・46　散水ろ床法

表5・3に，活性汚泥法と生物膜法の比較を示す。

表5・3　活性汚泥法と生物膜法の比較

活　性　汚　泥　法 （長時間ばっ気方式など）	生　物　膜　法 （接触ばっ気方式など）
・返送汚泥量やばっ気量の調節などにより，負荷量に応じた生物量の調整ができる。 ・油脂類濃度が高い汚水の場合に適している。 ・汚泥量が多い。 ・返送汚泥量やばっ気量の調節などにより，維持管理が面倒である。	・生物種が多く，微小後生動物も多い。 ・生物分解速度の遅い物質除去に有利である。 ・生物膜への生物の付着量を容易にコントロールできない。 ・生物管理は容易である。 ・BOD負荷が少なく汚水量が多い場合には，管理しやすい。 ・低濃度の汚水処理に有効である。 ・水量変動や負荷変動のある場合に適している。 ・維持管理が容易である。 ・浄化機能を保ちやすい。

5・8・4　浄化槽へ流入させてはならない排水

　細菌に害を与えるような理科系の実験・実習排水，病院の臨床検査室・放射線検査室・手術室の排水や放射線排水など一般の生活排水以外の排水は，浄化槽に直接流入させてはならない。

　また，油脂類濃度が高い排水は，油脂分離装置（槽）を前置して浄化槽に流入させる。

5・8・5　浄化槽の放流水の塩素消毒

　塩素消毒とは，塩素の酸化作用を利用して有害な微生物を死滅させる方法である。浄化槽の放流水の塩素消毒に用いられる薬剤には，次亜塩素酸ナトリウム・次亜塩素酸カルシウム・次亜塩素酸イソシアヌールなどが使用される。

　塩素消毒は，水温が高くなるほど，また，pHが増加するほど，有効性が減退する。また，放流水中のSS（浮遊物質）は，ほとんど消毒効果に影響しない。

5・8・6　小規模合併処理浄化槽のフローシート

　処理対象人員が50人以下の小規模合併処理浄化槽は，放流水のBODが20 mg/L以下で，かつ，BOD除去率が90％以上であり，方式には，分離接　　◀よく出題される

給排水衛生設備

触ばっ気方式，嫌気ろ床接触ばっ気方式および脱窒ろ床接触ばっ気方式がある。いずれも，生物脱法である。これらの方式における30人以下のフローーシートを，図5・47に示す。

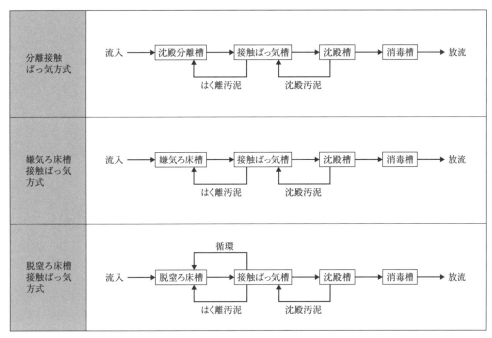

図5・47　小規模合併処理浄化槽のフローーシート

5・8・7　浄化槽の性能

　浄化槽の性能は，建築基準法施行令第32条によって浄化槽を設置する区域と処理対象人員とにより BOD 除去率と放流水の BOD とが決まる。

BOD：生物化学的酸素要求量

（1）　処理対象人員

　処理対象人員は，昭和44年建設省告示第3184号により，JIS A 3302（建築物の用途別によるし尿浄化槽の処理対象人員算定基準）によって算定することが規定されている。おもな建築物の処理対象人員算定法は次のとおりである。それぞれ，各基準による値に定数を乗じて算出する。

◀ よく出題される

　(a)　延べ面積基準

　　集会場施設（劇場・映画館・体育館），住宅施設（共同住宅・寄宿舎），戸建て住宅（延べ面積により5人又は7人），宿泊施設（ホテル・旅館），店舗（物販・飲食），診療所・医院，娯楽施設（卓球場・パチンコ店），図書館，事務所（厨房の有無により異なる），市場，公衆浴場

　(b)　定員基準

　　住宅施設（学校寄宿舎・老人ホーム・養護施設），宿泊施設（簡易宿泊所・合宿所），学校施設（保育所・小中高等学校・大学），作業所

（工場・研究所：厨房の有無により異なる）

(c)　その他の基準

総便器数（競輪・競馬・競艇場，プール・スケート場，駐車場・自動車車庫，公衆便所），ベッド数（病院・療養所：業務用厨房の有無により異なる），打席数・レーン数・コート面数（ゴルフ練習場・ボーリング場・バッティング場・テニス場），乗降客数（駅・バスターミナル），駐車ます数（高速道路のサービスエリア：サービスエリアの機能別に異なる）

なお，用途の異なる2棟の建築物で共用する浄化槽を設ける場合には，それぞれの建築用途の算定基準を適用して加算する。

（2）　BOD 除去率

除去率とは，汚水中の浮遊物質や BOD 等が処理過程を経て除去された割合を百分率で表わしたものであり，浄化槽における BOD 除去率は，次式で表される。

$$BOD 除去率〔\%〕=\frac{流入水の BOD - 流出水の BOD}{流入水の BOD}\times100$$

BOD は，BOD 濃度とも呼ばれ，BOD に水量を乗じた値を BOD 負荷量という。流出水の BOD を求める場合には，前の式を変形して求める。

$$流出水の BOD = 流水の BOD - \frac{BOD 除去率（\%）\times流入水の BOD}{100}$$

◀ よく出題される

（計算例）BOD 濃度が260 mg/L の便所汚水50 m³/日と BOD 濃度180 mg/L の雑排水150 m³/日とが流入し，放流水の BOD が60 mg/L である浄化槽の BOD 除去率を求めるために，流入水の BOD を求める。

$$流入水の BOD =\frac{(50,000 L/日 \times260 mg/L) + (150,000 L/日\times180 mg/L)}{50,000 + 150,000 L/日}$$
$$=200〔mg/L〕$$

したがって，$BOD 除去率=\frac{200 mg/L - 60 mg/L}{200 mg/L}\times100=70〔\%〕$　となる。

5・8・8　浄化槽を設置する場合の土工事

①　FRP 製浄化槽の設置において，積雪寒冷地を除き，車庫，物置など建築物内への設置は避ける。

②　FRP 製浄化槽本体の水平確認は，水準器を用いて行うほか，槽内の水位が標線（水準目安線）にあるかにより確認する。

③　本体の設置の際に，FRP 浄化槽と底板コンクリートとの間にすき間がある場合には，ライナなどによって微調整する。すき間に砂等を

◀ よく出題される

充填して調整すると砂が流出して傾斜してしまうおそれがある。

④　山留めを設けない場合の掘削面の勾配は，地山の種類と掘削面の高さにより決定する。

⑤　FRP 製浄化槽を<u>地下水位が高い場所</u>に設置する場合は，浄化槽本体の<u>浮上防止対策を講ずる。</u>

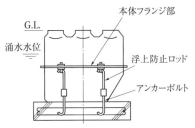

図5・48　浮上防止金具取付例

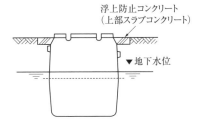

図5・49　地下水圧による浮上防止対策

⑥　埋戻しは，本体を安定させ，据付け位置からずれたり，水平が損われることを防止するため，水を張った状態で行う。

⑦　上部スラブコンクリートは雨水が槽内に浸入することを防ぐため，マンホールや点検口を頂点として水勾配を付ける。

⑧　土工事における地下水の排水工法は，<u>重力排水工法と強制排水工法</u>とに大別され，重力排水工法には，かま場工法とディープウエル工法とがあり，砂れき層のような透水度のよい場合に適し，透水度の悪い場合には，真空ポンプなどを使用するウエルポイント工法などの強制排水工法を採用する。

⑨　<u>親杭横矢板工法</u>は，山留め壁の工法の一種で，図5・50に示すように，親杭を適当な間隔で打ち込み，根切を進めながら，横矢板を親杭の間に挿入して山留め壁とする親杭横矢板工法がよく用いられる。最も経済的な工法ではあるが，<u>軟弱な地盤，地下水位の高い地盤には適さない。</u>

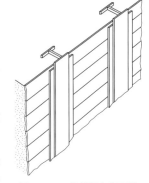

図5・50　親杭横矢板工法

⑩　山留め壁のたわみは，良質地盤では小さく，軟弱地盤では大きい。

⑪　ヒービングは，軟弱な粘性土質地盤で土留め工を行う場合に生じやすく，掘削背面の土砂の<u>重量</u>が掘削底面の地盤支持力より大きくなると掘削底面が持ち上がる現象で，対策として土留め壁の根入れを長くするか，地盤改良を図る。

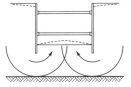

図5・51　ヒービング

⑫　浄化槽の設置工事を行う場合は，<u>浄化槽設備士</u>が実地に監督する。

確認テスト〔正しいものには○，誤っているものには×をつけよ。〕

□□(1)　浄化槽の生物膜法は，活性汚泥法に比べて，余剰汚泥発生量が多い。

□□(2)　好気性処理法は生物処理法の一つであり，最終的には，有機物質のかなりの部分が水および二酸化炭素に分解される。

□□(3)　病院の臨床検査室，放射線検査室，手術室の排水は，浄化槽に流入させることができる。

□□(4)　業務用厨房がない事務所の処理対象人員は，延べ面積〔m²〕に0.06を乗じて算出する。

□□(5)　戸建て住宅の処理対象人員は，住宅の延べ面積により3人又は6人に区分される。

□□(6)　流入水及び放流水の水量，BOD濃度が下表の場合，合併処理浄化槽のBOD除去率は，90%である。

排水の種類		水量(m³/日)	BOD濃度(mg/L)
流入水	便所の汚水	100	260
	雑排水	300	180
放流水		400	10

□□(7)　処理水の塩素消毒に用いられる薬剤には，次亜塩素酸カルシウム，次亜塩素酸イソシアヌールなどがある。

□□(8)　処理対象人員が30人以下の嫌気ろ床接触ばっ気方式の基本的なフローは，流入→嫌気ろ床槽→接触ばっ気槽→沈殿槽→消毒槽→放流，である。

□□(9)　FRP製浄化槽の設置において，浄化槽の水平確認は，水準器，槽内に示されている水準目安線などで行う。

□□(10)　FRP製浄化槽本体の設置にあたって，据付け高さの調整は，山砂を用いて行う。

確認テスト解答・解説

(1)　×：生物膜法は，微生物の食物連鎖が長いため，汚泥発生量が少ないが，活性汚泥法は，生物膜法より微生物の種類が少なく，汚泥発生量が多い。

(2)　○

(3)　×：病院の臨床検査室，放射線検査室，手術室の排水は，浄化槽に流入させてはならない。化学系大学の実験・実習排水および放射線排水も同様である。

(4)　○

(5)　×：延べ面積が130 m² 未満は5人とし，130 m² 以上は7人とする。

(6)　×：流入水のBOD濃度 $= \dfrac{100 \times 260 + 300 \times 180}{100 + 300} = 200$〔mg/L〕

したがって，BOD除去率 $= \dfrac{流入水のBOD - 放流水のBOD}{流入水のBOD} = \dfrac{200 - 10}{200} = 95\%$

(7)　○

(8)　○

(9)　○

(10)　×：据付け高さの調整は，ライナなどによって行う。山砂で調整すると，山砂が流出してしまうおそれがある。

第6章　機器・材料

機器・材料の出題傾向

6・1　共通機材

　3年度は，遠心ポンプ，配管材料及び配管付属品について2問が出題された。4年度は，配管材料について出題された。配管材料は，毎年のように出題されている。

6・2　空気調和・換気設備用機材

　3年度は，冷凍機，各種方式による空気調和機に関する問題として2問が出題された。4年度は，送風機，吸収冷凍機と吸収冷温水機，ボイラについて3問が出題された。空調機器は，種類を変えて毎年のように出題されている。

6・3　空調配管とダクト設備

　3年度は，ダクトおよびダクト付属品に関する問題として1問が出題された。4年度は，ダクトおよびダクト付属品に関する問題として1問が出題された。ダクトおよびダクト付属品は毎年のように出題されている。

機器・材料

6·1 共 通 機 材

学習のポイント

1. 遠心ポンプ特に渦巻ポンプの特性について理解する。
2. ポンプ2台を並列運転あるいは直列運転した場合の特性について理解する。
3. ポンプにおけるキャビテーションについて理解する。
4. 各種配管材料および配管付属品について理解する。

6・1・1 ポ ン プ

（1） ポンプの分類

ポンプは，外部からの動力により，低水位または低圧力の状態にある液体を，高水位または高圧力の所に送る機械である。作用原理および構造によるポンプの分類を図6・1に示す。

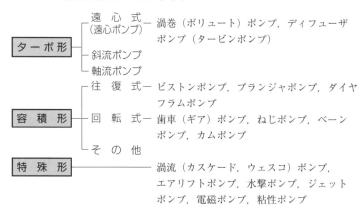

図6・1 ポンプの分類

ターボ形ポンプは，羽根車の回転による反作用によって液体に運動のエネルギーを与え，ケーシングのスロート部から吐出し口においてその速度エネルギーを圧力エネルギーに変換するポンプで，ポンプの需要の大部分を占めている。ターボ形ポンプには，遠心ポンプ，斜流ポンプおよび軸流ポンプがあり，上水道などにおけるように大揚水量の場合には，軸流ポンプや斜流ポンプが使用されるが，建築設備においては，遠心ポンプが一般的に使用されている。深井戸ポンプや排水ポンプ

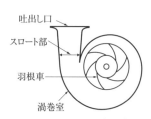

図6・2 渦巻ポンプ

も遠心ポンプの一種である。

　遠心ポンプのうち，揚水量が多い場合には，図6・2に示す渦巻ポンプが，揚水量が少なく高揚程の場合には，速度エネルギーを圧力エネルギーに変換するためのガイドベーンを有しているディフューザポンプが使用される。特に，水量の多い場合には両吸込み形の渦巻ポンプか使用される。

　給湯用循環ポンプとして用いられているインライン形遠心ポンプは，図6・3に示すように，ポンプと電動機が一体となっており，ポンプの吸込み口と吐出し口が同一線上にある。

　ボルテックス形遠心ポンプは，図6・4に示すように，揚水路中に羽根車がなく，ブレードレス形遠心ポンプは固形物や繊維質が入っていてもポンプ内で閉塞やからみ付きが生じないようになっており，いずれも固形物を含んだ汚水を汲み上げる汚物ポンプとして使用される。

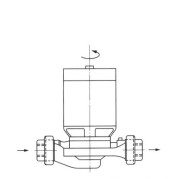

図6・3　インライン形遠心ポンプ

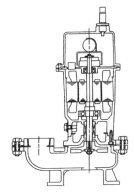

図6・4　ボルテックス形遠心ポンプ

　また，エアリフトポンプは，図6・5に示すように，空気の浮力を利用したポンプであり，浄化槽の汚泥返送用，砂の多い井戸や温泉の汲上げなどに使用される。

　遠心式ポンプの特性は，図6・6に示すように，横軸に吐水量，縦軸に全揚程・軸動力・効率などをとった特性曲線で表す。

　ポンプの回転速度を N_1 から N_2 に変化させると，

$$水量\ Q_2 = \frac{N_2}{N_1} Q_1$$

…………水量は回転速度に比例

◀ よく出題される

図6・5　エアリフトポンプ

$$全揚程\ H_2 = \left(\frac{N_2}{N_1}\right)^2 H_1$$

……全揚程は回転速度の2乗に比例

$$軸動力\ L_2 = \left(\frac{N_2}{N_1}\right)^3 L_1$$

……軸動力は回転速度の3乗に比例

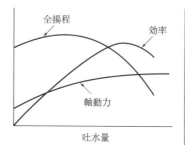

図6・6 遠心ポンプの特性曲線

となる。ここに，Q_1，H_1，L_1 は回転速度 N_1 のときの水量，全揚程，軸動力である。また，水量は，ポンプの羽根車の直径が変わった場合，羽根車の出口幅が一定であれば，直径の変化の2乗に比例して変化する。

ポンプの吸込み側が正圧の場合，吸込み口径と吐出し口径が同じときの全揚程は，吐出し側圧力計の読みと吸込み側圧力計の読みの差となる。

（2）　ポンプの並列・直列運転

水量と全揚程を示すポンプの特性曲線に，配管系の抵抗曲線を書き入れたときの両曲線の交点が，ポンプの運転点である。

同一配管系で同じ能力のポンプを2台並列運転した場合の特性曲線は，図6・7に示すようになる。ポンプ1台運転の水量は q_1，2台並列運転時の水量は q_2 となり，2倍の q_1 より少なくなる。揚程は，水量が増加したので配管抵抗が増加してポンプの揚程も1台運転より大きな揚程で運転される。異なる能力のポンプにおける並列運転は，同様に2台分合計したより少ない水量の運転になる。◀ よく出題される

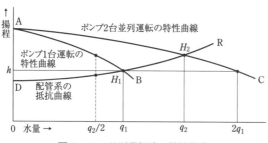

図6・7 並列運転時の特性曲線

また，ポンプを2台直列運転した場合の特性曲線は，図6・8に示すようになる。ポンプ1台運転の揚程は h_1，2台直列運転時の揚程は h_2 となり，2倍の h_1 より少なくなる。水量は，揚程が増加した分だけ増加してポンプ1台運転より大きな水量で運転される。異なる能力のポンプにおける直列運転は，同様に2台分合計したより少ない揚程の運転になる。◀ よく出題される

（3）　キャビテーション

キャビテーションとは，羽根車入口部などの静圧が液体温度に相当する飽和蒸気圧以下になると，その部分において液体が局部的な蒸発を起こして気泡を発生する現象をいう。吸込み高さが高いとき，水温の高い水を吸い上げるとき，ポンプの吸込み側の弁で水量を調整するときなどに生じやすい。ポンプが下面の水を吸上げ可能かどうかは，有効吸込み

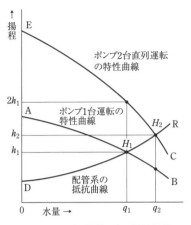

図6・8　直列運転時の特性曲線

ヘッド（NPSH）により決まる。有効吸込みヘッドは，水温が高いと，小さくなる。キャビテーションは，振動・騒音を生じるのみでなく，気泡消滅時に液に接している材料を侵食する。

Net Positive Suction Head

（4）　サージング

サージングとは，ポンプおよび配管系に外部から強制力が加わらないのに，水量と揚程が周期的に変動し続ける現象である。ポンプのサージングは，図6・9に示すように，水量と揚程との特性曲線が山形特性を有する場合に，右上がりの部分で運転すると生じやすい。

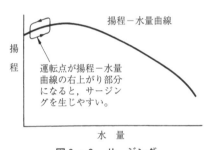

図6・9　サージング

6・1・2　配管材料

（1）　配管材料

建築設備用配管材料には，鋼管・ステンレス鋼鋼管・鋳鉄管・銅管・鉛管・樹脂管などがあり，管内を流れる流体の温度や圧力，耐食性，施工性，経済性などを考慮して，使用する配管材料を決定する。

(a)　**鋼　管**　鋼管には，配管用炭素鋼鋼管・水配管用亜鉛めっき鋼管，耐食性を増すために内面や外面に樹脂ライニングを施したライニング鋼管などがある。

①　**配管用炭素鋼鋼管（SGP）** は，製造方法によって鍛接鋼管と電気抵抗溶接鋼管（電縫鋼管）があり，蒸気，水（飲料水を除く），油，ガス，空気などの配管に用いるもので，呼び径は6A〜500Aま

でのものが規格化されている。亜鉛めっきしないものを黒管，亜鉛
めっきしたものを白管という。水圧試験特性が2.5 MPa と定められ
ており，圧力はほぼ1.0MPa 以下，温度は，－15～350℃程度で使　◀ よく出題される
用される。

② 水配管用亜鉛めっき鋼管（SGPW）は，圧力1.0MPa 以下で，飲
料水以外の水配管（空調，消火，排水など）に用いるもので，呼び
径は10 A～300 A までのものが規格化されている。亜鉛めっきの付
着量は，配管用炭素鋼鋼管の白管よりも多い。

③ 圧力配管用炭素鋼鋼管（STPG）は，350℃以下の蒸気，高温水，　◀ よく出題される
冷温水等の圧力の高い流体に使用される。スケジュール番号の大き
いほうが管の厚さが厚い。

④ 水道用硬質塩化ビニルライニング鋼管は，配管用炭素鋼鋼管
（SGP）等の内面，あるいは内外面に硬質ポリ塩化ビニル管をライ
ニングしたもので，使用圧力1.0 MPa 以下，使用温度40℃程度以下　◀ よく出題される
の水道用の配管に使用される。

　①～④の鋼管は，ねじ，フランジあるいは溶接で接続され，これら
に使用される継手のうちのねじ込み接合の継手の例を図6・10に示す。

⑤ 排水用硬質塩化ビニルライニング鋼管の原管は，配管用炭素鋼鋼
管よりも肉厚の薄い鋼管であるので，ねじ継手を使用することがで
きなく，管の接続にはMD ジョイントなどを使用する。　◀ よく出題される

　ねじ込み式排水管継手は，管をねじ込むと，1°10′（約1/50）の
勾配が得られるようになっている。

　ライニング鋼管用継手には，図6・10(c)に示すような内部にコ
アを内蔵した継手が使用される。

⑥ 機器の配管接続部の材料と配管材料や鋼管とステンレス鋼鋼管な
ど，イオン化傾向が大きく異なる場合は，絶縁フランジを用いて接
続する必要がある。

(b) 一般配管用ステンレス鋼鋼管　　JIS G 3448に，8SU～300SU まで

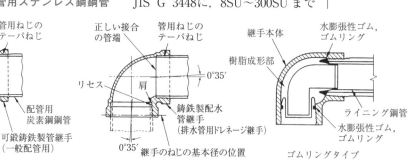

(a) ねじ込み式可鍛鋳鉄製　　(b) ねじ込み式排水管継手　　(c) 内面ライニング鋼管用
　　　管継手　　　　　　　　　　　　　　　　　　　　　　　　管端防食形継手

図6・10　各種の鋼管用ねじ込み式継手

の規格がある。最高使用圧力は，継手との耐圧性能の整合性から 2 MPa 以下の給水・給湯・排水・冷温水などについて規定している。

　一般配管用ステンレス鋼鋼管は，配管用ステンレス鋼鋼管より管の肉厚が薄く，ねじを切ることはできないので，細い管はプレス式管継手・圧縮式管継手などによるメカニカル接合によって，太い管は TIG（タングステン・イナート・ガス）溶接によって接合が行われる。

(c)　銅　管　　給湯配管には銅管がよく使用される。建築設備の配管に使用される銅管は，JIS H 3300（銅及び銅合金継目無管）のうちの配用管用銅管である。水道用の規格には，日本水道協会規格 JWWAH 101（水道用銅管）がある。

　M タイプと肉厚の厚い L タイプ，K タイプとがあり，通常，使用圧力 1.0 MPa 以下の配管用では M タイプが使用される（内厚：薄い M ＜ L ＜ K 厚い）。

　銅管の接合は，32 A 程度以下の場合にははんだ接合が，40 A 以上あるいは蒸気配管など温度や圧力が高い場合にはろう接合が行われ，25 A 以下の細い管の場合にはメカニカル接合やフレア接合も行われる。銅管の継手の規格には，JIS H 3401（銅及び銅合金の管継手），日本銅センター規格 JCDA（銅及び銅合金の管継手），および JWWAH 102（水道用銅管継手）がある。

(d)　鋳鉄管・鉛管　　排水用鋳鉄管には，1 種管，2 種管，立て管用の RJ 管があり，2 種管は 1 種管より軽い。排水・通気用鉛管は，心ずれや長さの調節に対し施工性がよいので，器具と管の接続に用いられる。

(e)　樹脂管　　樹脂管には，硬質ポリ塩化ビニル管・水道用ポリエチレン管・ポリブテン管・架橋ポリエチレン管などがある。

　樹脂管は，温度が高くなるにつれて耐圧が低下する。

①　硬質ポリ塩化ビニル管　　硬質ポリ塩化ビニル管には，JIS K 6741（硬質ポリ塩化ビニル管）および JIS K 6742（水道用硬質ポリ塩化ビニル管）がある。

　JIS K 6741には，硬質ポリ塩化ビニル管として，VP 管・VM 管および VU 管が，耐衝撃性硬質ポリ塩化ビニル管として HIVP 管などが規格化されている。VP 管は屋内の給排水管に，VU 管は屋外排水管として多く使用され，VP 管は VU 管よりも肉厚が厚く，VM 管は呼び径350以上の管である。VP 管と HIVP 管の設計圧力は，1.0 MPa 以下である。

　JIS K 6742は，使用圧力0.75 MPa 以下の水道あるいは飲料水の配管に使用する管で，一般の水道用の VP 管と耐衝撃性を有してい

機器・材料

る HIVP 管の 2 種類が規格化されている。

　これらのほかに，温度90℃以下の水の配管に使用する JIS K 6776（耐熱性硬質ポリ塩化ビニル管）に規定されている管もある。

　硬質ポリ塩化ビニル管の接合は接着剤による場合が多いが，太い管はゴムリング接合も行われる。

　さらに，排水用リサイクル硬質ポリ塩化ビニル管（REP-VU）は，屋外排水用の塩化ビニル管であり，重車両の荷重が加わらない場所での無圧排水用である。

② **ポリブテン管**　ポリブテン管の規格には，JIS K 6778（ポリブテン管）があり，温度90℃以下の水に使用される。

　ポリブテン管は，かつては，温泉配管などに使用されていたが，最近では細い管がさや管ヘッダ工法などに使用されている。管継手には，メカニカル式，電気融着継手式がある。

③ **架橋ポリエチレン管**　架橋ポリエチレン管は，中密度，高密度ポリエチレンを架橋反応させることで，耐熱性，耐クリープ性を向上させた管である。架橋ポリエチレンの規格には，JIS K 6769（架橋ポリエチレン管）と JIS K 6787（水道用架橋ポリエチレン管）とがある。JIS K 6769は温度95℃以下の水に使用するもので，JIS K 6787は使用圧力0.75 MPa 以下の水道あるいは飲料水配管のおもに屋内配管に使用するものである。単層管であるM種と二層管であるE種とがあり，E種管は電気融着接合によって接続される。ポリブテン管同様，細い管はさや管ヘッダ工法に使用される。

（f）**鉄筋コンクリート管**　水路用遠心力鉄筋コンクリート管には内圧管と外圧管があり，埋設用排水管にはおもに外圧管が用いられる。

（2）弁　　類

　建築設備の配管に用いられる弁類には，一般的に使用される仕切弁（ゲート弁とも呼ばれる）・玉形弁（グローブ弁・ストップ弁とも呼ばれる），逆止め弁（チャッキ弁とも呼ばれる）のほか，ボール弁・バタフライ弁などもあり，弁の開閉を電気的に行う電磁弁や電動弁もある。これらのほかに減圧弁・定流量弁・ボールタップ・定水位弁などもある。

（a）**仕切弁**　弁を絞って半開の状態で使用すると弁体の背面に渦流が生じ，キャビテーションが発生し，振動を起こすことがある。

　仕切弁には，内ねじ仕切弁と外ねじ仕切弁とがあるが，外ねじ仕切弁は，ねじ部が流体に直接触れない構造で，弁棒が上下するので開度がわかりやすく，信頼性が高く，高温や高圧の配管に用いられるが，全開時にスペースを必要とする。

◀ よく出題される

クリープ：荷重を加え，高温にすると，ひずみが増加する現象。

機器・材料

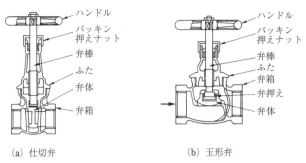

(a) 仕切弁　　　　　　　　(b) 玉形弁

図6・11　仕切弁と玉形弁

(b) **玉形弁**　　半開で使用してもキャビテーションは発生せず，<u>リフト</u> ◀ よく出題される
が小さいので開閉時間が速く，仕切弁に比べて摩擦損失が大きいため，
流量の調整の必要がある場合に使用されるが，流れの方向が定められ
ている。図6・11にこれらの弁の構造を示す。

(c) **バタフライ弁**　　弁体は円板状で，
構造が簡単で取付スペースが小さい。
また，円板上の弁の開閉操作が比較的
速く，全開時の流量特性がよく，仕切
弁に比べて摩擦損失が大きいが，半開
で使用すると仕切弁と同様にキャビテ
ーションが発生し振動を起こすことが
ある。

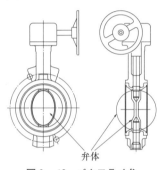

弁体

図6・12　バタフライ弁

(d) **逆止め弁**　　液体の逆流を防止するための弁であるが，弁座にごみ
などをか̇む̇と逆流を防止することはできない。

　逆止め弁には，図6・13に示すように，スイング式とリフト式とが
あり，スイング逆止め弁は，リフト逆止め弁に比べて，弁が開いた状
態での開口面積が大きく，圧力損失が少ないので大口径まで使用され
る。スイング式は水平配管あるいは上向き配管に使用し，リフト式は
図(c)に示すような上向き配管用のものもある。

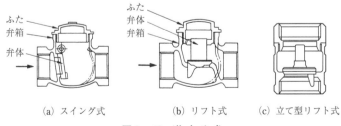

ふた
弁箱
弁体

ふた
弁体
弁箱

(a) スイング式　　　　(b) リフト式　　　(c) 立て型リフト式

図6・13　逆止め弁

　<u>ポンプの吐出し側垂直配管に使用される逆止め弁</u>に，<u>リフト逆止め
弁にばねと案内傘を内蔵した構造</u>で，<u>バイパス弁付き</u>の図6・14に示

す衝撃吸収式の<u>スモレンスキー逆止</u>
<u>め弁がある。</u>

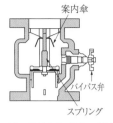

図6・14　スモレンスキー逆止め弁

(e)　**ボール弁**　　ボール弁は，図6・
15に示すような構造で，圧力損失が
少なく，流量調整には適さず，全開
または全閉で使用する。仕切弁や玉
形弁に比べ設置スペースが小さく，
ボール弁の弁座はソフトシートであ
るが，弁棒が90°回転し，パッキン
とのしゅう動が少なく，気密性に優
れている。

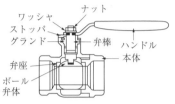

図6・15　ボール弁

(f)　**定水位調整弁**　　定水位調整弁は，
フロートと弁が一体構造の一体型，フロートと副弁が一体構造で主弁
を別に設ける分離型があり，一体型は冷却塔などに，分離型は受水タ
ンクなどに使用される。

　　<u>分離型の作動は，タンク内の水位低下によりフロートが下がると副</u>
<u>弁内の水が流れ，副弁と主弁の間にあるパイロット管を通じて主弁内</u>
<u>の圧力が低下し，主弁から給水が行われる。</u>分離型は電極棒により水
位を検出して，主弁の電磁弁を開閉し，主弁を開閉するものもある。

(g)　**蒸気トラップ**　　蒸気トラップは，ベローズ式，メカニカル式（バ
ケット式，フロート式など），サーモスタチック式，サーモダイナミ
ック式，ワックス式があり，放熱器や蒸気配管の末端などに取り付け，
蒸気の流れを阻止して凝縮水と空気を排除するものである。

(h)　**自動空気抜き弁**　　自動空気抜き弁は，本体中の空気が一定量にな
ると空気を放出する弁であるが，本体内が負圧になると空気を吸い込
むので，負圧になるおそれのある箇所には設けない。

(i)　**伸縮管継手**　　伸縮管継手は，流体の温度変化によって配管が伸縮
するときに生じる配管の軸方向の変位を吸収するためのもので，単式
と複式とがある。

　　ベローズ形伸縮管継手は，ベローズによって配管の伸縮を吸収する

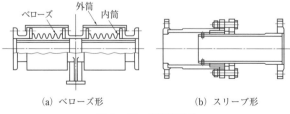

(a)　ベローズ形　　　　　　(b)　スリーブ形

図6・16　伸縮管継手

もので，伸縮吸収量は，一般に，スリーブ形伸縮管継手より小さい。JIS B 2352（ベローズ形伸縮管継手）の規格がある。

スリーブ形伸縮管継手は，スリーブパイプ継手本体を滑らせて配管の伸縮を吸収するもので，流体の漏れはグランドパッキンで止める。

スリーブ形伸縮管継手は，ベローズ形伸縮管継手に比べて，継手１個当たりの最大変位量が大きい。また，複式伸縮管継手を配管に設ける場合は伸縮管継手本体を固定し，単式伸縮管継手の場合は配管を固定する。

(j) **フレキシブル形管継手** 管軸に垂直方向の変位や機器の振動を吸収するために用いる継手で，ステンレス鋼製・合成ゴム製・テフロン製などのものがある。フレキシブル形管継手は，軸に対して直角方向の変位を吸収するために用い，変位量が大きいほど全長を長くする必要がある。

ボールジョイントは，一般に，２個または３個を１組として使用し，比較的小さなスペースで大きな伸縮量や変位を吸収できる。

(k) **その他** 圧力調整弁は，弁の一次側の圧力を一定に保つ目的で，ポンプのバイパス弁などに使用される。

温度調整弁は，通過加熱流体の量を調整して，貯湯槽内の温水温度を一定に保つ目的で使用される。

定流量弁は，送水圧力の変動が生じた場合においても流量を一定に保つ目的で，ファンコイルユニットなどに使用される。

6・1・3 保温・保冷および防露

（1） 保温・保冷および防露の目的

JIS A 9501（保温保冷工事施工標準）に，「保温とは，常温以上，約1,000℃以下の物体を被覆し熱放散を少なくすること，または被覆後の表面温度を低下させること。」，「保冷とは，常温以下の物体を被覆し，侵入熱量を小さくすることまたは表面に結露を生じさせないこと。」および「防露とは，保冷の一分野で，主に０℃以上，常温以下の物体の表面に結露を生じさせないこと。」と定義されている。

（2） 保温材の種類

保温材は，次の３種類に大別される。

① JIS A 9504（人造鉱物繊維保温材，ロックウール保温材およびグラスウール保温材）

② JIS A 9510（無機多孔質保温材，けい酸カルシウム保温材およびはっ水性パーライト保温材）

③ JIS A 9511（発泡プラスチック保温材，ビーズ法ポリスチレンフ

機器・材料

　　ォーム保温材，押出法ポリスチレンフォーム保温材，硬質ウレタンフ
　　ォーム保温材，ポリエチレンフォーム保温材およびフェノールフォー
　　ム保温材）

　これらの保温材のうち，一般の建築設備における保温材としては，ロッ
クウール保温材およびグラスウール保温材が使用されているが，管内温度
が70℃以下である冷水配管・給水配管・冷媒配管にはビーズ法ポリスチレ
ンフォーム保温材も使用されている。密度により，ロックウール保温材は
1号〜3号に，グラスウール保温材は24K，32K，40K，48K〜96K に分
類されている。

　ロックウール保温材は，グラスウール保温材よりも使用温度の上限が高い。

　ポリスチレンフォーム保温材，ポリエチレンフォーム保温材は吸水，吸
湿性がほとんどなく，水に濡れても繊維系保温材に比べて熱伝導率の変化
が少なく，耐熱性の面から，主に防露・保冷用に使用される。

　ポリエチレンフォーム保温材には，板状又は筒状に発泡成形したものや，
板またはシート状に発泡した後に筒状に加工したものがあり，冷媒配管用
に使用される。

機器・材料

確認テスト〔正しいものには○，誤っているものには×をつけよ。〕

□□(1) 遠心ポンプにおいては，ポンプの回転数を変化させた場合，吐出量は回転数の1乗に比例し，全揚程は回転数の2乗に比例して変化し，軸動力は回転数の3乗に比例する。

□□(2) 同一の配管系において，ポンプを直列運転して得られる揚程は，それぞれのポンプを単独運転した場合の揚程の和と等しくなる。

□□(3) 同一の配管系において，ポンプを並列運転して得られる吐出量は，それぞれのポンプを単独運転した場合の吐出量の和よりも少なくなる。

□□(4) 流体機械の内部で，流速の急変やうず流の発生などにより，局部的に飽和蒸気圧以下の状態が生じると，液体が気化して気泡を作る現象をサージングという。

□□(5) 水配管用亜鉛めっき鋼管は，配管用炭素鋼鋼管（白管）よりも亜鉛めっきの付着量が多い。

□□(6) 水道用硬質塩化ビニルライニング鋼管の使用が適している流体の温度は，継手を含めると80℃程度までである。

□□(7) 衝撃吸収式逆止め弁は，リフト逆止め弁にばねと案内傘を内蔵した構造などで，高揚程のポンプの吐出し側配管に使用される。

□□(8) フレキシブルジョイントは，一般的に，接続口径が大きいほど全長を長くする必要がある。

□□(9) 玉形弁は，リフトが小さいので開閉時間が短く，半開でも使用することができる。

□□(10) 単式スリーブ形伸縮管継手は，単式ベローズ形伸縮管継手に比べて，継手1個当たりの最大変位量が小さい。

機器・材料

確認テスト解答・解説

(1) ○

(2) ×：同一の配管系において，ポンプを直列運転して得られる揚程は，それぞれのポンプを単独運転した場合の揚程の和よりも少ない。

(3) ○

(4) ×：流体機械の内部で，流速の急変や渦流の発生などにより，局部的に飽和蒸気圧以下の状態が生じると，液体が気化して気泡を作る現象はキャビテーションという。

(5) ○

(6) ×：水道用硬質塩化ビニルライニング鋼管は，高温に対しては弱く，流体の連続使用許容温度は継手を含めると40℃以下が適当である。

(7) ○

(8) ○

(9) ○

(10) ×：単式スリーブ形伸縮管継手は，単式ベローズ形伸縮管継手に比べて，継手1個当たりの最大変位量が大きい。

6・2 空気調和・換気設備用機材

学習のポイント

1. 送風機の種類とその特徴，用途を覚える。
2. 熱源機器として，ボイラの種類・特徴，遠心冷凍機や吸収冷凍機（直だきを含む）の冷凍原理・特徴，冷却塔の冷却水の管理などに留意し，整理して覚える。

6・2・1 送 風 機

（1） 送風機の分類と特性

送風機は，羽根車を通る空気の流れ方向によって，羽根車の中を半径方向に空気の流れる遠心形，軸方向に空気の流れる軸流形，羽根車の外周の一部から反対側の外周の一部に向かって軸に直角な断面内で空気の流れる横流形，および羽根車の中を空気が傾斜して流れる斜流形に大別される。

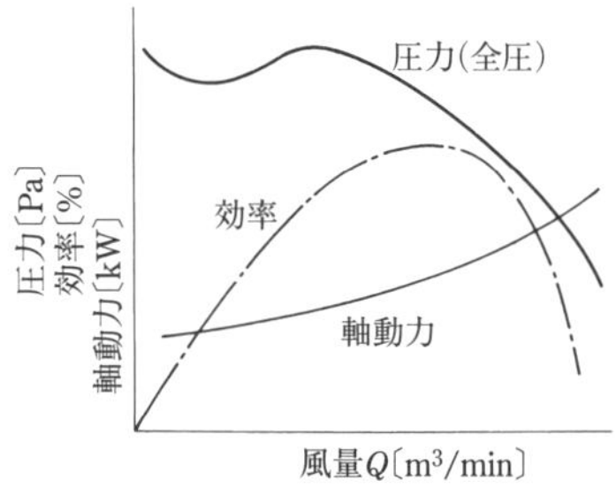

送風機の特性曲線は，風量・圧力・軸動力・効率などの関係を示すもので，

図6・17　多翼送風機特性曲線の例

図6・17のようなものである。各送風機の特性曲線を表6・1に示す。

(a) **多翼送風機**　風量の増加とともに圧力が増加する右肩上がりの特性曲線を有するために，運転中に吐出しダンパを徐々に絞って風量を減少させていくと，急に激しい脈動や振動を起こし，運転が不安定になるサージングが発生することがある。特徴は次のとおりである。

① 遠心送風機の中では羽根の高さが低く，多数の前向き羽根を有する。
② 遠心送風機の中では，所要の風量と静圧に対して最も小形になり，空気調和用として一般的に使用される。
③ 軸動力は，風量の増加に伴い緩やかに増加する。
④ 圧力は，後向き羽根送風機に比べて，一般に低圧で使用される。
⑤ 全圧効率は，風量の増加に伴い低下する。
⑥ 回転数は少なく，高速運転に適していない。

(b) **後向き羽根送風機**(あとむき)

① 多翼送風機に比べて，高速回転が可能であり，高圧力を必要とする場合に適している。

② 高静圧で，リミットロード特性を有しているので，排煙機に使用される。

(c) **軸流送風機** ① 遠心送風機に比べて，構造的に高速回転が可能で，低圧力・大風量を扱うのに適している。

② 遠心送風機に比べて，同じ風量の場合に，小形で，同じ静圧に対して騒音が大きい。

③ 軸動力は，風量の増加に伴い緩やかに減少する。

④ 軸流送風機には，プロペラ型，チューブラ型，ベーン型があり，ベーン型が最も効率がよく高圧力に対応できて，続いてチューブラ型，プロペラ型の順である。

(d) **斜流送風機** 羽根車の形状および風量・静圧特性が軸流送風機と遠心送風機の中間である。小型の割には，取り扱う風量が大きく比較

リミットロード特性：風量の増加にともない軸動力の値が極値（ピークの値）をもち，さらに風量が増加すると軸動力が減少する特性で，オーバーロード（過負荷運転）が起きない。

機器・材料

表6・1 送風機の特性

種類	遠心送風機		斜流送風機	軸流送風機	横流送風機
	多翼送風機（シロッコ）	後向き送風機		プロペラ	
インペラとケーシング					
特性					
要目 風量[m³/min]	10～2,000	30～2,500	10～300	20～500	3～20
要目 静圧[Pa]	100～1,230	1,230～2,450	100～590	0～100	0～80
効率[%]	35～70	65～80	65～80	10～50	40～50
比騒音[dB]	40	40	35	40	30
特性上の特徴	風圧の変化による風量と動力の変化は比較的大きい。風量の増加とともに軸動力が増加する。	風圧の変化による風量の変化は比較的大きく，動力の変化も大きい。軸動力はリミットロード特性がある。	軸流送風機と類似しているが，圧力曲線の谷は浅い。動力曲線は全体に平坦。羽根の高さが低い。	最高効率点は自由吐出し近辺にある。圧力変化に谷はない。軸動力は風量の増加とともに小さくなる。	羽根車の径が小さくても，効率の低下は少ない。
用途	低速ダクト空調用 各種空調用 給排気用	高速ダクト空調用	局所通風	換気扇 小型冷却塔 ユニットヒータ 低圧・大風量	ファンコイルユニット エアカーテン

注 1) この一覧表は片吸込み型を基準にしている。　2) それぞれの値は大体の目安である。
　3) 比騒音とは，風圧9.807 Paで1 m³/sを送風する送風機の騒音値に換算したものである。

（空気調和衛生工学会編「空気調和衛生工学便覧14版（抜粋）」より）

的高い静圧も出すことができ，効率，騒音面でも優れている。

(e)　**横流送風機**（クロスフローファン）

　①　軸に直角の方向から吸い込むので，軸方向の羽根の幅を長くでき，サーキュレータ，エアカーテン，ルームクーラーの室内機，ファンコイルユニット等の送風用に利用される。

　②　斜流送風機の軸動力は，風量の変化に対してほぼ変わらず，圧力曲線の山の付近で最大となるリミットロード特性を持つ。

6・2・2　ボ イ ラ

(1)　ボイラの種類

　ボイラには，温水ボイラと大気圧より高い蒸気を発生させる蒸気ボイラとがあり，本体・燃焼装置・通風装置・自動制御装置および安全弁・逃し弁などの付属品から構成されている。ボイラ本体は，ガスや油の燃焼を行わせる燃焼室と，燃焼ガスとの接触伝熱によって熱を吸収する対流伝熱面で構成される。

　ボイラの種類には次のようなものがある。

(a)　**鋳鉄製ボイラ**（セクショナル）（図6・18）　鋳鉄製ボイラは，複数の鋳鉄製のセクションをニップルと締付けボルトで接続して本体を構成する。各セクション内の水や蒸気の流通はニップルを通して行われ，容量の増加はセクションを追加することで行う。材料の制約上，高温・大容量のものは製作できず，法令により最高使用圧力は蒸気ボイラで0.1 MPa以下，温水ボイラでは圧力0.5 MPa以下，温水温度120℃以下と他のボイラに比べて低圧で小容量である。

　　長所：①　鋳鉄は耐食性に優れ寿命が長い，②　分割運搬ができる，③　容量増加が容易である，④　価格は比較的安価　である。　◀ よく出題される

　　短所：①　構造上セクション内部の掃除が困難，②　缶体の材質が鋼鉄よりもろい。

　　用途：中小規模建物の低圧蒸気暖房または普通温水暖房に多く使用される。

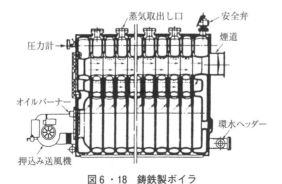

図6・18　鋳鉄製ボイラ

(b)　**炉筒煙管ボイラ**（図6・19）　　炉筒煙管ボイラは円筒形の缶胴の中に燃焼室の炉筒部分と多数の煙管とで構成されている。燃焼ガスは炉筒から煙管を経て煙道へと流れる。煙管は2パスになっているものや3パスになっているものがあるが，ボイラの通風抵抗が大きいので押込み送風機または誘引送風機を用い，煙管内の燃焼ガスの速度を高め伝熱効果を上げている。普通温水ボイラや高温水ボイラとして使用されるが，蒸気ボイラの場合は使用圧力1.6 MPa以下である。このボイラは中～大規模建物や地域冷暖房用に多く使われている。

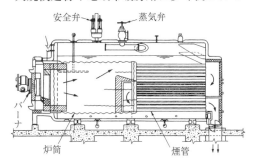

安全弁　蒸気弁

バーナ

炉筒　　煙管

図6・19　炉筒煙管ボイラ

長所：① 高圧蒸気が得られる，② 保有水量が多いので負荷変動に対して安定性がある，③ 水処理は容易　である。

短所：① 予熱時間が長い，② 分割運搬はできない，③ 高価，④ 硫黄分の多い燃料を使用する場合，給水温度が低いと低温腐食を起こすおそれがある。　◀ よく出題される

(c)　**自然循環水管ボイラ**　　伝熱面となる多数の水管が上下に配置されたドラムを連結し，ボイラ水の循環回路を構成している。ボイラ水を温度による密度の差によって自然循環させる。このボイラは，高圧蒸気を多量に必要とするような大規模病院やホテルなどのほか，地域冷暖房のプラントにも使用される。

(d)　**小型貫流ボイラ**　　給水圧力によって，水管の一端から押し込まれた水が順次予熱，蒸発，スーパヒートされ水管の他端から過熱蒸気となって出てくるもので，ドラムがなく水管だけで構成されている。圧力は2 MPa程度まで可能である。そのために，保有水量が少なく始動時間が非常に短いが，高度な水処理を要する。　◀ よく出題される

(e)　**真空式温水発生器**　　大気圧以下に減圧した蒸気で水を加熱するために，高度な水処理が不要，ボイラ取扱いの資格（ボイラー技士）が不要である。

5・4・3「加熱装置」図5・18（p.150）参照。
◀ よく出題される

(f)　**無圧式温水発生器**　　大気に開放された温水で熱交換器を加熱して，温水を得るもので，ボイラ取扱いの資格（ボイラー技士）が不要である。

機器・材料

（2）　ボイラの安全装置

　ボイラには，圧力や温度の異常上昇や不着火などからの危険を防止するため，安全弁・低水位燃焼遮断装置・燃焼安全装置（火炎検出器・プロテクトリー・燃焼遮断弁）・圧力調整装置（蒸気ボイラ）・温度調節装置（温水ボイラ）・自動着火装置・自動燃焼空気制御装置など，各種の自動制御・安全装置が装備されている。

- ①　**安全弁**は，ボイラ内の圧力が所定の圧力を超えた場合に，蒸気を噴出して圧力を降下させるものである。
- ②　**逃し弁**は，ボイラ内の圧力が所定の圧力を超えた場合に，温水を噴出して圧力を降下させるものである。
- ③　**吹出し弁**は，ボイラ内のスケール，その他の沈殿物を排出するものである。
- ④　**低水位燃焼遮断装置**は，ボイラ内の水位が所定の水位以下になった場合に，燃料の供給を停止させるものである。

（3）　ボイラの容量

　ボイラの容量は，最大連続負荷における定格出力を熱量〔kW〕または換算蒸発量〔kg/h〕で表示する。また，低圧蒸気暖房などに使われる鋳鉄製ボイラの容量は相等放熱面積(EDR)で表すこともある。

　ボイラにおける最大の熱損失は排ガスによる熱量である。なお，ボイラの伝熱面積は，ボイラ本体の伝熱面を燃焼ガスに接する側で測った表面積で示される。

6・2・3　冷　凍　機

（1）　種　　　類

冷凍機は冷凍原理上，次の2つに分けられる。

- ①　往復動冷凍機・遠心冷凍機・回転冷凍機など，蒸発器内で蒸発した冷媒ガスを圧縮機で圧縮する蒸気圧縮式
- ②　水を冷媒とし，吸収液として臭化リチウム溶液を用いる吸収式

　①の冷凍機には蒸発器で空気を直接冷却する直接膨張式のものと，水やブラインを冷却するチラーとがある。また，凝縮器で冷媒を凝縮するのに冷却水を使用するものは水冷式，空気で冷却するものを空冷式と呼んでいる。水冷式には冷却塔により水を冷却し循環して使用する場合と，井水などを使用する場合などがある。

（2）　蒸気圧縮式の冷凍サイクル

　蒸気圧縮式冷凍機は，図6・20のように，4つの主要部である圧縮機・凝縮器・膨張弁・蒸発器で構成されている。蒸発器を出た低温・低圧の冷媒ガスは，圧縮機で圧縮されて高圧・高温の状態で凝縮器へと導かれ

（右余白）モリエ線図上の蒸気圧縮式冷凍サイクルは，1・3・4「冷凍理論」(p.34)を参照のこと。

る。ここで熱交換して冷却され，高圧・中温の冷媒液となる。この冷媒液が膨張弁で減圧され低い温度で蒸発しやすい状態になり，蒸発器で冷水から熱を奪って蒸発し低温・低圧の冷媒ガスとなり，圧縮機へ移動し再循環して冷凍サイクルを形成する。

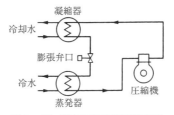

図6・20　蒸気圧縮冷凍機構成図

（3）　往復動冷凍機

この冷凍機の使用区分としては，100冷凍トン｛351.6 kW｝程度までの小・中規模建物に適しており，コンデンシングユニット・チリングユニットの形として用いられる。圧縮機はシリンダ内をピストンが往復動する。

容量制御は，ON-OFF 制御，アンローダ制御，バイパス制御，電動機の回転数を変化させる回転数制御などがある。

アンローダ制御は，アンローダ機構によりシリンダ吸入弁を制御し，シリンダまたはシリンダブロックごとに段階的に容量制御する方法である。

（4）　遠心冷凍機（ターボ冷凍機）

350 kW（約100 US冷凍トン）以上の中・大容量に適している。遠心圧縮機は，高速度で回転する羽根車により冷媒ガスを圧縮するターボ圧縮機で，増速装置，動力伝達装置，容量調整装置などから構成される（図6・21参照）。

凝縮器・蒸発器は，シェルチューブ形が用いられ，チューブ内に冷却水または冷水を通し，その外側に冷媒を流すものである。

往復動冷凍機に比べて，負荷変動に対する追従性がよく，容量制御も容易である。

容量制御はベーンの開閉により20％程度まで容量を調整できるサクションベーン制御・ホットガスバイパス制御・インバータを使用し回転数を連続に変化させて容量制御ができる回転数制御などがある。

US冷凍トン：アメリカ冷凍トン

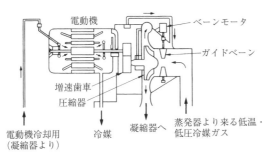

図6・21　遠心式圧縮機

しかし，遠心冷凍機をあまり低負荷で運転するとサージング現象が発生し，不安定な運転状態になる。また，直だき吸収冷温水機に比べて，大きさや重量は小さいが，高周波騒音が大きい。

　遠心冷凍機の種類には，低圧冷媒と高圧冷媒を使用するものがあり，低圧冷媒を使用する機器は，一般的な定調条件では，高圧ガス保安法の適用を受けない。

（5）　ロータリ冷凍機

　ロータリ冷凍機の圧縮機は，シリンダの中の偏心した位置に取り付けられたロータが回転して，シリンダとロータとの空間容積が変化して冷媒ガスの圧縮を行う。低振動，低騒音のために，ルームエアコンなど小容量のものに多く用いられている。

（6）　スクロール冷凍機

　渦巻き状の固定スクロールと，可動スクロールを組み合わせて圧縮する。トルク変動が少なく，低振動・低騒音であるため，ルームエアコンやビル用マルチ空調機など小・中容量のものに多く用いられている。

（7）　スクリュー冷凍機

　回転冷凍機の一種で，中・大容量の空気熱源ヒートポンプに適している。この冷凍機の圧縮機は図6・22のような断面をもつオス，メス2本のら旋状のロータとケーシングで構成されていて，冷媒ガスは2つのロータに挟まれたすき間の容積が変化することにより吸込み・圧縮が行われる。

◀よく出題される

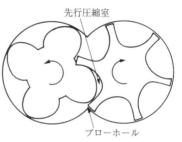

図6・22　スクリュー歯形断面

　スクリュー圧縮機は高い圧縮比でも体積効率がよく，遠心式と比べ回転数は低く，サージングなどの異常運転も起こらないので，容量制御はケーシング内のスライド弁を開閉することにより冷媒ガスをバイパスさせて，10％程度まで無段階にコントロールできる。

（8）　吸収冷凍機の冷凍サイクル

　吸収冷凍機は，蒸発器・吸収器・再生器・凝縮器の主要構成部からなっている（図6・23）。

　吸収冷凍機の冷媒は水であり，この水が低い温度で蒸発するように機内は常に真空に近い状態で運転される。冷凍サイクルとしては，蒸発器で冷水から熱を奪い冷媒（水）は蒸発する。このとき冷水の温度は下がり冷却が行われる。蒸発した冷媒は吸収器内で吸収液（臭化リチウム溶液）に吸収される。吸収液はしだいにその濃度が薄くなり，薄くなった吸収液を再生器に送り，蒸気や高温水などの熱によって吸収液内の水（冷媒）を蒸発させ，濃い吸収液に再生される。濃い吸収液は再び吸収器へ戻され循環使用される。一方，再生器で蒸発した冷媒は凝縮器で冷却水により冷やされ凝縮して水になり，蒸発器へ送られ循環使用される。このように，冷媒を循環させ

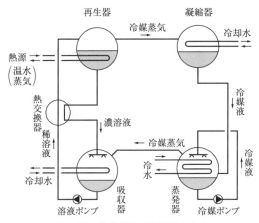

図6・23　単効用吸収冷凍サイクル

るために，蒸発器と吸収器は，再成器と凝縮器よりも器内の圧力を低くしている。吸収冷凍機では吸収液で冷媒を吸収する際に発熱があり，この熱を冷却水で冷やす必要があるので，冷却水を製造する冷却塔の容量は，蒸気圧縮式冷凍機に比べてやや大きくなる。

吸収冷凍機は圧縮機がないので大きな動力源は必要ない。

（9）　吸収冷凍機

吸収冷凍機は，加熱源として蒸気や高温水を使用し，一重効用（単効用）と成績係数の高い二重効用がある。

二重効用形は，図6・24に示す例のように，高圧蒸気または高温水により高温再生器（第一発生器）を加熱し，高温再生器（第一発生器）で発生した冷媒蒸気をさらに低温再生器（第二発生器）の加熱に用いるようになっている。高温再生器は，一重（単）効用形の再生器に比べて高温の加熱媒体を必要とする。

遠心冷凍機などの蒸気圧縮式冷凍機と比べて，吸収冷凍機の特徴は，長所として，①大きな電力を必要としない。②振動騒音が小さい。③低負荷時の効率がよく，10%程度まで制御できる。また，短所としては，④始動

蒸気式吸収冷凍機の蒸気消費量は一重効用では1 US冷凍トン [3.516 kW] 当たり約8.5 kg/hに対して，二重効用では約5.0 kg/hである。

◀ よく出題される

◀ よく出題される

機器・材料

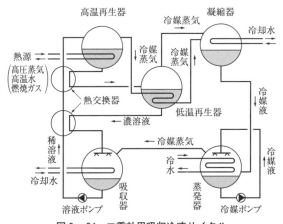

図6・24　二重効用吸収冷凍サイクル

時間が長い。⑤冷却塔の容量が大きい。⑥冷水温度がやや高いなどである。

吸収冷凍機では水を冷媒とするため機内を真空に保たなければならないので，抽気装置として真空ポンプまたは溶液エゼクタを用いて機内の不凝縮ガスを，分離器を経て機外に抽出する必要がある。

吸収冷凍機特有の現象である溶液の再結晶化は直ちに運転が不能となる重大な故障であるので，これを防止する安全装置として，冷水または冷媒温度の低下により作動する温度リレーや冷水および冷却水の減水または断水により作動する断水リレーによる結晶防止装置が必要である。

容量制御には，蒸気圧調節で加熱量を制御する方法，再生器に送る溶液量を制御する方法，蒸気ドレン制御またはこれらの組合せによる制御方式がある。

(10) 直だき吸収冷温水機

直だき吸収冷温水機は，吸収冷凍機と冷凍サイクルは同じで，単効用形と二重効用形があり，ほとんどが二重効用形である。再生器の加熱源は直接，都市ガスや油を燃料としている。再生器の内部は大気圧以下のために，ボイラ関係法規の適用は受けない。

◀ よく出題される

特徴は吸収冷凍機と同じであるが，冷水と温水を同時に取り出すことができるため冷暖両用に使われる。温水は蒸発器や別置きの温水熱交換器から取り出す。

容量制御は，バーナの燃焼量を調節して高温再生機への加熱量を制御する加熱源の絞り制御方式，溶液量を調節する溶液絞り方式，および加熱源と溶液絞り方式の併用方式がある。安全装置も吸収冷凍機と同じで，さらに燃焼装置周りの安全装置が加わる。遠心冷凍機に比べ，運転開始から定格能力に達するまでの時間が長い。

(11) ヒートポンプ

ヒートポンプは，冷凍機の凝縮器における加熱作用を暖房や給湯に利用するもので，実際には四方弁で冷媒の流れを切り替えて冷房時の蒸発器を，暖房時には凝縮器として働かせている。デフロスト運転には，運転を冷房サイクルに切り替えて空気熱交換器に高温高圧の冷媒ガスを流して，付着した霜を溶かす方法がある。

ヒートポンプの成績係数（COP）は，理論的には冷凍機の成績係数に1を加えた値になる。

(12) ガスエンジンヒートポンプ（GHP）

電動機の代わりにガスエンジンで圧縮機を駆動させるもので，ガスエンジンの冷却水と排ガスからの発生熱を熱交換器などで回収して有効に利用するので，暖房能力が向上する。通常，冷房能力よりも暖房能力が大きくなる。

Coefficient Of
Performance
1・3・4「冷凍理論」(4)
(p.36) 参照

6・2・4　冷　却　塔

　冷却塔は，冷却水によって冷凍機から熱を奪い大気に放熱する装置である。冷却水を冷却する仕組みは，冷却塔で冷却水の一部を蒸発させて，その蒸発潜熱によって冷却水自身の水温を下げる。したがって，冷却塔の熱交換量は，おもに外気湿球温度と入口水温の差に左右されるが，出口水温は，外気の湿球温度より低くすることはできない。水と空気の接触時間を大きくして熱交換を良くするために充填材を入れている。冷却水は蒸発により循環水量が減少するほか，塔内の微小水滴が気流によって塔外へ飛散　◀ よく出題される
する。これをキャリーオーバというが，蒸発や飛散による減少分を補給する必要があり，その量は循環水量の1〜1.5%程度である。飛散防止にエリミネータが設けられているものもある。

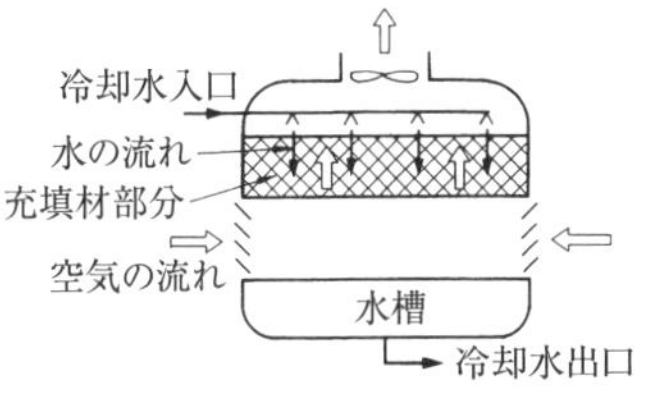

図6・25　向流形 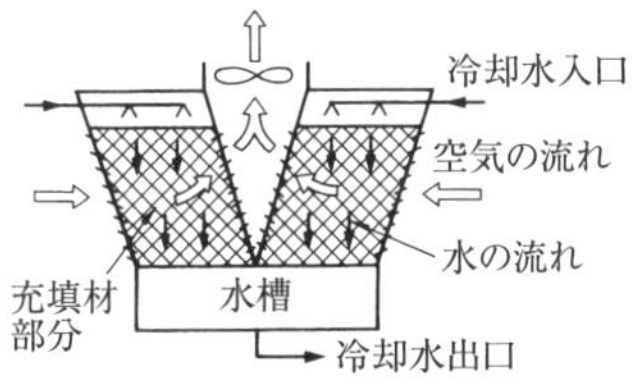　　　図6・26　直交流形

　冷却塔の形式には図6・25，6・26に示すような開放式冷却塔のほか，密閉式冷却塔もある。開放式冷却塔の送風機は，風量が多く静圧の小さい軸流送付機を使用している。密閉式冷却塔は，冷却水を熱交換器を介して間接的に冷却する構造で，開放式に比べて空気抵抗が大きく，風量が多く　◀ よく出題される
なり，送風機動力および騒音が大きい。

　図6・25は，充填材部での空気の流れ（⇨）と水の流れ（→）の方向が互いに向き合っているので向流形といわれる。図6・26は，直交する形式なので直交流形といわれる。向流形と直交流形を比較すると，一般に向流形は塔の高さが高く，据付け面積が小さい。直交流形は空気の吸込み口が2方向だけなので，何台も隣接して並べることができ，納まりがよい。

　冷却塔の出口水温と空気湿球温度の差をアプローチという。一般に空気湿球温度27℃にとることが多いが，このとき出口水温32℃となり，この場合のアプローチは5℃となる。また冷却塔の循環水出入口温度差をレンジ　◀ よく出題される
といい，一般に5℃にとることが多い。

　開放形冷却塔の冷却水系のスケールは，硬度成分が濃縮し塩類が析出し　◀ よく出題される
た炭酸カルシウムが多く，ブローダウン等によりその発生を抑制できる。冷却塔を循環する冷却水は，大気と接触するため水質が汚染される。この水質汚染を防止し，レジオネラ属菌の繁殖や珪藻などの発生を防ぐため，ブローや薬液注入などを行って水質管理には十分注意しなければならない。

機器・材料

冷却水系のスライムは，細菌などの微生物が土砂などを巻き込み泥状塊に
なったもので，塩素系薬剤による殺菌で発生を防ぐことができる。

6・2・5 空気調和機

ユニット形空気調和機は，室内空気の温度および湿度を調整し空気を
清浄にするための装置であり，エアハンドリングユニットともいう。図
6・27に示すように，冷却コイル，加熱コイルなどがあり，冷却コイルは
供給冷水温度が通常5〜7℃，コイル面通過風速は2.5 m/s前後（2.0〜
3.0 m/s）で選定される。加熱コイルは温水コイルと蒸気コイルがあり，
温水コイルは冷却コイルと兼用して冷温水コイルとすることができるが，
蒸気コイルは兼用できない。

風量調整は，スクロールダンパ方式の場合，回転操作ハンドルにより送
風機ケーシングのスクロールの形状を変えて送風特性を変化させる。イン
バータによる回転数制御による方法もある。

大温度差送風方式は，冷風吹出温度差を一般的な10℃から15℃程度と大
きくとるので，送風量が減少して搬送動力が削減できる。

デシカント空気調和機のデシカント除湿ロータは，高温の排気と外気と
を熱交換する際に外気の湿度を除去する。

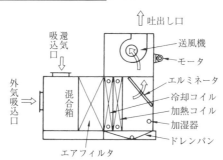

図6・27 ユニット形空気調和機（立て形）

パッケージ形空調機は，屋内機にエアフィルタ・直膨コイル・加湿器・
送風機，屋外機に圧縮機・凝縮器が組み込まれ，凝縮器には水冷式と空冷
式とがある。空気調和機と比べても，空気浄化能力は変わらないものもあ
る。また，全熱交換器と組み合わせると，加湿能力もほぼ同じである。冷
暖房同時型は，冷房運転時に発生する排熱を暖房運転中の屋内機に利用す
ることで高い省エネルギー効果が得られる。
住宅用の小型のものはセパレート形が一般
に多く使われる。セパレート形は図6・28
に示すように，冷却部分と凝縮部分とに分
離されている。凝縮部分は圧縮機と一体の
コンデンシングユニットにして屋外に配置

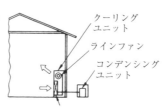

図6・28 セパレート形クーラ

する。パッケージ形空調機の冷媒封入量は，冷媒配管の長さにより変わり，長くなれば，冷媒封入量も増加する必要がある。

　ファンコイルユニットは，エアフィルタ，送風機，冷却加熱コイルがケーシング内にコンパクトに納められた室内用ユニットである。

6・2・6　全熱交換器

　全熱交換器は，建物からの排気を導入外気と熱交換させ，導入外気を室内空気の温湿度状態に近づけて供給する装置である。温度（顕熱），湿度（潜熱）ともに熱交換するので全熱交換器とも称される。熱交換エレメントにはリチウムクロライドあるいは塩化リチウムを含浸させたセラミック材などが多く使用されている。

6・2・7　エアフィルタ

（1）　性　　能
　エアフィルタの性能は，定格風量における，粒子捕集率と圧力損失について表示される。粒子捕集率は，粉じんの場合，使用するフィルタの種類によって測定法が異なり，次の4種類の測定方法がある。
　①　質量法：粉じん用プレフィルタなど大粒径の粒子除去用
　②　計数法（0.4 μm粒子）：中高性能用フィルタ用
　③　計数法（0.3 μm粒子）：HEPAフィルタ用
　④　計数法（0.5～1.0 μm粒子）＋オゾン発生量：電気集じん器
　これらの測定方法は，同一エアフィルタに対しても異なった値を与えるので，粒子捕集率がどの測定法で表示されているのか注意する必要がある。

（2）　ろ過式エアフィルタ
　ろ材として，ガラス繊維，合成樹脂繊維，無数に細孔のあるビニルスポンジなどが使用される。ガラス繊維など繊維系のろ材は繊維の太さや充填密度などにより集じん効率が異なってくる。

　自動巻取り形エアフィルタは，図6・29に示すようにロール状に巻いたろ材を，タイマまたはろ材の前後の差圧により電動機で自動的に移動させる形式のもので，やや粗大な粉じんの除去用として最も多く使用されている。

　HEPAフィルタ（高性能）は，適応粒子は0.3 μmであり，粒子捕集率は計数法（DOP法）で99.97％～99.9995％

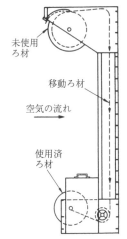

未使用
ろ材

移動ろ材

空気の流れ

使用済
ろ材

図6・29　自動巻取り形空気ろ過器

機器・材料

ときわめて優れた集じん効率をもった高性能フィルタであり，ごく微細な粉じんの除去や高度な清浄度が必要なクリーンルームなどに使われる。構造上の特色は，通過風速を遅くするため，ろ過面積を大きくしてある。しかし，このフィルタに直接汚染空気を通すとすぐ目詰りが生じ，圧力損失の上昇が早いため，プレフィルタとして自動巻取り形フィルタや電気集じん器などを併用する。

　その他，ろ過式フィルタにはユニットフィルタ・パネル形フィルタ・バッグ形フィルタなども使われている。

（3）　静電式集じん器

　一般に電気集じん器といわれるもので，電離部で空気中のじん埃を＋に荷電させ，集じん部で−極板に付着捕集する二段荷電式のものと，じん埃粒子そのものは荷電しないで電気の誘電現象によりろ材表面に高電圧の静電気を起こしじん埃を吸着させるものとがある。前者を電気集じん器，後者を誘電ろ材形集じん器と区別して称する。比較的微細な粉じん除去に使用する。

　電気集じん器の性能は荷電部の電圧が高く，流速が小さいほど粉じん補集率は高くなる。

（4）　活性炭フィルタ

　活性炭を吸着材に用い，空気中の有害ガス，特に亜硫酸ガス（SO_2）や塩素ガス（Cl_2）および臭気を除去するもので，一般のじん埃除去を目的としたものではない。CO や NO など分子量の小さいガスはほとんど吸着できない。

◀ よく出題される

6・2・8　自動制御機器

　自動制御設備は，温度・湿度・圧力などの制御量の変化を検出部により物理的な変位として取り出し，調節部で制御対象物を制御するように信号に変換して操作部へ指令を送る仕組みになっている。

　電気式自動制御システムの検出部に使用される機器には，次のようなものがある。

　①　温度検出部──▶バイメタル，シールドベローズ，リモートバルブなど。

　②　湿度検出部──▶毛髪，ナイロンフィルムなど。

　③　圧力検出部──▶ベローズ，ダイヤフラム，ブルドン管など。

　④　操　作　部──▶比例制御用として用いられるモジュトロールモータ，二位置制御などの不連続制御用に用いられる電磁開閉器，電磁コイル，小型電動弁など。

モジュトロールモータは弁やダンパを操作するものである。

確認テスト〔正しいものには○，誤っているものには×をつけよ。〕

□□(1) 後向き羽根送風機は，低い静圧しか出せないが，リミットロード特性を有している。

□□(2) 斜流送風機は，羽根車の形状や風量・静圧特性が遠心式と軸流式のほぼ中間に位置している。

□□(3) 鋳鉄製ボイラは，分割搬入が可能で，鋼鈑製に比べ耐食性に優れている。

□□(4) 炉筒煙管ボイラは，小型貫流ボイラに比べて水処理が容易であり，保有水量が少ない。

□□(5) スクロール冷凍機は，地域冷暖房施設に設置する大容量のものに多く用いられている。

□□(6) 直だき吸収冷温水機の二重効用形は，高温再生器で発生した水蒸気で低温再生器を加熱する構造である。

□□(7) 二重効用直だき吸収冷温水機の高温再生器内の圧力は，大気圧以下である。

□□(8) 冷却水のスケールは，補給水中のカルシウムなど硬度成分が濃縮されて塩類が析出したもので，連続的なブローなどにより抑制できる。

□□(9) 冷却塔の入口温度と外気の湿球温度の差をアプローチと呼ぶ。

□□(10) 活性炭フィルタは，有害ガスの除去に使われ，一酸化炭素等の分子量の小さいガスの除去には効果がない。

機器・材料

確認テスト解答・解説

(1) ×：リミットロード特性を有しており，高い静圧が得られる。

(2) ○

(3) ○

(4) ×：水処理は容易であるが，保有水量は大きい。

(5) ×：スクロール冷凍機は，主としてルームエアコンやビル用マルチ等の小型パッケージ空調機用の冷凍機である。

(6) ○

(7) ○

(8) ○

(9) ×：入口水温ではなく，出口水温と外気の湿球温度差をアプローチという。

(10) ○

6·3 空調配管とダクト設備

1. リバースリターン，ダイレクトリターンの相違，特徴を理解する。
2. ダクトの抵抗と設計法について覚える。
3. ダクト材料・ダンパ類・吹出し口の種類と特徴について覚える。

6・3・1　冷水・温水配管

（1）　配管システムの分類

（a）　**通水方式による分類**　　空調設備における水配管システムは主として循環式であり，開放式（オープンシステム）と密閉式（クローズシステム）がある。

開放配管システムは，図6・30(a)，(b)に示すように，蓄熱水槽を用いた配管や，冷却塔を使用する冷却水配管がそれにあたる。開放配管システムは，密閉配管システムに比べて，一般にポンプ動力が大きくなる。

開放式：循環水が一度大気に開放されるのでこの呼び名がある。

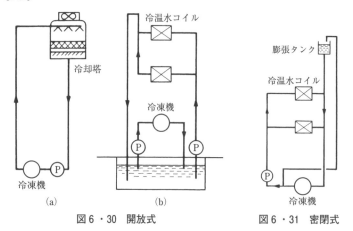

図6・30　開放式　　　　図6・31　密閉式

密閉配管システムは一般の冷温水配管に用いられるもので，図6・31のように，装置内の水の膨張を吸収するため膨張タンクを必要とする。

（b）　**還水方式による分類**　　空調配管では，還水の方法に次の2種類の配管方式がある。

ダイレクトリターン方式（直接還水方式）の場合は，図6・32(a)に示すように機器1と機器2ではそれぞれの往きと還りの配管の長さの

差が違うために配管抵抗も同様に違ってくるので，流量のアンバランスが生じる。そのために弁で流量調整する必要がある。

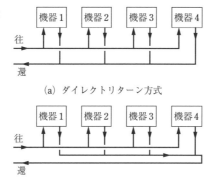

(a) ダイレクトリターン方式

これに対してリバースリターン方式（逆還水方式）は図(b)に示すように，どの機器に対しても往きと還りの配管の長さが同じになるために，配管損失がほぼ等しくなり，流量のバランスがとりやすい。しかし，配管全

(b) リバースリターン方式

図6・32　ダイレクトリターン方式と
リバースリターン方式

長が長くなり，また，配管スペースも多くなるデメリットがある。

（2）　流量と温度差

各機器に対する必要水量 Q〔L/min〕は冷水または温水の機器入口温度と出口温度の差 Δt に反比例する。Δt を大きくとれば流量は小さくてすみ，搬送動力を小さくできる。また，配管径が大きくなるほど，許容最大流速は大きくなる。

一般に Δt は5〜10℃である。

6・3・2　蒸気配管

蒸気は管内の流速が速く，上向き配管の場合には適正な配管口径にしないと，管内の凝縮水が蒸気によって吹き飛ばされてエルボ等にぶつかって衝撃音や振動を発生することがある。これをスチームハンマという。

蒸気トラップは，蒸気の流れを阻止して凝縮水と空気を排出する装置で，放熱器や蒸気配管の端末などの凝縮水がたまりやすい箇所に設ける。特に高圧蒸気は蒸気の圧力でトラップより高い位置に還水できる。

また，配管に伸縮管継手を設ける場合は，固定点に加わる力として考慮する。

6・3・3　ダクトの形状

（1）　直管部の摩擦損失

ダクト内の空気の圧力は，空気の流れにより生ずる動圧と，流れに対して垂直方向に生ずる静圧とがあり，その和を全圧という。

ダクト系における圧力損失は，ダクトの直管部の摩擦損失，局部抵抗による損失，空調機などの機器による損失により構成される。直管部の摩擦

機器・材料

損失はダルシー・ワイズバッハの式により計算される。

$$\Delta P_f = \lambda \cdot \frac{l}{d} \cdot \frac{v^2}{2} \rho$$

　　　ΔP_f：直管ダクトの摩擦損失〔Pa〕

　　　v：ダクト内風速〔m/s〕

　　　l：ダクト直管の長さ〔m〕　　　ρ：空気の密度〔kg/m^3〕

　　　d：ダクトの内径〔m〕　　　　λ：摩擦係数

　この式からわかるように，摩擦損失は風速を大きくするとその2乗に比例して摩擦損失が大きくなる。さらに動圧$\frac{v^2}{2}\rho$にも比例する。

（2）　ダクトの局部抵抗

　ダクトの曲がり，分岐，拡大・縮小の異形部では渦流が発生し，これが圧力損失となる。この局部における損失とその部分での摩擦抵抗による圧力損失の和を局部抵抗といい，次式で示すようにダクトの局部抵抗は，空気の動圧と局部抵抗係数の積で表される。

$$\Delta P_d = \xi \frac{v^2}{2} \rho$$

　　　　　ΔP_d：局部抵抗〔Pa〕　　　　ξ：局部抵抗係数

　おもな局部抵抗の特徴を図6・33に示す。

　図(b)では，拡大部は縮小部より渦流が生じやすいため抵抗が大きい。

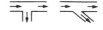

Rが大きいほど局部抵抗は小さい。

注．エルボの幅の心中線の半径rを**曲率半径**という。

（a）曲がり（エルボ）

v_1とv_2の差が大きいほど局部抵抗が大きい。

（b）拡大・縮小

90°分岐より，60°分岐または45°分岐のほうが局部抵抗は小さい。

（c）分　岐

図6・33　おもな局部抵抗の例

（3）　ダクトにおける一般的注意事項

①　矩形ダクトの場合はアスペクト比を4程度以下に抑える。

②　ダクト内風速は最大10 m/s程度とする。

③　低速ダクトの場合の単位摩擦損失は1 Pa程度とすることが多い。

　　この値を大きくすればダクトサイズは小さくてすむが風速が大きくなり，騒音・振動などの弊害が発生する。

④　ダクトは一般に円形ダクトまたは図6・34のような角ダクトを使用する。同一断面積，同一風量の単位長さ当たりの摩擦損失（圧力損失）は，円形ダクトが最も小さく，次いでアスペクト比の小さな角ダ

◀ よく出題される

クトであり，アスペクト比が大きくなるほど摩擦損失は大きくなる。

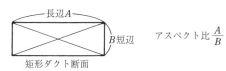

アスペクト比 $\dfrac{A}{B}$

図6・34 アスペクト比

⑤ <u>低圧ダクトの使用圧力範囲は，常用圧力で正圧・負圧とも500 Pa以内にする。</u> ◀よく出題される

⑥ 幅又は高さが<u>450 mm</u>を超える保温のないダクトは，300 mm 以下のピッチで補強リブなどを設ける。

（4） ダクトサイズの決定法

ダクトの設計法には，全圧法・等摩擦法（等圧法・定圧法）・等速法・静圧再取得法がある。

全圧法は，全圧基準によってダクト各部の局部抵抗を求め，各吹出し口での全圧が等しくなるように設計するもので合理的な方法である。

等摩擦法は，主ダクトの風速を決定し，その単位長さ当たりの摩擦損失〔Pa/m〕を同一の値としてサイズを決める方法で最も簡便である。ダクトの末端へいくほど風速が遅くなり騒音も小さくなるが，<u>吹出し口までのダクト長に差がある場合，各吹出口での圧力差が生じやすく，短い経路はある程度抵抗を増す必要がある。</u>

等圧法：等摩擦（損失）法ともいう。

等速法は，ダクト各部の風速を一定にしてサイズを決める方法である。

静圧再取得法は，ダクトが分岐するたびに風速が減少し，それによって再生される静圧を次の区間の抵抗損失に利用する方法で，ダクトの各分岐部あるいは吹出し口における静圧を等しくするように計算するものである。

6・3・4　ダクト材料と付属品

（1） ダクトの構成

亜鉛鉄板製ダクトが最も多く使用されているが，このほかにもステンレス鋼板製，硬質塩化ビニル板製なども使用される。

矩形ダクトは亜鉛鉄板などの板材，ダクト接続用フランジ，補強材の形鋼，リベット，フランジ用ガスケットなどから構成される。円形ダクトには主としてスパイラルダクトが使用される。また，可とう性のあるフレキシブルダクトも使用される。

（2） 亜鉛鉄板

亜鉛鉄板は，JIS G 3302（溶融亜鉛めっき鋼板及び鋼帯）で規定されている。

矩形ダクトの製作工法には，アングル工法ダクトと共板工法ダクトなどがある。アングル工法ダクトの接続は，ダクト端部のフランジどうしの間にパッキンを挿入して，ボルト・ナットで締め付ける工法である。したが

ダクト工法：8・5　設備施工, 表8・7 (p.277) 参照

って，共板工法ダクトよりも接合締付け力がある。　◀ よく出題される

共板工法ダクトやコーナボルト工法ダクトは，アングル工法ダクトに比べ接合締付け力が劣るため，ガスケットに厚みのあるものを使用し，弾力性をもたせている。

（3）　スパイラルダクト

スパイラルダクトは亜鉛鉄板をスパイラル状に甲はぜ機械かけしたもので，板厚が薄いにもかかわらず甲はぜが補強となって強度が高いので，補強が不要である。差込み接続が主である。

（4）　フレキシブルダクト

フレキシブルダクトは，グラスウール製と金属製があり，ダクトと吹出し口チャンバの接続，可とう性や防振性が必要な場所に使用される。しかし，無理な屈曲による取付け方をした場合，圧力損失が大きくなるので注意を要する。

（5）　たわみ継手

たわみ継手は，空調機や送風機がダクトに接続する場合，振動の伝播を防止するために使用される。主な材質はガラスクロスで，吸込み側に用いるものや，正圧部が300 Paを越える場合には，ピアノ線入りとする。

（6）　風量調節ダンパ

風量調節ダンパには，翼形ダンパ（対向翼・平行翼），バタフライダンパ，スプリットダンパなどがある。風量調節性能は，対向翼ダンパのほうが，平行翼ダンパより優れている。

（7）　防火ダンパ

防火ダンパは，温度ヒューズ，煙感知器や熱感知器と連動して使用される。鉄板製の場合，法規上は1.5 mm厚以上であることが要求されている。昭和48年建設省告示第2565号「防火区画を貫通する風道に設ける防火設備の構造方法を定める件」に定められた，漏煙試験に合格したものでなければならない。

温度ヒューズ形防火ダンパは，溶融温度72℃程度の温度ヒューズが普通使用され，排煙ダクトが280℃程度で，厨房フード排気ダクトが120℃程度のものを使用する。　◀ よく出題される

（8）　変風量ユニット（VAVユニット）

変風量ユニットは，室の負荷変動に応じて室温をコントロールするために，外部からの制御信号により自動的に風量を変化させるユニットであ

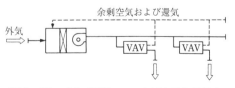

図6・35　バイパス形ユニットによるシステム

る。そのうちのバイパス形ユニットは，図6・35に示すようなシステムに
用いられ，余剰空気は天井裏などを通じて空調機サクション側に還すシス
テムを構成する。したがって，送風機を通る風量は変わらないので，送風
機動力の削減にはつながらない。

（9）　定風量ユニット（CAV ユニット）

　上流側の圧力変動にかかわらず風量を一定に保つ働きをする。作動原理
は VAV ユニットと同じであり，いずれもユニット前後の圧力差が必要で
あり，ユニット作動に必要な圧力以上の場所に設置しないと正しく作動し
ない。

（10）　ピストンダンパ

　ピストンダンパは，消火ガス放出時にガスシリンダの作動で閉鎖する機
構を有する。

6・3・5　吹出し口類

　吹出し口に吹出し気流の方向が一定の軸方向になる軸流吹出し口と，吹
出し口の全周から放射状に気流を吹き出すふく流吹出し口とに分類される。

（1）　軸流吹出し口

(a)　**格子形吹出し口**　壁面吹出し口として最もよく使用される。縦方
　向の羽根（V）と横方向の羽根（H）の配置により VH タイプ（また
　は HV タイプ），それに風量調節用シャッタ（S）を取り付けた VHS
　（または HVS）タイプが一般的である。羽根が可動のものをユニバー
　サル吹出し口，固定のものをグリル吹出し口という。

(b)　**ノズル形吹出し口**　発生騒音が比較的小さいので，吹出し風速を
　大きくすることができる。到達距離が長いので講堂や大会議室などの
　大空間用として適している。

(c)　**線状吹出し口**　図6・36に示す線状吹出し口は，ペリメータの窓
　面に近い天井やインテリアの壁面付近の天井等に使用され，風向調節
　ベーンを動かすことによって吹出し気流方向を変えることができる。

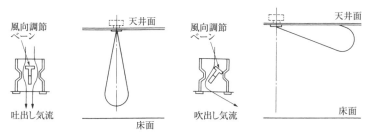

図6・36　線状吹出し口の気流特性

(d) **パンカルーバ（スポット形吹出し口）**　厨房のスポットクーリングの吹出し口などによく使われる。手動で吹出し口の方向と風量が自由に調整できる。

（2）　ふく流吹出し口

(a) **シーリングディフューザ（アネモ形吹出し口）**　複数枚のコーンによって多量の空気が吹き出されるため誘引作用が非常に大きく，吹出し温度差を大きくとることができる空気分布上優れた吹出し口であり，大温度空調方式に適している。ドラフトを感じるのは，吹出し気流と室内空気の温度差が大きすぎる場合とか，吹出し気流速度が大きすぎる場合であるが，アネモ形吹出し口では，隣接するそれぞれの吹出し口の最小拡散半径より接近して設置しない限り，ドラフトはほとんど生じない。

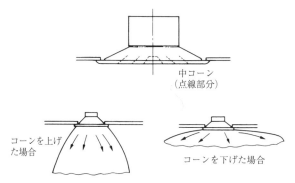

中コーン
（点線部分）

コーンを上げた場合

コーンを下げた場合

図6・37　アネモ形吹出し口の気流

　中コーンを上下することにより，気流が図6・37のように変化し，中コーンを下げると，気流はコーンに当たり，天井面に沿って水平に流れ，冷房に有効であり，中コーンを上げると，拡散半径が小さくなり，暖房に有効である。

　居住域における吹出し気流の残風速が$0.25 \mathrm{m/s}$の区域を最大拡散半径といい，残風速が$0.5 \mathrm{m/s}$の区域を最小拡散半径という。

(b) **パン形吹出し口**　図6・38に示すような構造になっている。吹出し口は，天井高が低い室でドラフトのおそれがある場合に，これを解消するのに使用されるケースが多い。

図6・38　パン形吹出し口

（3）　吹出し気流の性質

　吹出し口から吹き出された空気を一次空気といい，その一次空気は室内空気を誘引して混合しながら拡散し，しだいに速度を減衰する。これに伴って吹出し空気が冷風であれば，気流の温度はしだいに上昇する。誘引さ

機器・材料

れた空気を二次空気といい，誘引比は次式のように表される。

$$誘引比 = \frac{一次空気量 + 二次空気量}{一次空気量}$$

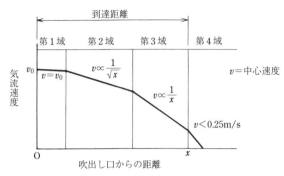

図6・39　気流速度の減衰状態

　水平吹出し気流の中心速度の減衰状態は，一般に，図6・39のように，4域に区分される。

　到達距離は，吹出し口から吹き出された気流の中心速度が一定速度になるまでの，吹出し口からの距離をいう。

中心速度は，0.25m/s程度である。

（4）　吸込み口

　吸込気流は吹出し気流のように指向性がなく，吸込み風速が遅いので可動羽根や風向調整ベーンは不要である。設置場所については吹出し気流分布に大きな影響を与えるので，1箇所で大量の空気を吸い込むより，いくつかの吸込み口に分散して配置するよう注意が必要である。

◀ よく出題される

　そのひとつにマッシュルーム形のものがあり，劇場の客席下などに設置されることが多いが，この場合，大きなごみ等を吸い込まないように金網を設ける。

機器・材料

6・3・6　ダクト設備の消音装置

　ダクト系に設けるおもな消音器の種類と騒音の減衰特性を図6・40に示す。

　ダクト内に内張りする吸音材としては，グラスウール・ロックウールなどがある。吸音材として使用するものは，

　①　材料の飛散性のないもの

　②　吸湿性の少ないもの

　③　不燃性のもの

　④　吸音率が大きいもの

であること，などが必要である。

図6・40の消音器の特徴は，次のとおりである。

① 　内張りダクト　　<u>低周波数よりも中・高周波数の騒音に対する消音効果が大きい。</u>また，大きなサイズのダクトでは効果が少ない。

◀ よく出題される

② 　セル形，プレート形消音器　　この形は小さな内張りダクトを組み合わせたものである。

③ 　内張りエルボ　　エルボの反射による減音と内張りによる吸音の効果を有し，比較的大きい消音量が得られる。

④ 　波形消音器　　風道内の流路を波形にしたもので，内張りの吸音効果に流路の屈曲による反射効果が加わる。

⑤ 　マフラ形消音器　　流路の共鳴効果によって消音が行われ，特定の周波数（共振周波数）付近で大きな消音量が得られる。

⑥ 　消音ボックス　　入口・出口の断面変化による反射効果と，ボックス内張りの消音効果を合わせたものである。

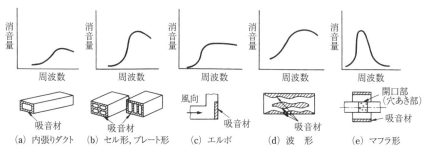

図6・40　各種消音器の特性

確認テスト〔正しいものには○，誤っているものには×をつけよ。〕

□□(1) リバースリターン方式では，どの放熱器についても往きと還りの配管損失の合計がほぼ等しくなる。

□□(2) 材料，断面積，風量が同じ場合，円形ダクトの方が長方形ダクトより単位摩擦抵抗は小さくなる。

□□(3) 低圧ダクトは，常用圧力において，正圧，負圧ともに1,000 Pa までの範囲で使用できる。

□□(4) アングルフランジ工法ダクトは，共板フランジ工法ダクトに比べ接合締付け力が劣るので，厚みと弾力性のあるガスケットを使用する。

□□(5) スパイラルダクトは，板厚が薄いものでも，甲はぜが補強の役割を果たすため，強度が高い。

□□(6) 同一材料，同一断面積のダクトの場合，同じ風量なら円形ダクトでも，長方形ダクトでも単位長さ当たりの圧力損失は同一である。

□□(7) 排煙ダクトに設ける防火ダンパには，作動温度が120℃の温度ヒューズを使用する。

□□(8) 線状吹出口は，固定ベーンなので吹出し気流方向を変えることができない。

□□(9) 吸込口は，吹出口のように指向性がないので，風向調整ベーンは不要である。

□□(10) 内張りエルボは，吸音材による吸音効果と，エルボの反射による減衰効果を利用した消音器で，比較的大きい消音量が得られる。

機器・材料

確認テスト解答・解説

(1) ○

(2) ○

(3) ×：正圧，負圧ともに500 Pa 以内である。

(4) ×：アングル工法ダクトの接続は，アングルフランジ間にガスケットを挿入して，ボルト・ナットで締付ける工法で接合締付け力があり，3 mm 程度のガスケットを使用する。共板工法ダクトは，厚みと弾力性のある5 mm のガスケットを使用する。

(5) ○

(6) ×：周辺長が長方形のほうが長くなるので，長方形ダクトの単位長さ当たりの圧力損失のほうが大きい。

(7) ×：作動温度が280℃の温度ヒューズを使用する。

(8) ×：風向調整ベーンを動かすことにより，吹出し気流方向を変えることができる。

(9) ○

(10) ○

第7章　設計図書

設計図書の出題傾向

　3年度は，公共工事標準請負契約約款，設計図書に記載する機器仕様の組合せについて2問が出題された。4年度は，公共工事標準請負契約約款，JISに規定する配管に関する問題として2問が出題された。公共工事標準請負契約約款は毎年のように出題されている。

設計図書

7·1 公共工事標準請負契約約款

学習のポイント

1. 公共工事標準請負契約約款を覚える。

7・1・1　公共工事標準請負契約約款

① 設計図書とは，図面，仕様書，現場説明書及び現場説明に対する質問回答書をいう。

② 仮設・施工方法その他工事目的物を完成するために必要な一切の手段は設計図書等に特別の定めのない場合は，受注者の責任で定めることができる。　◀よく出題される

③ 受注者は，設計図書に基づいて請負代金内訳書および工程表を作成し，発注者に提出する。

④ 受注者は，請負代金内訳書に健康保険，厚生年金保険及び雇用保険に係る法定福利費を明示するものとする。

⑤ 発注者は，監督員を置いたときにはその氏名を受注者に通知しなければならない。監督員の現場代理人に対する指示または承諾は，原則として，書面により行わなければならない。

⑥ 監督員には，設計図書に基づく工程の管理，立会い，工事の施工状況の検査または工事材料の試験もしくは検査（確認を含む。）を行う権限がある。

⑦ 発注者が監督員を置いたときは，約款に定める請求通知，報告申出，承諾及び解除は設計図書に定めるものを除き，監督員を経由して行う。　◀よく出題される

⑧ 現場代理人は，契約の履行に関し，工事現場に常駐し，この契約に基づく受注者の一切の権限を行使することができるが，請負代金額の変更，請負代金の請求および受領契約解除等の行為は除かれている。

⑨ 現場代理人，主任技術者（監理技術者）および専門技術者は，これを兼ねることができる。　◀よく出題される

⑩ 工事材料の品質については，設計図書に定めるところによる。設計図書にその品質が明示されていない場合にあっては，中等の品質を有するものとする。

⑪ 受注者は，工事現場内に搬入した工事材料を監督員の承諾を受けないで工事現場外に搬出してはならない。　◀よく出題される

設計図書

⑫　監督員は，工事の施工部分が設計図書に適合しないと認められる相当の理由がある場合において，必要があると認められるときは，当該相当の理由を受注者に通知して，工事の施工部分を最小限度破壊して検査することができる。検査および復旧に直接要する費用は受注者の負担とする。

⑬　受注者は，工事の施工に当たり，設計図書の表示が明確でない場合には，その旨を直ちに監督員に通知し，その確認を請求しなければならない。

⑭　発注者は，必要があると認めるときは，設計図書の変更内容を受注者に通知して，設計図書を変更することができる。

⑮　発注者は，特別の理由により工期を短縮する必要があるときは，工期の短縮変更を請負者に請求することができる。

⑯　発注者は，工事完了の通知を受けたときは，通知を受けた日から14日以内に受注者の立会いのうえ，設計図書に定めるところにより，工事の完成を確認するための検査を完了し，当該検査の結果を受注者に通知しなければならない。　◀ よく出題される

⑰　工事完成検査において，発注者は，必要があると認められるときは，その理由を受注者に通知して，工事目的物を最小限度破壊して検査することができる。この検査又は復旧に直接要する費用は，受注者の負担とする。

⑱　完成検査完了後，発注者は，受注者から請負代金の請求を受けた日から40日以内に請負代金を支払わなければならない。

⑲　発注者は，契約の規定による前払金の請求があったときは，請求を受けた日から14日以内に前払金を支払わなければならない。

⑳　発注者は，工事目的物に瑕疵があるときは，受注者に対して相当の期間を定めて，その瑕疵の補修を請求することができる。

㉑　発注者は，引渡し前においても，工事目的物の全部又は，一部を受注者の承諾を得て使用することができる。

㉒　発注者は，受注者が工期内に工事を完成させることができないとき，これによって生じた損害の賠償を受注者に対して請求することができる。　◀ よく出題される

㉓　発注者は，受注者が正当な理由なく，工事に着手すべき期日を過ぎても工事に着手しないときは，契約を解除することができる。　◀ よく出題される

㉔　発注者の都合により設計図書を変更したため，請負代金が3分の2以上減少した場合，受注者は契約を解除することができる。　◀ よく出題される

㉕　受注者は，工事目的物及び工事材料等を設計図書に定めるところにより，火災保険，建設工事保険等に付さなければならない。　◀ よく出題される

7·2 配管仕様と機器仕様

学習のポイント

1. JIS 規格などの名称と記号の組合せを覚える。
2. 設計図に記載する機器仕様を覚える。

7・2・1 配管の仕様

配管材料とその規号（規格）は次の通りである。

◀ よく出題される

① 水道用硬質ポリ塩化ビニル管……………………VP（JIS）

② 耐衝撃性硬質ポリ塩化ビニル管…………………HIVP（JIS）

③ 水道用ポリエチレン粉体ライニング鋼管（外面一次防錆塗装）

………SGP-PA（JWWA）

④ 水配管用亜鉛めっき鋼管……………………………SGPW（JIS）

⑤ 水道用硬質塩化ビニルライニング鋼管（黒管）

………SGP-VA（JWWA）

⑥ 配管用炭素鋼鋼管………………………………………SGP（JIS）

⑦ 一般配管用ステンレス鋼鋼管……………………SUS-TPD（JIS）

⑧ 排水用鋳鉄管…………………………………………CIP（JIS）

⑨ 排水用硬質塩化ビニルライニング鋼鋼管………D-VA（WSP）

⑩ ダクタイル鋳鉄管（3種管）……………………D3（JIS）

⑪ リサイクル硬質ポリ塩化ビニル発泡三層管……RS-VU（JIS）

⑫ 架橋ポリエチレン管（二属管）…………XE（JIC）（単属管は XM）

JIS：日本工業規格
JWWA：日本水道協会規格
WSP：日本水道鋼管規格

銅管には，肉厚によりMタイプ，Lタイプ，Kタイプ（厚さ：M＜L＜K）があり，通常薄肉のMタイプが使用される。

◀ よく出題される

　配管用炭素鋼鋼管（SGP）は，通称ガス管と呼ばれ，亜鉛めっきを施した白管と施していない黒管の2種類がある。水配管用亜鉛めっき鋼管（SGPW）は，配管用炭素鋼鋼管（白管）に比べ，亜鉛の付着量（平均値が600 g/m^2 以上）が多く，フラックス処理を施した後めっきするので，めっき層が良質になり付着力も強くなる。

　圧力配管用炭素鋼鋼管（STPG）は，スケジュール番号の大きいほうが管の厚さが厚い。

　一般配管用ステンレス鋼鋼管は，給水，給湯，排水，冷温水，蒸気還水配管などに使用され，最高使用圧力2.0 MPa 以下での使用が可能とされ

ている。配管用ステンレス鋼鋼管は，一般配管用ステンレス鋼鋼管よりも管の厚さが厚く，適用範囲を超える使用圧力やねじ切り接続を必要とされる用途に使用される。

　水道用硬質塩化ビニルライニング鋼管は，配管用炭素鋼鋼管（SGP）等の内面，あるいは内外面に硬質ポリ塩化ビニル管をライニングしたものである。

　水道用硬質ポリ塩化ビニル管の衝撃強さは，HIVP の方が VP より大きいが，使用圧力は同じである。

　硬質ポリ塩化ビニル管には，管の厚さと設計圧力の高い順は，VP，VM，VU がある。

7・2・2　機器の仕様

① **冷却塔の仕様**　設計図には，冷却塔の形式，冷却能力，冷却水量，冷却水出入口温度，外気湿球温度や電動機の電源の種別，電動機出力および許容騒音値などを記載する必要がある。

② **ユニット形空気調和機の仕様**　設計図には，ユニット形空気調和機の形式，冷却能力，加熱能力，風量，機外静圧，コイル通過風速，コイル列数，水量，冷水入口温度，温水入口温度，コイル出入口空気温度，加湿器形式，有効加湿量，電動機の電源種別，電動機出力および基礎形式等を記載する。

③ **全熱交換器の仕様**　設計図には，形式，種別，風量，全熱交換効率，面風速，および初期抵抗（給気・排気）などを記載する。

④ **空調用ポンプ**　設計図には，形式，吸込口径，水量，揚程，および押込圧力などを記載する。

⑤ **チリングユニット**　設計図には，冷凍能力，冷水量，冷水出入口温度，冷却水量，冷却水出入口温度，および冷水・冷却水損失水頭などを記載する。

設計図書

確認テスト〔正しいものには○，誤っているものには×をつけよ。〕

□□(1)　設計図書とは，図面，仕様書，現場説明書及び現場説明に対する質問回答書をいう。

□□(2)　約款及び設計図書に特別の定めがない仮設，施工方法等については，監督員の指示によらなければならない。

□□(3)　現場代理人は，契約の履行に関し，工事現場に常駐し，その運営，取締りを行うほか，受注者の一切の権限を行使することができる。

□□(4)　発注者は，完成通知を受けたときは，通知を受けた日から14日以内に完成検査を完了し，検査結果を受注者に通知しなければならない。

□□(5)　発注者は，受注者が正当な理由なく，工事に着手すべき期日を過ぎても工事に着手しないときは，契約を解除することができる。

□□(6)　水配管用亜鉛めっき鋼管の記号（規格）は，STPG（JIS）である。

□□(7)　水道用硬質塩化ビニルライニング鋼管の記号（規格）は，VP（JIS）である。

□□(8)　設計図に記載するユニット形空気調和機の仕様には，機外静圧や有効加湿量等がある。

□□(9)　設計図に記載する冷却塔の仕様には，許容騒音値等がある。

□□(10)　設計図に記載する遠心送風機の仕様には，コイル列数等がある。

確認テスト解答・解説

(1)　○

(2)　×：約款及び設計図書に特別の定めがない仮設，施工方法等は，受注者が定めることができる（約款第1条第3項）。

(3)　×：現場代理人は，この契約に基づく請負者の一切の権限を行使することができるが，請負代金額の変更，請負代金の請求及び受領，請負契約の解除等の行為は除かれている（公共工事標準請負契約約款第10条第2項）。

(4)　○

(5)　○

(6)　×：水配管用亜鉛めっき鋼管のJIS規格記号は，SGPWである。STPG（JIS）は，圧力配管用炭素鋼鋼管である。

(7)　×：水道用硬質塩化ビニルライニング鋼管（黒管）の記号は，日本水道協会規格（JWWA）のSGP・VA，SGP・VB，SGP・VCである。VP（JIS）は，水道用硬質ポリ塩化ビニル管である。

(8)　○

(9)　○

(10)　×：コイル列数は，空気調和機などの仕様である。

第8章 施工管理法(知識・応用)

施工管理の出題傾向

第8章からは10問出題されて，全10問が必須問題である。さらに，令和3年度，4年度は「施工管理の応用能力問題」(以下「応用能力問題」)として，7問出題されて，全7問が必須問題である。

したがって，令和3年度，4年度は，第8章からは全17問の必須問題が出題された。

8・1 施工計画

3年度，4年度ともに，工事の申請・届出書類と提出先について出題された。また，「応用能力問題」として，3年度，4年度ともに，公共工事における施工計画に関して出題された。これらは毎年のように出題されている。

8・2 工程管理

3年度，4年度ともに，ネットワーク工程表に関して出題された。また，「応用能力問題」として，3年度は，工程管理に関する各種用語に関して出題された。4年度は，工程管理に関して出題された。ネットワーク工程表は毎年のように出題されている。

8・3 品質管理

3年度は，品質管理全般について出題された。また，「応用能力問題」として，品質管理の統計的手法に関して出題された。4年度は，品質管理の統計的手法に関して出題された。また，「応用能力問題」として，品質管理に関して出題された。品質管理の統計的手法に関しては毎年のように出題されている。

8・4 安全管理

3年度，4年度ともに，建設工事における安全管理に関する問題が出題された。また，「応用能力問題」として，3年度，4年度ともに，建設工事における安全管理に関して出題された。

8・5 設備施工

3年度は，機器の据付け，配管の施工，ダクトの施工，配管の保温，冷凍機の試運転調整，土中埋設配管の防食処置，について6問が出題された。4年度は，機器の据付け，配管の施工，ダクト及びダクト付属品の施工，保温・保冷の施工，機器の試運転調整，腐食・防食について6問が出題された。また，「応用能力問題」として，3年度，4年度ともに，機器の据付け，配管及び配管付属品の施工，ダクト及びダクト付属品の施工に関して3問が出題された。毎年合計で9問が出題されている。

施工管理法

8·1 施 工 計 画

学習のポイント

1. 施工計画の各業務の内容について理解する。
2. 各種届出書類とその提出先の組合せについて理解する。
3. 現場における産業廃棄物について確認する。

8·1·1 施 工 計 画

　施工計画は，工事管理の第一歩であり基本的なものであるため，十分な事前調査が必要であり，しかも工事の施工を進めるにあたって何らの支障も生じさせないようにしなければならない。そこで施工計画を立てるにあたっては，設計図書に基づき，仮設，工程，労務，発注，搬入などについての入念な施工計画を作成し，設計図書の内容を十分把握したうえで，工事内容，使用機器，使用資材，施工方法および工事工程に沿った配員計画を行うことが最も大切な業務である。そして，この施工計画に基づき，計画どおりに施工を進めるための施工管理が必要となってくる。

　施工計画書には，総合施工計画書，工種別施工計画書，仮設計画，施工要領書なども含まれ，これらは受注者が作成する。総合施工計画書は，工事全般についての品質計画や仮設計画を含み着工前に作成する。工種別施工計画書は，施工要領，施工条件，使用材料，工程計画などを含めて，各工事ごとの施工の進め方について検討を加え，作成する計画図書で，施工中に作成する。この中で，品質計画および設計図書に特記された事項については監督員の承諾が必要である。

◀ よく出題される

令和4年度応用能力問題として出題

（1） 施 工 計 画

　① **着工前の業務**　　次のようなものがある。
　　1） 契約書，設計図書（図面・仕様書・現場説明事項・質問回答書）の検討
　　2） 工事組織の編成　　　　　3） 実行予算書の作成
　　4） 総合施工計画書の作成　　5） 総合工程表の作成
　　6） 仮設計画の作成　　　　　7） 資材労務計画の作成
　　8） 施工体制台帳，施工体系図の作成　　9） 現場代理人の通知
　　10） 着工に伴う諸官庁への申請・届出
　設計図書の優先順位は，次のとおりである。
　現場説明に対する質問回答書＞現場説明事項＞特記仕様書＞設計図＞標準仕様書（共通仕様書）

②　施工中の業務　　次のようなものがある。

1)　細部工程表の作成

2)　施工計画書（工種別・施工要領書）の作成

3)　施工図・製作図の作成　　　4)　機器材料の発注・搬入計画

5)　諸官庁への申請・届出（着工時に必要なもの以外）

③　完成時の業務　　次のようなものがある。

1)　試運転調整　　　　　　　　2)　完成検査

3)　完成図の作成　　　　　　　4)　引渡し図書の作成

5)　取扱い説明書の作成　　　　6)　装置の概要説明および運転指導

7)　設計関係事項の説明　　　　8)　保守点検事項の説明

9)　撤収業務

　総合試運転調整では，各機器単体の試運転を行うとともに，配管系，ダクト系に異常がないことを確認した後，システム全体の調整が行われる。

（2）　労務・資材・搬入計画など

　労務計画は，施工内容を十分把握し，施工方法，工程，施工条件などを考慮して作成する。

　資材計画の目的は，仕様に適合した資材を，必要な時期に，必要な数量を供給することである。設計図書に品質が明示されていない工事材料は，中等の品質を有するものでよい。

◀ よく出題される

✎ 令和4年度応用能力問題として出題

　搬入計画は，材料，機器類の品種，数量，大きさ，質量，時期などを考慮して作成する。

　予測できなかった大規模地下埋設物の撤去に要する費用は，設計図書等に特別の定めがない限り，受注者の負担としなくてもよい。

（3）　総合工程表の作成

　工程計画は関連するすべての工事が，経済的に，合理的かつ安全性をもって，契約で定められた期間内に完了できるように計画する。

　総合工程表は，準備工事から試運転調整，引渡しまでを総括的に表現し，工事全体の流れを大局的に把握するためのものであり，建築総合工程表より建築工程を理解し，関連する設備工事の調整を行う。

◀ よく出題される

✎ 令和4年度応用能力問題として出題

（4）　仮 設 計 画

　設計図書に特別の定めがない場合には，仮設や施工方法まで工事目的物を完成させるために必要な一切の手段は受注者（施工者）の責任において安全かつ経済的な施工計画を立てて工事を進めることができる。

　仮設計画は，現場事務所，足場など，施工に必要な諸設備を整えることであり，特に，火災予防，盗難防止，安全管理および作業騒音等に注意をはらう必要がある。

◀ よく出題される

（5）　実 行 予 算

　工事原価には，共通仮設費と直接工事費を合算した純工事費，および人

施工管理法

件費，事務用品費等の現場を運営するために必要な現場経費が含まれる。

　実行予算書は，実際の工事予算管理を行って，所定の利益を確保するためのものである。発注者に提出する必要はない。なお，設計図書に基づく請負代金内訳書は発注者に提出しなければならない。

◀ よく出題される

令和4年度応用能力問題として出題

（6）　現場代理人の役割，工期請負金額の変更等

　工事中に設計変更や追加工事が必要となった場合は，工期及び請負代金額の変更について，発注者と受注者で協議する。

　現場代理人は，当該工事現場に常駐してその運営取り締まりを行い契約に基づく請負者の一切の権限を行使することができるが，請負代金額の変更，請負代金の請求及び受領，請負契約の解除等の行為は除かれている。

8・1・2　着工に伴う諸届・申請

　着工に伴う諸届・申請の提出時期，提出先のおもなものを表8・1に示す。

◀ よく出題される

表8・1　諸届・申請書類名称と提出先

諸届・申請書類名称	提　出　先	提出時期
第一種圧力容器設置届	労働基準監督署長	当該工事の開始の日の30日前まで
指定数量以上の危険物貯蔵所設置許可申請書	市町村長または都道府県知事	着工前
少量危険物取扱届（指定数量の1/5以上）	消防長，消防署長または市町村長	着工前
工事整備対象設備等着工届出書	消防長または消防署長	工事着手10日前
ボイラー設置届	労働基準監督署長	当該工事の計画の開始の日の30日前まで
消防用設備等着工届出書	消防長または消防署長	工事完了日から4日以内
小型ボイラー設置報告書	労働基準監督署長	竣工前
高圧ガス製造許可申請書	都道府県知事	製造開始まで
高圧ガス製造届	都道府県知事	製造開始20日前まで
ばい煙発生施設設置届書	都道府県知事または政令で定める市の長	着工の60日前まで
道路占用許可申請書	道路管理者	着工開始前まで
道路使用許可申請書	所轄の警察署長	着工開始前
騒音規制法の特定建設作業実施届出書	市町村長	作業開始7日前まで
騒音規制法の特定施設設置届出書	市町村長	着工の30日前まで
振動規制法の特定建設作業実施届出書	市町村長	着工の7日前まで
浄化槽設置届	都道府県知事または保健所を設置する市・特別区の市町・区長	着工の21日前または10日前まで
建設工事に係る資材の再資源化等に関する法律における対象建設工事の届出書	都道府県知事	工事着手7日前まで

8・1・3　建設副産物

（1）　廃棄物と再資源化

　現場で発生する建設副産物は，安定型産業廃棄物，安定型処分場で処分できない産業廃棄物と，特別管理産業廃棄物に大別される。ただし，建設発生土でそのまま原材料となるものは再生資源として利用するため，産業廃棄物には該当しない。また，撤去する冷凍機や業務用パッケージエアコ

廃棄物の分類：表9・13（p.344）参照

ンの冷媒に使用していたフロンは，廃棄物として処理するのではなく，回収して破壊または再生利用する。なお，家庭用エアコン，テレビなどは，家電リサイクル法に基づいて処理する。

（2）　安定型産業廃棄物

安定型産業廃棄物として定められているものは，廃プラスチック類，ゴムくず，金属くず，ガラスくず・陶磁器くず，コンクリートの破片の5品目である。断熱材として使用していたポリスチレンフォーム，発泡スチロールで再利用できないものや，便所の排水管に使われていた再利用できない硬質塩化ビニル管，破損した衛生陶器は，安定型産業廃棄物として処分することができる。また，非飛散性のアスベスト廃棄物であるダクトのフランジ用ガスケットも安定型産業廃棄物に含まれる。

（3）　安定型処分場で処理できない産業廃棄物

紙くずや重油などの燃焼しにくい廃油は，安定型処分場で処分できない産業廃棄物である。

また，ステンレス鋼製受水タンクの溶接施工部の酸洗いに使用するような弱酸性（4≦pH<7）の廃液も含まれる。

（4）　特別管理産業廃棄物

産業廃棄物のうち，爆発性，毒性，感染性その他，人の健康または生活環境に係る被害を生ずるおそれのある性状を有するものとして政令で定めるものをいう。オイルタンクに残っている古い灯油や軽油のような燃えやすい廃棄物は，特別管理産業廃棄物として処分しなければならない。

廃液は廃油，廃酸，廃アルカリ，感染性産業廃棄物，特定有害産業廃棄物（飛散性アスベスト含有保温材・廃石綿等）などがある。

（5）　一般廃棄物

廃棄物のうち，事業活動に伴って生じた燃えがら，汚泥，廃油など政令で定める廃棄物を産業廃棄物といい，それ以外を一般廃棄物という。一般廃棄物には，家庭の日常生活による生ごみ，ごみや現場事務所での飲食に伴う飲料空缶，飲料用ペットボトル，弁当がら，図面，雑誌などがある。

（6）　特別管理一般廃棄物

一般廃棄物のうち，爆発性，毒性，感染性その他，人の健康または生活環境に係る被害を生ずるおそれのある性状を有するものとして政令で定めるもので，廃エアコンディショナ，廃テレビジョン受信機などがある。

（7）　産業廃棄物管理票（マニフェスト）

事業者は，産業廃棄物の運搬又は処分を他人に委託する場合には，産業廃棄物の引渡しと同時に，産業廃棄物の種類及び数量，運搬又は処分を受託した者の氏名又は名称その他省令で定める事項を記載した産業廃棄物管理票を交付しなければならない。

排出業者は，処理を委託したにもかかわらず，マニフェストが返送され

建設マニフェスト伝票

票	使用方法
A票	排出事業者の控
B1票	収集運搬業者の控
B2票	排出事業者が，委託した収集運搬業者より中間処理・最終処分業者へ運搬されたことを確認するためのもの。排出事業者へ返す。
C1票	中間処理・最終処分業者の控
C2票	収集運搬業者が自分の運搬した廃棄物の処分を確認するためのもの
D票	排出事業者が委託先の処分終了を確認するためのもの
E票	排出事業者がすべての最終処分（再生を含む）が終了したことを確認するためのもの。排出事業者へ返す。

施工管理法

ないときは，運搬業者や処分業者（中間処理業者を含む。）に問い合わせるなど，必要な措置をとる。さらに，マニフェスト交付後，所定期限内（産業廃棄物90日，特別管理産業廃棄物60日）に「D票」が，また，180日以内に「E票」が返送されてこない場合は，適切な措置を講じるとともに，期限後30日以内に関連都道府県知事へ「措置内容等報告書」を提出することが義務付けられている。

　また事業者は，産業廃棄物管理票の写しを5年間保存することが義務付けられている。

確認テスト〔正しいものには○，誤っているものには×をつけよ。〕

□□(1)　施工中の業務には，諸官庁への申請・届出，機器製作図の作成，総合工程表の作成がある。

□□(2)　実行予算書は，工事原価の検討と確認を行うもので，発注者に提出しなければならない書類である。

□□(3)　仮設計画は，施工中に必要な諸設備を整えることであり，主として受注者がその責任において計画するものである。

□□(4)　損傷した衛生陶器で再利用できないものは，特別管理産業廃棄物として処分する。

□□(5)　オイルタンクに残っていた古い重油は，特別管理産業廃棄物として処分しなければならない。

□□(6)　業務用パッケージエアコンの冷媒に使われていたフロンは，回収後すべて破壊して無害化する。

□□(7)　排出事業者は，返送された産業廃棄物管理票の写しを3年間保存しなければならない。

□□(8)　工事整備対象設備等着工届出書の提出先は，消防長又は消防署長である。

□□(9)　ばい煙発生施設設置届書の提出先は，経済産業局長である。

□□(10)　騒音規制法の特定施設設置届出書の提出先は，都道府県知事である。

確認テスト解答・解説

(1)　×：諸官庁への申請・届出は，着工時の業務である。

(2)　×：実行予算書は，実際の工事予算管理を行って，所定の利益を確保する目的もあり，発注者に提出する必要はない。

(3)　○

(4)　×：陶磁器くずは，安定型産業廃棄物である。

(5)　×：油や軽油のような燃えやすい産業廃棄物は，特別管理産業廃棄物として処分しなければならないが，重油は燃焼しにくい廃油であり，特別管理産業廃棄物から除外されていて，産業廃棄物として処分できる。

(6)　○

(7)　×：5年間，保存しなければならない。

(8)　○

(9)　×：ばい煙発生施設設置届は，着工の60日前までに，都道府県知事に提出する。

(10)　×：騒音規制法の特定施設設置届出書の提出先は，市町村長である。

8·2 工程管理

> **学習のポイント**
>
> 1. 工程と費用の関係を覚える。
> 2. ガントチャート・バーチャートおよびネットワーク工程表の特徴を理解する。
> 3. ネットワーク工程表の用語とネットワーク手法を理解して日程計算ができるようにする。

8・2・1 概　　要

（1）　工程管理の目的

　工程管理は，品質管理・原価管理・安全管理とともに施工管理の4大管理といわれ，工事の着工から竣工までの工程系列の単なる時間管理ではなく，むしろ施工活動をあらゆる角度から評価検討し，機械設備，労働力，資材などを最も効果的に活用する方法と手段である。

　したがって，これらの4つの管理機能はおのおの独立したものではなく，工程管理という1つの枠内でも相互に関連性をもつものであり，この4つの管理がうまくかみあってはじめて工程管理の目的が達せられる。

（2）　工程管理の基本

　次のように，各作業間の相互関係を調整して工程計画を立てる。

　①　所定の作業に対して先行して行わなければならない作業は何か。

　②　平行して行うことのできる作業は何か。

　③　その後に継続して行われる作業は何か。

　したがって，総合工程表は，工事全体の作業の施工順序，労務・資材などの段取り，それらの工程などを総合的に把握するために作成するものであり，工程管理上で重要な作業となる。また，作成時に注意すべき項目には，作業の順序と作業時間，休日や夜間の作業制限，諸官庁への申請・届出，試運転調整，検査時期，季節の天候等がある。

> 令和4年度応用能力問題として出題

（3）　工程と原価・品質との関係

　施工管理を行うにあたって，工程・原価・品質の間には図8・1のような関係がある。

　①　**工程と原価との関係(a)**

　　施工速度が遅くなると施工量が減少することになり，単位施工量当たりの原価は一般に高くなっていく。また，施工

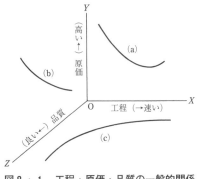

図8・1　工程・原価・品質の一般的関係

速度を速めるとその速度に従って原価は低くなるが，ある速度を超えると逆に単位施工量当たりの原価は急騰する。この限界が経済速度であり，この点を超えた工事を突貫工事という。

② **原価と品質との関係(b)** 一般に高品質のものは原価が高く，低品質のものは原価が安い。

③ **品質と工程との関係(c)** 一般的に高品質のものの作成には工期は必要となり，低品質のものを作成するにはあまり工期は必要としない。

（4） 最 適 工 期

図8・2に示すように，工程速度を速めて工期を短縮しようとすると，残業代や応援など予定外の直接費が大きくなるが，その分だけ工期が短縮されるため，間接費は相対的に減少することになる。この直接費と間接費を合計した総費用の最少となる施工速度を経済速度といい，このときの工期を最適工期という。

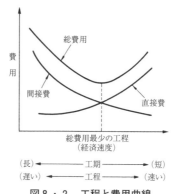

図8・2 工程と費用曲線

◀ よく出題される

（5） 採 算 速 度

工事総原価は施工出来高によって増減するが，この総原価は現場担当者の給与とか現場諸経費のような施工出来高に直接関係のない固定費と，工事用電力や消耗雑材料などの施工出来高に影響を受ける変動費から成り立っている。ここで工事総原価を y，固定費を F とし，変動原価を vx とすると $y=F+vx$ の式が成り立つ。

また，一方，図8・3に示すように，工事総原価 y と施工出来高 x の関係で，工事支出と収入とが等しくなる $y=x$ と，$y=F+vx$ の交点をPとすると，このPを損益分岐点という。現場を運営するにはこの損益分岐点P以上の施工出来高を上げる必要があり，このときの施工速度を採算速度という。

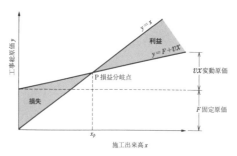

図8・3 利 益 図 表

（6） マンパワースケジューリング

マンパワースケジューリングとは，工程計画における配員計画のことをいい，作業員の人数が経済的，合理的になるように作業の予定を決めることであり，主に，工期内の作業日ごとに必要な作業員数・資材を平均化して行われる。

8・2・2　工程表の形態

（1）　工程表の種類

　工程表は，施工途中において工事の進捗状況を常に把握し，進度管理の手段として予定と実績とを比較検討できるものでなければならない。

　工程表の様式には，主として次のような形態があり，目的に応じて使用する。

　①　横線式工程表：ガントチャート式，バーチャート式

　②　曲線式工程表

　③　ネットワーク工程表

（2）　ガントチャート工程表

　ガントチャート工程表には，次のような特徴がある。

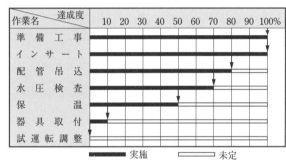

図8・4　ガントチャート工程表

　ガントチャート工程表は，縦軸に作業名，横軸に各作業の完了時点を100％としてその達成度を表示した横線工程表である（図8・4）。その特徴を次に示す。　◀ よく出題される

　①　現時点での作業の達成度は，明解に表現されている。

　②　1つの作業の変更が，他の作業におよぼす影響はわからない。

　③　工事全体の進捗度が不明である。

　④　開始日や各作業に必要な日数がわからない。

　⑤　重点管理の作業が不明確であるが，単純工事の管理には適している。

（3）　バーチャート工程表

　横軸に工期を，縦軸に工種・作業を施工順序に従って列記する最も一般的な横線式工程表である（図8・5）。その特徴を次に示す。　◀ よく出題される

　①　バーチャート工程表は作成が容易である。

　②　各作業の施工時期や所要日数が明確である。

　③　作業の着手日と終了日がわかりやすい。

　④　全体工期に対する影響の度合は，的確に把握することが困難である。

施工管理法

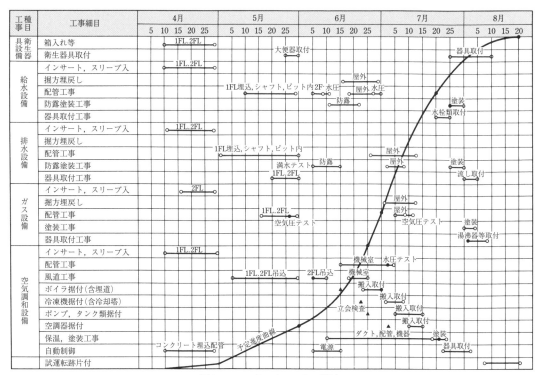

工種事目	工事細目	4月 5 10 15 20 25	5月 5 10 15 20 25	6月 5 10 15 20 25	7月 5 10 15 20 25	8月 5 10 15 20
衛生器具設備	箱入れ等	1FL.2FL				
	衛生器具取付		大便器取付			器具取付
給水設備	インサート，スリーブ入	1FL.2FL				
	掘方埋戻し			屋外		
	配管工事		1FL埋込,シャフト,ピット内2F 水圧	屋外 水圧		塗装
	防露塗装工事			防露		水栓類取付
	器具取付工事					
排水設備	インサート，スリーブ入	1FL.2FL				
	掘方埋戻し				屋外	
	配管工事		1FL埋込,シャフト,ピット内	防露	屋外	塗装
	防露塗装工事		満水テスト			流し取付
	器具取付工事		1FL,2FL			
ガス設備	インサート，スリーブ入	2FL			屋外	
	掘方埋戻し				屋外	
	配管工事		1FL.2FL			塗装
	塗装工事		空気圧テスト		空気圧テスト	
	器具取付工事					湯沸器等取付
空気調和設備	インサート，スリーブ入	1FL.2FL			水圧テスト	
	配管工事			機械室		
	風道工事		1FL.2FL吊込 2FL吊込	機械室		
	ボイラ据付（含埋道）			搬入取付		
	冷凍機据付（含冷却塔）			搬入取付		
	ポンプ，タンク類据付			立会検査 ▲	搬入取付	
	空調器据付				搬入取付	
	保温，塗装工事			ダクト，配管，機器 ▲		塗装
	自動制御	コンクリート埋込配管 予定進度曲線		電源		器具取付
	試運転跡片付					

図8・5　バーチャート工程表

　バーチャート工程表上に出来高予測累計をプロットし，工事予定進度曲線として記入する。工事が進行するに従って，実施進度曲線をその上に記載する。両曲線の差が大きい場合には，何か問題が発生していることになるため，原因を追求して正常な工程に復帰させる管理を行う。

　予定進度曲線は左下から右上にかけてS字を描くカーブとなるため，一般にはS字カーブと呼ばれている。

（4）　曲線式工程表

　予定進度曲線は1本の曲線で描かれるが，実際の施工条件や労務条件を加味すると，実施進度曲線は，この予定進度曲線上に完全に合致することはほとんどあり得ない。また，現実問題として，進度のずれが多少生じても全体工程進度に影響を与えない場合が多い。そこで，この予定進度曲線にある程度の許容範囲を設け，上方許容管理限界曲線と下方許容管理限界曲線の範囲内であれば，

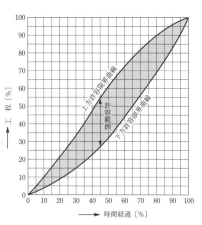

図8・6　バナナ曲線

施工管理法

工程は予定どおり進行しているとみなすことにする工程表である。これら2本の曲線で囲まれた部分がバナナの形に似ていることから，バナナ曲線ともいわれる（図8・6）。

（5）　ネットワーク工程表

上記各工程表の短所を補い，長所を生かした工程表がネットワーク工程表であり，建設プロジェクト規模の大型化，工期の短縮，問題の複雑化などを解決するにはこの手法が

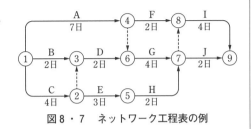

図8・7　ネットワーク工程表の例

最適である。その特徴には次のようなものがある。

① 各作業が全工程に及ぼす影響が明確になる。

② 変更による全体への影響度の把握が容易である。

③ 大規模工事において変更や工程遅延が生じても速やかに修正工程がつくれる。

④ フォローアップを繰り返すことにより，現状の把握と，将来に対する信頼度を高くすることができる。

⑤ 重点管理ができる。

令和4年度応用能力問題として出題

（6）　各種工程表の特徴

各種工程表の特徴を表8・2に示す。

表8・2

比較事項＼工程表	ネットワーク工程表	バーチャート工程表	ガントチャート工程表
作業の手順	判明できる	漠然としている	不明である
作業の日程・日数	判明できる	判明できる	不明である
各作業の進行度合い	漠然としている	漠然としている	判明できる
全体進行度	判明できる	判明できる	不明である

（7）　工程の合理化

タクト工程表は，中高層建物の基準階やホテルの客室などで，同一作業をフロアなどの工区ごとに繰り返して行う場合に，繰返し作業を効率よく行うために作成される。

この方式は，各工区が全く同じ工法・作業量であることが前提であり，この方式が採用できれば各作業者は手待ちを生じることもなく，同じ作業を一定のサイクルで繰り返していくことができる。

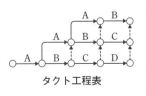

タクト工程表

施工管理法

8・2・3　ネットワーク手法

　ネットワーク手法は作業の順序関係を○と→で書き表す手法であり，おのおのの丸および矢線には作業名称，作業量，所要時間など工程計画および工程管理上必要な情報を記入して，これを基本として工程計画を立て，作業を効率的に管理するためのものである。

（1）　ネットワークの表示方法

　ネットワークの表示方法には，作業を矢線で表示するアロー型ネットワークと，イベントを中心に表示するイベント型ネットワークとがある。イベント型ネットワークは，おおよその全体計画を立てるような場合に用いられるため，ここでは一般に広く使用されているアロー型ネットワークについて説明する。

（2）　記　　　号

　(a)　**アクティビティ**　　ネットワーク表示に用いられている矢線をアクティビティといい，作業活動，見積りなどの時間を必要とする作業を表している。アクティビティの基本ルールは次のとおりである。

　①　矢線は作業，時間の経過などを表し，矢線の長さとは無関係である。大きさの表示は必要な時間で表し，<u>アクティビティ（作業又は矢線）の下に記入する。この時間を</u>デュレイションという。

　②　矢線は時間の経過の方向を示し，常に左から右へと流れる。

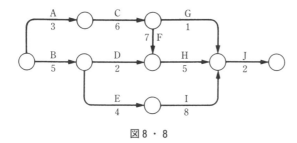

図8・8

　③　作業内容は矢線の上に表示する。

　④　イベントからスタートするアクティビティは，そのイベントに入ってくる矢線群がすべて終了してからでないと着手できない。

　　図8・9は，作業A，B，Cがすべて完了してからでないと作業Dにかかることができないことを表している。

　(b)　**イベント**　　丸印をイベントまたはノードといい，アクティビティの始点および終点に設け，作業の開始点および終了点を示している。

図8・9

　①　イベントには正の整数の番号をつける。これ

をイベント番号といい，作業を番号で表示する。

　作業をイベント番号で表示するため，作業②→④というと，図8・10左ではAの作業かBの作業か不明である。

図8・10

② イベント番号はアクティビティの流れに従って，左から右へと順次大きくなるようにつける。

③ イベント番号は同じ番号が2つ以上あってはならない（図8・10）。

④ 隣り合う同一イベント間には，2つ以上の作業を表示しない。

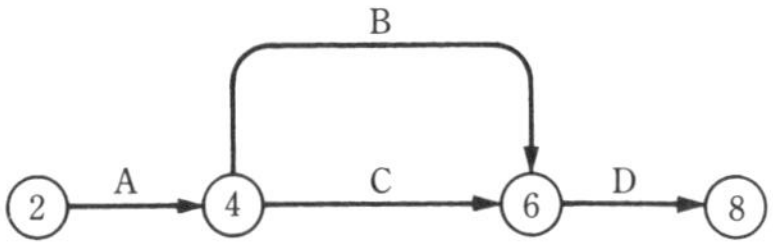

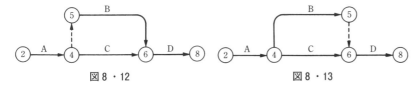

図8・11

　図8・11でアクティビティ④→⑥というと，Bの作業かCの作業か不明である。そこで，このような場合にはダミーを使用して図8・12のように示すと，作業Bはアクティビティ⑤→⑥，作業Cはアクティビティ④→⑥と表示できる。

図8・12　　　　　　図8・13

　また，図8・13のように表現しても意味は同じである。

(c) ダミー　破線の矢線で示し，仮空の作業を表している。仮空の作業であるから，時間の要素も作業内容もなく，方向と着点だけしかない。つまり，作業の前後関係だけを表している。しかし，次の作業からの工程に影響を及ぼす一つの作業である。

（3）時間管理の手法　　　　　　　　　　　　　　◀よく出題される

(a) **イベントタイム**　イベントタイムとはイベントのもつ時間的性格を，ネットワークの開始の時点を0として計算した経過時間をもって表したものである。

(ア) **最早開始時刻**（Earliest Start Time：EST）　ネットワークの開始の時点から考えて，そのイベントを始点とするアクティビティのどれもが，最も早く開始できる時刻を最早開始時刻という。

　ネットワークの開始のイベントの最早開始時刻を0とし，アクティビティのデュレイションを順次加算して最早開始時刻を求める。

　その計算の方法を図8・14で説明すると，アクティビティ④→

⑤は，アクティビティ②→③→④と，②→④とが完了しないと着手できない。ここで，アクティビティ②→③は3日に開始して5日かかるから8日には完了する（この時刻をアクティビティ②→③の最早完了時刻という）が，③→④はダミーで結ばれているため作業時間は必要ではない。したがって，アクティビティ②→③→④は8日に完了することになる。また，もう1つのアクティビティ②→④は，3日に開始して3日かかるから6日には完了する（この時刻をアクティビティ②→④の最早完了時刻という）。この2つの流れの作業が完了しないとその後に続くアクティビティ④→⑤に着手できないのであるから，アクティビティ④→⑤の最早開始時刻は，6日ではなく8日となる。いいかえると，「あるイベントに集まった作業の最早完了時刻の内で最大のものが，次の作業の最早開始時刻を決定する」ことになる。

図8・14のネットワークの最早開始時刻を計算すると，表8・3のようになる。

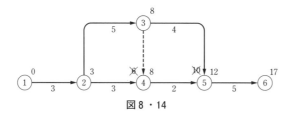

図8・14

表8・3

イベント	アクティビティ	計　　算	最早開始時刻
①		0	0
②	①──②	0 + 3 = 3	3
③	②──③	3 + 5 = 8	8
④	②──④ ③┈┈④	3 + 3 = 6 8 + 0 = 8 ∣ 8 > 6	8
⑤	③──⑤ ④──⑤	8 + 4 = 12 8 + 2 = 10 ∣ 12 > 10	12
⑥	⑤──⑥	12 + 5 = 17	17

(イ) **最早完了時刻（Earliest Finish Time：EFT）**　　最早完了時刻は，その作業の最早開始時刻にデュレイションを足しただけのものであり，その作業が最も早く完了できる時刻をいう。ただし，その後に続く作業は最早開始時刻でなければ開始できない。

(ウ) **最遅完了時刻（Latest Finish Time：LFT）**　　ネットワークの終了の時点から考えて，そのイベントを終点とするそれぞれのアクティ

ビティが，遅くとも完了していなくてはならない時刻を**最遅完了時刻**という。いいかえると，それまでに完了すれば，それからあとのアクティビティが当初の予定どおりに進むことを前提とし，終了の時点に間に合うというぎりぎりの時点を表すものをいう。

　ネットワークの最終イベントの最遅完了時刻を，先に計算した最早開始時刻と等しく置き，逆算して先行するアクティビティのデュレイション（時間）を順次差し引いて，最遅完了時刻を求める。

　その計算方法を図8・15で説明する。イベント②の最遅完了時刻を計算する。アクティビティ②→④では3日の日程を要するが，イベント④の最遅完了時刻が10日であるため，10−3＝7で7日に開始すれば全体工程に影響を与えることなく作業を進めることが可能である（この時刻をアクティビティ②→④の最遅開始時刻という）。また，アクティビティ②→③では5日を必要としていて，イベント③の最遅完了時刻が8日であるため，8−5＝3で3日に開始しなければならない（この時刻をアクティビティ②→③の最遅開始時刻という）。

　しかし，アクティビティ①→②は3日で完了するのに，その後に続く作業を7日に開始すると，全体工程は17日ではなく，4日延びて21日となってしまう。したがって，イベント②の最遅完了時刻は7日ではなく，3日となる。いいかえると，「あるイベントに集まった作業の最遅開始時刻の内で最小のものが，次の作業の最遅完了

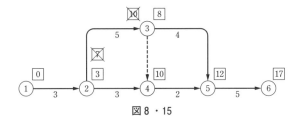

図8・15

表8・4

イベント	アクティビティ	計　算	最遅完了時刻
⑥		17	17
⑤	⑤──⑥	17−5＝12	12
④	④──⑤	12−2＝10	10
③	③──⑤ ③──④	12−4＝8 10−0＝10 ｝10＞8	8
②	②──④ ②──③	10−3＝7 8−5＝3 ｝7＞3	3
①	①──②	3−3＝0	0

時刻を決定する」ことになる。

　図8・15のネットワークの最遅完了時刻を計算すると，表8・4のようになる。

　以上の計算結果をネットワーク上に記入する。EST と区別するため，図8・15のように LFT は□の中に記入する。

　㈢　**最遅開始時刻（Latest Start Time : LST）**　最遅開始時刻とは，その作業の最遅完了時刻からデュレイションを引いただけのものであり，その作業を最も遅く開始しても全体工程は予定工期内に完了できる時刻をいう。

　㈣　**イベントタイムの意味**　これらのイベントタイムは，工程管理上，次のような意味をもっている。

　1）　暦日との関連をつけられる。

　2）　フロート計算のもととなる。

　3）　EST＝LFT のイベントはクリティカルイベントと呼び，クリティカルパスは必ずそこを通る。

　(b)　**フロート**　結合点に2つ以上のアクティビティが集まる場合，それぞれのアクティビティがその結合点に到達する時刻には差があるのが普通である。したがって，それらのアクティビティの中で最も遅く完了するアクティビティ以外のものは時間的余裕が存在することになる。これをフロートという。

　図8・16には①→②→③→④→⑤と①→②→④→⑤の2つのルートがある。このうち，②→③→④は 3 + 4 = 7 日，②→④は9日であるため，②→③→④の作業はあと2日延びても全工程の16日には影響を

与えない。したがって，この場合，②→③→④は2日のフロートがあることになる。

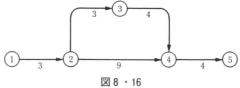

図8・16

　㈠　**トータルフロート**

　（Total Float: TF）　任意のアクティビティ内で取り得る最大余裕時間をトータルフロートという。

　図8・18においてアクティビティ②→④の作業は3日に開始して3日かかるから6日には終了する。しかし④の LFT は10日であるため，10 − 6 = 4 日間は遊んでいても全体工期17日に影響を与えない。この4日をアクティビティ②→④のトータルフロートという。

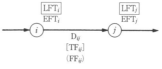

図8・17

TF の求め方は

$$TF_{ij} = LFT_j - EST_i - D_{ij} = LFT_j - (EST_i + D_{ij})$$

で表される。

ここで，LFT_j，EST_i などとの関係は図 8・17 のとおりである。

〔　〕内の数字が TF を表す（図 8・18）。

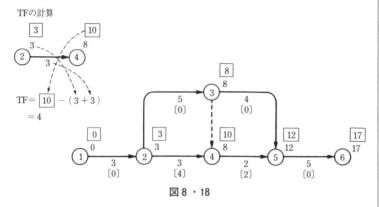

図 8・18

トータルフロートの性質は次のとおりである。

① TF = 0 のアクティビティをクリティカルアクティビティといい，余裕時間は全くなく重点管理の対象となる。

② TF = 0 ならば他のフロートも 0 である。

③ TF はそのアクティビティのみでなくその前後のアクティビティに関係があり，1 つの経路上では TF は共有されている。したがって，各アクティビティの TF は，それを加えた分だけその経路に余裕があるのではなく，1 つのアクティビティでその TF を使いきればその経路上の後続の他のアクティビティも TF = 0，すなわちクリティカルアクティビティとなる。

図 8・19 でわかるように，②→④の TF 4 日をすべて使いきると②→④は 3 + 4 = 7 日となり，④→⑤の TF は 0 となる。

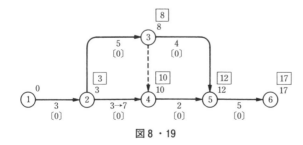

図 8・19

㈹　**フリーフロート（Free Float：FF）**　後続するアクティビティが EST で開始できる範囲の余裕時間をフリーフロートという。いい替えると，そのアクティビティの中で自由に使っても後続するアクティビティに影響を及ぼさない余裕時間のことである。

　図8・20のアクティビティ②→④の最早完了時刻は $3 + 3 = 6$ であるが，イベント④の最早開始時刻は8日であるため，$8 - 6 = 2$ 日間の余裕時間はこの作業内で使っても使わなくても後続するアクティビティ④→⑤の最早開始時刻に影響を与えない。

　FF の求め方は

$$FF_{ij} = EST_j - EST_i - D_{ij} = EST_j - (EST_i + D_{ij}) \quad (図8・17)$$

　（　）内の数字がフリーフロートを表す（図8・20）。

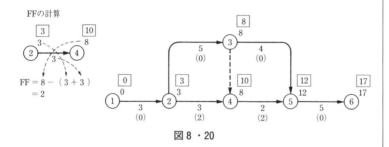

図8・20

FF の性質は，次のとおりである。

①　FF は TF より必ず小さいか等しい。FF≦TF

②　クリティカルイベントを終点とするアクティビティの FF は TF に等しい。

③　フリーフロートはこれを使用しても，後続するアクティビティには何ら影響を及ぼすものではなく，後続するアクティビティは，最早開始時刻で開始することができる。

④　フリーフロートはその作業についてだけしか使用できないフロートで，ため込みのきかないものである。

㈽　**インタフェアリングフロート（Interfering Float：IF）**　クリティカルイベントを終点とするアクティビティでは TF ≧ FF であり，TF から FF を差し引いた残りの余裕時間をインタフェアリングフロートまたはディペンデントフロートという。

　インタフェアリングフロートは後続作業に影響を及ぼすようなフロートのことであり，使わずにとっておけば，後続する作業でその分を使用できるフロートである。

㈿　**クリティカルパス（Critical Path）**　フロートのないアクティビティの経路をクリティカルパスといい，クリティカルパスはネット

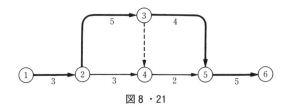

図8・21

ワークの上では太い矢線または色線で表示する（図8・21）。

クリティカルパスの性質は，次のとおりである。

① クリティカルパスは必ずクリティカルイベント（最早開始時刻と最遅完了時刻が等しいイベント）を通る。

② クリティカルパス上のアクティビティのトータルフロート（TF），フリーフロート（FF）は0である。また，インタフェアリングフロート（IF）も0である。

③ クリティカルパスは，開始点から終了点までのすべての経路中で，最も時間の長い経路である。いいかえると，この経路が工程を支配している。工程短縮の方策を見出そうとする場合も，工程管理する場合も，まずクリティカルパスに着目しなければならない。

④ クリティカルパス以外の経路のアクティビティでも，その持っているTFを使いきれば，たちまちその属する経路はクリティカルパスとなる。

⑤ したがって，クリティカルパスは必ずしも1本ではない。

⑥ TFの小さい経路をサブクリティカルパス（またはリミットパス）という。サブクリティカルパスはクリティカルパスになりやすいので，管理上注意しなければならない。

サブクリティカルパス：セミクリティカルパスともいう。

（4） 日 程 短 縮

計画を所定の目標に適合するように手持ち資源の制約のもとで調整する手法をスケジューリングといい，必要に応じて日程短縮をしなければならない。一般的には，工期を短縮するにはクリティカルパス上のアクティビティを短縮しなければ所定の工期を達成できないが，フロートの非常に小さいアクティビティは注意を要する。

図8・22のネットワークは32日で完了する。各アクティビティのトータルフロートを計算すると，表8・5のようになり，TF＝0のルートがクリティカルパスである。

ここで，何らかの都合で工期を29日にする必要が生じたとすると，全体で3日短縮しなければならない。そこで表8・5の各トータルフロートから短縮日数の3を引くと，各アクティビティのトータルフロートは表8・

施工管理法

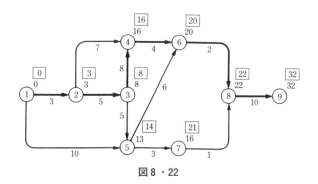

図 8・22

表 8・5

アクティ ビティ	1-2	1-5	2-3	2-4	3-4	3-5	4-6	5-6	5-7	6-8	7-8	8-9
TF	0	4	0	6	0	1	0	1	5	0	5	0

表 8・6

アクティ ビティ	1-2	1-5	2-3	2-4	3-4	3-5	4-6	5-6	5-7	6-8	7-8	8-9
TF-3	-3	1	-3	3	-3	-2	-3	-2	2	-3	2	-3

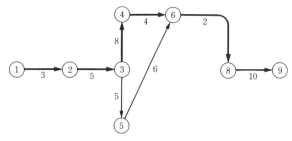

図 8・23

6のようになる。プラスの符号がついているアクティビティにはまだフロートが存在するため，このアクティビティをいくら短縮しても全体の工期には何ら影響を及ぼさない。そこで，マイナスの符号のついたアクティビティを取り出してみると図8・23のようになる。いまクリティカルアクティビティ③→④で2日，④→⑥で1日の計3日短縮したとすると，図8・24のようになり，工期は31日となって結果として1日しか短縮したことにしかならない。そこでクリティカルパス以外にマイナスの符号がついている経路③→⑤→⑥をみてみると，この経路は5＋6＝11日で，クリティカルパスの③→④→⑥の経路の6＋3＝9日より長くなるため，クリティカルパスは③→⑤→⑥に移行してしまう。その結果，計画した日程短縮ができないことになる。

そこで，全体工期を3日短縮するには

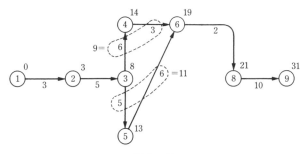

図 8 ・24

①→②→③と⑥→⑧→⑨の経路で 3 日短縮する。

③→④→⑥で 1 日短縮し，③〜⑥以外の経路で 2 日短縮する。

③→④→⑥で 3 日短縮するとともに，③→⑤→⑥で 2 日以上短縮する。
等々の方法がある。

　このように，クリティカルアクティビティ以外でマイナスの符号をもつ
アクティビティの経路はクリティカルパスに大きな影響を与えるため，サ
ブクリティカルパスとして重点管理をしなければならない。そのためには，
日程短縮を検討する際はトータルフロートが負となる作業について作業日
数の短縮を検討する。また実際の作業においては，直列作業を並行作業に
変更したり，作業順序を変更することにより短縮する。

　したがって，日程短縮のために検討を要する作業は，当初のクリティカ
ルパス上の作業だけとは限らない。また，ダミーの経路も検討する必要が
あり，（5）のフォローアップ時の工程に影響する場合もある。

◀ よく出題される

令和 4 年度応用能力
問題として出題

　また，通常考えられる標準作業時間を限界まで短縮したときの作業時間
を特急作業時間（クラッシュタイム）といい，その際の費用を標準費用に
対して特急費用という。特急費用は作業の種類により異なり，工期短縮時
には日程短縮の費用が最小となるように計画する。

（5）　フォローアップ

　フォローアップは，工事が遅れた場合に，工期の途中で当初の工程表を

令和 4 年度応用能力
問題として出題

施工管理法

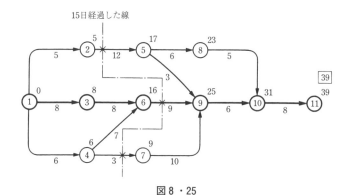

図 8 ・25

見直して，実際の工事の進行に対応させることである。

　図8・25のような工程表で，着工後15日経過した時点で工事の進み具合をチェックするためにフォローアップを行ったところ，作業②→⑤は6日，作業⑥→⑨は10日，作業④→⑦は4日，その他の作業は当初の工程どおりの日数が必要であることが判明した。

　フォローアップの手法として，まず15日経過時点で進行中の作業に×印をつけ，新しいネットワークを図8・26のように作成する。図からわかるように，工期が43日必要となり，当初の工期の39日を4日オーバーしている。そのため，日程短縮の手法を用いて4日縮めるためのスケジューリングを行い，どの作業を何日短縮するかを検討する。この場合，当初に立てたネットワークのクリティカルパスがフォローアップ後も同じルートになるとは限らない。この例の場合にもクリティカルパスは変更している。

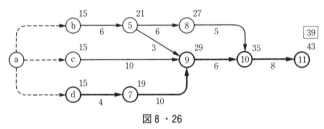

図8・26

確認テスト〔正しいものには○，誤っているものには×をつけよ。〕

□□(1) 直接費と間接費を合わせた総工事費が最小となる最も経済的な施工速度を経済速度といい，このときの工期を最適工期という。

□□(2) ガントチャート工程表は，各作業の達成度を100%としたもので，作業ごとの進捗状況は把握できるが，工事全体の進捗度は把握できない。

□□(3) バーチャート工程表は，縦軸に各作業名を記述し，各作業の着手日と終了日の間を棒線で示すもので，作成は容易であるが，工程の進捗状況の把握が的確に出来にくいことと，重要管理作業を明確に把握できない欠点があるが単純工事の管理には適している。

□□(4) ネットワーク工程表は，作業の順序関係は明確であるが，前作業が遅れた場合に後続作業に及ぼす影響の把握などには，速やかに対処できない。

□□(5) デュレイションとは，アクティビティに付された数字で，作業に必要な時間のことである。

□□(6) ネットワーク工程表において，クリティカルパス上の各イベントにおける最早開始時刻と最遅完了時刻は，同時刻である。

□□(7) 最遅完了時刻は，後続作業の所要時間を順次加えて算出する。

□□(8) ネットワーク工程表において，日程短縮で検討を要する作業は，当初のクリティカルパス上の作業に限られる。

□□(9) アクティビティの中で自由に使っても，後続するアクティビティに影響を及ぼさない余裕時間のことを，フリーフロートという。

□□(10) フリーフロートは，作業の最遅開始時刻で始め，最早完了時刻で完了するときに生じる余裕時間である。

確認テスト解答・解説

(1) ○

(2) ○

(3) ○

(4) ×：ネットワークは，丸と矢線の組合せで作業の流れを示すものであり，先行・並行・後続作業の流れが理解できる利点があるため，前作業が遅れた場合に後続作業に及ぼす影響の把握などに，速やかに対処できる。

(5) ○

(6) ○

(7) ×：最遅完了時刻は，最終イベントの最早開始時刻を所要工期として，所要時間を順次差し引いて算出する。

(8) ×：日程短縮はクリティカルパス上の作業で行うが，フロートの非常に小さいリミットパスについても，クリティカルパス同様に重点管理をする必要がある。

(9) ○

(10) ×：フリーフロートとは，その作業を最早開始時刻で始め，最早完了時刻で完了したとき，次の作業を最早開始時刻で始めるまでの時間差をいう。

8・3 品質管理

　品質管理とは，設計図書に示された品質を実現するために，品質計画に基づいて，問題点や改善方法を見いだしながら，最も経済的に行うことであり，再発防止も含まれる。品質管理には，製作図や施工図の検討，搬入材料の検査，水圧試験などの施工検査，試運転調整の確認などが含まれる。現場加工材料の良否や機器の据付状況は，品質に影響を与える要因である。建築工事は，現場ごとの一品生産であるが，統計的手法による品質管理が有効である。

◀ よく出題される

8・3・1　品質管理のサイクル

　品質管理には，次の4つの段階がある。

① 　第1段階：計画・設計となる品質標準を作成する段階であり，プラン（P）という。

② 　第2段階：計画・設計どおりのものを作成するために，施工標準を作成して施工する段階であり，ドゥ（D）という。

③ 　第3段階：施工された製品等が設計・施工標準に合致したものであるかどうかを検査する段階であり，チェック（C）という。

④ 　第4段階：第3段階で市場に供用された製品等が，利用者の満足を得ているかの調査を行い，問題点があれば改善し，第1段階であるプランに反映させるという，アクション（A）を起こす段階である。

　これは，品質管理について米国デミング博士が提唱したデミングサークル（PDCA サイクル）といわれ，この計画（P）→実施（D）→検討（C）→処置（A）→計画（P）と繰り返すことにより，品質管理の目的が達せられる（図8・27）。

品質管理の作業手順

①管理しようとする品質特性を決定する。
②その特性についての品質標準を決定する。
③品質標準を守るための作業標準を決める。
④作業標準にしたがって実施し，データをとる。
⑤管理図等をつくって工程の安定を確かめる。

◀ よく出題される

🔖 令和4年度応用能力問題として出題

図8・27　デミングサークル

8・3・2 品質管理の効果

品質管理の効果には，主に次のようなものがある。

① 品質が向上し，不良品の発生やクレームが減少する。

② 原価が下がる。

③ 無駄な作業がなくなり，手直しが減少する。

④ 品質が均一化される。

⑤ 新しい問題点や改善の方法が発見される。

⑥ 検査の手数を大幅に減少させることができる。

⑦ 検討速度が速くなり，効果が上がる。

このように，品質を向上させると，これに見合う工事原価が増加するという意味の品質管理のトレードオフにはならない。

◀ よく出題される

令和4年度応用能力問題として出題

8・3・3 品質管理の手法

（1） QC工程表

品質管理のための QC 工程表（工程図）は，品質保証のプログラムであり，工事の作業フローに沿って，管理項目，管理水準，管理方法等を示している。

（2） データ整理の手法

品質管理を行う手法として，「品質管理の七つ道具」がある。そのおもな管理図には次のようなものがある。

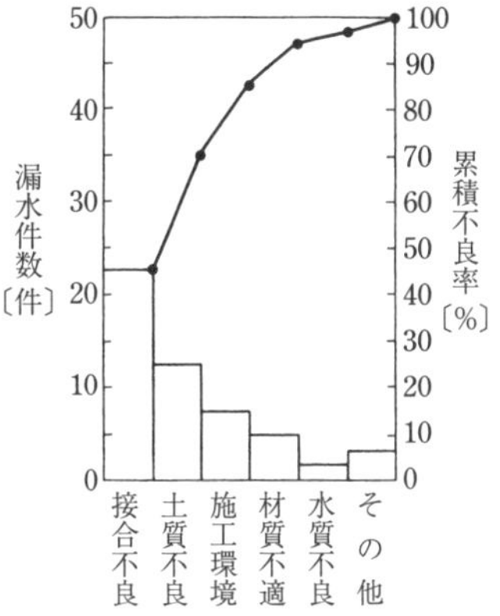

① パレート図　不良要因を項目別に分類し，出現度数の多い順に並べた棒グラフと，その累積度数を折れ線グラフで表すことにより，各々の項目の大きさや順位，全体に占める割合がわかる（図8・28）。

図8・28 パレート図

◀ よく出題される

この図から，重点不良項目が判明し，効果的な不良削減対策が立てられる。通常，不良項目の上位3点を集中的に削減できれば，全不良件数の80〜85%は削減できるとされている。

② 特性要因図
別名魚の骨ともいい，特定の結果とその原因と

◀ よく出題される

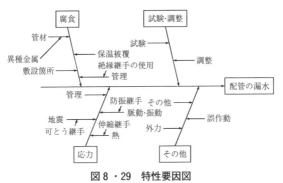

図8・29 特性要因図

施工管理法

の関係を系統的に表した図で，不良原因を整理し，改善の手段を決定するなどのために使用する（図8・29）。

③　ヒストグラム　　柱状図とも呼ばれるもので，計量したデータをいくつかの区間分けにして横軸とし，それぞれの区間に相当するデータの度数を縦軸にとった長方形を並べた図であり，概略の平均値やばらつきの状況を把握することができる（図8・30）。 ◀よく出題される

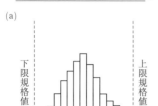
(a)

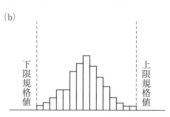
(b)

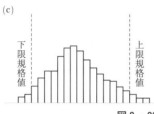
(c)

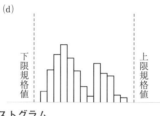
(d)

図8・30　ヒストグラム

　測定データが，定められた上限規格値・下限規格値の範囲内にある程度の余裕をもって収まっていることが大切であり，これらの規格値からはみ出した場合は，何らかの問題が発生しているため，その原因を追究して対策を立てる必要がある。

　図8・30において，図(a)は，規格値に対するゆとりもあり，また平均値が規格の中央にあり特に問題はない。

　図(b)は，規格値すれすれのものもあり，今後の変動でも規格値を外れる可能性があるので注意を要する。

　図(c)は，下限および上限規格値も外れており，何らかの処置が必要である。

　図(d)は，山が二つある。このような場合は，他の母集団のデータが入っている可能性もあるため，再度層別を行い，データを取り直す必要がある。

④　散布図　　散布図は，2つの特

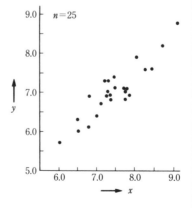

x, yの散布図

図8・31　散　布　図 ◀よく出題される

性を各々x軸，y軸とするグラフにプロットされた点により，2つの
データの相関関係の把握ができる図である。

これらのデータが右上がりであれば正の相関関係にあり，右下がり
であれば負の相関関係にあるといい，大きくばらついていれば，相関
関係はほとんどないということが判明する（図8・31）。

⑤　**管理図**　管理図とは，管理限界を示す一対の線を引いて，これに
品質または工程の条件などを表す点を打っていき，工程が安定な状態
にあるかを調べる図である。データをプロットして結んだ折れ線と，
上方・下方管理限界線により，時間的変化の把握及び異常なばらつき
がわかる（図8・32）。

◀ よく出題される

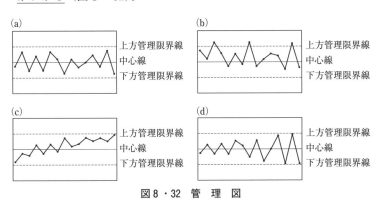

図8・32　管　理　図

図8・32において，図(a)は，中心線の上下に管理限界線内の範囲で
適当なばらつきをもって管理されているため，工程が安定状態にある。

図(b)は，中心線と上方管理限界線の間で推移し，しかも上方管理限
界線をたびたび超えていて異常値となっているため，工程は安定状態
にはない。

図(c)は，工程は管理限界線内にあるが，7点以上連続して上昇（また
は下降）しているため，原因を追究する必要がある。このままの状態
で推移すると，限界線を突破する可能性が大である。

図(d)は，管理限界線内にはあるが，ばらつきが次第に増大している。
このようなデータとなるのは，作業に慣れ，いい加減な作業になり始
めているか，計測機械の精度が低下している可能性がある。

⑥　**チェックシート**　あらかじめチェック項目を作成し，その項目に
従ってチェックマークを施して，良不良を確認する方法である。

⑦　**層　別**　データの特性を適当な範囲別にいくつかの層にグループ
分けすることをいい，データ全体の傾向や管理対象範囲の把握が容易
になる等の効果がある。

バスタブ曲線

バスタブ曲線とは，時間
の経過と故障率の発生パタ
ーンの関係を示したもので
あり，その形状がバスタブ
に似ていることから，バス
タブ曲線と称せられている。

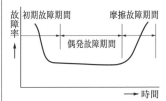

バスタブ曲線（参考）

施工管理法

8・3・4　検　　査

　検査は，施工された品質の状態を点検して良否の判定をするものである
が，品質管理のねらいは最初から不良品が発生しないように管理すること
である。検査の方法には**全数検査**と**抜取検査**の2通りがある。

（1）　全 数 検 査

　全数検査は，大型機器，防災機器や特注品で直ちに取替えが困難な機器　　◀ よく出題される
などが対象となる。

　そのおもなものは，次のとおりである。

①　不良率が大きく，抜取検査では定められた品質基準に達しないおそ
　　れのあるもの。

②　不良品を見逃すと，人身事故や第三者や財産・資産に対して重大な
　　災害を及ぼすおそれのあるもの。

全数検査が望ましいものには，次のようなものがある。

(a)　**機器類**

①　冷凍機のような大型機器

②　確実な作動が求められる防災機器（スプリンクラヘッドや防火ダ
　　ンパのように，ヒューズが溶解することにより機能を発揮する型式
　　のものは除く。）

③　市販品として出回っていない新製品

④　設置後，取りはずして工場に持ち帰って再検査することのできな
　　い機器

(b)　**施工関連**

①　水圧・満水・通水等の試験　　　　　　　　　　　　　　　　　　◀ よく出題される

②　試運転調整

③　防火区画の穴埋め，防火関連の作動試験

④　埋設および隠蔽される配管の勾配，保温・保冷施工

（2）　抜 取 検 査

　抜取検査とは，検査しようとする1グループ製品（これをロットとい
う）からランダムに抜き取った少数のサンプルを調べてその結果をロット
に対する判定基準と比較して，ロットの合否を判定する検査である。

(a)　**抜取検査が必要な場合**

①　**破壊検査の場合**　　防火ダンパの始動試験などの品物を破壊しな
　　ければ検査の目的を達成できないもの，または試験を行ったら商品
　　価値のなくなってしまうもの。　　　　　　　　　　　　　　　　カサモノ：コンクリート躯

②　**連続体やカサモノ**　　ダクト寸法などすべての物を検査すること　　体などの容積の大きいもの

は可能であるが，非常に不経済となる場合は抜取検査を適用する。

(b)　**抜取検査を行う場合の必要条件**

◀ よく出題される

① 製品がロットとして処理できること。

② 合格ロットの中にもある程度の不良品の混入を許せること。

③ 資料の抜取りがランダムにできること。

④ 品質基準が明確で，再現性が確保されていること。

⑤ 計量抜取検査では，ロットの検査単位の特性値の分布がほぼわかっていること。

⑥ 計量抜取検査は，計数抜取検査に比べて，試材の大きさが小さくてすむ。

⑦ 計数抜取検査は，ロットの特性値が正規分布とみなせる場合に実施する。

計量検査：ダクトの寸法検査など。
計数検査：ネジなどの検査で，不良品の個数で判断するものなど。

8・3・5　JIS Q 9000（ISO 9000）ファミリー規格

JIS Q 9000（ISO 9000）ファミリー規格は，品質マネジメントシステムの規格である。この規格では，用語やさまざまな品質マネジメントの定義などを規格化して定めている。

その一部を以下に示す。

1) 製品やサービスを作り出すプロセスに関する規格である。

2) 関係者の共通の理解を確実にするため，徹底した文書化が求められている。

3) 企業の品質システムが本規格の要求事項に照らして妥当であるかについて，第三者機関である審査登録機関がチェックをして認証を行う。

4) 従来の品質保証の重視から品質管理に重点を移したものになっている。

5) 組織や製品の性質によって，この規格の要求事項のいずれかが適用不可能な場合には，その要求事項を考慮しなくてもよい。したがって，要求事項を全て守るわけではない。

6) トップマネジメントの責任および役割の拡大並びに明確化，顧客志向の重視などに重点をおいている。

施工管理法

確認テスト〔正しいものには○，誤っているものには×をつけよ。〕

□□(1)　品質管理を行うことによる効果には，手直しの減少，工事原価の低減などがある。

□□(2)　デミングサークルの目的は，作業を計画（P）→検討（C）→実施（D）→処置（A）→計画（P）と繰り返すことによって，品質の改善を図ることである。

□□(3)　JIS Q 9000（ISO 9000）ファミリー規格の要求事項は，すべての事項を必ず守るものとして規定されている。

□□(4)　パレート図は，データをプロットして結んだ折れ線と管理限界線により，データの時間的変化や異常なばらつきがわかる。

□□(5)　特性要因図は，「魚の骨」とも呼ばれるもので，不良とその原因が体系的にわかる。

□□(6)　ヒストグラムから，概略の平均値，ばらつきの状況や規格値を満足しているかがわかる。

□□(7)　管理図を用いると，データをプロットして結んだ折れ線と管理限界線により，データの時間的変化，異常なばらつきがわかる。

□□(8)　抜取検査は，連続体や品物を破壊しなければ検査の目的を達し得ないものなどに適用する。

□□(9)　抜取検査を行う場合の条件の一つとして，製品がロットとして処理できないとき，がある。

□□(10)　全数検査は，大型機器，防災機器や直ちに取替えが困難な機器について適用する。

確認テスト解答・解説

(1)　○

(2)　×：デミングサークルは，Plan（計画）→ Do（実施）→ Check（検討）→ Action（処置）の順で繰り返して管理を進める手法であり，品質の改善を図ることである。

(3)　×：この規定の要求事項は汎用性があり，業種および形態，規模並びに提供する製品を問わず，あらゆる組織に適用できることを意図している。組織や製品の性質によって，この規格の要求事項のいずれかが適用不可能な場合には，その要求事項を考慮してもよい。したがって，要求事項の適用が不可能な場合は守らなくてもよい。

(4)　×：パレート図とは，要因を項目別に分類し，出現度数の多い順に並べるとともに，累積和を示した図である。設問は「管理図」である。

(5)　○

(6)　○

(7)　○

(8)　○

(9)　×：抜取検査は，ロット内の個々の製品を個別に検査するものではなく，その製品がロットとして合格か不合格かを判定するためのものである。したがって製品がロットで処理できなければ，全数検査が適用される。

(10)　○

8・4 安全管理

8・4・1 安全管理活動とリスク低減

(1) 安全施工サイクル

安全施工サイクルとは，安全朝礼に始まり，TBM，安全巡回，工程打合せ，片付けまでの1日の活動のサイクルのことである。

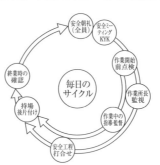

▶ よく出題される

令和4年度応用能力問題として出題

(2) 主な安全管理活動用語

① **ツールボックスミーティング（TBM）**
作業開始前に関係する作業者が集まり，

図 8・33 安全施工サイクル

▶ よく出題される

その日の作業，安全などについて話し合いを行うことで，職場安全会議とも呼ばれている。

② **危険予知活動（KY活動）** 事前に，作業に潜む危険のポイントの特定と対策について，作業グループ全員で話し合って安全を先取りする活動である。

③ **指差呼称** 対象を指で差し，声に出して確認する行動のことをいい，意識のレベルを上げて緊張感，集中力を高める効果をねらった安全確認行為である。

④ **ヒヤリハット活動** 仕事中に怪我をする危険を感じてヒヤリとしたことなどを報告させることにより，危険有害要因を把握し改善を図っていく活動である。ハインリッヒの法則によれば，1つの重大災害発生の過程には数十件の軽度の事故と数百件のヒヤリハットの発生がある。

⑤ **ゼロ・ディフェクト（ZD）運動** 無欠点運動，無欠陥運動のことで，作業員の創意と工夫によって製品などの欠陥をゼロにし，生産性の向上を目指す安全活動である。

施工管理法

⑥　**4S運動**　整理，整頓，清掃，清潔の頭文字の4Sにより，安全で健康な職場づくりと生産性の向上を目指す活動である。

⑦　**不安全行動**　手間や労力，時間やコストを省くことを優先し，労働者本人又は関係者の安全を阻害する可能性のある行動を意図的に行う行為をいう。

⑧　**送り出し教育**　工事現場に労働者を送り出そうとする関係請負人が当該労働者に対し，事前に実施する教育で，新規入場者教育の効率化に有効である。

⑨　**建設業労働安全衛生マネジメントシステム（COHSMS：コスモス）**　組織的，体系的に行う安全衛生管理の仕組みで，事業者自らが構築する安全衛生管理活動である。

⑩　**公衆災害**　工事関係者以外の第三者の生命，身体及び財産に関する危害及び迷惑をいう。

（3）　リスクアセスメント

リスクアセスメントとは，建設現場に潜在する危険性または有害性を洗い出し，それによるリスクを見積もり，その大きいものから優先してリスクを除去，低減する手法である。また，個々の事業場における労働者の就業に係るすべての危険性又は有害性も対象となる。　◀ よく出題される

リスクアセスメントに基づく活動として，KY活動，安全工程会議，災害防止協議会等が，安全施工サイクルに組み込まれる。

8・4・2　災害と発生原因

建設業における労働災害の死傷者数は，墜落・転落が原因のものが第1位である。2位が建設機械関連事故，3位が飛来・落下による事故，4位が崩壊・倒壊による事故である。労働災害の死傷者数は，労働災害によって死亡した者と，休業4日以上の負傷者数を合計した数値であり，一時に3人以上の労働者の死傷および罹病の発生による災害事故を重大災害という。　◀ よく出題される

令和4年度応用能力問題として出題

事業者は，建設工事において重大事故が発生した場合は，労働基準監督署に速やかに報告しなければならない。災害の発生によって，事業者は，刑事責任，民事責任，行政責任及び社会責任を負う。

事故が発生した場合には人が関係する不安全行動と，物に起因する不安全状態とがあるが，一般に人と物との両面からの要因が発見される場合がきわめて多く，高年齢労働者に対しては，加齢による心身機能の変化を十分に考慮して，作業方法，機械・設備などの改善，健康の保持・増進を行うことが必要である。

労働災害の発生状況を評価する指標には，被災者数の他に，度数率，強

度率，年千人率があり，労働者の休業は，基準監督署に四半期最後の月の翌月末日までに提出する。

　度数率は，延べ実労働時間100万時間当たりの労働災害による死傷者数で，災害の発生頻度を示す。この死傷者数は，休業1日以上及び身体の一部又は機能を失う労働災害に限定して算出している。強度率は，延べ実労働時間1,000時間当たりの労働災害による労働損失日数で，災害の規模及び程度を示す。年千人率は，1年間の労働者1,000人当たりに発生した死傷者数の割合を示す。

　近年は，熱中症が多くなっており，熱中症予防を目的とする暑さ指数（WBGT）があり，気温（乾球温度），湿度（湿球湿度），放射熱（黒球温度）により計算する。

Wet Bulb Globe
Temperature

8・4・3　現場の安全管理体制

(1)　総括安全衛生管理者は，労働者の数が100人以上となる事業場ごとに，選任される。

(2)　統括安全衛生責任者は，下請を含めた労働者の数が，常時50人以上の現場において，特定元方事業者（建設業の元方事業者）から選任される。

(3)　元方安全衛生管理者は，統括安全衛生責任者を選任すべき事業者のうち，特定元方事業者が，統括安全衛生責任者を補佐する者として選任しなければならない。

9・1・1「安全管理体制」図9・1，9・2，9・3参照（p.296〜297）

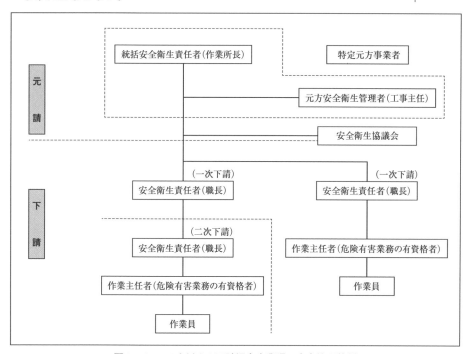

図8・34　50人以上の下請混在事業場の安全管理体制

施工管理法

(4)　安全衛生責任者は，統括安全衛生責任者を選任すべき事業者以外（下請）の請負人（関係請負人）が選任する。

(5)　安全衛生推進者を選任すべき事業場は，常時10人以上50人未満の労働者を使用する事業場である。

(6)　**特定元方事業者の講ずべき措置**

以下は，統括安全衛生責任者に統括管理をさせて行う業務である。

一　協議組織の設置および運営を行うこと。

二　作業間の連絡および調整を行うこと。

三　作業場所を巡視すること（毎作業日に少なくとも1回）。

四　関係請負人が行う労働者の安全または衛生のための教育に対する指導および援助を行うこと。

> 令和4年度応用能力問題として出題

(7)　**労働者の就業にあたっての措置**

事業者は，労働者を雇い入れたとき，または作業内容を変更したときは，労働者に対して，安全または衛生のための教育を行う。

◀ よく出題される

事業者は，新たに職務に就くことになった職長その他の作業中の労働者を直接指導または監督する者に対し，省令に定める，安全または衛生のための教育を行う。

8・4・4　墜落等による危険防止に関する安全管理

（1）　墜落等による危険の防止

①　**作業床の設置等**　高さが2m以上の箇所（作業床の端，開口部等を除く。）で作業を行う場合において墜落により労働者に危険を及ぼすおそれのあるときは，足場を組み立てる等の方法により作業床を設けなければならない。

作業床を設けることが困難なときは，防網を張り，労働者に要求性能墜落制止用器具を使用する等墜落による労働者の危険を防止するための措置を講じなければならない。

高さが2m以上の作業床の端，開口部等で墜落により労働者に危険を及ぼすおそれのある箇所には，囲い，手すり，覆い等を設けなければならない。手すりの高さは，85cm以上とする。

> 要求性能墜落制止用器具：フルハーネス型墜落制止用器具胴ベルト型墜落制止用器具などがある

なお，高さが2m以上，6.75m以下の作業において，胴ベルト型墜落制止用器具を使用する場合には，胴ベルト型（一本つり）が認められている。

②　**要求性能墜落制止用器具等の取付設備等**　高さが2m以上の箇所で作業を行う場合において，労働者に要求性能墜落制止用器具を使用さ

◀ よく出題される

せるときは，要求性能墜落制止用器具等を安全に取り付けるための設備を設けなければならない。また，事業者は，要求性能墜落制止用器具およびその取り付け設備等の異常の有無について，随時点検しなければならない。

③　**照度の保持**　高さが2m以上の箇所で作業を行うときは，当該作業を安全に行うため必要な照度を保持しなければならない。

④　**昇降するための設備の設置等**　高さまたは深さが1.5mを超える箇所で作業を行うときは，当該作業に従事する労働者が安全に昇降するための設備等を設けなければならない。ただし，安全に昇降するための設備等を設けることが作業の性質上著しく困難なときは，この限りでない。

⑤　**脚　立**　脚と水平面との角度を75°以下とし，かつ，折りたたみ式のものにあっては，脚と水平面との角度を確実に保つための金具等を備えること。

　　踏み面は，作業を安全に行うために必要な面積を有すること。

⑥　**作業床**　足場（一側足場を除く。）における高さ2m以上の作業場所には，次に定めるところにより，作業床を設けなければならない。

　　吊り足場の場合を除き，幅は40cm以上とし，床材間のすき間は3cm以下とすること。

（2）　飛来崩壊災害による危険の防止

高所からの物体投下による危険の防止　3m以上の高所から物体を投下するときは，適当な投下設備を設け，監視人を置く等労働者の危険を防止するための措置を講じなければならない。

（3）　通路等に関する安全管理

① **屋内に設ける通路**

1)　用途に応じた幅を有すること。

2)　通路面は，つまずき，滑り，踏抜き等の危険のない状態に保持すること。

3)　通路面から高さ1.8m以内に障害物を置かないこと。

② **架設通路**　勾配は，30°以下とすること。ただし，階段を設けたもの，または高さが2m未満で丈夫な手掛けを設けたものはこの限りでない。

　　勾配が15°を超えるものには，踏さんその他の滑止めを設けること。

　　墜落の危険のある箇所には，次に掲げる設備（丈夫な構造の設備であって，たわみが生ずるおそれがなく，かつ，著しい損傷，変形または腐食がないものに限る。）を設けること。ただし，作業上やむを得な

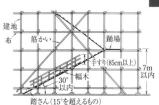

架設・通路

い場合は，必要な部分に限って臨時にこれを取りはずすことができる。

イ　高さ85 cm 以上の手すり

ロ　高さ35 cm 以上50 cm 以下のさんまたはこれと同等以上の機能を有する設備

建設工事に使用する<u>高さ8 m 以上の登りさん橋には，7 m 以内ごとに踊場を設ける</u>こと。

③　**はしご道**

1)　踏さんを等間隔に設けること。

2)　踏さんと壁との間に適当な間隔を保たせること。

3)　はしごの転位防止のための措置を講ずること。

4)　<u>はしごの上端を床から60 cm 以上突出させる</u>こと。

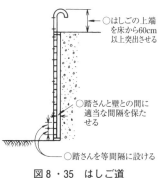

○はしごの上端を床から60cm以上突出させる

○踏さんと壁との間に適当な間隔を保たせる

○踏さんを等間隔に設ける

図8・35　はしご道

8・4・5　各種工事における安全管理

（1）　酸素欠乏等に対する安全管理

①　酸素欠乏とは，空気中の酸素の濃度が18％未満である状態をいう。

②　事業者は，酸素欠乏危険作業に労働者を従事させる場合は，当該作業を行う場所の空気中の酸素の濃度を18％以上（第二種酸素欠乏危険作業に係る場所にあっては，空気中の酸素の濃度を18％以上，かつ，硫化水素の濃度を100万分の10以下）に保つように換気しなければならない。したがって，<u>汚水やし尿を入れたことのあるタンク内の作業</u>を行う場合，その日の作業開始前に，当該作業場における<u>空気中の酸素と硫化水素の濃度を測定</u>しなければならない。　◀ よく出題される

また，事業者は，上の規定により換気するときは，純酸素を使用してはならない。

③　事業者は，酸素欠乏危険作業については，第一種酸素欠乏危険作業にあっては酸素欠乏危険作業主任者技能講習または酸素欠乏・硫化水素危険作業主任者技能講習を修了した者のうちから，第二種酸素欠乏危険作業にあっては酸素欠乏・硫化水素危険作業主任者技能講習を修了した者のうちから，酸素欠乏危険作業主任者を選任しなければならない。

④　事業者は，第一種酸素欠乏危険作業に係る業務に労働者を就かせるときは，当該労働者に対し，特別の教育を行わなければならない。

⑤　事業者は，酸素欠乏危険作業に従事させる労働者の入場及び退場時

に，人員を点検しなければならない。

（2）その他

① 一つの荷物で重量が100kg以上のものを，貨物自動車に積む作業又は貨物自動車からおろす作業を行うときは，当該作業を指揮する者を定める必要がある。

② 高所作業車（作業床が接地面に対し垂直にのみ上昇し，または下降する構造のものを除く。）を用いて作業を行うときは，作業床上では要求性能墜落制止用器具を使用しなければならない。

③ 作業床の高さが10 m以上の高所作業車の運転業務は，当該業務に係る技能講習が必要である。

④ 明り掘削の作業を行う場合において，運搬機械等が，労働者の作業箇所に後進するとき，又は転落するおそれのあるときは，誘導者を配置し，誘導させなければならない。　◀ よく出題される

⑤ 導電体に囲まれた著しく狭隘な場所で，交流アーク溶接等の作業を行うときは（自動溶接を除く），交流アーク溶接機用自動電撃防止装置を使用しなければならない。また，これを使用するときは，その日の使用を開始する前に，作動状態について点検し，異常を認めたときは，直ちに補修し，または取り換えなければならない。

⑥ アーク溶接の作業者には，保護衣，保護眼鏡等の適切な保護具を備えなければならない。さらに，屋内での作業には，粉じん障害を防止するため，全体換気装置による換気の実施又はこれと同等以上の措置を講じる。

⑦ 事業者は，吊り上げ荷重が5 t以上の移動式クレーンの運転の業務は移動式クレーンの運転士免許を受けた者でなければ，当該業務に就かせてはならない。ただし，吊り上げ荷重が1 t以上5 t未満は，小型移動式クレーン運転技能講習を終了した者に当該業務に就かせることができる。

⑧ 送配電線の近くでクレーン作業を行う場合，特別高圧線からは2 m以上，高圧線が1.2 m以上，底圧線が1.0 m以上の離隔距離を確保しなければならない。

⑨ 事業者は，建築物の解体を行う場合，石綿等による労働者の健康障害を防止するために，石綿等の使用の有無を目視，設計図書などにより調査し，記録しなければならない。

⑩ 危険有害な化学品を取り扱う作業では，安全データシートを常備し，当該化学品の情報を作業場内に表示する。

確認テスト〔正しいものには○，誤っているものには×をつけよ。〕

□□(1) 重大災害とは，業務上，労働者が死亡又は休業が4日以上となる負傷をした災害事故で，労働基準監督署に速報しなければならない。

□□(2) 特定元方事業者は，関係請負人を含めた作業者が同一の場所で行う作業によって生ずる労働災害の防止のため，毎週少なくとも1回，作業場所の巡視を行う必要がある。

□□(3) ツールボックスミーティングとは，関係する作業者が作業開始前に集まり，その日の作業，安全等について話合いを行うことで，職場安全会議とも呼ばれている。

□□(4) リスクアセスメントとは，建設現場に潜在する危険性又は有害性を洗い出し，それによるリスクを見積もり，その大きいものから優先してリスクを除去，低減する手法である

□□(5) 建設工事に使用する架設通路で，高さ8m以上の登りさん橋には，7m以内ごとに踊場を設けなければならない。

□□(6) 架設通路の勾配が30度を超えるものには，踏さんその他の滑止めを設ける。

□□(7) 深さが1.5mをこえる箇所で作業を行うときは，原則として，安全に昇降するための設備等を設けなければならない。

□□(8) 2m以上の高所から物体を投下するときは，適当な投下設備を設け，監視人を置く等労働者の危険を防止するための措置を講じなければならない。

□□(9) 屋内に設ける通路には，通路面から高さ1.8m以内に障害物を置かない。

□□(10) 事業者は，酸素欠乏危険作業については，事業者が行う特別の教育を受けた者を作業主任者に選任しなければならない。

確認テスト解答・解説

(1) ×：重大災害とは，一時に3人以上の労働者が業務上死傷または罹病した災害事故をいう。

(2) ×：特定元方事業者の講ずべき措置として，作業場所を巡視すること（労働安全衛生法第30条第1項第三号）が定められていて，その巡視は，毎作業日に少なくとも1回行わなければならない。

(3) ○

(4) ○

(5) ○

(6) ×：架設通路の勾配が15°を超えるものには，踏さんその他の滑止めを設ける。

(7) ○

(8) ×：建設工事等において工事現場の境界線からの水平距離が5m以内で，かつ，地盤面から高さが3m以上の場所からくず・ごみその他飛散するおそれのあるものを投下する場合には，ダストシュートを用いる等，投下するくず・ごみ等が工事現場の周辺に飛散することを防止するための措置を講じなければならない。

(9) ○

(10) ×：事業者は，酸素欠乏危険作業については，第一種酸素欠乏危険作業にあっては酸素欠乏危険作業主任者技能講習または酸素欠乏・硫化水素危険作業主任者技能講習を修了した者のうちから，第二種酸素欠乏危険作業にあっては酸素欠乏・硫化水素危険作業主任者技能講習を修了した者のうちから酸素欠乏危険作業主任者を選任しなければならない。

施工管理法

8・5 設備施工

8・5・1 機器据付け工事

> 学習のポイント
>
> 1. アンカボルトの種類と性能について覚える。
> 2. アンカボルトの引抜き力の計算を理解する。

（1） コンクリート基礎

① 多量のコンクリートを打設する場合，レディミクストコンクリートを使用し，コンクリート設計基準強度は18 N/mm² とする。また，現場調合の調合比（容積比）は，セメント1：砂2：砂利4程度とする。

② 仕上げはモルタルによって平滑に仕上げる。モルタルの調合比（容積比）はセメント1：砂3程度とする。

③ コンクリート打込み後，10日以内に機器を据え付けてはならない。

（2） 機器の据付け

① 機器の据付けは，水平・垂直に注意して行う。

② 機器回りの配管は，その荷重が機器に直接かからないように接続する。

③ 機器の振動が配管に伝わらないように，たわみ継手などを取り付ける。

④ 機器を吊り上げる場合，ワイヤロープの吊り角度を大きくすると，ワイヤロープに掛かる張力も大きくなる。

（3） アンカボルト

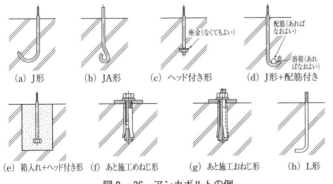

図8・36 アンカボルトの例

(a) J形　(b) JA形　(c) ヘッド付き形　(d) J形＋配筋付き

(e) 箱入れ＋ヘッド付き形　(f) あと施工めねじ形　(g) あと施工おねじ形　(h) L形

① アンカボルトの径，埋込み長さおよび本数は，それに加わる引抜き力，せん断力から決定する。　◀ よく出題される

② あと施工アンカボルトは，打設前に基礎コンクリートの強度が，規定以上であることを確認する。

③ あと施工アンカの設置においては，所定の許容引抜き力を確保する

施工管理法

ため，使用するドリルにせん孔する深さの位置をマーキングして所定のせん孔深さを確保する。

④　おねじ形メカニカルアンカボルト（スリーブ打込み式あと施工アンカ）は，ヘッドとボルトが一体となっていて，ナット締付けによりアンカーを躯体に固着させるため，めねじ形（内部コーン打込み式あと施工アンカ）よりも許容引抜き力が大きく，信頼性も高い。

◀ よく出題される

✎
令和4年度応用能力
問題として出題

⑤　L形アンカボルトは，J形およびヘッド付アンカボルトに比べて，許容引抜き荷重が小さい。

◀ よく出題される

⑥　あと施工アンカボルトにおいては，接着系アンカは，下向き取付けの場合，金属拡張アンカに比べて，許容引抜き荷重が大きい。なお，天井スラブの下面に，あと施工アンカを上向きに設置する場合，接着系アンカは使用しない。

◀ よく出題される

⑦　カプセル式接着系アンカボルトの打設間隔は呼び径の10倍以上を標準とし，施工は躯体穿孔，切粉等除去，カプセル挿入，アンカボルト打込みの順序で行う。カプセル挿入後にアンカボルトを回転しながら一定の速度でマーキング位置まで埋込む。この際に，過剰な撹拌をしない。

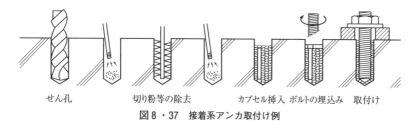

せん孔　　　切り粉等の除去　　カプセル挿入　ボルトの埋込み　取付け

図8・37　接着系アンカ取付け例

⑧　振動を伴う機器の固定は，ナットが緩まないように，ダブルナットとし，頂部にねじ山が3山程度出るように増し締めをして，確認のマーキングを行う。

⑨　地震時に大きな変位を生じるおそれのある機器の防振基礎には，耐震ストッパを設ける。耐震ストッパと機器本体との間の隙間は，緩衝材を考慮した適正な値とする。隙間を大きく取り過ぎると，耐震ストッパボルトが抜けることもある。目安として，機器の定常運転中に緩衝材に接触しない範囲でできるだけ小さな隙間とする。

◀ よく出題される

✎
令和4年度応用能力
問題として出題

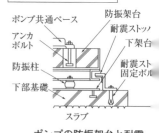

ポンプ共通ベース　防振架台
アンカボルト　耐震ストッパ
下架台
防振柱　耐震スト固定ボル
下部基礎
スラブ

ポンプの防振架台と耐震ストッパ

⑩　アンカボルトの埋込み位置は，地震時に基礎が破損しないように基礎縁からの距離を十分に確保する。

（4）　アンカボルトの最大引張り力・せん断力

機器の据付けにおいて，設計用地震力は，機器の重心に作用するものとして計算する。すなわち，地震時にアンカボルトにかかる最大引張り力およびせん断力は，次のようにして求める。

（a）**最大引張り力**　地震時に機器のアンカボルトを引き抜こうとする外力には，次のようなものがある。

施工管理法

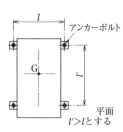

平面
$l'>l$ とする

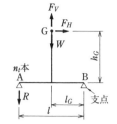

図 8・38　アンカボルトおよび重心にかかる力

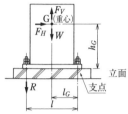
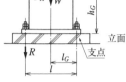

図 8・39　機器の大きさ

図 8・40　B支点を中心としたモーメント

① **水平地震力**　機器の質量に水平震度を掛けた力であり，機器を水平に動かしてアンカボルトを引き抜こうとする方向の力である。

② **鉛直地震力**　機器の質量に鉛直震度を掛けた力であり，機器を上下に動かしてアンカボルトを引き抜こうとする方向の力である。

③ **機器重量**　機器の重心に掛かる機器本体の質量であり，床上設置の機器であればアンカボルトの引抜きを押さえる方向に働く力であり，天井および壁面取付けの機器であれば，アンカボルトを引き抜く方向に働く力である。

以上の３つの力が，アンカボルトを引き抜く力として支点を中心に作用する。この場合，平面が長方形の物体では長辺方向よりも短辺方向のほうが転倒しやすいため，短辺方向に関してのチェックを行えばよい。

機器が転倒しないためには，「支点を中心とする曲げモーメントの総和は０である」の原理を応用すると下記のようになる。

$$n_t \cdot R \cdot l + W \cdot l_G - F_H \cdot h_G - F_V \cdot l_G = 0$$

$$n_t \cdot R \cdot l = F_H \cdot h_G + F_V \cdot l_G - W \cdot l_G$$

$$R = \frac{F_H \cdot h_G - (W - F_V) \cdot l_G}{n_t \cdot l}$$

R：アンカボルトの引張り力［N］

n_t：アンカボルトの本数［本］

W：機器質量［N］

F_H：水平地震力＝機器質量×水平震度［N］

F_V：鉛直地震力＝機器質量×鉛直震度［N］

l：機器の短辺側のアンカボルト間の水平距離［m］

l_G：支点となるアンカボルトから機器重心までの水平距離［m］

h_G：支点となるアンカボルトから機器重心までの垂直距離［m］

施工管理法

(b)　**せん断力**　　アンカボルトにせん断力が作用するのは水平地震力で
あり，この力が各アンカボルトに均等にかかるものとすれば，1本当
たりは次のようになる。

$$T = \frac{F_H}{n_t} \ [\mathrm{N}]$$

8・5・2　設備機器の据付け

【学習のポイント】

1. 重量機器を据え付ける場合，コンクリート基礎の養生期間を理解する。
2. 冷凍機やボイラ回りに必要とされる壁や配管からの離隔距離と保守点検用スペースを確保
することを理解する。
3. ポンプ，冷却塔，送風機，受水タンクの据付け方法を理解する。

（1）　冷凍機の据付け

　吸収式冷凍機は，吸収器・再生器・凝縮器・蒸発器等，各種の熱交換器
を用いるため，同一性能の遠心冷凍機と比較すると質量も形状も大きい。

　吸収式冷凍機は，圧縮機を使用せず，騒音・振動が遠心冷凍機に比べて
少ないので屋上や中間階設置の場合，防振パッド上に据え付けることが多
い。大型の冷凍機や直だき吸収冷温水機は，基礎コンクリート打込み後適
切な養生を行い，10日経過した後に据え付ける。◀ よく出題される

　遠心冷凍機は，運転時における質量の3倍以上の長期荷重に十分耐える
鉄筋コンクリート造の基礎に据え付ける。

　冷凍機凝縮器のチューブ引出し用として，いずれかの方向に有効な空間
を確保する。また，保守点検のため周囲に1m以上，特に，操作盤のあ
る前面は1.2m以上のスペースを確保する。◀ よく出題される

1日の冷凍能力が20トン以上の場合に，左右側面，裏面は0.5m以上の作業空間距離を確保する必要がある。

　冷凍機に接続する冷水・冷却水の配管は，荷重が直接機器本体にかから
ないように支持する。

　真空または窒素加圧の状態で据え付けられた冷凍機は，空気中の水分に
よる内部腐食防止のために封入しているので，据付け後も気密保持に十分
注意し大気開放してはならない。◀ よく出題される

（2）　ボイラの据付け

　ボイラ基礎は，運転時における全質量の3倍の長期荷重に耐えうるもの
とする。大形ボイラの基礎は，コンクリート打込み後適切な養生を行い，
打設後10日経過した後に据え付ける。

　オイルサービスタンクが地下オイルタンクより低い位置にある場合は，
返油ポンプおよび緊急遮断弁を設ける。

　ボイラの最上部から天井，配管その他のボイラの上部にある構造物ま
での距離を，1.2m以上としなければならない。ボイラの外壁から壁，配◀ よく出題される

管その他のボイラの側部にある構造物（検査及び掃除に支障のない物を除く。）までの距離を0.45m以上としなければならない。ただし，胴の内径が500 mm 以下で，かつ，その長さが1,000 mm 以下のボイラについては，この距離は，0.3 m 以上とする。

　ボイラ前面には通常バーナが取り付けられていて，この運転およびメンテナンスのために，前面壁等との離隔距離は1.5 m 以上は確保したい。

（3）　ユニット形空気調和機の据付け

　ユニット形空気調和機の振動の影響をあまり考慮しないでよい場合は，振動対策として防振ゴムパットを使用するが，振動を考慮する必要がある場合は，金属ばねなどの防振材を使用した防振基礎とする。

（4）　パッケージ形空気調和機の据付け

　天井カセット形の場合，エアフィルタの清掃や日常点検等のメンテナンスを本体の天井パネル部で行うことができる。

　床置き形の場合，地震時に転倒しないように，壁にボルトで固定する等の転倒防止の処置を行う。

　屋外機の設置には，騒音を考慮し，設置場所に注意するとともに，必要に応じて，防音壁等の検討や，コンクリート基礎の上に防振装置を設けて，水平に据え付ける。また，原則として空気の吸込み面や吹出し面が季節風の方向に正対しないようにする。

　冷媒封入量は，装置全体の量で決定される。したがって，冷媒配管の長さが長くなると，冷媒量も多くなる。

（5）　ポンプの据付け

　横形ポンプを2台以上並べて設置する場合，各ポンプの基礎の間隔は，一般的に，500 mm 以上とし，ポンプの据付け後に軸継手部を手で回し，ポンプが軽く回ることを確認する。

　ポンプ本体とモータの軸の水平は，カップリング面，ポンプの吐出し及び吸込フランジ面の水平及び垂直を水準器で確認する。

　管および弁の荷重が，直接ポンプにかからないようにする。

　渦巻ポンプで負圧になる吸込み配管には，連成計を取り付ける。

　ポンプの据付けにおいて，ポンプ類の基礎の高さは，床上300 mm 程度とし，基礎表面の排水溝に排水目皿を設け，最寄りの排水系統に間接排水

連成計
（マイナス指針がある）

圧力計

図8・41　連成計と圧力計

図8・42　ポンプ周り配管の例

施工管理法

する。なお，軸封部がメカニカルシールの冷却水ポンプは，コンクリート基礎表面の排水目皿や排水管を設けないとしてもよい。

　排水用水中モータポンプの据付け位置は，排水流入口の近辺は，流入水の落下によって水流が乱れ，ポンプの吸込み口から空気を吸い込むおそれがあるため，排水流入口からできるだけ離れた位置に設置する。また，雑排水用水中モータポンプと壁面との離れは，ポンプケーシング外面から200 mm 以上とし，2台設置の場合におけるポンプケーシングの中心間距離はポンプケーシングの直径の3倍以上とする。

◀ よく出題される

（6）　送風機の据付け

　呼び番号2以上の遠心送風機は，床置きの場合，鉄筋コンクリート基礎とし，天井吊りとする場合は，形鋼など溶接枠組みした架台に防振装置を介して取り付ける。ブレース付きの吊りボルト施工が可能なものは，原則として呼び番号2未満の小型送風機である。

◀ よく出題される

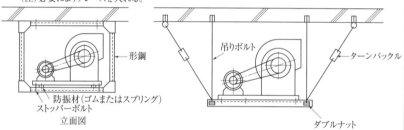

(注) 必要によりブレースを入れる。

（a）送風機(呼び番号2以上)天井吊り　　（b）送風機(呼び番号2未満)天井吊り
図8・43　天井吊りの送風機の据付施工例

　送風機の基礎の大きさは，高さを150 mm 程度とし，幅は架台より100 mm〜200 mm 大きくする。

　送風機とモータのプーリーの心出しは，外側面に定規や水糸などを当てて調整する。また，防振基礎には，地震による横ずれや，転倒防止のためのストッパを設ける。

（7）　冷　却　塔

①　屋上設置の冷却塔は，構造体と一体となったコンクリート基礎上に鋼製架台を取り付けて，堅固に据え付ける。

②　冷却塔から排出した空気が，再び塔内に吸い込まれないよう，周辺に十分なスペースを設ける。2台を近接して設置する場合，原則として，ルーバ面の高さの2倍以上離して設置する。

令和4年度応用能力問題として出題

③　煙突などからの煙を吸い込まないよう，風向と煙突からの距離を検討する。

④　冷却塔の補給水口は，ボールタップを作動させるために高置タンクの低水位から3m 以上の落差が必要である。

令和4年度応用能力問題として出題

⑤　冷却塔回りの配管は，その重量が直接冷却塔にかからないように支持し，必要に応じてたわみ継手などを取り付ける。

（8）　飲料用受水タンク・貯湯タンク

　飲料用受水タンクは，コンクリート製の独立基礎の上に鋼製架台を介して，水平，かつ<u>底面からの高さが600 mm 以上</u>になるよう堅固に固定する。

◀ よく出題される

✎
令和4年度応用能力
問題として出題

　貯湯タンクの据付けにおいては，<u>周囲に450 mm 以上</u>の保守・点検スペースを確保するほか，加熱コイルの引抜きスペース及び内部点検用マンホール部分のスペースを確保する。

確認テスト〔正しいものには○，誤っているものには×をつけよ。〕

【機器据付け工事】【設備機器の据付け】

□□(1)　コンクリートを現場練りとする場合，調合（容積比）はセメント1，砂2，砂利4程度とする。

□□(2)　あと施工のメカニカルアンカボルトは，おねじ形よりめねじ形の方が許容引抜き力が大きい。

□□(3)　L形アンカボルトは，J形及びヘッド付アンカボルトに比べて，許容引抜き荷重が大きい。

□□(4)　大型ガス直だき吸収冷温水機は，基礎コンクリート打込み後適切な養生を行い，10日経過した後に据え付ける。

□□(5)　真空又は窒素加圧の状態で据え付けられた冷凍機は，据付け直後に機内を大気に開放した後，配管を接続する。

□□(6)　ボイラ側面と壁・配管等の構造物との離隔を，0.5 m とした。

□□(7)　渦巻ポンプの吸込み管内が負圧になるおそれがあったため，連成計を取り付けた。

□□(8)　呼び番号3の遠心送風機は，天井より吊ボルトにて吊下げ，振れ防止のためターンバックルをつけた斜材を4方向に設けた。

□□(9)　クーリングタワーの補給水口の高さは，ボールタップを作動させるため，高置タンクの低水位から3 m の落差が確保できる位置とする。

□□(10)　屋内設置の飲料用受水タンクは，鋼製架台100 mm として，コンクリート基礎高さを300 mm とした。

確認テスト解答・解説

【機器据付け工事】【設備機器の据付け】

(1)　○

(2)　×：おねじ形メカニカルアンカボルト（スリーブ打込み式あと施工アンカー）は，ヘッドとボルトが一体となっていて，ナット締付けによりアンカを躯体に固着させるため，めねじ形（内部コーン打込み式あと施工アンカ）よりも許容引き抜き力が大きく，信頼性も高い。

(3)　×：アンカボルトに引抜き力が作用した場合，L形アンカボルトはL形が伸びてしまい，引き抜けるおそれがあり，J形およびヘッド付アンカボルトのほうが許容引抜き荷重が大きくなる。

(4)　○

(5)　×：冷凍機内部を真空又は窒素加圧の状態で搬入するのは，空気中の水分による内部腐食防止のためであり，据付後も配管接続直前まで機内をこの状態に保っておかなければならない。

(6)　○

(7)　○

(8)　×：天井吊りボルトで支持できる遠心送風機は，呼び番号2未満までである。呼び番号2以上の遠心送風機を天井吊りとする場合は鉄骨架台を組んで，防振装置を介して設置する。

(9)　○

(10)　×：飲料用受水タンクの底面までの高さは，保守点検用に600 mm 以上必要である。

施工管理法

8・5・3　配管施工

> 学習のポイント
>
> 1. 冷温水配管の施工方法について覚える。　3. 鋼管の支持方法を理解する。
> 2. 給水管の水圧試験について理解する。　4. 伸縮管継手の固定方法を理解する。

（1）　一般事項

① 配管材とその継手または接合方法の組合せは，次のとおりである。

- ・ポリエチレン管の継手は，エレクトロフュージョン（電気融着）管継手。
- ・耐火二層管の接合方法は，TS式差込み接合。
- ・配管用炭素鋼鋼管の継手は，ねじ込み式可鍛鋳鉄製管継手。
- ・配管用ステンレス鋼鋼管の接合方法は，溶接フランジ管継手，及びねじ接合。
- ・ステンレス鋼鋼管の溶接接合は，管内にアルゴガス又は窒素ガスを充満させてから，TIG溶接により行う。
- ・水道用硬質ポリ塩化ビニル管と鋳鉄管の接合はB形ソケット。
- ・水道用硬質塩化ビニルライニング鋼管のねじ接合は，管端防食継手。

② 水道用硬質塩化ビニルライニング鋼管の切断にチップソーやパイプカッタで切断すると，鋼管の塩化ビニルライニングが剥離するので，切断には帯のこ盤（バンドソー），丸のこ盤や，自動金のこ盤を使用する。

③ 水道用硬質塩化ビニルライニング鋼管の面取り加工は，スクレーパにより切断面のバリを取り，丸みをつけて，ライニング厚の1/2程度のリーマ掛けを手作業とし，ねじ切り機によるリーマ掛けを行わない。

④ ステンレス鋼鋼管の切断に，炭素鋼用の刃を用いると，刃先が鈍り，焼付きを起こしやすくなる。

⑤ 鋼管・ステンレス鋼鋼管ともに，肉厚4mm以上の場合，突合せ溶接する際の開先は，V形開先とする。

⑥ 配管用炭素鋼鋼管を溶接接合する場合，管外面の余盛高さは3mm程度以下とし，それを超える余盛はグラインダー等で除去する。

⑦ 飲料用に使用する鋼管のねじ接合には，人体に無害なペースト・シール剤を使用する。

⑧ 鋼管のねじ接合において，転造ねじの場合のねじ部強度は，切削ねじに比べて大幅に強く，鋼管本体の強度とほぼ同程度となる。

⑨ 青銅製の仕切弁の最高許容圧力は，管内の流体が静流水よりも周期的に圧力及び流量が変動する脈動水のほうが低い。

⑩ 弁棒が弁体の中心にある中心型のバタフライ弁は，冷水温水切替え弁などの全閉・全開用に適している。

◀ よく出題される

> 令和4年度応用能力問題として出題

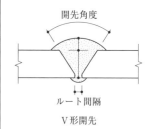

開先角度

ルート間隔

V形開先

（2） 冷温水配管

リバースリターン方式は，各放熱器への配管の摩擦損失抵抗がほぼ等しくするためのものである。

ボールジョイントは，3個を1組として，地震などによる配管の変位吸収に使用する。

冷却塔より高い位置に凝縮器を設ける場合，凝縮器出口側にサイホンブレーカ（バキュームブレーカ）を設ける。

冷温水配管の配管頂部に設ける自動空気抜き弁は，管内が正圧になる場所に取り付ける。冷温水配管の主管から枝管を分岐する場合は，枝管にエルボを3個以上用いて分岐する。　◀ よく出題される

令和4年度応用能力問題として出題

開放形膨張タンクは，配管系の最高部より少なくとも1m以上の高さに設置し，膨張管にはメンテナンス用であっても弁は設けてはならない。

令和4年度応用能力問題として出題

冷温水配管の横引き配管は，1/250程度の勾配で，開放式膨張タンクまたは空気抜き弁に向かって先上がりとなるように配管する。

熱による冷温水配管の膨張を考慮する場合は，伸縮管継手を設け，伸縮管継手にベローズ形伸縮管継手を用いる場合は，一般に，接液部がステンレス鋼製のものを用いる。

冷温水管や給水管などの横走り管において，径違い管を接続する場合は，エア溜まりの原因となる段差を生じさせないため，レジューサ（偏心異径継手）を使用して管の天端が水平になるように接続する。空気溜りの原因となるブッシングを用いてはならない。　◀ よく出題される

冷温水配管の主管の曲部には，ベンド管やロングエルボを使用して抵抗を減少させるようにする。

開放系の冷温水配管において，鋼管とステンレス鋼管を接合する場合は，絶縁継手を介して接合する。

（3） 空調機回りの配管施工

冷温水管の往き管は空気調和機のコイル下部の風下側に接続し，還り管はコイル上部の風上側に接続する。　◀ よく出題される

空気調和機の冷温水量を調節する混合型電動三方弁は，冷温水コイルの還り管側に設ける（図8・44）。　◀ よく出題される

空気調和機のドレン管には，空気調和機の機内静圧（又は全圧）以上の封水深をもった排水トラップを設ける。　◀ よく出題される

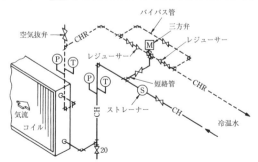

図8・44　冷温水コイル回りの配管図（三方弁使用の場合）

（4） 蒸気配管の施工

横引き配管は，蒸気と凝縮水の流れ方向が同一の先下り配管とし，勾配は1/250程度とする。

（5） 油配管の施工

オイルタンクの通気管の配管口径は30 mm 以上とし，通気管の先端は，45°以上下向きに曲げ，雨水の浸入を防ぐ構造とする。また，細目の銅網などによる引火防止装置を設ける。

（6） 冷媒配管の施工

パッケージ形空気調和機の冷媒配管を差込接合する際には，酸化防止措置として配管内に不活性ガスを流しながらろう付け接合し，接合後の配管フラッシング及び気密試験には，冷媒に水分が混入しないように，窒素ガス，炭酸ガス，乾燥空気を使用する。また，配管の施工時にドレン配管は勾配を設ける必要があるが，冷媒配管には勾配を設ける必要がない。

（7） 給水管の施工

横引き配管の勾配を1/250以上，揚水ポンプなど遠心ポンプ（冷温水ポンプも含む）の吸込み管は，ポンプに向かって1/50〜1/100の上がり勾配 ◀ よく出題される
とする。保守および改修を考慮して，主配管の適当な箇所にフランジ継手を設ける。給水管の静水頭が400 kPa 以上とならないように，中間水槽を設けるか，減圧弁を設ける。

給水管の水圧試験において，試験圧力は最少0.75 MPa とし，揚水管で ◀ よく出題される
は当該ポンプの設計送水圧力の2倍，又は0.75 MPa のうちの大きい圧力， ┌─────────────┐
高置タンク以下の給水配管では，静水頭に相当する圧力の2倍の圧力とす │ 令和4年度応用能力 │
る。また，保持時間は1時間以上とし，圧力低下のないことを確認する。 │ 問題として出題 │
└─────────────┘
飲料用高置タンクからの給水配管の完了後，管内の洗浄において末端部で遊離残留塩素が，0.2 mg/L 以上検出されるまで消毒する。

（8） 給湯配管の施工

給湯用の銅管を差込み接合する際には，配管の差込み部の管端から4 mm 程度を残して，フラックスを塗布する。強制循環式の下向き給湯配管では，給湯管，返湯管とも先下がりとし，上向き給湯配管では，給湯管が先上がり，返湯管が先下がりとし，勾配は1/200以上とする。

（9） 排水管・通気管の施工

排水管用継手にはリセスを設けたものを用いて，継手に接続される配管内面と，継手内面を同一レベルにして固形物が滞留しないようにする。

屋外排水管の直管部に設ける排水ますの間隔は，管径の120倍を超えない範囲内に清掃のためのますを設ける。

直管部に設ける掃除口は，排水管の管径が100 mm 以下の場合は15 m 以内，100 mm を超える場合は30 m 以内に設ける。

屋内排水横走り管の勾配は，呼び径65以下のものは最小1/50，75および

100のものは1/100，125のものは1/150，150以上のものは最小1/200とする。

排水管には1フロア分上の高い水圧がかかることはないため，3階以上にわたる排水立て管に各階に満水試験継手を設け，それより上階の排水系等を満水にして試験を行う。満水試験の保持時間は30分以上とし，減水のないことを確認する。通気横走り管を通気立て管に接続する場合は，通気立て管に向かって上り勾配とし，配管途中で鳥居配管や逆鳥居配管とならないようにする。

排水立て管に鉛直に対して45°を超えるオフセットを設ける場合，当該オフセット部には，原則として，通気管を設ける。

(10) 配管の支持

立て管に鋼管を用いる際に，各階1箇所に形鋼振止め支持を行う。Uボルトは，配管軸方向の滑りに対する拘束力が小さいため，配管の固定には使用しない。配管の防振支持の要否は，防振継手の設置によりポンプと配管が振動絶縁されている場合であっても，振動はポンプから配管に直接伝わるだけでなく，床や壁が伝搬経路になり配管に伝わることもあり，さらにポンプ以外の震動源からの伝搬経路も検討する必要がある。

配管の防振支持に吊り形の防振ゴムを使用する場合は，防振ゴムに加わる力の方向が鉛直下向きとなるようにする。振れ止め支持は，支持点で管が上下にスライドできるように軽く締めつける。

建物のエキスパンションジョイント部の変位吸収管継手（フレキシブルジョイントなど）は，継手の近傍で支持する。

蒸気配管の横引き配管は，形鋼にて下方からローラ等にて支持する。

排水立て管は，最下階の床などの構造体等で，立て管の重量を受ける固定支持を行う。

弁装置・トラップ装置等は，装置の支持のほかに弁類の重量を考慮し，必要に応じて弁本体の支持を行う。

複式伸縮管継手は，継手本体の両側に接続される管の伸縮を吸収するものであり，継手本体を固定して，両側にガイドを設ける。一方，単式伸縮管継手は，配管に固定する型式であるため，継手片側の近傍にて配管ガイドを設ける（図8・46）。

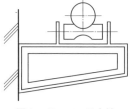

図8・45 ローラ支持

◀ よく出題される

立上がり管

横走り主管からの分岐
（4エルボの場合）

スイベル継手

◀ よく出題される

伸縮量が大きい蒸気配管などの横走り主管から分岐する枝管の場合には，スイベル継手を使用することが多い。

施工管理法

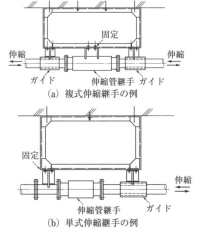

図8・46 単式伸縮管継手と複式伸縮管継手の例

銅管やステンレス鋼鋼管と鋼材では自然電位が異なり，支持部がぬれると異種金属接触腐食が生じる可能性があるので，絶縁材を介して支持する。

　不等沈下が予想される建物の土間配管においては，土間スラブなどの建築構造体から配管を支持する。冷媒配管の支持は，保温材の上から補修テープまたは硬質の幅広バンドで受けて支持する。

　配管の共吊りは，下部配管の重量が上部配管に加わり，配管の継手部分が損傷したり上部配管の吊りボルトにも余分な荷重が加わるために，埋め込み金物の強度によってはスラブから脱落するおそれもあるので，行ってはならない。

確認テスト〔正しいものには○，誤っているものには×をつけよ。〕

【配管施工】

□□(1)　管の厚さが4mmのステンレス鋼管を突合せ溶接する際の開先をⅤ形開先とした。

□□(2)　空気調和機に冷温水管を接続する場合には，流入はコイル上部，流出はコイル下部となるようにした。

□□(3)　自動空気抜き弁は，管内が負圧になる部分に設けた。

□□(4)　冷温水管は，熱による伸縮を考慮して，フレキシブルジョイントを用いて接続した。

□□(5)　空気調和機のドレン管に，送風機の全圧以上に相当する排水トラップの深さ（封水深）をもった空気調和機用トラップを設けた。

□□(6)　冷媒配管を差込接合する際に，配管内に不活性ガスを流しながら接合した。

□□(7)　揚水管の試験圧力は，揚水ポンプの全揚程に相当する圧力とした。

□□(8)　管径200mmの屋外排水管の直管部に，排水桝を24mの間隔で設けた。

□□(9)　単式伸縮管継手を設ける場合は，継手本体を固定して，継手両側の近傍に配管ガイドを設ける。

□□(10)　立て管に鋼管を用いる場合は，各階1箇所に形鋼振れ止め支持をする。

確認テスト解答・解説

【配管施工】

(1)　○

(2)　×：冷温水コイル内部に空気を溜めないように，冷温水管の流入はコイル下部で風下側，流出はコイル上部で風上側に接続する。

(3)　×：自動空気抜き弁を管内が負圧になる部分に設けると，エア吸入弁となるため，管内が正圧になる部分に設ける。

(4)　×：フレキシブルジョイントは，管軸直角方向の変位を吸収する継手である。熱による配管の伸縮には，管軸方向の変位を吸収する伸縮管継手を使用する。

(5)　○

(6)　○

(7)　×：給水系統の試験圧力は最少0.75MPaとし，揚水管では当該ポンプの設計送水圧力の2倍，または0.75MPaのうちの大きい値とする。

(8)　○

(9)　×：単式伸縮継手は，継手近傍の片方の配管を固定して，もう片方には配管軸直角方向に座屈が生じないようにガイドを設ける。

(10)　○

8・5・4 ダクト施工

学習のポイント

1. 長方形ダクトの工法と構造を理解する。
2. スパイラルダクトの製作方法と，接続方法を理解する。
3. ダクト付属品についての機能を理解する。

（1） 長方形ダクト

　亜鉛鉄板製の長方形ダクトの種類には高圧・低圧ダクトがあり，常用圧力が±500 Pa を超える部分を高圧ダクト，±500 Pa 以内を低圧ダクトとし，長辺の長さによりダクトの板厚が決まる。ただし，排煙ダクトに使用

表 8・7　亜鉛鉄板製長方形ダクトのフランジ接続部の構造

	アングルフランジダクト（AF ダクト）	コーナボルト工法ダクト	
		共板フランジダクト（TF ダクト）	スライドオンフランジダクト（SF ダクト）
構　成　図			
フランジ接続方法			
構　成　部　材	1) ボルト（全周） 2) ナット（全周） 3) アングルフランジ 4) リベット（全周） 5) ガスケット	1) ボルト（四隅コーナ部のみ） 2) ナット（四隅コーナ部のみ） 3) 共板フランジ 4) コーナ金具（コーナピース） 5) フランジ押え金具（クリップ・ジョイナ） 6) ガスケット 7) シール材（四隅コーナ部）	1) ボルト（四隅コーナ部のみ） 2) ナット（四隅コーナ部のみ） 3) スライドオンフランジ 4) コーナ金具（コーナピース） 5) フランジ押え金具（ラッツ・スナップ・クリップ・ジョイナ） 6) ガスケット 7) シール材（四隅コーナ部）
フランジ製作	等辺山形鋼でフランジを製作する。	ダクト本体を成形加工して，フランジとする。	鋼板を成形加工して，フランジを製作する。
フランジの取付け方法	ダクト本体にリベットまたはスポット溶接で取り付ける。	フランジがダクトと一体のため，組立時にコーナピースを取り付けるだけである。	フランジをダクトに差し込み，スポット溶接する。
フランジの接　　続	フランジ全周をボルト・ナットで接続する。	四隅のボルト・ナットと専用のフランジ押え金具（クリップなど）で接続する。	四隅のボルト・ナットと専用のフランジ押え金具（ラッツなど）で接続する。

施工管理法

する亜鉛鉄板製の長方形ダクトの板厚は，高圧ダクトの板厚とする。

　また，フランジ接続部の構造の違いから，アングルフランジ工法ダクト，コーナボルト工法ダクト（共板フランジ，スライドオンフランジ）がある。

　アングルフランジ工法ダクトの低圧ダクトと高圧ダクトの横走りダクトの吊り間隔は，同じでよい。

　アングルフランジ工法，コーナボルト工法とも，空気の漏れ防止のため，フランジの4隅にシールを施したうえ，接合部にガスケットを使用する。 ◀ よく出題される
ガスケットの厚さは，アングルフランジ工法ダクトでは3mm以上，コーナボルト工法では5mm以上を標準とする。また，コーナボルト工法のガスケットは，フランジ幅の中心線より内側に貼り付け，コーナ部をさけた箇所でオーバーラップさせる。

　アングルフランジ工法ダクトは，フランジ部の鉄板の折返しを5mm以 ◀ よく出題される
上とする。

　長辺が750mmを超える長方形ダクトの角の継目は2箇所以上とし， ◀ よく出題される
ピッツバーグはぜまたはボタンパンチスナップはぜとする。

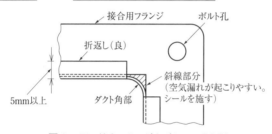

図8・47　接合フランジとダクトのすき間

　亜鉛鉄板製の排煙ダクトの角の継目は，ピッツバーグはぜとする。 ◀ よく出題される

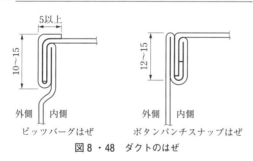

図8・48　ダクトのはぜ

　長方形ダクトは，ダクトの長辺に応じて横方向，縦方向の形鋼補強をおこない，さらに，長辺が450mmを超える保温を施さない長方形ダクト ◀ よく出題される
には，300mm以下のピッチで補強リブによる補強が必要である。したがって，保温を施したダクトは，補強リブによる補強が不要である。補強リブは，はぜによりダクト平板の剛性を高めて強度を増すためのものである（図8・49）。

令和4年度応用能力
問題として出題

施工管理法

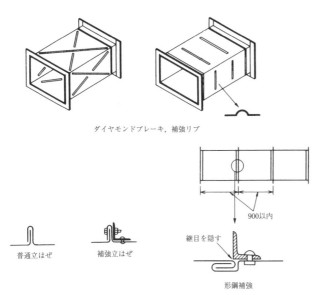

ダイヤモンドブレーキ，補強リブ

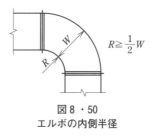

900以内

普通立はぜ 補強立はぜ 継目を隠す

形鋼補強

図8・49 ダクトの補強

　低圧ダクトのアングルフランジ工法接合用ボルトの最小呼び径および最大間隔は，ダクトの長辺の寸法に関わらず，同一である。

　アングルフランジダクトの接合用フランジの最大間隔は，高圧ダクトについては，ダクトサイズによらず1,820 mm とする。

　長方形ダクト用エルボの内側半径は，原則として，ダクトの半径方向の幅の1/2以上とする（図8・50）。

$R \geqq \dfrac{1}{2}W$

W

R

図8・50
エルボの内側半径

　風量分割に精度を求められる場合は，風量比による割込み分割方法が採用される。片テーパ付直付け分岐は割込み分岐に比べ加工が容易であり，風量分割にさほど精度を要しない場合に用いられる。

　長方形ダクトに用いる直角エルボには，ダクトの板厚と同じ案内羽根を設ける。

◀ よく出題される

　コーナボルト工法のフランジ辺部は，共板フランジ工法では，ダクトの端部を折曲げ成型したフランジをフランジ押さえ金具（クリップなど）により，ダクト寸法による規定の間隔で，必要な個数を取り付ける。また，フランジ押さえ金具（クリップなど）は再使用しない。コーナボルト工法ダクトは，アングルフランジ工法ダクトに比べて強度が小さい。

　アングルフランジ工法は，低圧ダクト・高圧ダクトにかかわらず，同じサイズの場合，ダクトの吊り間隔は3,640 mm 以下で同じである。共板フランジ工法ダクトは，天井内の横走りダクトの吊り間隔がアングルフランジ工法ダクトより短い。

施工管理法

ダクトの断面を拡大させる角度は，縮小させる角度より緩やかにする。一般的に拡大させる場合は15°以内，縮小させる場合は30°以内とする（図8・51）。コイルの上流側のダクトが30度を超える急拡大となる場合は，整流板を設けて風量の分布を平均化する。

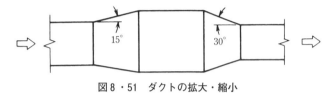

図8・51　ダクトの拡大・縮小

送風機の吐出し口直後にエルボを取り付ける場合，吐出し口からエルボまでの距離は，送風機の羽根径の1.5倍以上とする。

◀ よく出題される

🖉 令和4年度応用能力問題として出題

厨房や浴室などの多湿箇所の排気ダクトは，ダクト接合部のダクト折返しの四隅部，ダクト縦方向のハゼ部およびダクト接合部をシールして凝縮水が滴下するのを防止する。

横走り主ダクトには，形鋼振止め支持を12m以下の間隔で設ける。ただし，梁貫通などの振れを防止できる箇所は振れ止め支持とみなしてよい。また，立てダクトの支持は1フロア1か所とするが，階高が4mを超える場合には中間に支持を追加する。

◀ よく出題される

🖉 令和4年度応用能力問題として出題

（2）　スパイラルダクト

スパイラルダクトは，亜鉛鉄板をら旋状に甲はぜ掛け機械巻きしたもので，サイズに関係なく低圧および高圧ダクトに使用され，保温を施さない場合でも，補強の必要がない。

◀ よく出題される

口径が600mm以上の亜鉛鉄板製円形スパイラルダクトは，フランジ継手接合とする。

◀ よく出題される

スパイラルダクトの差込み接続においては，外面にシール材を塗布した継手をダクトに差し込み，鋼製ビスで接合した後，ダクト用テープを巻く。

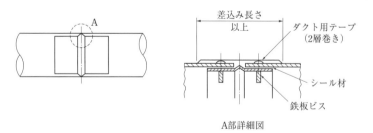

図8・52　差込み継手接合

呼称寸法1,250mm以下の横走りダクトの吊り間隔は4,000mm以下とし，口径300mm以下のスパイラルダクトの吊り金物には，厚さ0.6mm以上の亜鉛鉄板を帯板状に加工したものを使用できる。

円形ダクトの曲がり部の内側曲がり半径は，原則としてダクト直径の

1/2以上とする。

（3）　ダクト付属品

（a）　**防火ダンパ**

① 防火ダンパは，気流方向に注意して取り付ける。

② 防火ダンパは，4本吊りで取り付ける。ただし，長方形ダンパは長辺が300 mm 以下，円形ダンパは内径300 mm 以下については2本吊りとする。

③ 防火ダンパを天井内に取り付ける場合，1辺の長さが450 mm 以上の点検口を設ける。

④ 防火ダンパの温度ヒューズ作動温度は，<u>一般系統は72℃</u>，厨房排気系統は120℃である。また排煙系統では280℃である。

換気や空調用ダクトで，防火壁の貫通部分と貫通部から防火ダンパまでは，<u>厚さ1.5 mm 以上の鉄板</u>とし，防火壁とダクトの隙間はロックウールやモルタル等の不燃材料で埋め戻す。

（b）　**風量調整ダンパ**　　風量調整ダンパは，気流の整流された箇所に設ける必要があるため，エルボからダクト幅の8倍程度の直線部の後に設置する。送風機の吐出し口直後に設ける場合は，<u>ダンパの軸が送風機羽根車の軸に対して直角</u>となるようにする。また，給気ダクトに消音エルボを使用する場合，風量調整ダンパの取付け位置は，消音エルボの上流側とする。

風量調整ダンパには平行翼形ダンパと対向翼形ダンパがあり，<u>風量調整性能は対向翼形ダンパのほうが優れている。</u>

◀ よく出題される

（a）多翼型ダンパ
（平行翼形）

（b）多翼型ダンパ
（対向翼形）

図8・53　ダンパの形式

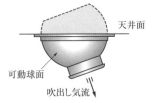

天井面

可動球面

吹出し気流

図8・54　パンカルーバ

（c）　**吹出し口類**　　パンカルーバは，手動で気流の吹出し方向を自由に変えることができるというメリットがある。

線状吹出口は，風向調整ベーンを動かすことによって吹出気流を変えることができ，線状吹出し口に用いるチャンバは，吹出し口各点の風速が片寄らないようにするため，吹出し方向に深いものを使用する。

壁付き吹出し口は，誘引作用による天井面の汚れを防止するため，吹出し口上端と天井面との間隔を150 mm 以上とする。

ノズル形吹出し口は，<u>発生騒音が比較的小さく，吹出し風速も大きく</u>とれるので，講堂などの大空間の空調に適している。

施工管理法

　　シーリングディフューザ形吹出し口とダクトの接続には，ボックス，羽子板またはフレキシブルダクトが使用される。

　　シーリングディフューザにおいて，居住域の吹出し気流の残風速が0.25 m/sの区域を最大拡散半径，残風速が0.5 m/sの区域を最小拡散半径といい，最大拡散半径が重なってもドラフトは感じないが，最小拡散半径が重なるとドラフトを感じることがある。したがって，最小拡散半径が重ならないように配置計画をする。 ◀ よく出題される

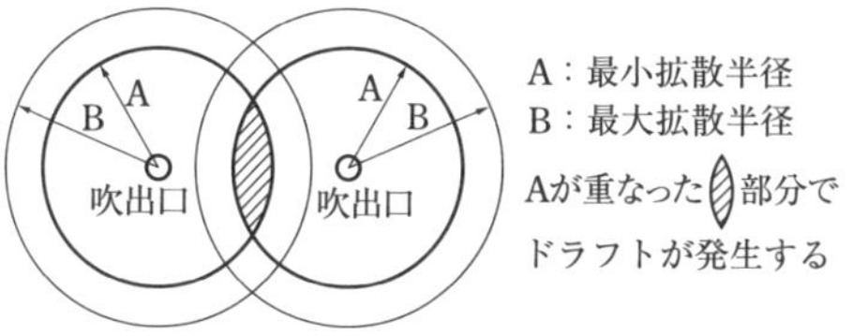

A：最小拡散半径
B：最大拡散半径
Aが重なった[[]]部分でドラフトが発生する

図8・55　シーリングディフューザの拡散半径

　　シーリングディフューザでは，中コーンを上げると，温風は下方へ吹き出して暖房効果が上がり，下げると冷風は天井面に沿って吹き出すので，冷風が拡散して冷房効果が広がる。 ◀ よく出題される
　 p.215 図6・36参照

　　パネル形の排煙口は，排煙ダクトの気流方向とパネルの回転軸が平行となる向きに取り付ける。

　(d)　**消音ボックス**　消音ボックスは，ボックス出入口の断面変化による反射効果と内張りの消音効果を合わせもったものである。

　(e)　**排気フード**　厨房用器具の排気フードの板厚は，亜鉛鉄板よりステンレス鋼板のほうが薄くできる。

　(f)　**たわみ継手**　送風機の吸込み口側は負圧となるため，その断面が極端に縮小するのを防止する目的でピアノ線を挿入したたわみ継手を使用する。ただし，排煙ダクトと排煙機の接続は，原則として，たわみ継手等を介さずに，直接フランジ接合とする。

令和4年度応用能力問題として出題

　(g)　**変風量ユニット（VAV），定風量ユニット（CAV）**
　　変風量（VAV）ユニットは，原則として，ユニット入口長辺寸法の2倍以上の長さの直管が上流側にある位置もしくは，気流が整流となるダクトの直管部に取り付ける。

　　定風量ユニットは，ユニット前後の圧力差が必要静圧以上になる場所に設ける。

　(h)　**その他**
　　長方形ダクトに取り付ける風量測定口は，ダクト辺に200 mmから300 mmピッチ程度で取り付ける。

　　ダクトやチャンバに設ける点検口の開閉方向は，原則として，正圧の場合には内開き，負圧となる場合は原則として外開きとする。

確認テスト〔正しいものには○，誤っているものには×をつけよ。〕

【ダクト施工】

☐☐(1) 共板フランジ工法の横走りダクトの吊り間隔は，アングルフランジ工法より短くする。

☐☐(2) コーナボルト工法ダクトのダクト接合フランジ部の折り返しの隅部には，シールは不要である。

☐☐(3) 長辺が750 mm を超える長方形ダクトの角の継目は，1箇所とした。

☐☐(4) 最上階等を横走りする主ダクトに設ける耐震支持は，25 m 以内に1箇所，形鋼振止め支持とする。

☐☐(5) 亜鉛鉄板製スパイラルダクトは，亜鉛鉄板をら旋状に甲はぜ機械掛けしたもので，高圧ダクトにも使用できる。

☐☐(6) 防火ダンパの温度ヒューズの作動温度は，一般系統用は72℃程度，厨房排気系統用は120℃程度とする。

☐☐(7) 風量調節ダンパは，平行翼ダンパの方が対向翼ダンパより風量調節機能が優れている。

☐☐(8) シーリングディフューザ形吹出口は，最小拡散半径が重なるように配置する。

☐☐(9) シーリングディフューザ形吹出口は，冷房時には，冷房効果をあげるため，中コーンを下げる。

☐☐(10) 厨房用器具の排気フードの板厚は，亜鉛鉄板製の方がステンレス鋼板製より厚くしなければならない。

確認テスト解答・解説

【ダクト施工】

(1) ○

(2) ×：アングルフランジ工法，コーナボルト工法とも，空気の漏れ防止のため，フランジの4隅にシールを施したうえ，接合部にガスケットを使用する。

(3) ×：長辺が750 mm を超えるダクトの角の継目は，ダクトの強度を保持するため，原則として2箇所以上とする。

(4) ×：横走りする主ダクトに設ける耐震支持は，12 m 以内に1箇所，形鋼振止め支持とするほか，主ダクト末端部に振れ止め支持を行う。

(5) ○

(6) ○

(7) ×：風量調節時に，平行翼ダンパは偏流を生じるため，対向翼ダンパのほうが優れている。

(8) ×：シーリングディフューザにおいて，居住域の吹出し気流の残風速が0.25 m/s の区域を最大拡散半径，残風速が0.5 m/s の区域を最小拡散半径といい，最大拡散半径が重なってもドラフトは感じないが，最小拡散半径が重なるとドラフトを感じることがある。したがって，最小拡散半径が重ならないように配置計画をする。

(9) ○

(10) ○

施工管理法

8・5・5　保温・保冷・塗装

> 学習のポイント
>
> 1. 保冷の目的，保冷材および補助材の役割等について理解する。
> 2. ロックウール保温材とグラスウール保温材の耐熱温度の相違を理解する。
> 3. 保温・保冷・防露については，6・1・3「保温・保冷および防露」の記述も合わせて理解する。

（1）保温・保冷

　グラスウール保温材の24 K，32 K，40 K の表示は，保温材の密度を表すもので，数値が大きいほど熱伝導率が小さい。　　◀ よく出題される

　JIS では，保冷とは常温以下の物体を被覆し，侵入熱量を小さくすること又は被覆後の表面温度を露点温度以上とし，表面に結露を生じさせないことであると定義している。

　冷温水配管の保温施工において，ポリエチレンフィルムを補助材として使用する場合のおもな目的は，保温材が吸湿して熱伝導率が大きくなることを防止するためである。また，ポリエチレンフィルム巻き仕上げの場合は，1/2重ね巻きとする。

　ポリスチレンフォーム保温材とポリエチレンフォーム保温材は，独立気泡体を有し水にぬれた場合でも，グラスウール保温材に比べ熱伝導率の変化が小さく，断熱性能の低下が小さい。　　◀ よく出題される

　ホルムアルデヒド放散量は「F☆☆☆☆」のように表示され，☆の数が多いほどホルムアルデヒド放散量が少ないことを示す。

　給水および排水の地中またはコンクリート埋設配管は，原則として，保温を行わない。

　冷水および冷温水配管の吊りバンド等の支持部は，合成樹脂製の支持受けを使用する。

　配管およびダクトの床貫通部は，保温材保護のため，床面より少なくとも高さ150 mm 程度までステンレス鋼板で被覆する。　　◀ よく出題される

　蒸気管などが壁・床などを貫通する場合，伸縮を考慮して，貫通部分およびその面から前後約25 mm 程度は保温被覆を行わない。ただし，冷温水管は，保温を省略すると，結露を生じて保温内に浸透し，保温効果を減少させるので，保温を行う。

　ポリスチレンフォーム保温材などの有機質系発泡質保温材の熱間収縮温度は，80〜120℃程度であるため，繊維系の保温材であるグラスウールやロックウールよりも，使用温度の上限が低いので，蒸気管には使用しない。

　配管の保温材としてグラスウール保温材を使用している場合でも，防火

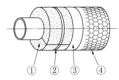

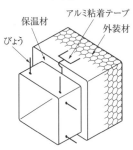

一般空調ダクト
（室内隠べい）

保温材　アルミ粘着テープ
外装材
びょう

冷水・冷温水・給水・消
火・排水管（屋内隠べい）

① ② ③ ④

①保温筒：ポリスチレンフォーム
　　　　保温筒
　　　　グラスウール保温筒
　　　　ロックウール保温筒
②緊縛材：亜鉛鉄線

③防湿材：ポリエチレンフィルム
　　　　アスファルトフェルト
　　　　アスファルトルーフィ
　　　　ング
④外装材：アルミクラフト紙＋
　　　　きっ甲金網，アルミガ
　　　　ラスクロステープ

図8・56　保温施工順序の例

区画を貫通する部分にはロックウール保温材を使用する。

　事務室天井内の冷水管をグラスウール保温材で保温する場合の施工順序
は，①保温筒，②鉄線，③ポリエチレンフィルム，④アルミガラスクロス
とする。

　機械室内露出の給水管にグラスウール保温材で保温する場合の施工順序
は，①保温筒，②鉄線，③原紙，④アルミガラスクロスとする。

　保温材の単位厚さ当たりの熱伝導による伝熱量は一定であるので，保温
厚さを減少させれば熱抵抗も減少して，伝熱量は増加する。

　保温筒相互の間（すきま）は，できる限り少なくし，重ね部の継目は同
一線上にならないようにして取り付ける。　　　　　　　　　　　◀ よく出題される

　横走り管に保温筒を取り付ける場合は，その抱き合わせ目地は管の垂直
上下面を避け横側に位置する。

　グラスウール等の帯状材は，50 mm ピッチ以下に鉄線でらせん巻き締
めとし（スパイラルダクトの場合は150 mm ピッチ以下），保温帯を二層
以上重ねて所要の厚さにする場合は，保温帯の各層をそれぞれ鉄線で巻き
締める。保温筒は，1本につき鉄線を2か所以上2巻き締めとする。　◀ よく出題される

　また，ポリスチレンフォーム保温筒は，合わせ目を粘着テープでと
め，両端の継目は粘着テープ2回巻きとし，保温筒の長さが600 mm 以上
1000 mm 以下は中間に1箇所粘着テープ2回巻きとする。

　綿布，ガラスクロス，ビニルテープ等，テープ状のテープ巻きの重なり
幅は原則として15 mm 以上とする。

　立て管の外装用テープ巻き仕上げとする場合は，下方より上向きに巻き
上げる。

　SUS 304などのオーステナイト系ステンレス鋼製貯湯タンクは，応力腐
食割れ現象が発生するおそれがある。一方，グラスウールやロックウール
保温材には塩素成分が微量であるが含有されていて，保温材から溶出して
くる塩素成分が応力腐食割れの促進因子となることが考えられるので，タ
ンク本体にエポキシ系塗装を施すことにより保温材と絶縁する。　　◀ よく出題される

施工管理法

（2）　塗　　　装

　塗装場所の気温が5℃以下，湿度が85％以上または換気が十分でなく乾燥不適当な場所では塗装は行わない。

　一般に，亜鉛めっき面の合成樹脂調合ペイント塗りの中塗りおよび上塗りの塗装工程の放置時間は，気温が20℃において，それぞれ各工程とも24時間以上とする。

確認テスト〔正しいものには○，誤っているものには×をつけよ。〕

【保温・保冷・塗装】

□□(1)　グラスウール保温材の24 K，32 K などの表示は，保温材の耐熱温度を表すもので，数値が大きいほど耐熱温度が高い。

□□(2)　冷温水配管の保温施工において，ポリエチレンフィルムを補助材として使用する主な目的は，保温材の脱落を防ぎ，保温効果を高めるためである。

□□(3)　ポリスチレンフォーム保温材は，水にぬれた場合，グラスウール保温材に比べ熱伝導率の変化が大きい。

□□(4)　ステンレス鋼板（SUS 304）製貯湯タンクは，エポキシ系塗装により保温材と絶縁する。

□□(5)　室内露出配管の床貫通部は，その保温材の保護のため，床面より少なくとも高さ150 mm程度までステンレス鋼板等で被覆する。

□□(6)　保温筒相互の間げきは，できる限り少なくし，重ね部の継目は同一線上になるようにして取り付ける。

□□(7)　一般に，亜鉛めっき面の合成樹脂調合ペイント塗りの中塗り及び上塗りの塗装工程の放置時間は，気温が20℃において，それぞれ各工程とも24時間以上とする。

確認テスト解答・解説

【保温・保冷・塗装】

(1)　×：グラスウール保温材の24 K，32 K，40 K の表示は，保温材の密度を表すもので，数値が大きいほど熱伝導率が小さい。

(2)　×：ポリエチレンフィルムを使用する目的は，保温材が吸湿して熱伝導率が大きくなることを防止するためである。

(3)　×：ポリスチレンフォーム保温材は，ポリエチレンまたはその共重合体に発泡剤，添加剤を混合して発砲加工成形したもので，独立気泡構造であるため，吸水・吸湿がほとんどないので水分による断熱性能の低下が小さい。これに対してグラスウール保温材は複雑に重なり合った繊維から構成されており，水にぬれた場合，水分が繊維の間に吸収されるため，熱伝導率が大きくなる。

(4)　○

(5)　○

(6)　×：保温施工ですきまがあると保温効果が減少し，冷水などの場合には内部結露を生じるため，保温筒相互の間（すきま）は，できる限り少なくし，重ね部の継目は同一線上にならないようずらして取り付ける。

(7)　○

8・5・6 試運転調整

1. 冷凍機は，冷水ポンプ，冷却水ポンプ，冷却塔などとの連動を確認する。
2. ボイラの安全装置について理解する。

(1) 主要機器の試運転調整

(a) **冷凍機の試運転**　冷凍機の始動は，冷水ポンプ，冷却水ポンプ，冷却塔を稼働させ冷水量及び冷却水量が規定流量であることを確認した後に冷凍機を起動する。停止時は冷凍機が最初に停止し，続いて冷水ポンプ，冷却水ポンプ，冷却塔が停止する連動（インタロック）を確認する。冷水量が過度に減少した場合，断水リレーの作動により冷凍機が停止することを確認する。また，停止サーモスタットの設定値が冷水温度の規定値より低いことを確認する。次に，温度調節器による自動発停の作動を確認する。 ◀ よく出題される

　チリングユニットの試運転調整は，冷却塔の送風機を止めて，高圧リレーが作動することを確認する。

　吸収冷温水機は，減水時システム停止のインタロックを確認するほか，換気ファンとのインタロックを確認する。

(b) **ボイラの試運転**

　ボイラを運転する前に，ボイラ給水ポンプ，オイルポンプ，給気ファン等の単体運転の確認を行い，ガスだきの場合は，ガス配管の空気抜きを行いガス圧の調整を，オイルヒータがある場合は，オイルヒータの電源を入れて油を予熱する。

　ボイラは，火炎監視装置（フレームアイ）と火炎間を遮断することにより，始動時の不着火，失火の場合に，バーナが停止すること，および，地震感知装置による燃料停止を確認する。 ◀ よく出題される

　蒸気ボイラは缶内等に沸騰面を有していて，水面が下がり過ぎると空焚きの危険があるため，低水位燃焼遮断装置用の低水位検出器を人為的に缶内水位を下げてバーナが停止し警報装置が作動することを確認する。また，蒸気ボイラの試運転時には，主蒸気弁を閉めてからバーナの起動スイッチを入れ，所定の安全操作の確認後に，圧力計で蒸気圧を確認する。

　真空式温水発機および無圧式温水発生機は，地震又はこれに相当する衝撃により燃焼が自動停止することを確認する。

施工管理法

(c) **送風機の試運転**　　Vベルト駆動の送風機は，Vベルトを指で押したときベルトの厚さ程度たわむのを確認する。Vベルトの張力はモータを稼動させて，送風機とモータの軸間を調整する。また，送風機の回転方向でベルトの下側張りであることを確認する。

　　運転前に送風機を手で廻し，羽根と内部に異常なあたりがないか点検してから，吐出側ダンパを全閉にして起動し，規定の電流値になるまでダンパを徐々に開いて調整してから吹出し口風量の調整をする。

　　軸受温度は，周囲空気よりも40℃以上高くならないことを確認する。

(d) **ポンプの試運転**　　揚水ポンプの運転は，高置タンクの満水水位で停止し，減水水位で運転することを確認する。満水水位で停止しない場合，および減水水位で稼働しない場合は，満水警報および減水警報が作動することもあわせて確認する。

　　渦巻きポンプは，ポンプと電動機の主軸が一直線になるようにカップリングに定規を当てて水平度を確認する。

　　ポンプのメカニカルシールのしゅう動部は，リングの作用で漏れが非常に少なく，ほとんど漏水はみられない。グランドパッキンの場合は，連続滴下程度の水が外部に漏れる状態に調整する。締め付けすぎると焼付け等を起こす。

◀よく出題される

　　渦巻ポンプは，空気抜きを行い，吐出し弁を閉じ，回転方向を確認して，徐々に弁を開いて規定水量になるように運転調整を行う。

　　排水ポンプは，排水槽の満水警報を発報させて，ポンプ2台が同時運転することを確認する。

　　ポンプは，軸受温度が周囲空気温度より40℃以上高くなっていないことを確認する。

(e) **空気調和機の試運転**　　加湿器が停止した後，タイムラグを設けて送風機が停止するか確認する。

(f) **給水設備**　　給水栓における水が，遊離残留塩素を0.2 mg/ℓ（100万分の0.2）（結合残留塩素の場合は1.5 mg/ℓ）以上保持するように塩素消毒をする。

（2）　室内環境測定

　温湿度は，アスマン通風式乾湿球温度計で通風状態にして測定する。測定に際しては，湿球温度計のガーゼが湿っていることを確認する。

確認テスト〔正しいものには○，誤っているものには×をつけよ。〕

【試運転調整】

□□(1) 冷凍機と関連機器との起動は，冷水ポンプ→冷凍機→冷却水ポンプ→冷却塔の順に行う。

□□(2) 蒸気ボイラは，火炎監視装置（フレームアイ）と火炎間を遮断することにより，始動時の不着火，失火の場合に，バーナが停止することを確認する。

□□(3) 送風機の場合，吐出側主ダンパを全閉にして起動し，規定の電流値になるまでダンパを徐々に開いて調整してから吹出口風量の調整をする。

□□(4) ポンプのメカニカルシールの摺動部は，連続滴下程度の水が外部に漏れる状態に調整する。

□□(5) 温湿度は，アスマン通風乾湿球温度計で通風状態にして測定する。測定に際しては，湿球温度計のガーゼが湿っていることを確認する。

確認テスト解答・解説

【試運転調整】

(1) ×：冷凍機と関連機器の始動では，関連機器をすべて稼働させた後に冷凍機を最後に投入する。停止時には冷凍機を最初に停止させ，続いて関連機器を停止する。関連機器が全部運転していないのに，冷凍機を起動させたり，冷凍機を停止する前に，関連機器を停止させたりすると，機器異常や故障の原因となる。したがって，起動は，関連機器をすべて運転させた後に最後に冷凍機を起動させ，停止は，最初に冷凍機を停止させた後に，関連機器を順次停止させる。

(2) ○

(3) ○

(4) ×：連続滴下程度の漏水が必要なのはグランドパッキンの場合で，締め付けすぎると焼付け等を起こす。メカニカルシールの場合は，リングの作用で漏れが非常に少なく，ほとんど漏水はみられない。

(5) ○

8・5・7　防振・腐食

学習のポイント

1. 金属ばね，防振ゴムの特性を理解する。
2. 各種腐食形態を理解する。
3. 異種金属接触腐食と金属のイオン化傾向の大小について理解する。

（1）　防　　振

　基礎の固有振動数は，防振装置のばね定数に比例する。したがって，ばね定数の小さな防振材料を使用すれば，固有振動数が小さくなり，振動伝達率を小さくできる。防振材料のばね定数は，空気ばね＜金属ばね（コイルばね）＜防振ゴムの順に大きい。

① 防振ゴムは，一般に，金属ばねに比べて，ばね定数が大きい。また，金属ばねより高い周波数の振動絶縁効率がよい。

② 防振ゴムは，同一のばねにより，鉛直方向のみならず，水平方向や回転方向のばねとして振動絶縁を行うことができる。防振ゴムのその他の特徴として下記のメリットがある。

　・内部摩擦を有するので，高周波振動の遮断に有利であり，減衰要素としての機能を有する。

　　一方，デメリットとしては，下記のことがある。

　・ばね定数を小さく設計することが困難であり，固有振動数の下限は4～5Hzである。

　・金属ばねに比べて，耐寒性・耐熱性・耐水性が悪く，天然ゴムは油にも弱く膨潤する。

③ 金属ばねは，高い強制振動数に対して，サージングを起こすことがある。サージングとは，バネ自身の固有振動数と負荷振動周期の共振による自励振動のことで，バネの伸縮が一様でなくなる現象である。

　　金属ばねは，高周波数振動の絶縁が防振ゴムに比べて悪いが，低い振動数で振動絶縁効率がよい。

　　金属ばねは，防振ゴムに比べてバネ定数が小さいため，固有振動数を低くすることができる。したがって，加振力の振動数が低い系の防振材として適している。また，防振ゴムに比べて，載荷した場合の変位（たわみ）が大きい。

④ ポンプや送風機の強制振動数には，一般に，軸回転の振動数を用いる。

⑤ 機械の強制振動数（回転機械の場合は回転数）が，防振基礎の固有振動数より大きいほど振動伝達率の値が小さくなる。また，防振基礎

の固有振動数と運転時の機械の強制振動数が近い値になると，共振が生じて，振動の振幅が大きくなるので，防振効果が期待できない。

⑥　地震時に大きな変位を生じるおそれのある防振基礎には，耐震ストッパを設ける。

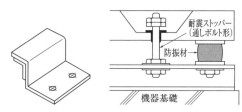

図8・57　耐震ストッパ

⑦　回転数の大きい機器の防振基礎は，振動を絶縁しやすい。機器の回転数が小さくなると，振動絶縁効率は低下する。したがって，機器の回転数を大きくするか，基礎の質量を増やして固有振動数を小さくすると，振動を絶縁しやすい。

⑧　防振架台に載せる機器の重量が大きくなると，振動伝達率は，小さくなる。振動伝達率とは，機器の加振力と設置床への伝達力の比をいい，機器の強制振動数（回転機械の場合は回転数）が大きいほど振動伝達率の値が小さくなり，振動を絶縁しやすい。

⑨　機器を防振基礎上に設置した場合，機器自体の振動振幅は，防振基礎を使用しない場合より大きい。

⑩　共通架台に複数個の回転機械を設置する場合には，防振材は一番低い回転数に合わせて選定する。

⑪　構造体に振動を伝えないために，ポンプは防振ゴム，送風機は金属コイルバネ（スプリング）の防振架台を使用する。

又，配管やダクトに振動を伝えないために，ポンプは防震継手を，送風機はたわみ継手を使用する。

⑫　遠心ポンプが異常振動しているのはキャビテーションの可能性があり，著しい流水音の給水管は水圧が高いことや流速が速いこと，排水管の場合には流水の乱れが原因として考えられる。また，揚水管のウォーターハンマは，水圧が高いことが原因の一つにある。

（2）腐　食

異種金属接触腐食はイオン化傾向の順位に関係が深く，イオン化傾向が大の金属と小の金属が接触すると，大の金属のほうが腐食する。銅管と鋼管が接触していると，鋼管のほうが腐食する。金属のイオン化傾向の大きいほうからの順は，Mg, Al, Mn, Zn, Cr, Fe, Ni, Sn, Cu　である。

マクロセル腐食は，コンクリート中の鉄筋と電気的につながってしまった埋設鋼管が建物に導入される近傍部に発生する。

土質に差があると，埋設配管された鋼管表面への酸素の拡散に差が生じ，通気の悪い部分が陽極，良い部分が陰極となるマクロセルを形成し，通気の悪い部分の鋼管が腐食する。これを防止するためには，亜鉛やマグネシ

ウムなどの犠牲陽極を設置する流電電極法が使用される。

青銅製仕切り弁の脱亜鉛腐食は，青銅製の弁本体より黄銅製の弁棒に発生しやすい。脱亜鉛腐食とは，弁本体が青銅製，弁棒が黄銅製のバルブにおいて，亜鉛が選択的に腐食する脱亜鉛腐食を起こし，弁棒に含まれている亜鉛が脱亜鉛腐食で多孔性となり，強度が低下して，弁棒が脱落する現象である。青銅は銅と錫の合金であり，黄銅は銅と亜鉛の合金である。亜鉛と錫では亜鉛の方がイオン化傾向が大であり，腐食しやすいためである。

SUS 304製受水タンクの応力腐食は，圧縮応力のかかる部分より引張り応力のかかる部分に発生しやすい。

電気防食法の外部電源方式は，交流電源を使用して変圧・整流して直流の防食電流に変換するもので，電極装置のプラス側に耐久性のある電極を，マイナス側に被防食体を接続し，電極から防食電流を水や土などの電解質を通して被防食体に流入させ防食する方式である。外部電源方式による防食は，流電陽極方式より寿命が長く，広範囲を防食することができる。しかし，　フェライト系ステンレス鋼のSUS 444製貯湯タンクに応力腐食割れ対策として，外部電源方式の電気防食を用いると，金属面で水素が発生して，金属組織内に入り込み脆化や割れの原因となるので，行ってはならない。

◀ よく出題される

流電陽極方式：犠牲陽極方式ともいい，被防食体よりもイオン化傾向の大きい金属を用いて，被防食体を防食する方法

皮膜などによる防食方法としては，亜鉛による溶融めっき（どぶづけ），亜鉛・アルミニウムによる金属溶融（メタリコン），亜鉛・ニッケル・銅による電気めっき，クロムによるクラッドなどがある。溶融めっきは，金属を高温で溶融させた槽中に被処理材を浸漬したのち引き上げ，被処理材の表面に金属被覆を形成させる防食方法である。また，金属溶射は，加熱溶融した金属を圧縮空気で噴射して，被処理材の表面に金属被覆を形成させる防食方法である。

配管の防食に使用される防食テープには，防食用ポリ塩化ビニル粘着テープ，ペトロラタム系防食テープ等がある。

ペトロラタム系防食テープによる防食処置では，ペトロラタム系防食テープを1/2重ね2回巻きし，その上にプラスチックテープを1/2重ね1回巻きする。ブチルゴム系絶縁テープによる防食処置では，ブチルゴム系絶縁テープを1/2重ね2回巻きする。熱収縮材による防食処置では，熱収縮テープを1/2重ね1回巻きし，バーナーで加熱収縮させる。なお，防食テープ巻した鋼管は，施工時に被覆が損傷して，鉄部が露出する陽極部面積が小さい場合，腐食によって短期間に穴があく可能性は大きい。

潰食とは，流速が速すぎると配管の内面に発生する腐食のことで，腐食作用と機械的摩耗作用の相乗効果として発生する。エロージョンともいう。流速の速い給湯用銅管のエルボ下流の部分によく発生するので，管内流速

◀ よく出題される

を1.2 m/s 以下とする。

蒸気管の内部は飽和蒸気で満たされているが，還水管の内部は凝縮水と空気とで満たされている。したがって，還水管のほうが腐食しやすい。

炭素鋼鋼管の電縫鋼管は，鍛接鋼管に比べて溝状腐食が発生しやすい。

密閉系冷温水配管は，ほとんど酸素の供給がないので，配管の腐食速度が遅い。開放系冷却水配管は，スケールの形成による腐食の抑制があるが，酸素濃淡電流による局部腐食が発生することがある。

ステンレス鋼鋼管の溶接は，内面の酸化防止として管内にアルゴンガスを充填して行う。

配管用炭素鋼鋼管（白管）の腐食速度が増大する要因としては，管内の水の pH の値が中性域よりも低 pH 側（酸性側）にある，密閉系の配管の場合で水温が高い，溶存酸素濃度が高い，硬度が低い軟水である，などによる。

◀ よく出題される

確認テスト〔正しいものには○，誤っているものには×をつけよ。〕

【防振・腐食】

□□(1)　鋼管と絶縁されずに接続された銅管の部分は，異種金属接触腐食が発生する。

□□(2)　銅管に設けられた青銅製仕切り弁の脱亜鉛腐食は，青銅製の弁本体より黄銅製の弁棒に発生しやすい。

□□(3)　給湯管に使用した銅管に発生する潰食は，流速が速いほど発生しやすい。

□□(4)　金属ばねは，防振ゴムに比べて，低い振動数で振動絶縁効率がよい。

□□(5)　防振基礎の固有振動数は，機械の強制振動数に近い方がよい。

確認テスト解答・解説

【防振・腐食】

(1)　×：異種金属接触腐食はイオン化傾向の順位に関係が深く，イオン化傾向が大の金属と小の金属が接触すると，大の金属のほうが腐食する。したがって，鋼管のほうが腐蝕する。

(2)　○

(3)　○

(4)　○

(5)　×：機械の強制振動数（回転機械の場合は回転数）が，防振基礎の固有振動数より大きいほど振動伝達率の値が小さくなる。また，防振基礎の固有振動数を運転時の機械の強制振動数に近い値になると，共振が生じて，振動の振幅が大きくなる。

施工管理法

第9章 関連法規

関連法規の出題傾向

9・1 労働安全衛生法

3年度は，建設工事現場における安全衛生管理について2問出題された。4年度は，建設作業場の安全衛生管理体制，工事現場における安全管理に関して2問出題された。。

9・2 労働基準法

3年度は，建設業における就業に関して1問出題された。4年度は，労働条件について1問出題された。

9・3 建築基準法

3年度は，建築の用語の意味，建築設備について2問出題された。4年度は，建築物の用語の定義，建築設備の構造に関して2問出題された。

9・4 建設業法

3年度は，建設業の許可，施工体制についての2問が出題された。4年度は，請負契約書の記載すべき事項，元請負人の義務に関して2問出題された。

9・5 消防法

3年度は，スプリンクラ設備，屋内消火栓設備（1号消火栓）について2問出題された。4年度は，1号屋内消火栓設備の加圧送水装置，不活性ガス消火設備に関して2問出題された。

9・6 廃棄物の処理及び清掃に関する法律（廃棄物処理法）

3年度，4年度ともに，産業廃棄物の処理に関して1問出題された。

9・7 建設工事に係る資材の再資源化に関する法律（建設リサイクル法）

3年度，4年度ともに，資材の再資源化に関して出題された。

9・8 その他の法律

3年度は，騒音規制法の特定建設作業について出題された。4年度は，フロン類の使用の合理化及び管理の適正化に関する法律について出題された。

関連法規

9・1 労働安全衛生法

学習のポイント

1. 総括安全衛生管理者，統括安全衛生責任者および安全衛生責任者の職務について覚える。
2. 元方安全衛生管理者の配置および職務について覚える。
3. 作業主任者の選任すべき作業について覚える。
4. 新たに職長になった人の教育内容について覚える。
5. 現場の安全管理における通路および架設通路について覚える。
6. 移動式クレーンに関する事項および運転資格について覚える。

9・1・1 安全管理体制

（1） 安全管理体制

◀ よく出題される

図9・1，図9・2に，常時50人以上および10人以上50人未満の労働者を使用する単一事業場の安全管理体制を示す。また，図9・3に，下請企業を含めて，常時50人以上の労働者のいる工事現場の安全管理体制を示す。

（2） 総括安全衛生管理者

事業者は，事業場の労働者が常時100人以上となる場合には，総括安全衛生管理者を選任しなければならない。表9・1に単一事業場の管理者と業務を示す。総括安全衛生管理者は，安全管理者および衛生管理者の指揮

◀ よく出題される

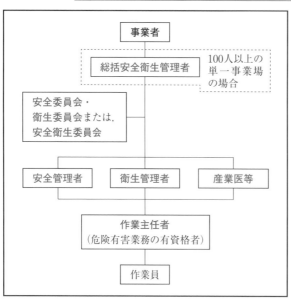

図9・1 50人以上の単一事業場の安全管理体制

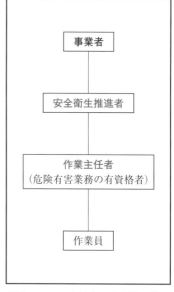

図9・2 10人以上50人未満の単一事業場の安全管理体制

関連法規

して，それぞれ「労働災害の原因の調査及び再発防止対策」，「健康診断の実施及び健康教育を行うこと」が定められている。

また，常時10人以上50人未満の労働者のいる単一事業場は，安全衛生推

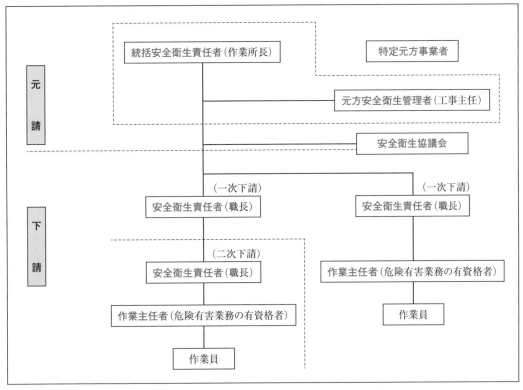

図 9・3　50人以上の下請混在事業場の安全管理体制

表 9・1　単一事業場の管理者と業務

項目／管理者	選任者	事業場の規模	選任までの期間	業 務 の 内 容
総括安全衛生管理者	事業者	常時100人以上	14日以内	1. 安全管理者・衛生管理者の指揮 2. 危険または健康障害防止の措置 3. 安全・衛生教育 4. 健康診断等，健康保持推進措置 5. 労働災害原因調査・防止対策 6. 安全衛生方針の表明 7. 危険・有害性調査および対策処置 8. 安全衛生計画の作成・改善
安全管理者		常時50人以上		1. 作業場の巡視 2. 労働者の危険防止 3. 安全教育 4. 労働災害再発防止等
衛生管理者				1. 作業場の定期巡視（毎週1回） 2. 健康障害防止 3. 衛生教育 4. 健康診断等，健康管理

産業医			1. 健康診断の実施・結果に対する処置 2. 作業環境の維持管理 3. 作業の管理・健康管理 4. 健康の教育・相談・保持増進 5. 衛生教育 6. 健康障害の原因調査・再発防止
安全衛生推進者	常時10人以上50人未満		1. 安全と衛生の業務を担当 2. 危険または健康障害防止の措置 3. 安全・衛生教育 4. 健康診断等，健康保持増進措置 5. 労働災害原因調査・防止対策 6. 安全衛生方針の表明 7. 危険・有害性調査と対策処置 8. 安全衛生計画の作成・改善
作業主任者			当該作業に従事する労働者の指揮，その他

進者が安全と衛生の業務を担当することが定められている。

　事業者は，事業場の労働者が常時50人以上となる場合には，安全委員会および衛生委員会を設置して，毎月1回以上開催されなければならない。

（3）　統括安全衛生責任者

　表9・2に下請混在事業場の管理者と業務を示す。

① 　事業者で，1の場所で行う仕事の一部を請負人に請け負わせる者を元方事業者，その仕事の一部を請負人に請け負わせているもののうち，建設業等を特定事業，この特定事業を行う者を，特定元方事業者という。

② 　特定元方事業者は，その労働者およびその請負人（関係請負人という。）の労働者が当該場所において，常時50人以上で作業をすることによって生ずる労働災害を防止するため，統括安全衛生責任者を選任し，その者に元方安全衛生管理者の指揮をさせるとともに，定められた事項を統括管理させなければならない。　◀ よく出題される

③ 　元方安全衛生管理者は，その事業場に専属の者を選任しなければならない。　◀ よく出題される

④ 　統括安全衛生責任者は，通常「作業所長」，元方安全衛生管理者は，その現場の「工事主任」が選任されている。

⑤ 　事業所と下請負契約を締結する関係請負人は，重層下請であろうとも安全衛生責任者を選任しなければならない。

（4）　特定元方事業者等の講ずべき措置

　特定元方事業者は，その労働者および関係請負人の労働者の作業が同一の場所において行われることによって生ずる労働災害を防止するため，次の事項に関する必要な措置を講じなければならない。

関連法規

以下は，統括安全衛生責任者に統括管理させて行う業務である。 ◀よく出題される

一　協議組織の設置および運営を行うこと。

二　作業間の連絡および調整を行うこと。

三　作業場所を巡視すること（毎作業日に少なくとも1回）。

四　関係請負人が行う労働者の安全または衛生のための教育に対する指導および援助を行うこと。

（5）店社安全衛生管理者

統括安全衛生責任者，元方安全衛生管理者の選任が義務づけられていない建設業の元方事業者は，請負契約を締結する事業場ごとに一定の資格を有する者のうちから選任されなければならない。

表9・2　下請混在事業場の管理者と業務

管理者／項目	選任者	事業場の規模	選任までの期間	業務の内容
統括安全衛生責任者	特定元方事業者	常時50人以上（ずい道建設または圧気工法による作業は30人以上）	遅滞なく	元方安全衛生管理者の指揮，特定元方事業者と関係請負人との労働者が同一の場所で作業を行うことによる労働災害防止のための下請の各事項を統括管理 以下は，統括安全衛生責任者に統括管理をさせて行う業務である。 1. 協議組織の設置・運営 2. 作業間の連絡・調整 3. 作業場所の巡視（作業日に少なくとも1回） 4. 関係請負人が行う安全衛生教育の指導・援助 5. 工程および機械・設備の配置計画 6. 労働災害防止 上記各項の技術的事項の管理
元方安全衛生管理者				
安全衛生責任者	特定元方事業者以外の関係請負人			1. 統括安全衛生責任者との連絡および受けた連絡事項を関係者へ連絡 2. 統括安全衛生責任者からの連絡事項の実施について管理 3. 請負人が作成する作業計画等を統括安全衛生責任者と調整 4. 混在作業による危険の有無確認 5. 請負人が仕事の一部を下請けさせる場合，下請けの安全衛生責任者と連絡調整
店社安全衛生管理者	元方事業者	S造またはSRC造の作業場は常時20人（その他は50人）※統括安全衛生責任者を選任している事業場は除く。		1. 現場の巡視（毎月1回） 2. 工事の実施状況の把握 3. 協議組織の随時参加 4. 統括安全衛生責任者との連絡，および受けた連絡事項の関係者への周知

関連法規

9・1・2　労働者の就業に当たっての措置

（1）　雇入れ，作業内容を変更したときの安全衛生教育

労働者を雇い入れたとき，または作業内容を変更したときは，労働者に対して，安全または衛生のための教育を行う。

① 機械・原材料などの危険性，有害性とこれらの取扱い方法

② 安全装置・保護具の性能と取扱い方法

③ 作業手順

④ 作業開始時の点検

⑤ 発生するおそれのある疾病の原因と予防

⑥ 整理整頓と清潔の保持

⑦ 事故発生時における応急措置と退避

⑧ 上記以外の安全衛生に必要な事項

（2）　特別教育を必要とする業務

事業者は，下記に示す危険なまたは有害な業務をさせる場合は，安全または衛生のための特別な教育を行う。

① 研削といしの取替えまたは取替え時の試運転の業務

② アーク溶接機を用いて行う金属の溶接・溶断等の業務

③ 作業床の高さが10 m未満の高所作業車の運転の業務

④ 小型ボイラの取扱いの業務

⑤ 吊り上げ荷重が5 t未満のクレーンの運転の業務

⑥ 吊り上げ荷重が1 t未満の移動式クレーンの運転業務

⑦ 吊り上げ荷重が5 t未満のデリックの運転業務

⑧ 建設リフトの運転業務

⑨ 吊り上げ荷重が1 t未満のクレーン，移動式クレーンまたはデリックの玉掛けの業務

⑩ ゴンドラの操作の業務

⑪ 酸素欠乏危険場所における作業に係る業務

⑫ 足場の組立て，解体又は変更の作業に係る業務

⑬ 高さが2 m以上の作業床のない箇所でフルハーネス型墜落制止用器具を用いて行う作業に係る業務

（3）　職長等の安全衛生教育

事業者は，新たに職務に就くことになった職長その他の作業中の労働者を直接指導または監督する者に対し，次の事項について省令に定めるところにより，安全または衛生のための教育を行う。

① 作業手順の定め方

② 労働者の適正な配置の方法

③ 指導および教育の方法

④ 作業中における監督および指示の方法

⑤ 危険性または有害性等の調査の方法

⑥ 危険性または有害性等の調査の結果に基づき講ずる措置

⑦ 設備，作業等の具体的な改善の方法

⑧ 異常時における措置

⑨ 災害発生時における措置

⑩ 作業に係る設備及び作業場所の保守管理の方法

⑪ 労働災害防止の関心の保持及び労働者の創意工夫を引き出す方法

なお，「休業補償」については，定めていない。

（4） 作業主任者を選任すべき作業と周知

事業者は，労働災害を防止するための管理を必要とする作業で，政令で定めるものについては，都道府県労働局長の免許を受けた者または都道府県労働局長の登録を受けた者が行う技能講習を修了した者のうちから，作業の区分に応じて，作業主任者を選任し，その者に当該作業に従事する労働者の指揮その他の省令で定める事項を行わせなければならない。

また，作業主任者を選任したときは，その者の氏名と行わせる事項を作業場の見やすい箇所に掲示することにより，関係労働者に周知させなければならない。

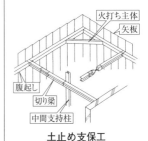

土止め支保工

◀ よく出題される

表9・3 作業主任者を選任すべき業務

	作業の区分	名 称	資格を有する者
①	吊り足場（ゴンドラの吊り足場を除く。），張出し足場または高さが5m以上の構造の足場の組立て・解体または変更の作業	足場の組立て等作業主任者	足場の組立て等作業主任者技能講習を修了した者
②	掘削面の高さが2m以上となる地山の掘削の作業	地山の掘削作業主任者	地山の掘削および土止め支保工作業主任者技能講習を修了した者
③	土止め支保工の切り梁または腹起こしの取付けまたは取はずしの作業	土止め支保工作業主任者	地山の掘削および土止め支保工作業主任者技能講習を修了した者
④	令別表第6に掲げる酸素欠乏危険場所における作業（汚水槽・地下ピットの作業）	酸素欠乏危険作業主任者	酸素欠乏危険作業主任者技能講習または酸素欠乏・硫化水素危険作業主任者技能講習を修了した者
⑤	石綿もしくは石綿をその重量の0.1%を超えて含有する製剤その他の物を取り扱う作業	石綿作業主任者	石綿作業主任者技能講習を修了した者
⑥	ボイラの取扱いの作業	ボイラ取扱作業主任者	ボイラ技士免許を受けた者
⑦	アセチレン溶接装置またはガス集合溶接装置を用いて行う金属の溶接・溶断または加熱の作業	ガス溶接作業主任者	ガス溶接作業主任者の免許を受けた者
⑧	型枠支保工の組立てまたは解体の作業	型枠支保工の組立て等作業主任者	型枠支保工の組立て等作業主任者技能講習を修了した者

関連法規

次の作業は，作業主任者の選任の必要はない。

①　小型ボイラの取扱い作業　　③　クレーン玉掛け作業

②　アーク溶接・溶断作業

（5）　就業制限に係る業務

　事業者は，クレーンの運転その他の業務で，政令で定めるものについては，都道府県労働局長の当該業務に係る免許を受けた者または都道府県労働局長の登録を受けた者が行う当該業務に係る技能講習を修了した者その他厚生労働省令で定める資格を有する者でなければ，当該業務に就かせてはならない。

表9・4　就業制限に係る業務

	業務の区分	業務に就くことができる者
①	ボイラ（小型ボイラを除く。）の取扱いの業務	・特級～2級ボイラ技士免許を受けた者 ・ボイラ取扱技能講習を修了した者
②	吊り上げ荷重が5t以上のクレーン（跨線テルハは除く。）の運転の業務	・クレーン運転士免許を受けた者（床上操作式のクレーンでは，技能講習でも可）
③	移動式クレーンの運転の業務（吊り上げ荷重が5t以上のもの）	・移動式クレーン運転士免許を受けた者
④	移動式クレーンの運転の業務（吊り上げ荷重が5t未満1t以上のもの）	・移動式クレーン運転士免許を受けた者 ・小型移動式クレーン運転技能講習を修了した者
⑤	可燃性ガスおよび酸素を用いて行う金属の溶接・溶断または加熱の業務	・ガス溶接作業主任者免許を受けた者 ・ガス溶接技能講習を修了した者 ・その他厚生労働大臣が定める者
⑥	作業床の高さが10m以上の高所作業車の運転の業務	・高所作業車運転技能講習を修了した者 ・その他厚生労働大臣が定める者
⑦	制限荷重が1t以上の揚貨装置または吊り上げ荷重が1t以上のクレーン，移動式クレーンもしくはデリックの玉掛けの業務	・玉掛け技能講習を修了した者 ・職業能力開発促進法による一定の訓練等を修了した者 ・その他厚生労働大臣が定める者

9・1・3　クレーン等安全規則

表9・5　クレーン等安全規則　（抜粋）

遵守事項	内　　　容
検査証の備付け	事業者は，移動式クレーンを用いて作業を行うときは，当該移動式クレーンに，その移動式クレーン検査証を備え付けておかなければならない。
検査証の有効期間	移動式クレーンの検査証の有効期間は2年とする。
特別の教育	事業者は，吊り上げ荷重が1t未満の移動式クレーンの運転の業務に労働者を就かせるときは，当該労働者に対し，当該業務に関する安全のための特別の教育を行わなければならない。
就業制限	事業者は，吊り上げ荷重が1t以上の移動式クレーンの運転の業務については，移動式クレーン運転士免許を受けた者でなければ，当該業務に就かせてはならない。ただし，吊り上げ荷重が1t以上5t未満の移動式クレーン（以下「小型移動式クレーン」という。）の運転の業務については，小型移動式クレーン運転技能講習を修了した者を当該業務に就かせることができる。

関連法規

定期自主検査	事業者は，移動式クレーンを設置した後，1年以内ごとに1回，定期に，当該移動式クレーンについて自主検査を行わなければならない。ただし，1年を超える期間使用しない移動式クレーンの当該使用しない期間においては，この限りでない。
自主検査の記録	事業者は，定められた自主検査の結果を記録し，これを3年間保存しなければならない。

9・1・4　通路・作業床等の安全基準（労働安全衛生規則）

　事業者は，労働者に危険を及ぼすおそれがないように，次のような危険防止措置を行わなければならない。

（1）　墜落等による危険防止

（作業床の設置等）　高さが2m以上の箇所（作業床の端，開口部等を除く）で作業を行う場合，墜落を防止するために，足場を組み立てる等の方法により作業床を設けなければならない。作業床を設けることが困難なときは防網を張り，労働者に要求性能墜落制止用器具を使用させる等墜落防止の措置を講じなければならない。

（囲い等）　高さが2m以上の作業床の端，開口部等で墜落のおそれのある箇所には，囲い，手すり，覆い等を設けなければならない。囲い等を設けることが著しく困難なとき又は作業の必要上臨時に囲い等を取りはずすときは，防網を張り，労働者に要求性能墜落制止用器具を使用させる等墜落を防止するための措置を講じなければならない。

（照度の保持）　高さが2m以上の箇所で作業を行うときは，当該作業を安全に行うため必要な照度を保持しなければならない。

（悪天候時の作業禁止）　事業者は，高さが2m以上の箇所での作業において，強風，大雨等の悪天候により危険が予想されるときは，当該作業に労働者を従事させてはならない。

（昇降するための設備の設置等）　高さ又は深さが1.5mを超える箇所で作業を行うときは，当該作業に従事する労働者が安全に昇降するための設備を設けなければならない。

（2）　通路の安全

（通路）　作業場に通ずる場所及び作業場内には，労働者が使用するための安全な通路を設け，かつ，これを常時有効に保持しなければならない。また主要な通路には，通路であることを示す表示をしなければならない。

（通路の照明）　通路には，正常の通行を妨げない程度に，採光又は照明の方法を講じなければならない。ただし，坑道，常時通行の用に供しない地下室等で通行する労働者に，適当な照明具を所持させるときは，この限りでない。

（屋内に設ける通路）　屋内に設ける通路については，通路面から高さ

1.8 m 以内に障害物を置かないこと。

（3）（**架設通路**）　架設通路については，こう配は30度以下（階段を設けたもの又は高さが2 m 未満で丈夫な手掛を設けたものは除く），こう配が15度を超えるものには，踏さんその他の滑止めを設けること。

　墜落の危険のある箇所には，次に掲げる設備を設けること。ただし，作業上やむを得ない場合は，必要な部分を限って臨時にこれを取りはずすことができる。

イ　高さ85 cm 以上の手すり

ロ　高さ35 cm 以上50 cm 以下のさん又はこれと同等以上の機能を有する設備

ハ　建設工事に使用する高さ8 m 以上の登りさん橋には，7 m 以内ごとに踊場を設けること

（4）（**作業床**）　足場の高さ2 m 以上の作業場所には，幅40 cm 以上，床材間の隙間が3 cm 以下とし，床材と建地の隙間が12 cm 未満としなければならない。

（5）（**高所からの物体投下による危険の防止**）　3 m 以上の高所から物体を投下するときは，適当な投下設備を設け，監視人を置く等の措置を講じなければならない。　　　　　　　　　　　　　　　　　◀ よく出題される

（6）（**ガス等の容器の取扱い**）　事業者は，ガス溶接等の業務に使用する溶解アセチレン容器は，立てて置かなければならない。

9・1・5　酸素欠乏症等防止規則等

（1）　酸素欠乏症等防止規則

　酸素欠乏とは，空気中の酸素濃度が18％未満である状態をいう。酸素欠乏危険作業に労働者を従事させる場合は，当該作業を行う場所の空気中の酸素濃度を18％以上に保つように換気しなければならないが，純酸素を使用してはならない。また，事業者は，酸素欠乏危険場所の作業場における空気中の酸素濃度を測定した記録は，1年間保存しなければならない。

　酸素欠乏危険場所は，し尿などが入ったり，入れたことのあるタンク，暗きょ，マンホール，ピットの内部などである。

（2）　石綿障害予防規則

　事業者は，建築物の解体等の作業を行うときは，解体等対象建築物等の全ての材料について石綿障害予防規則に定められている方法で事前調査をしなければならない。

確認テスト〔正しいものには○，誤っているものには×をつけよ。〕

□□(1)　統括安全衛生責任者を選任すべき事業者以外の請負人で，仕事を自ら行うものは，総括安全衛生管理者を選任しなければならない。

□□(2)　特定元方事業者は，毎月少なくとも1回，作業場所の巡視を行わなければならない。

□□(3)　作業間の連絡及び調整を行うことについて，統括管理することは，統括安全衛生責任者が行わなければならない事項である。

□□(4)　特定元方事業者による元方安全衛生管理者の選任は，他の事業場と兼任で選任してもよい。

□□(5)　建設業を営む事業者が，新たに職長になった者に対して行う安全又は衛生のための教育の内容として，安全又は衛生のための点検の方法，が定められている。

□□(6)　掘削面の高さが1.5mとなる地山の掘削作業には，作業主任者の選任が必要である。

□□(7)　つり上げ荷重が1トン未満の移動式クレーンの運転（道路上を走行させる運転を除く。）に労働者を就かせるとき，当該業務に関する安全のための特別の教育を行った。

□□(8)　高さが2mの足場で作業床を設けることが困難なため，防網を張り，要求性能墜落制止用器具を使用させた。

□□(9)　架設通路のこう配は，35度以下とする。ただし，階段を設けたもの又は高さが2m未満で丈夫な手掛を設けたものはこの限りでない。

□□(10)　高さが3mの作業場所だったので，残材料などの投下のため投下設備を設けた。

確認テスト解答・解説

(1)　×：統括安全衛生責任者を選任すべき事業者以外の請負人で，仕事を自ら行うものは，安全衛生責任者を選任し，その者に統括安全衛生責任者との連絡等を行わせなければならない。

(2)　×：毎月ではなく，毎作業日に少なくとも1回，作業場所の巡視を行わなければならない。

(3)　○

(4)　×：元方安全衛生管理者を選任する場合は，その事業場に専属の者を選任しなければならない。

(5)　○

(6)　×：作業主任者の選任が必要な作業は，掘削面の高さが2m以上となる地山の掘削の作業である。

(7)　○

(8)　○

(9)　×：架設通路のこう配は，30度以下とする。

(10)　○

9・2 労働基準法

1. 労働者の労働時間，休憩時間，休日および時間外の割増賃金について覚える。
2. 満18歳に満たない者の就業制限について覚える。
3. 満18歳に満たない者の年齢を証明する書類の備付けについて覚える。
4. 使用者の就業規則作成および届出の義務について覚える。
5. 災害補償に関して補償の日数や割合および補償が行われない例外について覚える。

9・2・1　労働条件の基本

　労働条件は，労働者が人たるに値する生活を営むための必要を充たすべきものでなければならない。また，労働条件の基準は最低のものであるから，労働関係の当事者は，この基準を理由として労働条件を低下してはならなく，差別的取扱いをしない均等待遇，男女同一賃金の原則がとり決められている。

（1）　定　　義

　労働者とは職業の種類を問わず，事業等に使用され，賃金を支払われる者をいう。

　使用者とは事業主又は事業の経営担当者その他その事業の労働者に関する事項について，事業主のために行為するすべての者をいう。

（2）　労働条件の決定

　労働条件は，労働者と使用者が対等の立場において決定すべきものであり，労働者および使用者は，労働契約，就業規則および労働協約を遵守し，誠実に各々その義務を履行しなければならない。

（3）　男女同一賃金の原則

　使用者は，労働者が女性であることを理由として，賃金について，男性と差別的取扱いをしてはならない。

9・2・2　労働契約

　使用者と労働者が対等な立場で決定した労働契約であっても，労働基準法に定める基準に達しない労働条件の部分については無効であり，その部

◀ よく出題される

関連法規

分は法の基準が適用される。また，使用者は，労働契約の不履行について違約金を定め，又は損害賠償額を予定する契約をしてはならない。

使用者は，労働契約に付随して貯蓄の契約をさせ，または貯蓄金を管理する契約をしてはならない。ただし，労働者の貯蓄金をその委託を受けて管理する場合にはこの限りではない。

▶ よく出題される

使用者は，労働契約の締結に際し，労働者に対して賃金，労働時間その他の労働条件を明示しなければならない。

明示された労働条件と事実が相違する場合，労働者は即時に労働契約を解除することができる。

使用者は，労働者を解雇しようとする場合においては，原則として，少なくとも30日前にその予告をしなければならない。

9・2・3　賃　　金

（1）　男女差別

前項(3)で述べたように使用者は，労働者が女性であることを理由として，賃金について，男性と差別的取扱いをしてはならない。

（2）　賃金支払いの5原則

① 毎月1回以上の支払い

② 一定の支払日（第4金曜日支払いは違反）

③ 通貨支払い（銀行振出し小切手は不可）

④ 全額支払い

⑤ 直接労働者への支払い

（3）　時間外労働

労働時間外の労働には，通常の労働時間の賃金の計算額の2割5分（25％）増の率で計算した割増賃金を支払わなければならない。ただし，深夜労働または法に定める休日の労働ではなく，かつ，延長して労働させた時間が1箇月について60時間を超えないものとする。

（4）　休日労働

休日労働に対する賃金は3割5分（35％）増しとし，また，休日の労働時間が午後10時から午前5時までの間に及ぶ場合は，その労働時間については，6割（60％）増以上の割増賃金を支払う。

（5）　休業手当

使用者の責任とされるような事由によって休業する場合には，使用者は，休業期間中，平均賃金の6割（60％）以上の手当を支払わなければならない。

関連法規

9・2・4　労働時間，休憩等

（1）　労 働 時 間

使用者は，労働者に休憩時間を除き，1日について8時間，1週間について40時間を超えて労働させてはならない。

（2）　休 憩 時 間

労働時間が6時間を超えるときは45分，8時間を超えるときは1時間の休憩時間を労働時間の途中に与えなければならない。

（3）　休　　　　日

毎週1回，または4週間に4日以上与えなければならない。

（4）　有 給 休 暇

使用者は，その雇入れの日から起算して6箇月間継続勤務し，全労働日の8割（80%）以上出勤した労働者に対して，継続し，または分割した10労働日の有給休暇を与えなければならない。

◀ よく出題される

9・2・5　年　少　者

（1）　最 低 年 齢

使用者は，児童が満15歳に達した日以後の最初の3月31日が終了するまで，これを使用してはならない。

（2）　年少者の証明

使用者は，満18歳に満たない者について，その年齢を証明する戸籍証明書を事業場に備え付けなければならない。

◀ よく出題される

（3）　未成年者の労働契約

親権者または後見人は，未成年者に代わって労働契約を締結してはならない。

（4）　未成年者の賃金の請求

独立して，賃金を請求することができる。

親権者または後見人は，未成年者の賃金を代わって受け取ってはならない。

（5）　年少労働者

満15歳に達した日以降，最初の3月31日が終了した最低15歳以上満18歳未満の労働者をいう。

（6）　年少者の就業制限

使用者は，満18歳に満たない者に，運転中の機械もしくは動力伝導装置の危険な部分の掃除，注油，検査もしくは修繕をさせ，運転中の機械もしくは動力伝導装置にベルトもしくはロープの取付けもしくは取りはずしを

させ，動力によるクレーンの運転をさせ，その他省令で定める危険な業務に就かせ，また，省令で定める重量物を取り扱う業務に就かせてはならない。

（7）　年少者の就業制限の業務範囲

①　ボイラ（小型ボイラを除く。）の取扱いの業務

②　クレーン・デリックまたは揚貨装置の運転の業務

③　最大荷重2t以上の人荷共用エレベータの運転の業務

④　動力により駆動される巻上げ機（電気ホイストおよびエアホイストを除く。），運搬機または索道の運転の業務

⑤　クレーン・デリックまたは揚貨装置の玉掛けの業務（2人以上の者によって行う玉掛けの業務における補助作業の業務を除く。）

⑥　動力により駆動される土木建築用機材等の運転の業務

⑦　土砂が崩壊するおそれのある場所または深さが5m以上の地穴における業務

⑧　高さが5m以上で，墜落により労働者が危害を受けるおそれのある場所における業務

⑨　足場の組立て・解体または変更の業務（地上または床上における補助作業の業務を除く。）

⑩　危険物を製造し，または取り扱う業務で，爆発，発火または引火のおそれのあるもの

⑪　圧縮ガスまたは液化ガスを製造し，または用いる業務

⑫　さく岩機，びょう打ち機等身体に著しい振動を与える機械器具を用いて行う業務は，禁止されている。

⑬　20kg以上の重量物を継続的に取扱う業務（女性は15kg以上）

9・2・6　災害補償

（1）　療養補償

　労働者が業務上負傷し，または疾病にかかった場合においては，使用者は，その費用で必要な療養を行い，または必要な療養の費用を負担しなければならない。

（2）　休業補償

　労働者が業務上の負傷または疾病による療養のため，労働することができないために賃金を受けない場合においては，使用者は，労働者の療養中，平均賃金の100分の60（60％）以上の休業補償を行わなければならない。　◀よく出題される

（3）　障害補償

　労働者が業務上負傷し，または疾病にかかり，治った場合において，そ

関連法規

の身体に障害が存するときは，使用者は，その障害の程度に応じて障害補償を行わなければならない。

（4）　休業補償および障害補償の例外

労働者の重大な過失による業務上の負傷の場合，その過失が認定されれば，休業または障害補償を行わなくてもよい。

（5）　遺族補償

労働者が業務上死亡した場合は，使用者は，遺族に対して，平均賃金の1,000日分の遺族補償を行わなければならない。

（6）　葬祭料

労働者が業務上死亡した場合は，使用者は，葬祭を行う者に対して，平均賃金の60日分の葬祭料を支払わなければならない。

（7）　打切り補償

業務上の負傷または疾病によって補償を受ける労働者が，療養開始後3年を経過しても負傷または疾病が治らない場合においては，使用者は，平均賃金の1,200日分の打切り補償を行い，その後は「労働基準法」の規定による補償を行わなくてもよい。

9・2・7　就 業 規 則

（1）　就業規則の作成および届出の義務

<u>常時10人以上の労働者を使用</u>する使用者は<u>就業規則を作成</u>し，行政官庁に届け出る。　　◀ よく出題される

（2）　就業規則の内容

① 労働時間に関する事項：始業・終業の時刻，休憩，休日，休暇，交代制など

② 賃金支払いに関する事項：賃金の計算方法・支払い方法・締切り日など

③ 退職に関する事項：解雇・退職など

④ 一定の基準を設定する場合にその記載を必要とする事項：

・退職金　・安全衛生　・職業訓練　・災害補償　・傷病補償

・表彰および制裁

9・2・8　雑　　則

（1）　法令規則の周知義務

　使用者は，この法律および命令の要旨，並びに就業規則を，常時各作業場の見やすい場所に掲示し，または備え付ける等によって，労働者に周知させなければならない。

（2）　労働者名簿

　使用者は，各事業所に労働者名簿を，各労働者について調製し，労働者の氏名，生年月日，履歴その他の事項を記入しなければならない。

（3）　賃 金 台 帳

　使用者は，各事業所に賃金台帳を調製し，賃金計算の基礎となる事項および賃金の額その他の事項を賃金支払いの都度遅滞なく記入しなければならない。

（4）　賃金台帳の記載事項

　①氏名　②性別　③賃金計算期間　④労働日数　⑤労働時間　⑥残業時間数，休日労働時間数および深夜労働時間数　⑦基本給，手当その他賃金の種類ごとにその額

（5）　記録の保存

　使用者は，労働者名簿，賃金台帳および雇入れ，解雇，災害補償，賃金　◀ よく出題される
その他労働関係に関する重要な書類を3年間保存しなければならない。

関連法規

確認テスト〔正しいものには○，誤っているものには×をつけよ。〕

□□(1)　使用者と労働者が対等な立場で決定した労働契約であっても，労働基準法に定める基準に達しない労働条件の部分については無効である。

□□(2)　労働時間が8時間を超える場合は，少なくとも45分の休憩時間を与えなければならない。

□□(3)　使用者は，満20歳に満たない者を使用する場合，その年齢を証明する戸籍証明書を事業場に備え付けなければならない。

□□(4)　労働者が業務上の負傷又は疾病による療養のため，労働することができないために賃金を受けない場合においては，使用者は，労働者の療養中平均賃金の100分の60の休業補償を行わなければならない。

□□(5)　常時5人以上の労働者を使用する使用者は，就業規則を作成して行政官庁に届け出なければならない。

確認テスト解答・解説

(1)　○

(2)　×：使用者は，労働時間が6時間を超える場合においては少なくとも45分，8時間を超える場合においては少なくとも1時間の休憩時間を労働時間の途中に与えなければならない。

(3)　×：戸籍証明書を事業場に備え付けなければならない年齢は，満18歳に満たない者である。

(4)　○

(5)　×：常時10人以上の労働者を使用する使用者は，就業規則を作成して，行政官庁に届け出なければならない。

9・3 建築基準法

学習のポイント

1. 建築基準法の用語の定義について覚える。
2. 建築物に該当する事項およびその確認申請の必要事項について覚える。
3. 空気調和設備の室内環境基準および換気設備の技術基準について覚える。
4. 風道・防火ダンパの防火区画における板厚および不燃材料について覚える。

9・3・1 用語の定義

（1） 建 築 物

土地に定着する工作物のうち，屋根，柱，壁のあるもの，これらに附属する門もしくはへい，観覧のための工作物，地下または高架工作物内に設けられる事務所，店舗，興行場，倉庫等，およびこれらに附属する建築設備も含まれる。

（2） 建築物に該当しないもの

鉄道の線路敷地内にある運転保安用施設，跨線橋，プラットホームの上屋，サイロなど。

（3） 特殊建築物

学校，体育館，病院，劇場，集会場，百貨店，市場，遊技場，公衆浴場，旅館，寄宿舎，共同住宅，工場，倉庫，自動車車庫などがある。

事務所，銀行，官公庁庁舎，戸建住宅等は特殊建築物ではない。

（4） 建 築 設 備

建築物に設ける電気，ガス，給水，排水，換気，冷房，暖房，消火，排煙，汚物処理設備，煙突，昇降機，避雷針をいう。

（5） 居 室

人が居住する部屋で，継続的に使用する目的の部屋をいう。居住，執務，作業，集会，娯楽がある。

例：住居の居間，食堂，台所，応接室，寝室，書斎，工場の作業室，店舗の売り場，各種建築物の当直室，事務室，会議室など

（6） 主要構造部

壁，柱，床，梁，屋根，階段をいう。建築物の構造上重要でない間仕切壁，最下階の床，小梁，ひさし，局部的な小階段，屋外階段は除く。

◀ よく出題される

関連法規

（7）　構造耐力上主要な部分

　基礎，基礎ぐい，壁，柱，小屋組，土台，斜材（筋かい，方づえ，火打ち材等），床板，屋根板，横架材（梁，桁等）をいい，建築物の自重，積載荷重，積雪荷重，風圧，土圧，水圧や地震その他の振動や衝撃に耐え得るものをいう。階段は含まれない。

（8）　延焼のおそれのある部分

　<u>隣地境界線</u>，道路中心線または同一敷地内の2以上の建築物相互の外壁間の中心線から建築物の<u>1階の部分で3m以下，2階以上にあっては5m以下</u>の距離にある部分は，延焼のおそれのある部分である。ただし，防火上有効な公園，広場，川等の空地もしくは水面に面する場合は，延焼のおそれのある部分ではない。　◀ よく出題される

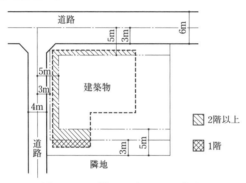

図9・4　延焼のおそれのある部分

（9）　設　計　図　書

　建築物，その他敷地または法で規定する工作物に関する工事用の図面（現寸図，施工図などは除く。）および仕様書をいう。

（10）　建　　　　築

　建築物を新築し，増築し，改築し，移転することをいう。

（11）　大規模の修繕

　壁，柱，床，梁，屋根，階段の<u>主要構造部の一種以上について行う過半の修繕</u>をいう。　　　　　　　　　　　　　　　　修繕：同じ材料で元に戻す。

　<u>設備機器や建築物内の配管全体を更新する工事</u>は，建築物の主要構造部に該当しないため，<u>大規模の修繕ではない。</u>　◀ よく出題される

（12）　大規模の模様替え

　壁，柱，床，梁，屋根，階段の主要構造部の一種以上について行う過半の模様替えをいう。　　　　　　　　　　　　　　　模様替え：材料・仕様の変更がある。

（13）　耐　火　構　造

　壁，柱，床，その他の建築物の部分の構造のうち，耐火性能に関して政令で定められた技術的基準に適合する鉄筋コンクリート造・れんが造等の

構造で，大臣が定めた構造方法を用いるものや，大臣の認定を受けたものをいう。

(14) 耐火建築物

主要構造部が耐火構造化，政令の技術的基準に適合するもので，かつ，外壁の開口部で延焼のおそれのある部分に政令に適合する防火戸，その他の防火設備（遮炎性能）を有するものをいう。

(15) 耐 水 材 料

れんが，石，人造石，コンクリート，陶磁器，ガラス等をいう。

(16) 建 築 主

建築物に関する工事の請負契約の注文者又は請負契約によらないで自らその工事をする者をいう。

(17) 避 難 階

避難階とは，直接地上へ通ずる出入口のある階をいう。

9・3・2　面積・高さ等の算定方法

(1) 建 築 面 積

建築物の外壁または柱の中心線で囲まれた部分の最大水平投影面積による。ひさしが1m以上あるときは，1m後退した線をもって建築面積とする。

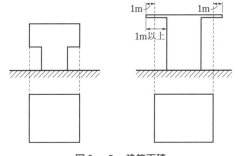

図9・5　建築面積

(2) 床 面 積

建築物の各階またはその一部で，壁その他の区画の中心線で囲まれた部分の水平投影面積による。

(3) 延 べ 面 積

建築物の各階の床面の合計による。ただし，容積率算定にはエレベータの昇降路などの床面積を除く。

(4) 地 階

床が地盤面下にある階で，床面から地盤面までの高さがその階の天井の高さの1/3以上のものをいう。

◀ よく出題される

(5) 階 数

昇降機塔などその他これらに類する建築物の屋上部分ま

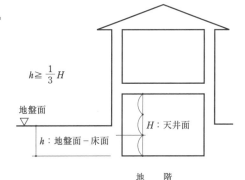

図9・6　地階の建築面積の求め方

たは地階の倉庫，機械室等その他これらに類する<u>建築物の部分で，水平投影面積の合計がそれぞれ当該建築面積の1/8以下</u>のものは，その建築物の階数に算入しない。<u>居室は建築面積の1/8以下であっても，階数に算入する</u>。

◀ よく出題される

　建築物の敷地が斜面または段地である場合，その他建築物の部分によって階数が異なる場合は，これらの階数のうち最大のものを当該建築物の階数とする。

（6）　建築物の高さ

　建築物の高さは，前面道路の路面中心から測り，階段室・昇降機塔などの屋上突出部が建築面積の1/8以内であり，かつ，その部分の高さが12 mまでの場合は，当該建築物の高さに算入しない。

9・3・3　制度の規定

（1）　建 築 確 認

　建築主は，建築物の建築工事等を行う場合に，その計画が建築基準関係規定に適合するものであることの確認を受けるために，建築主事または指定確認検査機関に対して確認申請を提出し，確認済証の交付を受けなければならない。

（2）　確認を必要とする工作物

① 　高さが6 mを超える煙突

② 　<u>高さが8 mを超える高架水槽</u>

③ 　高さが2 mを超える擁壁

④ 　乗用エレベータまたはエスカレータで観光用のもの（一般交通の用に供するものを除く。）

⑤ 　エレベータまたはエスカレータの設備

⑥ 　定期報告を義務づけられている建築設備（し尿浄化槽を除く。）

　<u>工事用仮設建築物</u>，災害時の応急仮設建築物および<u>設備全体の更新工事</u>，映画館から劇場へ（類似用途間の変更），戸建て住宅から寄宿舎へ（100 m² 以下）は，<u>確認申請は不要</u>である。

（3）　違反建築物に対する措置

　特定行政庁は，法令に違反した建築物について，建築主，工事の請負人に対して，工事の中止を命じ，又は，除去，使用禁止などを命ずることができる。

（4）　そ の 他

　3階建ての学校は，準耐火構造の木造建築物にすることができる。

関連法規

9・3・4　単体規定

（1）　居室の採光

　居室の採光のため窓その他開口部の有効面積は，住宅の場合，床面積の1/7以上（その他の建物は1/5〜1/10）である。

（2）　居室の換気

　居室の換気上の有効面積は，居室の床面積の1/20以上である。ただし，換気設備を設けた場合は，この限りでない。

（3）　居室の天井高

　①　天井高は，2.1 m以上とする。玄関・廊下などはこの制限を受けない。

　②　天井高が1室で異なる場合は，その高さは平均する。

9・3・5　防火設備等

（1）　防火戸その他の防火設備

　防火設備は，防火戸，ドレンチャその他火災を遮る設備とする。

（2）　遮炎性能に関する技術的基準

　防火戸などの防火設備の遮炎性能の技術的基準は，定められた時間内にその加熱面以外の面に火炎を出さないこと。

（3）　耐火性能に関する技術的基準

　耐火性能は，火災における火熱が加えられたとき，法令で定められる時間が経過した後に，構造耐力上支障のある変形，溶融，破損の損傷が生じないものとする。

　屋根は全て30分間，壁，柱，床，梁に関しては最上階および最上階から数えた階数が2以上で4以内の階は1時間，最上階から数えて階数が5以上で14以内の階は2時間，最上階から数えた階数が15以上の階では壁，床は2時間，柱，梁は3時間とする。

（4）　準耐火性能に関する技術的基準

　壁，柱，床，梁は45分間，屋根，階段は30分間火災時に損傷しないこと。

（5）　防火性能に関する技術的基準

　耐力壁である外壁は30分間，外壁および軒裏は30分間その火熱面以外の面の温度が可燃物燃焼温度以上に上昇しないこと。

（6）　不燃性能およびその技術的基準

　壁，柱，床，梁は45分間，屋根，階段は30分間火災時に損傷しないこと。

　建築材料は加熱開始後20分間，燃焼しないこと。防火上有害な変形，溶融，き裂の損傷がないこと。避難上有害な煙またはガスを発生しないものであること。

（7） 防火区画

主要構造部を耐火構造とした建築物で延べ面積が1,500 m² を超えるものは床面積の合計1,500 m² 以内ごとに準耐火構造の床もしくは壁または特定防火設備で区画する。

準耐火構造とした建築物で延べ面積が500 m² を超えるものは床面積の合計500 m² 以内ごとに準耐火構造の床もしくは壁または特定防火設備で区画し，かつ，防火上主要な間仕切壁を準耐火構造とし，小屋裏または天井裏に達せしめなければならない。

建築物の11階以上の部分で，各階の床面積が100 m² を超えるものは床面積の合計100 m² ごとに耐火構造の床もしくは壁または防火設備で区画しなければならない。

上の条件で仕上げを準不燃材料でし，かつ，その下地を準不燃材料で造ったものは，床面積の合計を200 m² 以内ごとに区画すればよい。

上の条件で仕上げを不燃材料でし，かつ，その下地を不燃材料で造ったものは，床面積の合計を500 m² 以内ごとに区画すればよい。

（8） 防火設備の構造方法

鉄製で鉄板の厚さ0.8 mm 以上1.5 mm 未満，および鉄および網入ガラスで作られたものほか

（9） 特定防火設備の構造方法

法に規定する防火設備であって，これに通常の火災による火熱が加えられた場合に，加熱開始後1時間当該加熱面以外の面に火炎を出さないものとして，国土交通大臣が定めた構造方法を用いるものまたは大臣の認定を受けたものをいう。

鉄製で鉄板の厚さが1.5 mm 以上の防火戸または防火ダンパとする。なお，天井内等の隠ぺい部に防火ダンパを設ける場合は，一辺の長さが45 cm 以上の保守点検が容易に行える点検口を，天井，壁などに設けなければならない。

（10） 給水管・配電管等が準耐火構造もしくは耐火構造の防火区画を貫通する場合

給水管などと準耐火構造の防火区画との間に生じたすき間をモルタルその他の不燃材料で埋めなければならない。

（11） 換気，暖冷房の風道が準耐火構造もしくは耐火構造の防火区画を貫通する場合

換気，暖房または冷房の設備の風道が準耐火構造の防火区画を貫通する場合は，貫通する部分またはこれに近接部分に，特定防火設備で，火災により煙が発生したときまたは火災により温度が急激に上昇したときに自動

的に閉鎖するものおよび閉鎖したときに防火上支障のない遮煙性能を有するものを設ける。

また，<u>防火区画を貫通する部分に設ける防火ダンパと防火区画との間の</u>部分にあっては，<u>鉄板の厚さを1.5 mm 以上</u>とし，または，<u>鉄網モルタル塗その他の不燃材料で被覆</u>しなければならない。

(12)　11階以上の屋上に設ける冷却塔設備

<u>地上11階以上</u>の建築物の屋上に<u>2台の冷却塔</u>を設備する場合，冷却塔間の<u>距離を2 m 以上</u>とする。

9・3・6　避難に関する基準

倉庫・自動車車庫など以外の特殊建築物，階数が3以上である建築物，政令で定める窓その他の開口部を有しない居室を有する建築物又は延べ面積が1000 m² を超える建築物は，政令で定める技術的基準に従って，避難上及び消火上支障がないようにしなければならない。

(1)　窓その他の開口部を有しない居室（無窓の居室）

① **採光上の無窓居室**　採光に有効な部分の合計が，居室の床面積の1/20未満の居室

② **排煙上の無窓居室**　開放できる部分（天井または天井面より80 cm 以内の距離にある部分に限る。）の面積の合計が，居室の床面積の合計の1/50未満の居室

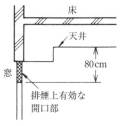

図9・7

(2)　非常用の照明装置の設置

特殊建築物の居室，階数が3以上で延面積500 m² を超える建築物の居室採光上の無窓居室，延べ面積1,000 m² を超える建築物の居室などには，非常用の照明装置を設置しなければならない。

9・3・7　建築設備等

(1)　給水，排水その他配管設備の設置および構造

全般にわたる基本事項を一～八まで定めている。

一　コンクリートへの埋設等により腐食するおそれのある部分には，その材質に応じ有効な腐食防止のための措置を講ずること。

二　構造耐力上主要な部分を貫通する配管をする場合においては，建築物の構造耐力上支障を生じないようにすること。

三　昇降機の昇降路内に配管設備を設けないこと。ただし，昇降機に必

要な配管設備の設置および構造はこの限りでない。

四　圧力タンクおよび給湯設備には，有効な安全装置を設けること。

五　水質，温度その他の特性に応じ，安全上，防火上および衛生上支障のない構造とすること。

六　地階を除く階数が3以上である建築物，地階に居室を有する建築物または延べ面積が3,000 m² を超える建築物に設ける換気，暖房または冷房設備の風道およびダクトシュート，メールシュート，リネンシュート等は，不燃材料で造ること。　◀ よく出題される

七　給水管，排水管，風道，配電管等が，政令で定める防火構造等の防火区画，防火壁，界壁，間仕切壁，隔壁を貫通する場合は，原則として貫通する部分および貫通する部分からそれぞれ両側1 m 以内の距離にある部分を不燃材料で造ること。

八　3階以上の階を共同住宅の用途に供する建築物の住戸に設けるガスの配管設備は，国土交通大臣が安全を確保するために必要があると認めて定める基準によること。

（2）　建築物に設ける中央管理方式の空気調和設備の性能

居室における事項がおおむね表9・6の各項の基準に適合するように空気を浄化し，その温度，湿度又は流量を調節して供給することができる性能を有することと定められている。

表9・6　室内空気環境管理基準

管理項目	基準値
①浮遊粉じんの量	0.15 mg/m³ 以下
②一酸化炭素の含有量	10 ppm 以下（100万分の10以下）
③二酸化炭素の含有量	1,000 ppm 以下（100万分の1,000以下）
④温　　度	17〜28℃，冷房時は外気との温度差を著しくしないこと（おおむね7℃以下）
⑤相対湿度	40〜70%
⑥気　　流	0.5 m/s 以下

（3）　換気設備・排煙設備

1）　火を使用する室でも，換気設備を設けなくてもよい室は，次のとおりである。

①　密閉式燃焼器具等を設けた室

②　床面積の合計が100 m² 以内の住宅等の合計が12 kW 以下の発熱量以下である調理室で，一定以上の換気上有効な窓等を有するもの

③　発熱量の合計が6 kW 以下である火を使用する設備を設けた室（調理室を除く。）

2)　地階に住宅等の居室を設ける場合は，室内に換気設備または湿度を調節する設備があればよい。

3)　会場で，ふすま，障子その他随時開放することができるもので仕切られた2室は，1室とみなす。

4)　建築物に設ける自然換気設備の給気口は，居室の天井高さの1/2以下の位置に設け，常時外気に開放された構造としなければならない。また，自然換気設備の排気口は，給気口より高い位置に設け，常時開放された構造とし，かつ，排気筒の立上り部分に直結しなければならない。

5)　電源を必要とする排煙設備には，予備電源を設けなければならない。

6)　空気調和設備の風道は，火を使用する設備又は器具を設けた室の換気設備の風道その他これらに類するものに連結してはならない。

（4）　給排水衛生設備

給排水衛生設備については，次のとおり定められている。

①　給水立て主管からの各階への分岐管等主要な分岐管には，分岐点に近接した部分に止水弁を設ける。

②　有効容量が5m³を超える飲料用給水タンクに設けるマンホールは，直径60cm以上の円が内接することができる大きさとしなければならない。

③　有効容量が5m³を超える給水タンク等の上に飲料水系統以外の配管・機器を設ける場合，飲料水を汚染することのないように衛生上必要な措置を講じなければならない。

④　排水トラップの封水深は，<u>5cm以上10cm以下</u>（阻集器を兼ねる排水トラップについては5cm以上）とする。　◀ よく出題される

⑤　建築物に設ける排水のための配管設備で，汚水に接する部分は<u>不浸透質の耐水材料</u>で造らなければならない。

⑥　排水再利用配管設備は，洗面器，手洗器と連結してはならない。

⑦　汚水排水のための配管設備に雨水排水管（雨水排水立て管を除く。）を連結する場合は，当該雨水排水管に排水トラップを設ける。

⑧　<u>雨水排水立て管は，汚水排水管もしくは通気管と兼用し，またはこれらの管に連結してはならない。</u>

⑨　排水槽の底の<u>勾配</u>は，吸い込みピットに向かって<u>15分の1以上10分の1以下</u>としなければならない。

⑩　排水槽を設ける場合は通気のための装置を設け，かつ，当該装置は，直接外気に衛生上有効に開放しなければならない。

⑪　<u>通気管は，直接外気に衛生上有効に開放</u>しなければならない。ただし，<u>配管内の空気が屋内に漏れることを防止</u>する装置が設けられてい　◀ よく出題される

る場合を除く。

⑫ 非常用エレベータの乗降ロビーは，屋内消火栓，連結送水管の放水口，非常コンセント設備等の消火設備を設置できる構造としなければならない。

（5） 避雷設備・ボイラの煙突

① 高さが20 m を超える建築物には，有効な避雷設備を設けなければならないが，安全上支障がない場合においては，この限りでない。

② 建築物に設けるボイラの煙突の地盤面からの高さは，ガスを使用するボイラにあっては，原則として，9 m 以上としなければならない。

9・3・8　シックハウス対策

（1）　換　　　気

居室を有する建築物にあっては，石綿等以外の物質でその居室内において衛生上の支障を生ずるおそれのあるものとして政令で定める物質（クロルピリホスおよびホルムアルデヒド）の区分に応じ，建築材料および換気設備について技術基準に適合すること。

（2）　居室を有する建築物の建築材料のホルムアルデヒドに関する基準

居室の内装仕上げには，夏季におけるその表面積当たりホルムアルデヒドの発散量により区分される。

一　表面積 1 m^2 につき毎時0.12 mg を超える量のホルムアルデヒドを発散させるものを第1種ホルムアルデヒド発散建築材料という。

二　表面積 1 m^2 につき毎時0.02 mg を超え0.12 mg 以下の量のホルムアルデヒドを発散させるものを第2種ホルムアルデヒド発散建築材料という。

三　表面積 1 m^2 につき毎時0.005 mg を超え0.02 mg 以下の量のホルムアルデヒドを発散させるものを第3種ホルムアルデヒド発散建築材料という。

四　第1種ホルムアルデヒド発散建築材料は，居室の壁，床，天井等の内装の仕上げに使用してはならない。

五　居室の内装仕上げに第2種および第3種ホルムアルデヒド発散建築材料を使用する場合は，換気回数および居室の床面積に応じて使用できる面積が制限される。

関連法規

確認テスト〔正しいものには○，誤っているものには×をつけよ。〕

□□(1) 体育館は，特殊建築物である。

□□(2) 建築物の1階の部分で，隣地境界線より5mの距離にある部分は，延焼のおそれのある部分である。

□□(3) 機械室内の熱源機器や建築物内の配管全体を更新する工事は，大規模の修繕に該当する。

□□(4) 床が地盤面下にある階で，床面から地盤面までの高さがその階の天井の高さの1/3以上のものは，地階である。

□□(5) 屋上部分に設けた空調機械室で，水平投影面積の合計が建築物の建築面積の1/8以下である場合は，階数に算入しない。

□□(6) 建築物でない工作物として，高さ8mを超える高架水槽を設ける場合は，建築の確認の申請は不要である。

□□(7) 空気調和設備の風道が防火区画を貫通する部分に設ける防火ダンパと防火区画の間の鉄板の厚さは，1.0mm以上としなければならない。

□□(8) 有効容量が5m³を超える飲料用給水タンクに設けるマンホールは，直径60cm以上の円が内接することができる大きさとしなければならない。

□□(9) 建築物に設ける排水のための配管設備で，汚水に接する部分は不浸透質の耐水材料で造らなければならない。

□□(10) 雨水排水立て管は，汚水排水管もしくは通気管と兼用してもよい。

確認テスト解答・解説

(1) ○

(2) ×：延焼のおそれのある部分とは，隣地境界線，道路中心線または同一敷地内の2以上の建築物（延べ面積が500m²を超える場合）相互の外壁面の中心線から，1階では3m以下，2階以上では5m以下の距離にある建築物の部分をいう。

(3) ×：大規模の修繕とは，建築物の主要構造部の1種以上について行う過半の修繕をいう（建築基準法第2条第十四号）。機械室内の設備機器や建築物内の配管全体を更新する工事は，建築物の主要構造部に該当しない。

(4) ○

(5) ○

(6) ×：高さが8mを超える高架水槽は，工作物なので，建築の確認の申請をしなければならない。

(7) ×：鉄板の厚さは1.5mm以上としなければならない。

(8) ○

(9) ○

(10) ×：雨水排水立て管は，汚水排水管もしくは通気管と兼用し，又はこれらの管に連結してはならない。

関連法規

9·4 建 設 業 法

1. 建設業の許可の区分，および特定建設業の下請負金額について覚える。
2. 元請負人の義務について覚える。
3. 主任技術者および監理技術者の資格要件および設置の要件について覚える。
4. 施工体制台帳および施工体系図の設置要件について覚える。
5. 請負契約書に関する原則および契約書の記載事項について覚える。

9·4·1 目　的

　この法律は，建設業を営む者の資質の向上，建設工事の請負契約の適正化などを図ることによって，建設工事の適正な施工を確保し，発注者を保護するとともに，建設業の健全な発達を促進し，もって公共の福祉の増進に寄与することを目的とする。

9·4·2 用　語

（1）　建　設　工　事

　土木建築に関する工事では29業種ある（表9・9を参照）。

（2）　建　設　業

　元請・下請その他を問わず，建設工事の完成を請け負う営業をいう。

（3）　建　設　業　者

　都道府県知事又は国土交通大臣の許可を受けて建設業を営む者をいう。

（4）　下　請　契　約

　建設工事を他の者から請け負った建設業者と他の建設業者との間で，当該建設工事の全部又は一部について締結される請負契約をいう。

（5）　発　注　者

　建設工事（他の者から請け負ったものは除く）の注文者をいう。

（6）　元　請　負　人

　下請契約における注文者で建設業者である者をいう。

（7）　下　請　負　人

　下請契約における請負人をいう。なお，一般建設業の許可で，請負金額の大小にかかわらず，工事を請け負うことができる。

9・4・3　建設業の許可

（1）　許可の区分

◀よく出題される

表9・7　許可の区分

許可の区分	区分の内容
国土交通大臣許可	2以上の都道府県の区域に営業所を設置している業者
都道府県知事許可	1の都道府県の区域内にしか営業所を設置していない業者

「営業所」とは，本店または支店，もしくは常時建設工事の請負契約を締結する事務所のことをいい，その契約による建設工事の施工現場は，許可を得た都道府県でなくてもよい。

（2）　許可の種類

◀よく出題される

表9・8　一般建設業許可と特定建設業許可の種類

許可の種類	請け負った工事の施工形態
一般建設業	下請専門か，又は，下請に出す工事金額が4,000万円未満（建築工事業で6,000万円未満）の形態で施工する者
特定建設業	元請で，下請に出す工事金額が4,000万円以上（建築工事業で6,000万円以上）の形態で施工する者
許可を必要としない者（軽微な建設工事のみを請け負う場合）	工事1件の請負代金の額が500万円未満（建築一式工事は，1,500万円未満の工事または延べ面積が150 m^2 に満たない木造住宅工事）

国，地方公共団体が発注する公共性のある建築物の管工事であっても，元請で，下請に出す工事金額が4,000万円以上でなければ特定建設業の許可でなく，一般建設業の許可でよい。

◀よく出題される

「例」　特定建設業，一般建設業

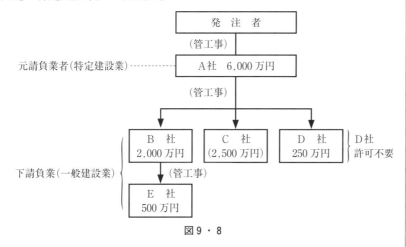

図9・8

関連法規

前ページの図9・8のA社は，特定建設業者（管工事業指定建設業），B社・C社・E社は，一般建設業または特定建設業の資格でよい。D社は軽微な工事なので，許可を必要としない。

（3） 建設工事の種類29業種

建設業の許可は，一般建設業の許可，特定建設業の許可にかかわらず，表9・9に示す29業種に分けて受ける。

表9・9　建設工事の種類29業種

土木一式工事※	電気工事※	板金工事	電気通信工事
建築一式工事※	管工事※	ガラス工事	造園工事※
大工工事	タイル・れんが・ブロック工事	塗装工事	さく井工事
左官工事	鋼構造物工事※	防水工事	建具工事
とび・土工・コンクリート工事	鉄筋工事	内装仕上工事	水道施設工事
石工事	舗装工事※	機械器具設置工事	消防施設工事
屋根工事	しゅんせつ工事	熱絶縁工事	清掃施設工事
解体工事			

（注）　建設工事名に付した※の7業種は，「指定建設業」である。

（4） 営業所の専任技術者

建設業の許可を受けた営業所に置く専任の技術者の要件は，許可の種類により，表9・10に示すようになっている。

（5） 許可の失効

一般建設業の許可を受けている者が同一業種の特定建設業の許可を受けたときは，一般建設業の許可を失う。また，5年ごとに更新を受けなければ，その期間の経過によって，その効力を失う。

（6） 附帯工事

建設業者は，許可を受けた建設業に係る建設工事を請け負う場合は，その工事に附帯する他の工事を請け負うことができる。

表9・10　営業所に置く専任の技術者の要件

	特定建設業（29業種）		一般建設業（29業種）
	指定建設業（7業種）	指定建設業以外（22業種）	
営業所に置く専任の技術者の学歴と実務経験	①1級施工管理技士 ②1級建築士 ③技術士 ④国土交通大臣の特別認定を受けた者	左記の①～④ ⑤下記のいずれかに該当し，かつ発注者から直接請け負った4,500万円以上の工事に関し2年以上の指導監督的実務経験を有する者 ・高校・中等教育学校指定学科卒業後5年以上の実務経験 ・大学・高専指定学科卒業後3年以上の実務経験 ・実務経験10年以上	左記の①～⑤ ⑥2級施工管理技士 ⑦2級建築士

注）　②：建築の大工が6業種に限定（管工事業は含まれない）
　　　⑦：建築・大工など5業種に限定（管工事業は含まれない）

（7）　経営事項審査

公共性のある施設又は工作物に関する建設工事で政令で定めるものを発注者から直接請け負おうとする建設業者は，経営事項審査を受けなければならない。

9・4・4　建設工事の請負契約

（1）　建設工事の請負契約の原則

建設工事の発注者と請負人は，各々対等な立場における合意に基づいて公正な契約をし，相互の信義に従って誠実にこれを履行しなければならない。

（2）　請負契約の内容

建設工事の請負契約の当事者は，契約に際し，その内容および方法に関する定めを書面に記載し，署名又は記名押印して相互に交付しなければならない。

契約書の最も基本的な内容の一部を示す。

① 請負代金額

② 着工および完工の時期

③ 請負代金，前払金等の支払時期と方法

④ 天災その他不可抗力による工期の変更又は損害の負担及びその額の算出方法に関する定め

⑤ 価格等の変動等に基づく請負代金の額または工事内容の変更　　◀ よく出題される

⑥ 工事の施工による第三者損害の賠償の負担に関する定め

⑦ 注文者が工事に使用する資材を提供し，または建設機械その他の機械を貸与するときは，その内容および方法に関する定め

⑧ 注文者が工事全部または一部の完成を確認するための検査の時期および方法並びに引渡しの時期

⑨ 工事完成後における請負代金の支払いの時期および方法

⑩ 各当事者の履行の遅滞その他債務の不履行の場合における遅延利息，　　◀ よく出題される
違約金その他の損害金

下請負人の選定条件，方法や現場代理人の権限に関しては，請負契約書に記載する事項でない。

（3）　現場代理人の選任等の通知

工事現場に現場代理人を置く場合，通常，現場代理人の権限に関する事項等を書面により注文者に通知しなければならない。また，注文者は，工事現場に監督員を置く場合においては，当該監督員の権限に関する事項及び当該監督員の行為についての請負人の注文者に対する意見の申出の方法

を，書面により請負人に通知しなければならない。

（4）　現場代理人の任務

請負契約の履行を確保するため，請負人の代理人として工事現場の取締りを行い，工事の施工に関する一切の事項を処理する。

（5）　不当な資材等強制購入の禁止

注文者は，請負契約の締結後，自己の取引上の地位を不当に利用して，その注文した建設工事に使用する資材もしくは機械器具またはこれらの購入先を指定し，これらを請負人に購入させてその利益を著しく害してはならない。 ◀ よく出題される

（6）　建設工事の見積期間

建設業者は，建設工事の注文者から請求があったときは，請負契約が成立するまでの間に，建設工事の見積書を提示しなければならない。

やむを得ない事情があるときは，5日以内に限り短縮することができる。

（7）　一括下請負の禁止

① 建設業者は，その請け負った建設工事を，如何なる方法をもってするを問わず，一括して他人に請け負わせてはならない。

② 建設業を営む者は，他の建設業者から当該建設業者の請け負った建設工事を一括して請け負ってはならない。

③ 元請負人があらかじめ発注者の書面による承諾を得た場合には適用されない。

ただし，共同住宅，公共工事については，③は適用されない。

（8）　元請負人の義務

(a) **下請負人の意見の聴取**　請負人は，その請け負った建設工事を施工するために必要な工程の細目，作業方法などを定めようとするときは，あらかじめ下請負人の意見を聞かなければならない。 ◀ よく出題される

(b) **元請負人が前払金の支払いを受けたとき**　下請負人は，その建設工事に必要な資材の購入および労働者の募集その他の着手に資金を必要とするので，元請負人は下請負人に前払金を支払うよう配慮する。 ◀ よく出題される

(c) **下請負代金の支払い**　元請負人が，その建設工事の注文者から請負代金の出来形部分に対する支払いまたは工事完成後における支払いを受けたときは，その支払いの対象となった建設工事を施工した下請負人に対して下請代金を1箇月以内で，できる限り短い期間内に支払わなければならない。その下請代金のうち労務費に相当する部分については，現金で支払うよう適切な配慮をしなければならない。 ◀ よく出題される

(d) **検　査**　下請負人から請け負った工事が完成した旨の通知を受けたときは，通知を受けた日から20日以内のできる限り短い期間内に検 ◀ よく出題される

査を完了する。

(e)　**引渡し**　　完成を確認した後，下請負人が引渡しを申し出たときは，直ちに引渡しを受ける。

(f)　**特定建設業者の下請代金の支払い期間**　　特定建設業者は，注文者から支払いを受けたか否かにかかわらず，建設工事確認の後，下請負人から元請負人に対して建設工事の目的物の引渡しの申出があったときは，申出の日から50日以内に下請代金を支払わなければならない。

9・4・5　施工技術の確保

(1)　工事現場の技術者の資格要件

◀ よく出題される

工事現場に置く監理技術者，主任技術者の設置と資格要件を表9・11に示す。

表9・11　工事現場の技術者

許 可 区 分	特定建設業				一般建設業
	指定建設業（7業種）		指定建設業以外（22業種）		（29業種）
工事請負方式	発注者から元請として直接請け負い，下請負金額が4,000万円以上建築一式：6,000万円以上	①発注者から元請として直接請け負い，下請負金額が4,000万円未満建築一式：6,000万円未満②下請③自社施工	発注者から元請として直接請け負い，下請負金額が4,000万円以上建築一式：6,000万円以上	①発注者から元請として直接請け負い，下請負金額が4,000万円未満建築一式：6,000万円未満②下請③自社施工	①発注者から元請として直接請け負い，下請負金額が4,000万円未満建築一式：6,000万円未満②下請③自社施工
現場に置く技術者	監理技術者	主任技術者	監理技術者	主任技術者	主任技術者
同上技術者資格要件	・1級国家資格者・大臣特別認定者	・1級国家資格者・2級国家資格者・指定学科＋実務経験者・実務経験者（10年以上）	・1級国家資格者・2級国家資格者（4,500万円以上の元請工事で2年以上の指導監督的経験のある者）・実務経験者（10年以上）・大臣が上記と同等以上と認めた者	・1級国家資格者・2級国家資格者・指定学科＋実務経験者・実務経験者（10年以上）	・1級国家資格者・2級国家資格者・指定学科＋実務経験者・実務経験者（10年以上）

注)　管工事の場合

1・2級国家資格者：1・2級管工事施工管理技士

大臣特別認定者：国土交通大臣が1級管工事施工管理技術検定に合格した者等と同等以上の能力を有するものと認定した者

なお，監理技術者の要件として，2級国家資格者で4,500万円以上の元請工事で2年以上の指導監督的経験のある者であっても認められない。

主任技術者および監理技術者は，工事現場における建設工事を適正に実施するため，当該建設工事の施工計画の作成，工程管理，品質管理その他の技術上の監理および当該建設工事の施工に従事する者の技術上の指導監

関連法規

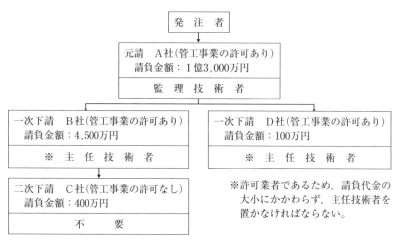

図9・9　監理技術者・主任技術者の設置例

督の職務を誠実に行わなければならない。

　請負契約の履行を確保するため，請負人に代わって工事の施工に関する一切の事項を処理するのは，現場代理人である。

（2）　専任技術者の設置

　公共性のある工作物に関する重要な工事で，政令で定めるもの（3,500万円以上）については，主任技術者または監理技術者は，工事現場ごとに専任の者でなければならない。

▶ よく出題される

表9・12　専任を要する工事

区　分	専任を要する工事
主任技術者を設置する現場	国，地方公共団体の発注する工事，民間のほとんどの施設，学校，共同住宅等の工事で3,500万円（建築一式工事については7,000万円）以上のもの（個人住宅・長屋を除く。）
監理技術者を設置する現場	

　密接に関連する2箇所以上の工事を同一の建設業者が行う場合に限って，同一の専任主任技術者が同時に複数の現場を監理することができるが，監理技術者は兼任できない。ただし，監理技術者補佐を専任で現場に置く場合は，監理技術者が，特例監理技術者として，複数の建物を兼務できる。監理技術者補佐の要件は，主任技術者の資格を有する者のうち，一級の技術検定第一次検定に合格した者（一級管工事施工管理技士補）などである。

▶ よく出題される

（3）　国や地方公共団体が発注する工事と監理技術者の選任

　監理技術者は専任のもので，監理技術者資格証の交付を受けている者で，かつ講習を過去5年以内に受講した者のうちから選任しなければならない。

（4）　監理技術者資格者証の提示

発注者から監理技術者資格者証の提示が求められたときは，提示しなければならない。

（5）　監理技術者・主任技術者の現場代理人

建設工事現場に監理技術者を置く場合は現場代理人を兼ねることができる。主任技術者についても同じである。

（6）　軽微な建設工事と主任技術者

軽微な建設工事を施工する場合にも建設業の許可がある場合は主任技術者を置くことが適用されると解釈されるが，建設業の許可がなく軽微な工事をする場合は，主任技術者は必要ない。

（7）　建築一式工事業者と専門工事の施工

建築一式工事の中に入っている専門工事（管工事等）を一式工事事業者が施工する場合は，専門工事の主任技術者等を置いて自ら施工するか，またはその専門工事の許可をもつ建設業者に施工させなければならない。

（8）　建設業者と附帯工事の施工

許可を受けた建設業に係る建設工事の附帯する他の建設工事を施工する場合は，附帯する建設工事に主任技術者等を置いて自ら施工するか，または附帯する建設工事（専門工事業）の許可をもった建設業者に施工させなければならない。

（9）　監理技術者資格者証の更新交付

資格者証は，5年ごとに更新しなければならない。

9・4・6　施工体制台帳および施工体系図

特定建設業者は，発注者から直接建設工事を請け負った場合において，下請契約の請負代金が4,000万円以上（公共工事は，金額の指定がない）になるときは，下請負人の商号または名称，工事の内容および工期その他国土交通省令で定める事項を記載した施工体制台帳を作成し，工事現場ごとに備え付けなければならない。

施工体制台帳を作成する必要のある特定建設業者は，国土交通省令の定めにより工事における各下請負人の施工の分担関係を表示した施工体系図を作成し，これを工事現場の見やすい場所に掲げなければならない。

記載事項は，以下のとおりである。

① 当該建設業者：建設業の種類，健康保険の加入状況，建設工事の名称内容・工期，現場代理人および主任技術者又は監理技術者の氏名

建築一式工事の場合は，6,000万円以上。

関連法規

②　下請負人：建設工事の名称，内容，建設業者の場合は，主任技術者の
　　　　　　　氏名，外国人技能実習生および就労者の状況

9・4・7　そ　の　他

（1）　標識の掲示

　建設業者は，その店舗および建設工事の現場ごとに，公衆の見やすい場
所に，国土交通省令の定めるところにより，許可を受けた別表第一の下欄
の区分による建設業の名称，一般建設業または特定建設業の別，その他国
土交通省令で定める事項を記載した標識を掲げなければならない。

記載事項

①　一般建設業または特定建設業の別

②　許可年月日，許可番号および許可を受けた建設業の種類

③　商号または名称

④　代表者の氏名

⑤　主任技術者または監理技術者の氏名

　注）　店舗には①～④，現場には①～⑤の事項を記載する。

（2）　許可の取消し

　国土交通大臣または都道府県知事は，許可を受けてから 1 年以内に営業
を開始せず，または引き続いて 1 年以上営業を休止した場合は，当該建設
業者の許可を取り消さなければならない。

確認テスト〔正しいものには○，誤っているものには×をつけよ。〕

□□(1) 管工事業において，二以上の都道府県の区域内に営業所を設けて営業をしようとする場合は，それぞれの都道府県知事の許可を受けなければならない。

□□(2) 発注者から直接管工事を請け負い，下請代金の総額が4,000万円以上となる下請契約を締結して施工しようとする者は，特定建設業の許可を受けていなければならない。

□□(3) 一般建設業の許可を受けた者が，当該許可の建設業について，特定建設業の許可を受けたときは，その両方の許可が有効である。

□□(4) 元請負人は，その請け負った建設工事を施工するために必要な工程の細目，作業方法などを定めようとするときは，あらかじめ下請負人の意見を聞かなければならない。

□□(5) 元請負人は，下請負人から建設工事が完成した旨の通知を受けた日から30日以内で，かつ，できる限り短い期間内に，完成検査を完了しなければならない。

□□(6) 発注者から直接請け負った工事を下請契約を行わずに自ら施工する場合は，主任技術者がこの工事を管理することができる。

□□(7) 二次下請であるD社（管工事業の許可あり）は，下請金額が300万円であったので，主任技術者を置かなかった。

□□(8) 国又は地方公共団体が注文者である施設の管工事を施工する場合は，請負代金の額にかかわらず，当該工事現場に置く主任技術者又は監理技術者を専任の者としなければならない。

□□(9) 主任技術者の専任が必要な工事で，密接な関係のある2つの工事を同一の場所において施工する場合は，同一人の専任の主任技術者がこれらの工事を管理することができる。

確認テスト解答・解説

(1) ×：2以上の都道府県の区域内に営業所を設ける場合は，国土交通大臣の許可を受けなければならない。

(2) ○

(3) ×：特定建設業の許可を受けたときは，一般建設業の許可は，その効力を失う。

(4) ○

(5) ×：20日以内である。

(6) ○

(7) ×：建設業者は，その請け負った建設工事を施工するときは，当該工事現場における建設工事の技術上の管理をつかさどる主任技術者を置かなければならない（建設業法第26条第1項）。元請，下請および請負金額の大小には関係ない。ただし，建設業の許可の不要な軽微な工事のみを請け負う者は，主任技術者を置く必要はない。

(8) ×：請負代金の額が3,500万円未満は，発注者から当該建設工事を直接請け負った場合にあっても，当該工事現場に置く主任技術者を専任の者としないことができる。

(9) ○

関連法規

9·5 消　防　法

1. 消防用設備等の種類を覚える。
2. 屋内消火栓設備の種類とそれらの技術的基準を覚える。
3. スプリンクラ設備の種類とそれらの技術的基準を覚える。
4. 不活性ガス消火設備の消火剤の種類など技術的基準を覚える。
5. 連結散水設備，連結送水管について技術基準を覚える。

9・5・1　消防用設備

消防用設備等の種類は，政令で，消防の用に供する設備，消防用水およ　◀よく出題される
び消火活動上必要な施設とされている。

消火設備は，水その他消火剤を使用して消火を行う機械器具または設備
であって，次に掲げるものとする。

　一　消火器および次に掲げる簡易消火用具
　　　イ　水バケツ
　　　ロ　水槽
　　　ハ　乾燥砂
　　　ニ　膨張ひる石または膨張真珠岩
　二　屋内消火栓設備
　三　スプリンクラ設備
　四　水噴霧消火設備
　五　泡消火設備
　六　不活性ガス消火設備
　七　ハロゲン化物消火設備
　八　粉末消火設備
　九　屋外消火栓設備
　十　動力消防ポンプ設備
二〜十の各消火設備には，非常電源が必要である。

消防用水は，防火水槽またはこれに代わる貯水池その他の用水とする。

消火活動上必要な施設は，排煙設備，連結散水設備，連結送水管，非常　◀よく出題される
コンセント設備および無線通信補助設備とする。

連結散水設備，連結送水管には，非常電源は必ずしもその設置を必要と
しない。ただし，加圧送水装置を設けた場合は，必要である。

関連法規

9・5・2　屋内消火栓設備

屋内消火栓設備系統図は，5・6・1「屋内消火栓設備」図5・35 (p.165) を参照のこと。

（1）　1号消火栓

1号消火栓には，2人で操作する1号消火栓と，1人で操作可能な易操作性1号消火栓とがある。

① **設置場所**　全ての防火対象物に設置できる。倉庫，工場または作業場への設置は，1号消火栓でなければならない。

② **放水圧力・放水量**　屋内消火栓の設置個数が最も多い階における設置個数（設置個数が2を超える場合は2とする）を同時に使用した場合に，屋内消火栓のノズルの先端における放水圧力は0.17 MPa 以上0.7 MPa 以下となるように設け（0.7 MPa を超えないための措置），かつ，放水量は130 L/min 以上の性能とする。　◀ よく出題される

③ **ポンプの吐出し量**　ポンプの吐出し量は，屋内消火栓の設置個数が最も多い階における設置個数（設置個数が2を超える場合は2とする）に150 L/min を乗じて得た量以上の量とする。

④ **ホース接続口までの水平距離**　屋内消火栓は，防火対象物の階ごとに，その階の各部分から1のホース接続口までの水平距離が25 m 以下となるように設けること。

⑤ **主配管の立上がり管径**　1号消火栓の主配管のうち，立上がり管は呼び径で50 mm 以上のものとする。　◀ よく出題される

⑥ **加圧送水装置の起動**　加圧送水装置は，直接操作により起動できるものであり，かつ，屋内消火栓箱の内部またはその直近の箇所に設けられた操作部（自動火災報知設備のP型発信機を含む。）から遠隔操作できるものであること。易操作性1号消火栓は，直接操作により起動できるものであり，かつ，開閉弁の開放，消防用ホースの延長操作等と連動して起動することができるものであること。

⑦ **水源の水量**　水源の水量は，屋内消火栓の設置個数が最も多い階における設置個数（設置個数が2を超えるときは，2とする。）に2.6 m³ を乗じて得た量以上であること。

⑧ **開閉弁の位置**　開閉弁は，床面からの高さが1.5 m 以下の位置又は天井に設けることとし，当該開閉弁を天井に設ける場合には，自動式のものとしなければならない。

（2）　2号消火栓

2号消火栓には，従来型と広範囲型がある。

① **設置場所**　倉庫，工場または作業場，指定可燃物の貯蔵，または取り扱う防火対象物には設置できない。

② **放水圧力・放水量** 屋内消火栓の設置個数が最も多い階における設置個数（設置個数が2を超える場合は2とする。）を同時に使用した場合に，屋内消火栓のノズルの先端における放水圧力は0.25 MPa以上0.7 MPa以下（広範囲型は0.17 MPa以上0.7 MPa以下）となるように設け，かつ，放水量は60 L/min以上（広範囲型は，80 L/min以上）の性能とする。

③ **ポンプの吐出し量** ポンプの吐出し量は，屋内消火栓の設置個数が最も多い階の設置個数（設置個数が2を超える場合は2とする）に，70 L/min（広範囲型は90 L/min）を乗じて得た量以上の量とする。

④ **ホース接続口までの水平距離** 屋内消火栓は，防火対象物の階ごとに，その階の各部分から1のホース接続口までの水平距離が15 m（広範囲型は25 m）以下となるように設けること。

⑤ **主配管の立ち上がり管径** 2号消火栓の主配管のうち，立ち上がり管は呼び径で32 mm（広範囲型は，40 mm）以上のものとすること。

⑥ **加圧送水装置の起動** 加圧送水装置は，直接操作により起動できるものであり，かつ，開閉弁の開放，消防用ホースの延長操作等と連動して起動することができるものであること。

⑦ **水源の水量** 水源の水量は，屋内消火栓の設置個数が最も多い階における当該設置個数（設置個数が2を超える場合は2とする）に，1.2 m³（広範囲型は1.6 m³）を乗じて得た量以上であること。

（3）　1号消火栓設備，2号消火栓設備共通

① **全揚程** ポンプの吐出し量が定格吐出し量の150％である場合における全揚程は，定格全揚程の65％以上のものであること。

② **性能試験用配管装置** ポンプを用いる加圧送水装置には，定格負　　　◀ よく出題される

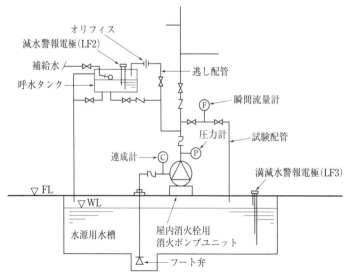

図9・10　屋内消火栓設備の加圧送水装置回り配管図

荷運転時のポンプの性能を試験するための配管設備を設けること。

③　**水温上昇防止のための逃し配管**　ポンプを用いる加圧送水装置には，締切り運転時における水温上昇防止のための逃し配管を設けること。

④　**配管の耐圧力**　配管の耐圧力は，当該配管に給水する加圧送水装置の締切り圧力の1.5倍以上の水圧を加えた場合において当該水圧に耐えるものであること。

⑤　ポンプの始動を明示する表示灯は，赤色とし，消火栓箱の内部又はその直近に設ける。　◀ よく出題される

⑥　**加圧送水装置の停止**　加圧送水装置は，直接操作によってのみ停止されるものであること。　◀ よく出題される

⑦　水源水位がポンプより低い場合，専用の呼水（呼水タンク）を設ける。

⑧　ポンプの原動機は，電動機に限る。

⑨　**圧力計等**　ポンプには，その吐出側に圧力計，吸込み側（吸込み揚程の場合）に連成計を設ける。　◀ よく出題される

⑩　**非常電源**　屋内消火栓設備には，非常電源を附置すること。

9・5・3　スプリンクラ設備

スプリンクラ設備設置基準（ラック式倉庫に設ける場合を除く）を以下に示す。

① **劇場の舞台部**　劇場，映画館，演芸場または観覧場，公会堂または集会場の舞台部に設けるスプリンクラヘッドは，開放型とすること。

② **梁**　閉鎖型スプリンクラヘッドのうち標準型ヘッドは，原則として，当該ヘッドの取付け面から0.4 m 以上突き出した梁等によって区画された部分ごとに設ける。

　　ただし，梁などの相互間の中心距離が1.8 m 以下は除く。

③ **ダクト等の下面**　閉鎖型スプリンクラヘッドのうち標準型ヘッドは，給排気用ダクト・棚等でその幅または奥行が1.2 m を超えるものがある場合には，当該ダクト等の下面にも設ける。

④ **ヘッドの放水圧力**　一般的な閉鎖型スプリンクラヘッドを設置する場合，ヘッドを同時に使用した場合には，それぞれの先端において，放水圧力が0.1 MPa 以上とすること。

⑤ **放水量**　閉鎖型における標準型ヘッドが定められた個数を同時使用した場合には，それぞれの先端において，放水圧力が0.1 MPa 以上で，かつ，その放水量は，1個当たり80 L/min 以上とすること。

⑥ **ヘッドにおける放水圧力規制措置**　加圧送水装置にはスプリンクラヘッドにおける放水圧力が1 MPa を超えないための措置を講じること。

スプリンクラ設備系統図は，5・6・2「スプリンクラ設備」図5・36（p.166）を参照のこと。

◀ よく出題される

◀ よく出題される

⑦　**ポンプの吐出し量**　スプリンクラヘッドの個数に90 L/min（閉鎖型スプリンクラヘッドのうち小区画型ヘッドを用いる場合にあっては60 L/min）を乗じて得た量以上の量とすること。

⑧　**水温上昇防止装置**　スプリンクラポンプによる加圧送水装置には，締切り運転時における水温上昇防止のための逃し配管を設ける。

⑨　**流水検知装置**　閉鎖型スプリンクラヘッドを用いるスプリンクラ設備の配管の末端には，流水検知装置または圧力検知装置の作動を試験する末端試験弁を設ける。　◀ よく出題される

閉鎖型スプリンクラヘッドのうち小区画型ヘッドを用いるスプリンクラ設備の流水検知装置は，湿式のものとする。

流水検知装置の1次側には，圧力計を設ける。

⑩　**水源の水量**　一般的な閉鎖型スプリンクラヘッドを設置する場合，水源の水量は，防火対象物の区分ごとに定められたヘッドの個数に1.6 m³を乗じて得た量以上とすること。

⑪　**送水口**　消防ポンプ自動車が容易に接近することができる位置に，双口形の送水口を設置しなければならない。　◀ よく出題される

⑫　**制御弁**　開放型スプリンクラ設備の場合には，放水区域ごとに，閉鎖型スプリンクラ設備の場合は，当該防火対象物の階ごとに，床面からの高さが0.8 m以上1.5 m以下の箇所に設ける。

⑬　**予作動式流水検知装置**　予作動式の流水検知装置が設けられている設備は，スプリンクラヘッドが開放した場合に1分以内に当該ヘッドから放水できるものとする。　◀ よく出題される

⑭　**補助散水栓**　スプリンクラヘッドの未警戒となる部分には補助散水栓を設けなければならないが，補助散水栓は，防火対象物の階ごとに，その階の未警戒となる各部分からホース接続口までの水平距離が　◀ よく出題される

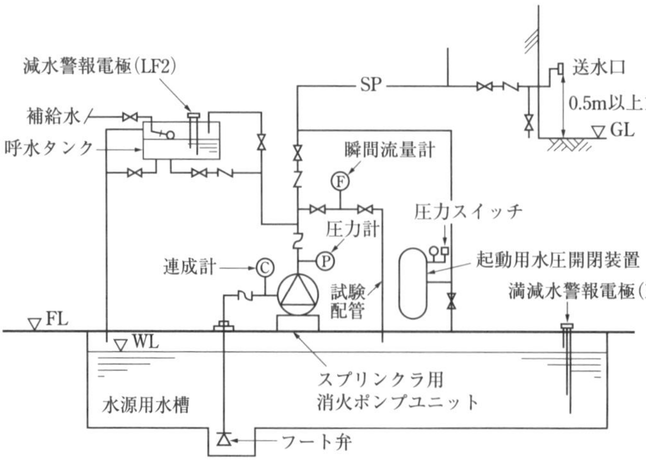

図9・11　湿式スプリンクラ設備の加圧送水装置回り配管図

15 m 以下となるように設けること。

補助散水栓の開閉弁は，床面からの高さが1.5 m 以下の位置に設けること。

9・5・4 不活性ガス・泡・粉末消火設備

（1） 不活性ガス消火設備

① **貯蔵容器**

1) 不活性ガス消火設備において，貯蔵容器は防護区画外の場所に設けなければならない。 ◀ よく出題される

2) 不活性ガス消火設備において，貯蔵容器は，温度40℃以下で，温度変化の少ない場所に設けなければならない。

3) 不活性ガス消火設備の全域放出方式または局所放出方式において，防護区画が2以上ある場合，貯蔵する消火剤の量は，それぞれの防護区画について計算した量のうち，最大の量以上としなければならない。また，防護区画ごとに選択弁を設けなければならない。

② **防護区画の換気装置**

1) 不活性ガス消火設備において，防護区画の換気装置は，消火剤の放射前に停止できる構造としなければならない。 ◀ よく出題される

2) 不活性ガス消火設備を設置した場所には，その放出された消火剤および燃焼ガスを安全な場所に排出するための措置を講じること。

③ **消火剤** 不活性ガス消火設備において，使用される消火剤には，二酸化炭素，窒素，IG-55またはIG-541がある。

全域放出方式の不活性ガス消火設備（窒素，IG-55またはIG-541を放射するものに限る。）を設置した防護区画には，当該防護区画内の圧力上昇を防止するための措置を講じること。

ボイラ室その他多量の火気を使用する室の消火剤は，二酸化炭素としなければならない。

④ **手動式の起動装置** 不活性ガス消火設備において，手動式の起動装置は，1の防護区画または防護対象物ごとに設けなければならない。 ◀ よく出題される

全域放出方式または局所放出方式の手動式の起動装置の操作部は，床面からの高さが0.8 m 以上1.5 m 以下の箇所に設けること。

⑤ **非常電源** 全域放出方式または局所放出方式の不活性ガス消火設備には，非常電源を附置すること。

全域放出方式または局所放出方式の不活性ガス消火設備の非常電源は，自家発電設備，蓄電池設備または燃料電池設備によるものとし，その容量を当該設備を有効に1時間作動できる容量以上とすること。

関連法規

⑥　**全域放出方式**　不活性ガス消火設備において，駐車場および通信機器室で常時人がいない部分は，全域放出方式としなければならない。常時人がいない部分以外の部分は，全域放出方式または局所放出方式としてはならない。

◀ よく出題される

　不活性ガス消火設備において，全域放出方式の手動起動装置には次の装置または表示があることを留意する。

1)　起動装置の放出用スイッチ，引き栓等の作動から貯蔵容器の容器弁または放出弁の開放までの時間が20秒以上となる遅延装置を設けること。

2)　手動起動装置には，その時間内に消火剤が放出しないような措置を講じること。

3)　防護区画の出入口等の見やすい箇所に消火剤が放出された旨を表示する表示灯を設けること。

4)　防護区画の圧力上昇を防止する措置を講じること。

⑦　**局所放出方式**　局所放出方式の不活性ガス消火設備に使用する消火剤は，二酸化炭素とする。

（2）　泡消火・粉末消火設備

　設置対象は，泡消火設備が駐車場など，粉末消火設備が電気室，発電設備などである。

9・5・5　連結散水設備

　連結散水設備は，消火活動上必要な施設として定められている。以下に，主な技術基準を示す。

①　**設置対象**　連結散水設備は，地階の倉庫・事務所などで延べ床面積が700 m^2 以上となるものが設置対象となる。

　主要構造部を耐火構造とした防火対象物のうち，耐火構造の壁もしくは床または自動閉鎖の防火戸で区画された部分で，当該部分の床面積が50 m^2 以下の部分には設置しなくてもよい。

②　**ヘッドの種別**　1の送水区域に接続する散水ヘッドは，開放型散水ヘッド，閉鎖型散水ヘッドまたは閉鎖型スプリンクラヘッドのいずれか1の種類のものとすること。

③　**ヘッド数**　連結散水設備において，1の送水区域に接続する散水ヘッドの数は，開放型散水ヘッドおよび閉鎖型の散水ヘッドは10個以下，閉鎖型スプリンクラヘッドにあっては20個以下となるように設ける。

④　**ヘッド間の水平距離**　天井または天井裏の各部分からそれぞれの部分に設ける1の散水ヘッドまでの水平距離は，原則として，開放型散水

ヘッドおよび閉鎖型散水ヘッドにあっては3.7 m 以下とする。

⑤ **送水口**　送水口のホース接続口は，双口形のものとすること。ただし，1の送水区域に取り付ける散水ヘッドの数が4以下のものにあっては，この限りでない。

　送水口のホース接続口は，地盤面からの高さが0.5 m 以上1 m 以下の箇所または地盤面からの深さが0.3 m 以内の箇所に設けること。

9・5・6　連結送水管

連結送水管は，消火活動上必要な施設として定められている。以下に，主な技術基準を示す。

① 建築物の3階以上の階に設ける連結送水管の放水口は，防火対象物の階ごとに，その階の各部分からの水平距離が50 m 以下となるように設けなければならない。

② 主管の内径は，100 mm 以上とすること。

③ 送水口は，双口形とし，消防ポンプ自動車が容易に接近することができる位置に設けること。

④ 地階を除く階数が11以上の建築物に設置する連結送水管については，以下に定めるところによる。

　イ　当該建築物の11階以上の部分に設ける放水口は，双口形とする。

　ロ　非常電源を附置した加圧送水装置を設けること。

　ハ　放水用器具を格納した箱をイに規定する放水口に附置すること。

⑤ 非常電源は，その容量を連結送水管の加圧送水装置を有効に2時間以上作動できる容量とすること。

9・5・7　危　険　物

① 配管は，当該配管に係る最大常用圧力の1.5倍以上の圧力で水圧試験（水以外の不燃性の液体または不燃性の気体を用いて行う試験を含む。）を行ったとき，漏れその他の異常がないものとする。

② 屋内貯蔵タンクの弁は，鋳鋼またはこれと同等以上の機械的性質を有する材料で作り，かつ，危険物が漏れないものとする。

③ 配管を地下に設置する場合には，配管の接合部分（溶接その他危険物の漏れのおそれがないと認められる方法により接合されたものを除く。）について，当該接合部分からの危険物の漏れを点検することができる措置を講じる。

④ 地下の電気的腐食のおそれのある場所に設置する配管にあっては，塗覆装またはコーティングおよび電気防食を行う。

関連法規

確認テスト〔正しいものには○，誤っているものには×をつけよ。〕

□□(1)　連結送水管は，消防用設備として定められている。

□□(2)　1号消火栓設備のポンプの吐出し量は，屋内消火栓の設置個数が最も多い階における設置個数（設置個数が2を超える場合は2とする）に150 L/min を乗じて得た量以上の量とする。

□□(3)　屋内消火栓設備の加圧送水装置には，当該屋内消火栓のノズルの先端における放水圧力が1.0 MPa を超えないための措置を講じる。

□□(4)　工場又は作業場に設置する消火栓は，1号消火栓，2号消火栓のどちらでもよい。

□□(5)　劇場の舞台に設けるスプリンクラヘッドは，閉鎖型としなければならない。

□□(6)　末端試験弁は，閉鎖型スプリンクラヘッドを用いるスプリンクラ設備の流水検知装置又は圧力検知装置の作動を試験するために設ける。

□□(7)　スプリンクラ設備において，消防ポンプ自動車が容易に接近できる位置に専用の単口形送水口を設置する。

□□(8)　不活性ガス消火設備において，手動式の起動装置は，2以下の防護区画ごとに設けなければならない。

□□(9)　不活性ガス消火設備において，駐車場及び通信機器室で常時人がいない部分は，全域放出方式としなければならない。

□□(10)　不活性ガス消火設備において，非常電源は，当該設備を有効に30分作動できる容量以上としなければならない。

確認テスト解答・解説

(1)　×：連結送水管は，消火活動上必要な施設として定められている。

(2)　○

(3)　×：屋内消火栓設備の加圧送水装置には，当該屋内消火栓のノズルの先端における放水圧力が0.7 MPa を超えないための措置を講じる。

(4)　×：1号消火栓は，全ての防火対象物に設置できるが，2号消火栓は，工場又は作業場上は設置できない。

(5)　×：劇場の舞台に設けるスプリンクラヘッドは，開放型としなければならない。

(6)　○

(7)　×：スプリンクラ設備において，消防ポンプ自動車が容易に接近できる位置に専用の双口形送水口を設置する。

(8)　×：不活性ガス消火設備において，手動式の起動装置は，1の防護区画または防護対象物ごとに設けなければならない。

(9)　○

(10)　×：1時間以上である。

関連法規

9・6 廃棄物の処理及び清掃に関する法律(廃棄物処理法)

1. 産業廃棄物の種類を覚える。
2. 安定型産業廃棄物の種類について覚える。
3. 運搬,処分の委託の基準について覚える。
4. 産業廃棄物管理表（マニフェスト）について覚える。

9・6・1 廃棄物の定義と分類

（1）廃棄物の定義

① 「廃棄物」とは,ごみ,粗大ごみ,燃え殻,汚泥,ふん尿,廃油,廃酸,廃アルカリ,動物の死体,その他の汚物又は不要物であって,固形状又は液状のもの（放射性物質及びこれによって汚染された物を除く。）をいう。

② 「一般廃棄物」とは,産業廃棄物以外の廃棄物をいう。

③ 「特別管理一般廃棄物」とは,一般廃棄物のうち,爆発性,毒性,感染性その他の人の健康又は生活環境に係る被害を生ずるおそれがある性状を有するものとして政令で定めるものをいう。

④ 「産業廃棄物」とは,事業活動に伴って生じた廃棄物のうち,燃え殻,汚泥,廃油,廃酸,廃アルカリ,廃プラスチック類,その他政令で定める廃棄物をいう。

⑤ 「特別管理産業廃棄物」とは,産業廃棄物のうち,爆発性,毒性,感染性その他の人の健康又は生活環境に係る被害を生ずるおそれがある性状を有するものとして政令で定めるものをいう。

関連法規

（2）　分　　類

廃棄物の分類を表9・13に示す。

表9・13　廃棄物の分類

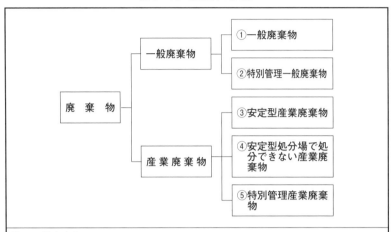

①　一般廃棄物	
家庭の日常生活による廃棄物（ごみ，生ごみ等），現場事務所での作業，作業員の飲食等に伴う廃棄物（図面，雑誌，飲料空缶，弁当がら，生ごみ等）	
②　特別管理一般廃棄物	
日常生活により生じたもので，ポリ塩化ビフェニルを含む部品（廃エアコンディショナ，廃テレビジョン受信機，廃電子レンジ）	
③　安定型産業廃棄物	
がれき類	工作物の新築・改築および除去に伴って生じたコンクリートがら，アスファルト・コンクリートがら，その他がれき類
ガラスくず，コンクリートくずおよび陶磁器くず	ガラスくず，コンクリートくず（工作物の新築・改築および除去に伴って生じたものを除く。），タイル衛生陶磁器くず，耐火れんがくず，かわら，グラスウール
廃プラスチック類	廃発泡スチロール，廃ビニル，合成ゴムくず，廃タイヤ，硬質塩ビパイプ，タイルカーペット，ブルーシート，PPバンド，こん包ビニル，電線被覆くず，発泡ウレタン，ポリスチレンフォーム
金属くず	鉄骨鉄筋くず，金属加工くず，足場パイプ，保安へいくず，金属型枠，スチールサッシ，配管くず，電線類，ボンベ類，廃缶類（塗料缶，シール缶，スプレー缶，ドラム缶等）
ゴムくず	天然ゴムくず
④　安定型処分場で処分できない産業廃棄物	
汚泥	含水率が高く粒子の微細な泥状の掘削物
ガラスくず，コンクリートくずおよび陶磁器くず	廃せっこうボード，廃ブラウン管（側面部） 有機性のものが付着・混入した廃容器・包装機材
金属くず	鉛蓄電池の電極，鉛管・鉛板
廃プラスチック類	有機性のものが付着・混入した廃容器・包装，廃プリント配線盤（鉛，はんだ使用）

木くず	建築物の新築・改築に伴って生じたもの 解体木くず（木造建屋解体材，内装撤去材），新築木くず（型枠，足場板材等，内装・建具工事等の残材），伐採材，抜根材
紙くず	建築物の新築・改築に伴って生じたもの 包装材，段ボール，壁紙くず，障子，マスキングテープ類
繊維くず	建築物の新築・改築に伴って生じたもの 廃ウエス，縄，ロープ類，畳，じゅうたん
廃油	防水アスファルト等（タールピッチ類），アスファルト乳剤等，重油等
燃えがら	焼却残渣物
⑤　特別管理産業廃棄物	
廃石綿等	飛散性アスベスト廃棄物（吹付け石綿・石綿含有保温材・石綿含有耐火被覆板を除去したもの。石綿が付着したシート・防じんマスク・作業衣等）
廃PCB等	PCBを含有したトランス，コンデンサ，蛍光灯安定器，シーリング材，PCB付着がら
廃酸 （pH2.0以下）	硫酸等（排水中和剤） （弱酸性なら産業廃棄物）
廃アルカリ （pH12.5以上）	六価クロム含有臭化リチウム（吸収冷凍機吸収液）
引火性廃油 （引火点70℃以下）	揮発油類，灯油類，軽油類
感染性産廃	感染性病原体が含まれるか，付着している，またはおそれのあるもの（血液の付着した注射針，採血管）

◀ よく出題される

9・6・2　廃棄物の処理

（1）　事業者の責務

　事業者は，その事業活動に伴って生じた廃棄物を自らの責任において適正に処理しなければならない。

（2）　事業者の処理

①　事業者は，自らその産業廃棄物の運搬又は処分を行う場合には，政令で定める産業廃棄物の収集，運搬及び処分に関する基準に従わなければならない。その運搬車両には産業廃棄物収集運搬車である旨と，排出事業者名を表示しなければならない。産業廃棄物の処理責任を負う排出事業者は，実際の工事の施工は下請業者が行っている場合であっても，発注者から直接工事を請け負った元請業者である。

②　事業者は，その産業廃棄物が運搬されるまでの間，産業廃棄物保管基準に従い，生活環境の保全上支障のないように保管しなければならない。
　建設工事に伴い発生した産業廃棄物を事業場の外の300 m² 以上の保管場所に保管する場合，非常災害のために必要な応急措置として行う場

関連法規

合を除き，事前にその旨を都道府県知事に届け出なければならない。

③　事業者は，その産業廃棄物の運搬又は処分を他人に委託する場合には，その運搬については産業廃棄物収集運搬業者に，その処分については産業廃棄物処分業者にそれぞれ委託しなければならない。したがって，両方の許可を有する業者でなければ，運搬とその処分を一括して委託することはできない。　◀ よく出題される

④　産業廃棄物の運搬又は処分を他人に委託する場合には，その契約は書面で行い，委託契約書には，次に掲げる事項についての条項が含まれ，契約の終了の日から5年間保存しなければならない。

　イ　産業廃棄物の種類及び数量

　ロ　運搬を委託するときは，運搬の最終目的地の所在地

　ハ　処分又は再生を委託するときは，その処分又は再生の場所の所在地，その処分又は再生の方法及びその処分又は再生に係る施設の処理能力

　なお，産業廃棄物管理票（マニフェスト）を交付しても，書面での委託契約書が必要である。

（3）　産業廃棄物処理業

①　産業廃棄物の収集又は運搬を業として行おうとする者は，当該業を行おうとする区域を管轄する都道府県知事の許可を受けなければならない。また，産業廃棄物の処分を業として行おうとする者は，収集又は運搬業とは別に，当該業を行おうとする区域を管轄する都道府県知事の許可を受けなければならない。　◀ よく出題される

②　事業者が自らその産業廃棄物を運搬する場合，専ら再生利用の目的となる産業廃棄物のみの収集又は運搬を業として行う者その他環境省令で定める者については，許可が不要である。

（4）　産業廃棄物管理票（マニフェスト）

　事業者は，産業廃棄物の運搬又は処分を他人に委託する場合には，産業廃棄物の引渡しと同時に，産業廃棄物の種類及び数量，運搬又は処分を受託した者の氏名又は名称その他省令で定める事項を記載した産業廃棄物管理票を交付しなければならない。

①　産業廃棄物管理票の交付は，産業廃棄物の種類ごと，運搬先ごとに交付すること。

②　管理票交付者は，管理票の写しを交付をした日から5年間保存しなければならない。

③　運搬受託者は，運搬を終了したときもしくは，処分受託者が，処分を終了したときは，10日以内に，管理票交付者に管理票の写しを送付しなければならない。　◀ よく出題される

④　管理票交付者は，管理票の写しの送付を受けたときは，運搬又は処分

が終了したことを管理票の写しにより確認し，<u>送付を受けた日から５年間保存</u>しなければならない。

⑤　<u>管理票交付者は，管理票に関する報告書を作成し</u>，これを<u>都道府県知事又は政令市長に提出</u>しなければならない。　◀ よく出題される

⑥　管理票交付者は，運搬受託者に管理票を交付してから90日以内に管理票（B2票）の写しの送付を受けないとき，（最終処分終了から180日以内に管理票（E票）の写しの送付を受けないとき），また未記載若しくは虚偽の記載のある管理票の写しの送付を受けたとき，産業廃棄物の運搬又は処分の状況を把握するとともに，30日以内に都道府県知事に報告しなければならない。

⑦　事業者は，産業廃棄物の運搬又は処分を他人に委託する場合，<u>電子情報処理組織を使用して</u>，産業廃棄物の種類及び数量，運搬又は処分を受託した者の氏名又は名称その他環境省令で定める事項を情報処理センターに登録したときは，<u>管理票を交付することを要しない</u>（電子マニフェスト）。その場合，委託者に産業廃棄物を引き渡した後，３日以内に情報処理センターに登録する必要がある。　◀ よく出題される

⑧　<u>事業者は，専ら再生利用の目的となる産業廃棄物のみの収集若しくは運搬又は処分を業として行う者に産業廃棄物のみの運搬又は処分を委託する場合，産業廃棄物管理票の交付を要しない。</u>　◀ よく出題される

⑨　事業者は，排出した<u>特別産業管理廃棄物</u>の運搬又は処分を委託する場合，あらかじめ，特別管理産業管理廃棄物の種類，数量，性状等を，委託しようとする者に<u>文書で通知</u>しなければならない。

建設系産業廃棄物管理票である建設マニフェスト伝票について，表9・14に示す。

表9・14　建設マニフェスト伝票

票	使　用　方　法
A票	排出事業者の控
B1票	収集運搬業者の控（収集運搬業者が２社の場合：排出事業者が，委託した収集運搬業者(1)より収集運搬業者(2)へ廃棄物が運搬されたことを確認するためのもの）
B2票	排出事業者が，委託した収集運搬業者より中間処理・最終処分業者へ運搬されたことを確認するためのもの（収集運搬業者が２社の場合：排出事業者が，委託した収集運搬業者(2)より中間処理・最終処分業者へ廃棄物が運搬されたことを確認するためのもの）。排出事業者へ返す。
C1票	中間処理・最終処分業者の控
C2票	収集運搬業者が自分の運搬した廃棄物の処分を確認するためのもの
D票	排出事業者が委託先の処分終了を確認するためのもの
E票	排出事業者がすべての最終処分（再生を含む）が終了したことを確認するためのもの。排出事業者へ返す。

関連法規

確認テスト〔正しいものには○，誤っているものには×をつけよ。〕

□□(1) 紙くずは，安定型産業廃棄物である。

□□(2) 建築物における石綿建材除去事業で生じた飛散するおそれのある石綿保温材は，特別管理産業廃棄物として処理しなければならない。

□□(3) 再生利用する産業廃棄物のみの運搬を業として行う者に当該産業廃棄物のみの運搬を委託する場合も，産業廃棄物管理票を交付しなければならない。

□□(4) 都道府県知事から産業廃棄物処分業者の許可を受けることにより，産業廃棄物の処分及び運搬を一括して受託することができる。

□□(5) 産業廃棄物の運搬及び処分等の委託は，産業廃棄物管理票（マニフェスト）を交付することにより，書面による契約を省略することができる。

確認テスト解答・解説

(1) ×：包装材，ダンボール，壁紙くず，障子等の紙くずは，安定処分場で処分できない管理型産業廃棄物である。

(2) ○

(3) ×：再生利用されることが確実であると都道府県知事が認めた産業廃棄物のみの収集または運搬を業として行う者であって都道府県知事の指定を受けたものは，産業廃棄物収集運搬業の許可を要しない者である。

(4) ×：事業者は，その産業廃棄物の運搬または処分を他人に委託する場合は，その運搬については第14条第12項に規定する産業廃棄物収集運搬業者その他環境省令で定める者に，その処分については同項に規定する産業廃棄物処分業者その他環境省令で定める者にそれぞれ委託しなければならない。

(5) ×：産業廃棄物の運搬および処分を委託する場合，委託契約は，書面により行い，委託契約書および書面をその契約の終了から環境省令で定める期間保存しなければならない。したがって，マニフェストを交付することにより，委託契約書の作成は省略できない。

9・7 建設工事に係る資材の再資源化に関する法律（建設リサイクル法）

学習のポイント

1. 特定建設資材について覚える。
2. 分別解体等の実施および対象建設工事の届出について覚える。
3. 再資源化等の実施について覚える。

9・7・1 用　語

（1）建設資材

土木建築に関する工事（建設工事）に使用する資材をいう。

（2）建設資材廃棄物

建設資材が廃棄物となったものをいう。

（3）分別解体等

① 建築物等の解体工事で用いられた建設資材廃棄物をその種類ごとに分別して計画的に施工する行為をいう。

② 建築物等の新築工事等に伴い副次的に生じる建設資材廃棄物をその種類ごとに分別しつつ当該工事を施工する行為をいう。

（4）再資源化

① 分別解体等に伴って生じた建設資材廃棄物を，資材または原材料として利用することができる状態にする行為をいう。

② 分別解体等に伴って生じた建設資材廃棄物で，燃焼の用に供することができるものまたはその可能性あるものについて，熱を得ることに利用することができる状態にする行為をいう。

（5）特定建設資材

◀ よく出題される

建設資材廃棄物となった場合に再資源化が資源の有効な利用および廃棄物の減量を図るうえで特に必要であり，かつ，その再資源化が経済性の面において制約が著しくないものとして定められた次の4種類をいう。

① コンクリート
② コンクリートおよび鉄からなる建設資材
③ 木材
④ アスファルト・コンクリート

関連法規

（6） 縮　　減

　焼却，脱水，圧縮その他の方法により建設資材廃棄物の大きさを減ずる行為をいう。

　分別解体等に伴って生じた木材については，再資源化施設が工事現場から50 km 以内にない場合には，再資源化に代えて縮減をすれば足りる。◀ よく出題される

（7）　再資源化等

　再資源化および縮減をいう。

9・7・2　建設業者の行うべき業務

（1）　発注者または自主施工者

　対象建設工事の発注者または自主施工者は，工事に着手する日の7日前までに，次に掲げる事項を都道府県知事に届け出なければならない。◀ よく出題される

　一　解体工事である場合においては，解体する建築物等の構造

　二　新築工事等である場合においては，使用する特定建設資材の種類

　三　工事着手の時期および工程の概要

　四　分別解体等の計画

　五　解体工事である場合においては，解体する建築物等に用いられた建設資材の量の見込み

　六　その他主務省令で定める事項

　対象建設工事の請負契約の当事者は，分別解体等の方法，解体工事に要する費用その他の事項を書面に記載し，相互に交付しなければならない。また，発注者から直接請け負おうとする者は，少なくとも分別解体等の計画等について，書面を交付して発注者に説明しなければならない。◀ よく出題される

（2）　受注者・元請業者

　対象建設工事受注者は，分別解体等に伴って生じた特定建設資材廃棄物について，再資源化をしなければならない。また，その全部又は一部を下請に出す場合においては，当該下請業者に対して対象建設工事を着手するに当たり都道府県知事等に届け出られた事項を告げなければならない。◀ よく出題される　◀ よく出題される

　対象建設工事の元請業者は，当該工事に係る特定建設資材廃棄物の再資源化等が完了したときは，完了した年月日，要した費用等について発注者に書面で報告するとともに，実施状況の記録を作成し，保存しなければならない。

（3）　解体工事業の登録等

　建設業法上の管工事業のみの許可を受けた者が解体工事業を営もうとする場合は，当該業を行おうとする区域を管轄する都道府県知事の登録を受◀ よく出題される

関連法規

けなければならない。

　解体工事業者は，工事現場における解体工事の施工の技術上の管理をつかさどる者を選任しなければならない。

9・7・3　分別解体等の実施

　分別解体等を実施する必要のある建築物等は，政令に規模の基準が定められている。

　その概要を表9・15に示す。

◀ よく出題される

表9・15　分別解体等の規模

工事の種類	規模の規準	
建築物の解体	床面積の合計	80 m² 以上
建築物の新築・増築	床面積の合計	500 m² 以上
建築物の修繕・模様替え（リフォーム等）	請負金額	1 億円以上
その他の工作物に関する工事（土木工事等）	請負金額	500万円以上

（注1）　解体工事とは，建築物の場合，基礎，基礎ぐい，壁，柱，小屋組，土台，斜材，床板，屋根板または横架材で，建築物の自重もしくは積載荷重，積雪，風圧，土圧もしくは水圧または地震その他振動もしくは衝撃を支える部分を解体することをさす。

（注2）　建築物の一部を解体，新築，増築する工事については，当該工事に係る部分の床面積が基準にあてはまる場合について対象建設工事となる。
　　　　また，建築物の改築工事は，解体工事＋新築（増築）工事となる。

関連法規

確認テスト〔正しいものには○，誤っているものには×をつけよ。〕

□□(1)　対象建設工事の発注者又は自主施工者は，工事に着手する日の5日前までに，都道府県知事等に届け出なければならない。

□□(2)　建設業法上の管工事業のみの許可を受けた者が解体工事業を営もうとする場合は，当該業を行おうとする区域を管轄する都道府県知事の登録を受けなければならない。

□□(3)　対象建設工事を発注者から直接請け負おうとする者は，少なくとも分別解体等の計画等について，書面を交付して発注者に説明しなければならない。

□□(4)　対象建設工事の元請業者は，対象建設工事に係る特定建設資材廃棄物の再資源化が完了したときは，当該再資源化等の実施状況に関する記録を作成し，これを保存しなければならない。

□□(5)　特定建設資材廃棄物とは，コンクリート，廃プラスチック，木材などの特定建設資材が廃棄物になったものをいう。

□□(6)　特定建設資材を用いた建築物の解体工事等で，当該解体工事に係る部分の床面積の合計が80 m^2 以上の場合は，分別解体等をしなければならない。

確認テスト解答・解説

(1)　×：道府県知事に届け出るのは，元請業者ではなく，対象建設工事の発注者または自主施工者である。また，対象建設工事の発注者または自主施工者は，工事に着手する日の7日前までに，都道府県知事に届け出なければならない。

(2)　○

(3)　○

(4)　○

(5)　×：特定建設資材廃棄物は，コンクリート，コンクリートおよび鉄からなる建設資材木材，アスファルト・コンクリートをいう。廃プラスチックは含まれない。

(6)　○

9·8 その他の法律

学習のポイント

1. 騒音規制法に基づく特定施設と特定建設作業の規制内容について覚える。
2. バリアフリー法に基づく特定建築物と特別特定建築物に関する事項について覚える。
3. 浄化槽法に関する事項について覚える。
4. 機器の設置や配管作業に必要な資格について覚える。

9・8・1 騒音規制法

(1) 特定施設

特定施設とは，工場又は事業場に設置される施設のうち，著しい騒音を発生する施設であって，次の施設をいう。

① 金属加工機械

② 空気圧縮機及び送風機（原動機の定格出力が7.5 kW 以上のもの）

③ 土石用又は鉱物用の破砕機，摩砕機，ふるい及び分級機

④～⑪ 省略

指定地域内において工場又は事業場（特定施設が設置されていないものに限る。）に特定施設を設置しようとする者は，その特定施設の設置の工事の開始の日の30日前までに，次の事項を市町村長に届け出なければならない。

① 氏名又は名称及び住所並びに法人にあっては，その代表者の氏名

② 工場又は事業場の名称及び所在地

③ 特定施設の種類ごとの数

④ 騒音の防止の方法

(2) 特定建設作業

特定建設作業とは，建設工事として行われる作業のうち，著しい騒音を発生する作業であって，政令で定めるものをいう。ただし，当該作業がその作業を開始した日に終わるものを除く。

① くい打機等を使用する作業

② びょう打機を使用する作業

③ さく岩機を使用する作業

④ 空気圧縮機（電動機以外の原動機を用いるもので定格出力が15 kW 以上）を使用する作業

⑤～⑧ 省略

◀ よく出題される

関連法規

　指定地域内において特定建設作業を伴う建設工事を施工しようとする者は，特定建設作業の開始の日の7日前までに，次の事項を市町村長に届け出なければならない。ただし，災害その他非常の事態の発生により特定建設作業を緊急に行う必要がある場合は，この限りでない。　◀ よく出題される

①　氏名又は名称及び住所並びに法人にあっては，その代表者の氏名

②　建設工事の目的に係る施設又は工作物の種類

③　特定建設作業の場所及び実施の期間

④　騒音の防止の方法

（3）　特定建設作業の規制基準

　騒音が，特定建設作業の場所の敷地の境界線において，85 dB を超えてはならない（災害復旧でも守るべき値である）。　◀ よく出題される

　また，特定建設作業が禁止されている時間帯等は次による。ただし，災害その他非常の事態の発生により緊急に行う必要がある場合，人の生命又は身体に対する危険を防止するために必要がある場合などを除く。

1)　住居の区域にあっては午後7時から翌日の午前7時まで

2)　学校，病院などの区域にあっては午後10時から翌日の午前6時まで

3)　住居の区域にあっては1日10時間，学校，病院などの区域にあっては1日14時間を超えないこと。作業を開始した日に終わる場合を除く

4)　作業期間が同じ場所において連続して6日を超えないこと　◀ よく出題される

5)　日曜日その他の休日に行われないこと　◀ よく出題される

9・8・2　高齢者，障害者等の移動等の円滑化の促進に関する法律（バリアフリー法）

（1）　目　　的

　高齢者，障害者等の自立した日常生活及び社会生活を確保するために，公共交通機関，道路，路外駐車場，公園施設並びに建築物の構造及び設備を改善するための措置，一定の地区における旅客施設，建築物等及びこれらの間の道路，駅前広場，通路その他の施設の一体的な整備を推進するための措置その他の措置を講ずることにより，高齢者，障害者等の移動上及び施設の利用上の利便性及び安全性の向上の促進を図り，公共の福祉の増進に資することを目的とする。

（2）　用　　語

①　**特定建築物**　学校，病院，劇場，観覧場，集会場，展示場，百貨店，ホテル，事務所，共同住宅，老人ホームその他の多数の者が利用する政令で定める建築物又はその部分をいい，これらに附属する建築物特定施設を含むものとする。

②　**特別特定建築物**　不特定かつ多数の者が利用し，又は主として高齢者，障害者等が利用する特定建築物であって，移動等円滑化が特に必要なものとして政令で定めるものをいう。床面積の合計が2,000 m² 以上（公

衆便所は50 m² 以上）とする。

　政令では，病院，劇場，集会場，百貨店，ホテル，保健所，税務署その他不特定かつ多数の者が利用する官公署，老人ホーム，体育館，水泳場，博物館，美術館，図書館，公衆浴場，飲食店，理髪店，銀行，車両の停車場又は船舶若しくは航空機の発着場を構成する建築物で旅客の乗降又は待合いの用に供するもの，自動車の停留又は駐車のための施設，公衆便所，公共用歩廊などほとんどの施設を定めている。

③　**建築物移動等円滑化基準**　建築主等は，特別特定建築物の政令で定める規模（2,000 m²）以上の建築をしようとするときは，当該特別特定建築物を，移動等円滑化のために必要な建築物特定施設の構造及び配置に関する政令で定める基準（建築物移動等円滑化基準）に適合させなければならない。

9・8・3　浄化槽法

（1）　浄化槽

　便所と連結してし尿及びこれと併せて雑排水（工場廃水，雨水その他の特殊な排水を除く。）を処理し，終末処理場を有する公共下水道以外に放流するための設備又は施設であって，市町村が設置したし尿処理施設以外のものをいう。

（2）　浄化槽工事業者

　浄化槽工事業を営もうとする者は，当該業を行おうとする区域を管轄する都道府県知事の登録を受けなければならない。浄化槽工事業者は，その営業所及び浄化槽工事の現場ごとに，その見やすい場所に，氏名又は名称，登録番号その他の事項を記載した標識を掲げなければならない。

（3）　浄化槽設備士

　浄化槽工事を実地に監督する者として浄化槽設備士免状の交付を受けている者をいう。浄化槽工事業者は，営業所ごとに，浄化槽設備士を置かなければならない。

　浄化槽工事業者は，浄化槽工事を行うときは，これを浄化槽設備士に実地に監督させ，又はその資格を有する浄化槽工事業者が自ら実地に監督しなければならない。ただし，これらの者が自ら浄化槽工事を行う場合は，この限りでない

（4）　設置後等の水質検査

　新たに設置され，又はその構造もしくは規模の変更をされた浄化槽については，使用開始後3か月を経過した日から5か月間の間に，浄化槽の所有者，占有者等の浄化槽管理者は，都道府県知事が指定する指定検査機関の行う水質に関する検査を受けなければならない。

関連法規

9・8・4　建築物における衛生的環境の確保に関する法律（建築物衛生法）

（1）目　　的

この法律は，多数の者が使用し，又は利用する建築物の維持管理に関し環境衛生上必要な事項等を定めることにより，その建築物における衛生的な環境の確保を図り，もって公衆衛生の向上及び増進に資することを目的とする。

（2）定　　義

この法律において「特定建築物」とは，興行場，百貨店，店舗，事務所，学校，共同住宅等の用に供される相当程度の規模を有する建築物で，多数の者が使用し，又は利用し，かつ，その維持管理について環境衛生上特に配慮が必要なものとして，建築物の用途，延べ面積等により政令で定めるものをいう。

（3）特定建築物

興行場，百貨店，店舗，事務所，集会場，図書館，博物館，美術館，遊技場，旅館で延べ面積が3,000 m²以上の建築物，学校又は幼保連携型認定こども園の用途に供される建築物で，延べ面積が8,000 m²以上をいう。

（4）空気環境管理基準

空気調和設備を設けている場合の空気環境管理基準（基準値）は次のとおりである（機械換気設備は④⑤が不要）。

① 浮遊粉じんの量（0.15 mg/㎥以下）
② 一酸化炭素の含有率（6 ppm以下，又は100万分の6以下）
③ 二酸化炭素の含有率（1000 ppm以下，又は100万分の1000以下）
④ 温度（18〜28℃，冷房時は外気との温度差を著しくしないこと）
⑤ 相対湿度（40％以上70％以下）
⑥ 気流（0.5 m/s以下）
⑦ ホルムアルデヒドの量（0.1 mg/m³以下，又は0.08 ppm以下）

9・8・5　フロン類の使用の合理化及び管理の適正化に関する法律（フロン排出抑制法）

（1）定　　義

① 「フロン類」とはフルオロカーボン（フッ素と炭素の化合物）の総称をいう。
② 「フロン類使用製品」とは，フロン類が冷媒その他の用途に使用されている機器その他の製品をいう。
③ 「指定製品」とは，フロン類使用製品のうち，特定製品その他政令で定めるものをいう。
④ 「第一種特定製品」とは，業務用の機器で冷媒としてフロン類が充てんされている，エアコンディショナー（冷凍機，車両用エアコンな

ど），並びに冷蔵機器及び冷凍機器（冷蔵庫，冷凍庫，冷水機，自動販売機など）をいう。家庭用のエアコン，冷蔵庫，使用を終了した自動車用カーエアコンは含まない。

（2）　第一種特定製品の製造業者等の責務

① 第一種特定製品整備者は，第一種製品にフロンを充填するときは，第一種フロン類充填回収業者に委託しなければならない。

② 第一種フロン類充填回収業を行おうとする者は，その業務を行おうとする区域を管轄する都道府県知事の登録を受けなければならない。

③ 第一種フロン類充填回収業者が委託を受けてフロン類の回収を行ったときは，整備を発注した第一種特定製品の管理者に回収証明書を交付しなければならない。

④ 第一種フロン類再生業およびフロン類破壊業を行おうとする者は，その業務を行う事業所ごとに，主務大臣（環境大臣と経済産業大臣）の許可を受けるなければならない。

⑤ フロン類破壊業者がフロン類を破壊したときは，当該フロン類を引き取った第一種フロン類充填回収業者に破壊証明書を送付しなければならない。

9・8・6　機器の設置や配管作業に必要な資格等

機器の設置又は配管における作業と必要な資格等について，次のように関係法令に規定されている。

（1）　労働安全衛生法（同施行令，同規則）

事業者は，高所作業車を用いて作業を行うときは，作業の指揮者を定め，作業の指揮を行わせなければならない。

ボイラ（小型ボイラを除く）の据付作業を行う場合は，ボイラ据付工事作業主任者の資格が必要である。

（2）　消　防　法（同規則）

甲種消防設備士が行うことができるのは，消防用設備等の工事又は整備，乙種消防設備士が行うことができるのは消防用設備等の整備である。

（3）　浄　化　槽　法

浄化槽設備士の資格が必要な工事は，次の作業とする。

① 小型浄化槽の設置工事　　② 浄化槽工事の実地監督

その他の規定は，9・8・3浄化槽法（3）を参照のこと。

（4）　液化石油ガスの保安の確保及び取引の適正化に関する法律（同規則）

液化石油ガス設備士でなければ，液化石油ガス設備工事の作業に従事してはならない。液化石油ガス設備工事の作業は，次の作業とする。

① 硬質管の寸法取り又はねじ切りの作業

② 硬質管の相互を接続，取り外し，切断する作業

　③　器具等と硬質管を接続，又は取り外す作業

　④　地盤面下に埋設する硬質管に腐しょく防止措置を講ずる作業

　⑤　気密試験の作業

（5）　高圧ガス保安法

　製造保安責任者免状の交付を受けている者であって，高圧ガスの製造に関する経験を有する者のうちから，冷凍保安責任者を選任し，職務を行わせなければならない。

（6）　水　道　法

　水道事業者は，水の供給を受ける者の給水装置が水道事業者又は指定給水装置工事事業者の施行した給水装置工事に係るものであることを供給条件とすることができる。

確認テスト〔正しいものには○，誤っているものには×をつけよ。〕

□□(1)　特定建設作業の騒音は，特定建設作業の場所の敷地の境界線において，85デシベルを超えてはならない。

□□(2)　指定地域内において特定建設作業を伴う建設工事を施工しようとする者は，特定建設作業の場所及び実施の期間等を都道府県知事に届け出なければならない。

□□(3)　高齢者の移動等の円滑化に関して，床面積が1,000 m² 以上の特別特定建築物を建築しようとするときは，政令で定める基準に適合させなければならない。

□□(4)　浄化槽を設置した場合は，使用開始後3か月以内に指定検査機関の行う水質検査を受けなければならない。

□□(5)　特定建築物とは，興行場，百貨店等の政令で定める用途に供される部分の延べ面積が3,000 m² 以上の建築物及び学校等の用途に供される建築物で延べ面積が8,000 m² 以上のものである。

□□(6)　液化石油ガス設備工事において，硬質管のねじ切り作業は，液化石油ガス設備士以外でもできる。

確認テスト解答・解説

(1)　○

(2)　×：指定地域内において，特定建設作業を伴う建設工事を施工しようとする者は，当該特定建設作業の開始の日の7日前までに，所定の事項を市町村長に届け出なければならない。

(3)　×：特別特定建築物は，床面積の合計が2,000 m² 以上をいう。

(4)　×：設置後等の水質検査は，浄化槽法第7条第1項に，「環境省令で定める期間内に」とされていて，その期間は，使用開始後3月を経過した日から5月間とする。

(5)　○

(6)　×：液化石油ガスの保安の確保及び取引の適正化に関する法律に，液化石油ガス設備士が作業することと規定している。

令和4年度

1級管工事施工管理技士

試 験 問 題

令和4年度
1級 管工事施工管理技術検定
第一次検定　試験問題A

次の注意をよく読んでから解答してください。

【注意】

1. これは「管工事」の試験問題Aです。表紙とも10枚44問題あります。

2. 解答用紙（マークシート）に間違いのないように、試験地、氏名、受検番号を記入するとともに受検番号の数字をぬりつぶしてください。

3. 問題番号 No.1 から No.14 までの14問題は必須問題です。全問題を解答してください。
   問題番号 No.15 から No.37 までの23問題のうちから12問題を選択し、解答してください。
   問題番号 No.38 から No.44 までの7問題は必須問題です。全問題を解答してください。
   以上の結果、全部で33問題を解答することになります。

4. 選択問題は、指定数を超えて解答した場合、減点となりますから十分注意してください。

5. 試験問題の漢字のふりがなは、問題文の内容に影響を与えないものとします。

6. 解答は解答用紙（マークシート）にHBの鉛筆又はシャープペンシルで記入してください。

   （万年筆、ボールペンの使用は不可）

問題番号	解答記入欄			
No. 1	①	②	③	④
No. 2	①	②	③	④
No. 10	①	②	③	④

解答用紙は　　　　　　　　　　　　　　となっていますから、

当該問題番号の解答記入欄の正解と思う数字をぬりつぶしてください。
   解答のぬりつぶし方は、解答用紙の解答記入例（ぬりつぶし方）を参照してください。

7. 解答を訂正する場合は、プラスチック消しゴムできれいに消してから訂正してください。
   消し方が不十分な場合は、解答を取り消したこととなりません。

8. この問題用紙の余白は、計算等に使用しても差し支えありません。
   ただし、解答用紙は計算等に使用しないでください。

9. 解答用紙（マークシート）は、退室する前に、必ず、試験監督者に提出してください。
   解答用紙（マークシート）は、いかなる場合でも持ち帰りはできません。

10. 試験問題は、試験終了時刻（12時30分）まで在席した方のうち、希望者に限り持ち帰りを認めます。途中退室した場合は、持ち帰りはできません。

第一次検定　問題Ａ

必　須　問　題

問題番号 No.1 から No.44 までの問題の正解は，1問について一つです。
当該問題番号の解答記入欄の正解と思う数字を一つぬりつぶしてください。
1問について，二つ以上ぬりつぶしたものは，正解となりません。

問題番号 No.1 から No.14 までの14問題は必須問題です。全問題を解答してください。

問題1
地球環境に関する記述のうち，**適当でないもの**はどれか。
(1) 我が国の温室効果ガスの総排出量は，2013年頃より減少に転じており，主な温室効果ガスのうち二酸化炭素，ハイドロフルオロカーボン類ともに減少している。
(2) SDGs とは，国連サミットで採択された持続可能でより良い世界を目指すための国際目標であり，17のゴールから構成されている。
(3) 酸性雨は，大気中の硫黄酸化物や窒素酸化物が溶け込んで，一般的に，pH 値が5.6以下の酸性となった雨等のことで，湖沼や森林の生態系に悪影響を与える。
(4) オゾン層を保護するため，フロン類の製造から廃棄までに携わる全ての主体に法令の順守を求める「フロン類の使用の合理化及び管理の適正化に関する法律」が平成27年に施行されている。

問題2
冬季における外壁の結露に関する記述のうち，**適当でないもの**はどれか。
(1) 室内空気の流動が少なくなると，壁面の表面温度が低下し，結露を生じやすい。
(2) 外壁に断熱材を用いると，熱通過率が小さくなり結露を生じにくい。
(3) 多層壁の構造体の内部における各点の水蒸気分圧を，その点における飽和水蒸気圧より低くすることにより，結露を防止することができる。
(4) 暖房をしている室内では，一般的に，天井付近に比べて床付近の方が結露を生じにくい。

問題3
室内の空気環境に関する記述のうち，**適当でないもの**はどれか。
(1) 浮遊粉じんのうち，直径が$10\mu m$ 以下のものは，人体への影響があるとされている。
(2) 一酸化炭素は無色無臭で，二酸化炭素より比重が大きいガスである。
(3) 空気中の二酸化炭素濃度が20％程度以上になると，人体に致命的な影響を与える。
(4) ホルムアルデヒド，トルエン，キシレン等の揮発性有機化合物（VOCs）は，シックビル症候群の主要因とされている。

問題4
流体に関する記述のうち，**適当でないもの**はどれか。
(1) 管種以外の条件が同じ場合，硬質塩化ビニル管は鋼管よりウォーターハンマーが発生しやすい。
(2) キャビテーションとは，流体の静圧が局部的に飽和蒸気圧より低下し，気泡が発生する現象をいう。
(3) 流体の粘性による摩擦応力の影響は，一般的に，壁面近くで顕著に現れる。

(4) 液体の自由な表面で，その液面を縮小しようとする性質により表面に働く力を，表面張力という。

問題5

下図に示す水平な管路内を空気が流れる場合において，A点とB点の間の圧力損失 ΔP の値として適当なものはどれか。

ただし，A点の流速は10 m/s，A点の静圧は30 Pa，B点の全圧は70 Pa，空気の密度は1.2 kg/m³ とする。

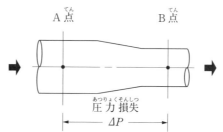

(1) 10 Pa

(2) 15 Pa

(3) 20 Pa

(4) 25 Pa

問題6

下図は流速を計測する器具の原理を説明したものである。

その「器具の名称」と「流速（v）と高さ（h）の関係」の組合せとして，適当なものはどれか。

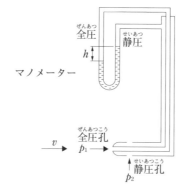

（器具の名称）	（v と h の関係）
(1) ピトー管 ———	v は h に比例
(2) ピトー管 ———	v は $\sqrt{h}$ に比例
(3) ベンチュリー管 ———	v は h に比例
(4) ベンチュリー管 ———	v は $\sqrt{h}$ に比例

問題7

熱に関する記述のうち，適当でないものはどれか。

(1) 気体の定容比熱と定圧比熱を比べると，常に定容比熱の方が大きい。

(2) 熱放射とは，物体が電磁波の形で熱エネルギーを放出・吸収する現象をいう。

(3) 膨張係数とは，物質の温度が1℃上昇したときに物質が膨張する割合である。

(4) 圧縮式冷凍サイクルでは，凝縮温度が一定の場合，蒸発温度を低くすれば，成績

係数は小さくなる。

問題8

燃焼に関する記述のうち，**適当でないもの**はどれか。
(1) 燃料を完全燃焼させるために理論的に必要な空気量を理論空気量という。
(2) 燃料が理論空気量で完全燃焼した際に生じる燃焼ガス量を理論燃焼ガス量（理論廃ガス量）という。
(3) 空気過剰率が大きすぎると，廃ガスによる熱損失が増大する。
(4) 固体燃料は，空気と接する燃料の表面が大きいため，理論空気量に近い空気量で完全燃焼する。

問題9

湿り空気に関する記述のうち，**適当でないもの**はどれか。
(1) 飽和湿り空気の温度を上げても，絶対湿度は変わらない。
(2) 湿り空気をその露点温度より高い温度の冷却コイルで冷却すると，絶対湿度は上がる。
(3) 湿り空気を水スプレーで加湿しても，湿球温度はほとんど変わらない。
(4) 湿り空気を蒸気スプレーで加湿すると，絶対湿度と相対湿度は上がる。

問題10

音に関する記述のうち，**適当でないもの**はどれか。
(1) 点音源から放射された音が球面状に一様に広がる場合，音源からの距離が 2 倍になると音圧レベルは約 6 dB 低下する。
(2) NC曲線で示される音圧レベルの許容値は，周波数が低いほど大きい。
(3) マスキング効果は，マスクする音の周波数がマスクされる音の周波数に近いほど大きい。
(4) 音速は，一定の圧力のもとでは，空気の温度が高いほど遅くなる。

問題11

電気設備において，「用語」とその「用語の説明」の組合せのうち，**適当でないもの**はどれか。

（用語）	（用語の説明）
(1) 低圧（電圧の区分）	交流では600V 以下，直流では750V 以下
(2) 単相 3 線式	3 本の電線で標準電圧100V と200V を使用できる電気方式
(3) D種接地工事	300V を超える電路に施設する接地抵抗値10Ω以下の接地工事
(4) スターデルタ始動方式	始動時の電流及び電動機トルクが全電圧始動に対して $\frac{1}{3}$ になる始動方式

問題12

低圧屋内配線工事に関する記述のうち，**適当でないもの**はどれか。
(1) 同一電線管に多数の電線を収納すると許容電流は増加する。
(2) 同一ボックス内に低圧の電線と弱電流電線を収納する場合は，直接接触しないように隔壁を設ける。
(3) 電動機端子箱への電源接続部には，金属製可とう電線管を使用する。
(4) 回路の遮断によって公共の安全に支障が生じる回路には，漏電遮断器に代えて漏電警報器を設けることができる。

問題13

鉄筋に対するコンクリートのかぶり厚さに関する記述のうち，**適当でないもの**はどれか。

(1) スペーサーは，鉄筋のかぶり厚さを保つためのものである。
(2) 基礎の鉄筋のかぶり厚さは，捨てコンクリート部分を含めた厚さとする。
(3) かぶり厚さの確保には，火災時に鉄筋の強度低下を抑える効果がある。
(4) 床スラブの最小かぶり厚さは，土に接する部分より土に接しない部分の方が小さい。

問題14

建築材料に関する記述のうち，**適当でないもの**はどれか。

(1) 強化ガラスは，割れても破片が細かい粒状になるため安全性が高い。
(2) 複層ガラスは，ガラスとガラスの間に特殊フィルムをはさみ，加熱圧着したガラスである。
(3) 石こうボードは，火災時に石こうに含まれる結晶水が失われるまでの間，温度上昇を抑制するため，耐火性に優れている。
(4) ロックウールやグラスウール等の多孔質材料は，一般的に，周波数が高い音域に対する吸音効果に優れている。

選 択 問 題

問題番号 No.15から No.37までの23問題のうちから12問題を選択し，解答してください。

問題15

省エネルギーに効果がある空調計画に関する記述のうち，**適当でないもの**はどれか。

(1) 熱源の台数制御は，熱源を適切な容量，台数に分割することで，低負荷時に熱源機器の運転効率を良くする。
(2) 蓄熱方式による空調システムは，省エネルギーが図れるが，熱源容量は非蓄熱方式より大きくなる。
(3) 変流量方式における流量制御には，インバーターによるポンプの回転数制御とポンプの台数制御がある。
(4) 全熱交換器は，建物からの排気と導入外気を熱交換させるもので，導入外気の温湿度を室内空気の温湿度に近づけることができる。

問題16

空気調和方式に関する記述のうち，**適当でないもの**はどれか。

(1) 床吹出し方式は，吹出口の移動や増設によりレイアウト変更に対応しやすい。
(2) 大温度差送風（低温送風）方式は，送風量の低減によりダクトサイズを小さくすることができる。
(3) エアフローウィンドウ方式は，窓面で熱負荷を除去することにより，日射や外気温度による室内への熱の影響を小さくすることができる。
(4) 天井放射冷房方式は，効率的に潜熱負荷を処理できるため快適性が高い。

問題17

下図に示す暖房時の湿り空気線図において，空気調和機の有効加湿量として，**適当なもの**はどれか。ただし，風量は10,000 m³/h，空気密度は1.2 kg/m³ とする。

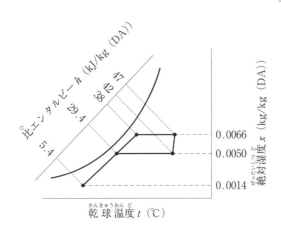

(1)　19.2 kg/h

(2)　30.4 kg/h

(3)　43.2 kg/h

(4)　62.4 kg/h

問題18

冷房負荷計算に関する記述のうち，**適当でないもの**はどれか。

(1)　窓ガラスからの負荷は，室内外の温度差による通過熱と，透過する太陽日射熱とに区分して計算する。

(2)　人体からの発生熱量は，室温が下がるほど顕熱が小さくなり，潜熱が大きくなる。

(3)　土間床，地中壁からの通過熱負荷は，一般的に，年間を通じて熱損失側であるため無視する。

(4)　北側のガラス窓からの熱負荷は，日射の影響も考慮する。

問題19

変風量単一ダクト方式の自動制御において，「制御する機器」と「検出要素」の組合せのうち，**適当でないもの**はどれか。

　　　　　（制御する機器）　　　　　　　　　　　　　　　（検出要素）

(1)　加湿器　　　　　　　　　　　　　　　　　　 還気ダクト内の湿度

(2)　空気調和機の冷温水コイルの制御弁　　　　 空気調和機出口空気の温度

(3)　空気調和機のファン　　　　　　　　　　　 還気ダクト内の静圧

(4)　外気及び排気用電動ダンパー　　　　　　　 還気ダクト内の二酸化炭素濃度

問題20

コージェネレーションシステムに関する記述のうち，**適当でないもの**はどれか。

(1)　マイクロガスタービン発電機を用いるシステムでは，ボイラー・タービン主任技術者の選任は不要である。

(2)　コージェネレーションシステムは，BCP（事業継続計画）の主要な構成要素の1つである。

(3)　ガスタービン方式は，排ガスボイラーにより蒸気を取り出すことで熱回収が可能である。

(4)　コージェネレーションシステムの総合的な効率は，年間を通じた熱需要には影響されない。

問題21

蓄熱方式に関する記述のうち，**適当でないもの**はどれか。

(1) 二次側配管系を開放回路とした場合，密閉回路に比べてポンプ揚程が増大する。

(2) 氷蓄熱方式は，融解潜熱を利用するため，水蓄熱方式に比べて蓄熱槽の容量が大きくなる。

(3) 蓄熱槽には，建物の二重スラブ内等に水槽を設置する完全混合型，水深の深い水槽を用いる温度成層型等がある。

(4) 熱源機器は，空調負荷の変動に直接追従する必要がなく，効率のよい運転ができる。

問題22

換気に関する記述のうち，**適当でないもの**はどれか。

(1) 密閉式燃焼器具のみを設けた室には，火気を使用する室としての換気設備を設けなくてもよい。

(2) 一定量の汚染質が発生している室の必要換気量は，その室の容積に比例する。

(3) 第二種機械換気方式は，室内への汚染した空気の侵入を防ぐことができる。

(4) 喫煙室は受動喫煙を防止するため室内を負圧にし，出入口等から室内に流入する空気の気流を0.2m/s以上とする。

問題23

在室人員30人の居室の二酸化炭素濃度を0.0008 m³/m³ 以下に保つために必要な最小の換気量として，**適当なもの**はどれか。

ただし，人体からの二酸化炭素発生量は0.02 m³/(h・人)，外気中の二酸化炭素濃度は0.0004 m³/m³ とする。

(1) 1,000m³/h

(2) 1,200m³/h

(3) 1,500m³/h

(4) 1,800m³/h

問題24

排煙設備に関する記述のうち，**適当でないもの**はどれか。

ただし，本設備は「建築基準法」による，区画・階及び全館避難安全検証法並びに特殊な構造によらないものとする。

(1) 天井高さが3m未満の室の壁面に排煙口を設ける場合は，天井から80cm以内，かつ防煙垂れ壁の下端より上の部分とする。

(2) 排煙機の設置位置は，最上階の排煙口よりも下の位置にならないようにする。

(3) 排煙口の手動開放装置のうち手で操作する部分の高さは，天井から吊り下げる場合，床面から概ね1.3mの高さとする。

(4) 排煙立てダクト（メインダクト）の風量は，最遠の階から順次比較し，各階ごとの排煙風量のうち大きい方の風量とする。

問題25

排煙設備に関する記述のうち，**適当でないもの**はどれか。

ただし，本設備は「建築基準法」による，区画・階及び全館避難安全検証法並びに特殊な構造によらないものとする。

(1) 電源を必要とする排煙設備の予備電源は，30分間継続して排煙設備を作動させることができる容量以上のものとし，かつ，常用の電源が断たれた場合に自動的に切り替えられるものとする。

(2) 排煙立てダクト（メインダクト）には，原則として，防火ダンパーを設けない。

(3) 排煙機の耐熱性能には，吸込温度が280℃に達する間に運転に異常がなく，かつ，吸込温度280℃の状態において30分間以上異常なく運転できること等が求められる。

(4) 2以上の防煙区画を対象とする場合の排煙風量は，120 m³/min 以上で，かつ最大防煙区画の床面積 1 m² につき 1 m³/min 以上とする。

問題26

上水道の配水管に関する記述のうち，**適当でないもの**はどれか。
(1) 軟弱層が深い地盤に配水管を敷設する場合の配管の基礎は，管径の $\frac{1}{3} \sim \frac{1}{1}$ 程度（最低50 cm）を砂又は良質土に置き換える。
(2) 公道に埋設する配水管の土被りは，1.2 m を標準とする。
(3) 配水管から給水管を分岐する箇所での配水管内の最大静水圧は，0.98 MPa を超えないようにする。
(4) 異形管の防護を図るため，管内水圧は最大静水圧に水撃圧を加えたものとする。

問題27

下水道に関する記述のうち，**適当でないもの**はどれか。
(1) 伏越し管きょ内の流速は，上流管きょ内の流速より遅くする。
(2) 管きょの管径が変化する場合の接合方法は，原則として水面接合又は管頂接合とする。
(3) 雨水管きょ及び合流管きょの最小管径は，250 mm を標準とする。
(4) 取付管は，本管の中心線から上方に取り付ける。

問題28

給水設備に関する記述のうち，**適当でないもの**はどれか。
(1) 給水配管の最低水圧は，衛生器具の最低必要圧力を考慮する必要がある。
(2) 器具給水負荷単位は，公衆用で使う場合よりも私室用で使う場合の方が大きい値となる。
(3) 給水配管の最高水圧は，ウォーターハンマー防止の観点などから，0.5 MPa を超えないように計画する。
(4) 水道直結増圧方式では，配水管への汚染を防止するために水道事業者認定の逆流防止器を取り付ける。

問題29

給水設備に関する記述のうち，**適当でないもの**はどれか。
(1) 高置タンク方式における揚水ポンプの揚水量は，一般的に，時間最大予想給水量に基づき決定する。
(2) 吐水口空間とは，給水栓又は給水管の吐水口端とあふれ縁との垂直距離をいい，この空間を十分に確保することにより逆流汚染を防止する。
(3) 玉形弁（グローブ弁）は流量の調整に適しており，圧力損失は仕切弁（ゲート弁）に比べて小さい。
(4) 水道直結増圧方式の立て管には，断水時に配管内が負圧にならないように，最上部に吸排気弁を設置する。

問題30

給湯設備に関する記述のうち，**適当でないもの**はどれか。
(1) 中央式給湯設備における貯湯タンク内の湯温は，レジオネラ属菌の繁殖防止のため，60℃以上とする。
(2) 中央式給湯設備の循環経路に気水分離器を取り付ける場合は，配管経路の高い位置に設置する。
(3) 給湯管に銅管を用いる場合，かい食を防止するため，管内流速が1.5 m/s以下とな

るように管径を選定する。
(4) 真空式温水発生機及び無圧式温水発生機は,「労働安全衛生法」によるボイラーに該当することから, 取扱いにボイラー技士を必要とする。

問題31

排水・通気設備に関する記述のうち, **適当でないもの**はどれか。

(1) 排水トラップの封水強度を高めるためには, トラップの封水の深さを大きくすることと, トラップの脚断面積比を大きくすることが有効である。

(2) 器具排水負荷単位法により通気管径を算定する場合の通気管長さは, 通気管の実長に局部損失相当長を加算する。

(3) 排水立て管の45度を超えるオフセットの上下600 mm 以内には, 排水横枝管を接続してはならない。

(4) 排水槽の底面には$\frac{1}{15}$以上, $\frac{1}{10}$以下の勾配を設け, 最下部には排水ピットを設ける。

問題32

排水・通気設備に関する記述のうち, **適当でないもの**はどれか。

(1) 各個通気の通気管接続箇所は, 大便器その他これと類似の器具を除き, トラップウエアより低い位置に設けてはならない。

(2) グリース阻集器の容量算定において, 阻集グリース及び堆積残さの質量算定には掃除周期が関係する。

(3) 間接排水管は, 衛生面を考慮して, 機器・装置の種類又は排水の水質を同じくするものごとに系統を分ける。

(4) 伸頂通気方式における排水横管の許容流量は, 各個及びループ通気方式の場合の許容流量と同じである。

問題33

排水・通気設備に関する記述のうち, **適当でないもの**はどれか。

(1) ブランチ間隔とは, 汚水又は雑排水立て管に接続する排水横枝管の垂直距離の間隔のことであり, 2.5 m を超える場合を1ブランチ間隔という。

(2) 汚物ポンプは, 固形物を多く含んだ水を排水するため, それに適したノンクロッグ形ポンプ, ボルテックス形ポンプ等を用いる。

(3) 結合通気管は, その階からの排水横枝管が排水立て管に接続する部分の下方からとり, 45度Y継手等を用いて排水立て管から分岐して立ち上げ, その床面の下方で通気立て管に接続する。

(4) 伸頂通気方式の排水立て管には, 原則としてオフセットを設けてはならない。

問題34

スプリンクラー設備の種類と概要に関する記述のうち, **適当でないもの**はどれか。

(1) 閉鎖型スプリンクラーヘッドを用いた湿式スプリンクラー設備は, 火災報知器の感知又は手動によりポンプが作動し消火するものである。

(2) 閉鎖型スプリンクラーヘッドを用いた乾式スプリンクラー設備は, スプリンクラーヘッドが熱により開栓し, 管内空気の圧力低下を感知することでポンプが作動し消火するものである。

(3) 閉鎖型スプリンクラーヘッドを用いた予作動式スプリンクラー設備は, 火災報知器の感知により予作動弁が開放し, 管内空気の圧力低下の感知によりポンプが作動するとともに, スプリンクラーヘッドが熱により開栓し消火するものである。

(4) 開放型スプリンクラーヘッドを用いたスプリンクラー設備は, 火災報知器の感知によりポンプが作動するか, 手動により一斉開放弁を開いて消火するものである。

問題35

ガス設備に関する記述のうち，**適当でないもの**はどれか。

(1) 一般消費者等に供給される液化石油ガスは，「い号」「ろ号」「は号」に区分されており，実際に流通しているものは「い号」が多い。

(2) 都市ガスの中圧導管には，中圧 A（0.3 MPa 以上1.0 MPa 未満）導管と中圧 B（0.1 MPa 以上0.3 MPa 未満）導管がある。

(3) 都市ガス設備の工事は，ガス事業者又はガス事業者が認めた施工者が施工し，液化石油ガス設備の工事は，液化石油設備士が作業に従事する。

(4) 標準状態（0℃，1気圧）のガス 1 m³（N）が完全燃焼したときに発生する熱量をウオッベ指数という。

問題36

浄化槽に関する記述のうち，**適当でないもの**はどれか。

(1) 構造基準において小規模合併処理浄化槽は，分離接触ばっ気方式及び脱窒ろ床接触ばっ気方式の 2 種類の処理方式がある。

(2) 二次処理は，一次処理で除去できなかった非沈殿性の浮遊物質や，水中に溶存している有機物等を微生物の代謝作用を利用して除去する処理工程である。

(3) 除去率とは，汚水中の浮遊物質や BOD 等が，処理過程を経て除去された割合を百分率で表したものである。

(4) BOD 負荷量とは，BOD 濃度に汚水量を乗じたもので，g/日で表される。

問題37

FRP 製浄化槽の設置に関する記述のうち，**適当でないもの**はどれか。

(1) 本体の設置は，本体の損傷防止や水平の調整のため，砂利事業の後に山砂を適度な厚さに敷き均し据え付ける。

(2) 埋戻しは，本体を安定させ，据付け位置からずれたり，水平が損なわれることを防止するため，水を張った状態で行う。

(3) 上部スラブコンクリートは，雨水が槽内に浸入することを防ぐため，マンホールや点検口を頂点として水勾配を付ける。

(4) 浄化槽工事を行う際には，浄化槽設備士が自ら浄化槽工事を行う場合を除き，浄化槽設備士に実地に監督させて行わなければならない。

必須問題

問題番号 No.38から No.44までの 7 問題は必須問題です。全問題を解答してください。

問題38

送風機に関する記述のうち，**適当でないもの**はどれか。

(1) 斜流送風機は，小型の割には取り扱う風量が大きく比較的高い静圧も出すことができ，効率，騒音面でも優れている。

(2) 軸流送風機のベーン型は，羽根車の前又は後ろに案内羽根が設けてあり，チューブラ型に比べ効率も良く高い圧力に対応できる。

(3) 横流送風機（クロスフローファン）は，ルームエアコン，ファンコイルユニット，エアカーテン等の送風用に用いられる。

(4) 多翼送風機（シロッコファン）の羽根車は，構造上高速回転に適しており，高い圧力を出すことができる。

問題39

吸収冷凍機及び吸収冷温水機に関する記述のうち，**適当でないもの**はどれか。

(1) ガス吸収冷温水機の容量制御は，ガスバーナの燃焼量を調節して制御する。

(2) 吸収冷温水機で暖房用の温水を取り出す方法には，蒸発器から温水を得るものがある。

(3) 二重効用吸収冷凍機は，一般的には，高圧蒸気により高温再生器と低温再生器を同時に加熱するものである。

(4) 二重効用吸収冷凍機の高温再生器は，一重効用吸収冷凍機の再生器に比べて高温の加熱媒体を必要とする。

問題40

ボイラー等に関する記述のうち，**適当でないもの**はどれか。

(1) 小型貫流ボイラーは，単管又は多管によって構成されており，保有水量が少ないため予熱時間は短いが，高度な水処理を必要とする。

(2) 鋳鉄製ボイラーは，材料の制約上，高温・高圧・大容量ものは製作できず，法令により温水ボイラーの圧力は0.5 MPa，温水温度は120℃までに制限されている。

(3) 炉筒煙管ボイラーは，負荷変動に対して安定性があり，水処理は比較的容易であるが，保有水量が多いため予熱時間は長くなる。

(4) 真空式温水発生機は，胴内を加圧状態に保持しながら水を沸騰させ，胴内に内蔵した熱交換器等に伝熱する構造である。

問題41

配管材料に関する記述のうち，**適当でないもの**はどれか。

(1) 水道用硬質塩化ビニルライニング鋼管の継手を含めた配管系の流体の温度は，40℃以下が適当である。

(2) 配管用炭素鋼鋼管の最高使用圧力は，1.0 MPa 程度である。

(3) 排水用硬質塩化ビニルライニング鋼管を圧力変動が大きい系統に使用する場合，その接合にはねじ込み式排水管継手を使用する。

(4) 排水用リサイクル硬質ポリ塩化ビニル管（REP-VU）は，屋外排水用の塩化ビニル管であり，重車両の荷重が加わらない場所での無圧排水用である。

問題42

ダクト及びダクト附属品に関する記述のうち，**適当でないもの**はどれか。

(1) 低圧ダクトは，常用圧力において，正圧，負圧ともに800 Pa 以内で使用する。

(2) 排煙ダクトに設ける防火ダンパーの温度ヒューズの作動温度は280℃とする。

(3) 風量調節ダンパーの風量調節性能は，平行翼形ダンパーよりも対向翼形ダンパーの方が優れている。

(4) 誘引作用の大きい吹出口は，吹出し温度差を大きくとることができる。

問題43

「公共工事標準請負契約約款」に関する記述のうち，**適当でないもの**はどれか。

(1) 受注者は，約款（契約書を含む。）及び設計図書に特別の定めがない仮設，施工方法等を定める場合は，監督員の指示によらなければならない。

(2) 発注者が設計図書を変更し，請負代金額が $\frac{2}{3}$ 以上減少した場合，受注者は契約を解除することができる。

(3) 発注者は，引渡し前においても，工事目的物の全部又は一部を受注者の承諾を得て使用することができる。

(4) 受注者は，工事現場内に搬入した工事材料を監督員の承諾を受けないで工事現場

外に搬出してはならない。

問題44

JIS に規定している，「配管材料」と「記号」の組合せのうち，**適当でないもの**はどれか。

	（配管材料）	（記号）
(1)	配管用炭素鋼鋼管 ————————	SGP
(2)	圧力配管用炭素鋼鋼管 —————	STPG
(3)	架橋ポリエチレン管（二層管） ———	XM
(4)	水道用硬質ポリ塩化ビニル管 ———	VP

令和4年度
1級 管工事施工管理技術検定
第一次検定　試験問題B

次の注意をよく読んでから解答してください。

【注意】

1. これは「管工事」の試験問題Bです。表紙とも8枚29問題あります。

2. 解答用紙（マークシート）に間違いのないように、試験地、氏名、受検番号を記入するとともに受検番号の数字をぬりつぶしてください。

3. 問題番号 No.1から No.10までの10問題は必須問題です。全問題を解答してください。

   問題番号 No.11から No.22までの12問題のうちから10問題を選択し、解答してください。

   問題番号 No.23から No.29までの 7問題は、施工管理法（応用能力）の問題で、必須問題です。全問題を解答してください。

   以上の結果、全部で27問題を解答することになります。

4. 選択問題は、指定数を超えて解答した場合、減点となりますから十分注意してください。

5. 試験問題の漢字のふりがなは、問題文の内容に影響を与えないものとします。

6. 解答は解答用紙（マークシート）にHBの鉛筆又はシャープペンシルで記入してください。
   （万年筆、ボールペンの使用は不可）

問題番号	解答記入欄			
No. 1	①	②	③	④
No. 2	①	②	③	④
No. 10	①	②	③	④

   解答用紙は　　　　　　　　　　　　　　　　　　　となっていますから、

   当該問題番号の解答記入欄の正解と思う数字をぬりつぶしてください。

   解答のぬりつぶし方は、解答用紙の解答記入例（ぬりつぶし方）を参照してください。

7. 解答を訂正する場合は、プラスチック消しゴムできれいに消してから訂正してください。
   消し方が不十分な場合は、解答を取り消したこととなりません。

8. この問題用紙の余白は、計算等に使用しても差し支えありません。
   ただし、解答用紙は計算等に使用しないでください。

9. 解答用紙（マークシート）は、退室する前に、必ず、試験監督者に提出してください。
   解答用紙（マークシート）は、いかなる場合でも持ち帰りはできません。

10. 試験問題は、試験終了時刻（15時45分）まで在席した方のうち、希望者に限り持ち帰りを認めます。途中退室した場合は、持ち帰りはできません。

第一次検定　問題 B

必 須 問 題

問題番号 No.1 から No.22 までの問題の正解は，1 問について一つです。
当該問題番号の解答記入欄の正解と思う数字を一つぬりつぶしてください。
1 問について，二つ以上ぬりつぶしたものは，正解となりません。

問題番号 No.1 から No.10 までの 10 問題は必須問題です。全問題を解答してください。

問題 1
　　工事の申請・届出書類と提出先に関する記述のうち，適当でないものはどれか。
(1)　屋内消火栓設備の設置に係る工事の場合，工事整備対象設備等着工届出書を消防長又は消防署長に届け出なければならない。
(2)　搬入のための工事用車両を道路上に停めて一時的に作業を行う場合，警察署長に道路占用許可申請書を提出しなければならない。
(3)　高圧ガス保安法で定められている高圧ガス製造届書は，都道府県知事あるいは指定都市の長に届け出なければならない。
(4)　原動機の定格出力が 7.5 kW 以上の送風機を設置する場合，騒音規制法の特定施設設置届出書（騒音）を市町村長に提出しなければならない。

問題 2
　　下図のネットワーク工程表に関する記述のうち，適当でないものはどれか。
　　ただし，図中のイベント間の A～I は作業内容，日数は作業日数を表す。

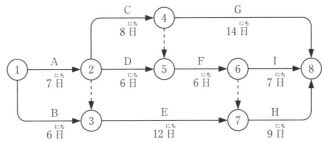

(1)　クリティカルパスは 1 本で，所要日数は 30 日である。
(2)　作業内容 B のトータルフロートは，3 日である。
(3)　作業内容 I のフリーフロートは，1 日である。
(4)　作業内容 I の作業日数が 3 日遅延すれば，クリティカルパスが変更となり所要日数は 1 日遅延する。

問題 3
　　品質管理で用いられる手法に関する記述のうち，適当でないものはどれか。
(1)　パレート図は，データをプロットして結んだ折れ線と管理限界線により，データの時間的変化や異常なばらつきがわかる。
(2)　特性要因図とは，問題としている特性とそれに影響を与えると想定される要因との関係を魚の骨のような図に体系的に整理したものである。
(3)　散布図とは，グラフに点をプロットしたもので，点の分布状態より 2 つのデータの

相関関係がわかる。

(4) 層別とは，データの特性を適当な範囲別にいくつかのグループに分けることをいい，データ全体の傾向や管理対象範囲の把握が容易になる等の効果がある。

問題 4

建設工事における安全管理に関する記述のうち，**適当でないもの**はどれか。

(1) 事業者は，建設工事において重大災害が発生した場合は，労働基準監督署に速やかに報告しなければならない。

(2) 事業者は，既設汚水ピット内で作業を行う場合は，その日の作業を開始する前に当該作業場における空気中の酸素及び硫化水素の濃度を測定しなければならない。

(3) ハインリッヒの法則では，1件の重大事故の背後には29件の軽度の事故，さらに300件のヒヤリ・ハットがあるといわれている。

(4) 送配電線の近くでクレーン作業を行う場合，特別高圧電線からは1.2 m以上の離隔距離を確保しなければならない。

問題 5

機器の据付けに関する記述のうち，**適当でないもの**はどれか。

(1) 排水用水中モーターポンプの据付け位置は，排水槽への排水流入口から離れた場所とする。

(2) 防振基礎の場合は，大きな揺れに対応するために耐震ストッパーは設けない。

(3) 横形ポンプを2台以上並べて設置する場合，各ポンプ基礎の間隔は，一般的に，500 mm以上とする。

(4) ポンプ本体とモータの軸の水平は，カップリング面，ポンプの吐出し及び吸込みフランジ面の水平及び垂直を水準器で確認する。

問題 6

配管の施工に関する記述のうち，**適当でないもの**はどれか。

(1) 冷温水横走り配管（上り勾配の往き管）の径違い管を偏心レジューサーで接続する場合，管内の下面に段差ができないように接続する。

(2) 建物のエキスパンションジョイント部を跨ぐ配管においては，変位を吸収するためフレキシブルジョイントを設置する。

(3) 冷温水配管の主管から枝管を分岐する場合，エルボを3個以上用いて，管の伸縮を吸収できるようにする。

(4) 飲料用高置タンクからの給水配管の完了後，管内の洗浄において末端部で遊離残留塩素が0.2 mg/L以上検出されるまで消毒する。

問題 7

ダクト及びダクト附属品の施工に関する記述のうち，**適当でないもの**はどれか。

(1) コイルの上流側のダクトが30度を超える急拡大となる場合は，整流板を設けて風量の分布を平均化する。

(2) 排煙ダクトと排煙機との接続は，フランジ接合とする。

(3) 亜鉛鉄板製スパイラルダクトは，亜鉛鉄板をらせん状に甲はぜ機械掛けしたもので，高圧ダクトには使用できない。

(4) パネル形の排煙口は，排煙ダクト内の気流方向とパネルの回転軸が平行となる向きに取り付ける。

問題 8

保温，保冷の施工に関する記述のうち，**適当でないもの**はどれか。

(1) ホルムアルデヒド放散量は,「F☆☆☆☆」のように表示され, ☆の数が多いほどホルムアルデヒド放散量が少ないことを示します。

(2) ポリスチレンフォーム保温材は, 優れた独立気泡体を有し, 吸水, 吸湿がほとんどないため, 水分による断熱性能の低下が小さい。

(3) グラスウール保温板の24 K, 32 K, 40 K 等の表示は, 保温材の耐熱温度を表すもので, 数値が大きいほど耐熱温度が高い。

(4) ステンレス鋼板製（SUS 444製を除く。）貯湯タンクを保温する際は, タンク本体にエポキシ系塗装等を施すことにより, タンク本体と保温材とを絶縁する。

問題9
機器の試運転調整に関する記述のうち, **適当でないもの**はどれか。

(1) ボイラーの試運転では, 地震感知装置による燃料停止を確認する。

(2) 軸封装置がメカニカルシールのポンプの試運転では, しゅう動部からほとんど漏水がないことを確認する。

(3) 冷凍機の試運転では, 温度調節器による自動発停の作動を確認する。

(4) 揚水ポンプの試運転では, 高置タンクの満水警報の発報により, 揚水ポンプが停止することを確認する。

問題10
腐食・防食に関する記述のうち, **適当でないもの**はどれか。

(1) 蒸気配管系統に配管用炭素鋼鋼管（黒）を使用する場合, 蒸気管（往き管）は, 還水管よりも腐食が発生しやすい。

(2) 電気防食法における外部電源方式では, 直流電源装置のマイナス端子に被防食体を接続する。

(3) 溶融めっきは, 金属を高温で溶融させた槽中に被処理材を浸漬したのち引き上げ, 被処理材の表面に金属被覆を形成させる防食方法である。

(4) 密閉系冷温水配管では, ほとんど酸素が供給されないので配管の腐食速度は遅い。

選択問題

問題番号 No.11から No.22までの12問題のうちから10問題を選択し, 解答してください。

問題11
建設工事の作業所において, 関係請負人の労働者を含めて常時50人以上となる混在作業所の安全衛生管理体制として,「労働安全衛生法」上, **誤っているもの**はどれか。

(1) 特定元方事業者は, 統括安全衛生責任者を選任し, その者に作業場所の巡視等, 労働災害を防止するために必要な事項を統括管理させなければならない。

(2) 統括安全衛生責任者を選任した特定元方事業者は, 一定の資格を有する者のうちから安全衛生推進者を選任しなければならない。

(3) 特定元方事業者は, 選任した元方安全衛生管理者に, 統括安全衛生責任者が統括管理すべき事項のうち技術的事項を管理させなければならない。

(4) 統括安全衛生責任者を選任すべき事業者以外の請負人は, 安全衛生責任者を選任し, その者に統括安全衛生責任者との連絡等を行わせなければならない。

問題12
建設工事現場における安全管理に関する記述のうち,「労働安全衛生法」上, **誤っているもの**はどれか。

(1) 事業者は, 酸素欠乏危険場所の作業場における空気中の酸素の濃度を測定した記

録は，1年間保存しなければならない。
(2) つり上げ荷重が1トン以上の移動式クレーンの玉掛けの業務を行う者は，当該業務に係る技能講習を修了した者でなければならない。
(3) 事業者は，建築物の解体等の作業を行うときは，解体等対象建築物等の全ての材料について石綿障害予防規則に定められた方法で事前調査をしなければならない。
(4) 事業者は，酸素欠乏危険作業に労働者を従事させる場合，当該作業を行う場所の空気中の酸素濃度を保つための換気に，純酸素を使用してはならない。

問題13

労働条件に関する記述のうち，「労働基準法」上，**誤っているもの**はどれか。
(1) 使用者は，労働契約の締結に際し，労働者に対して賃金，労働時間その他の労働条件を明示しなければならない。
(2) 労働基準法で定める基準に達しない労働条件を定める労働契約は，その労働契約のすべてにおいて無効とする。
(3) 使用者は，労働契約の不履行について違約金を定め，又は損害賠償額を予定する契約をしてはならない。
(4) 使用者は，労働契約に附随して貯蓄の契約をさせ，又は貯蓄金を管理する契約をしてはならない。

問題14

建築物に関する記述のうち，「建築基準法」上，**誤っているもの**はどれか。
(1) 居室の天井の高さは2.1m以上とし，一室で天井の高さの異なる部分がある場合においては，その平均の高さによるものとする。
(2) 「建築」とは，建築物を新築，増築，改築，又は移転することをいう。
(3) 避難階とは，直接地上へ通ずる出入口のある階をいう。
(4) 小規模な事務室のみを設けた地階は，階数に算入しない。

問題15

建築設備に関する記述のうち，「建築基準法」上，**誤っているもの**はどれか。
(1) 地上11階以上の建築物の屋上に2台の冷却塔を設置する場合，冷却塔から他の冷却塔までの距離を2m以上とする。
(2) 通気管は，直接外気に衛生上有効に開放しなければならない。ただし，配管内の空気が屋内に漏れることを防止する装置が設けられている場合にあっては，この限りでない。
(3) 排水槽を設ける場合は通気のための装置を設け，かつ，当該装置は，直接外気に衛生上有効に開放しなければならない。
(4) 地階に居室を有する建築物の屋内に設ける換気設備の風道は，防火上支障がないものとして国土交通大臣が定める部分を除き，難燃材料で造らなければならない。

問題16

請負契約書に記載しなければならない事項に関する記述のうち，「建設業法」上，**規定されていないもの**はどれか。
(1) 各当事者の履行の遅滞その他債務の不履行の場合における遅延利息，違約金その他の損害金
(2) 価格等の変動若しくは変更に基づく請負代金の額又は工事内容の変更
(3) 現場代理人の権限に関する事項及び現場代理人の行為についての注文者の請負人に対する意見の提出方法
(4) 天災その他不可抗力による工期の変更又は損害の負担及びその額の算定方法に関す

る定め

問題17

元請負人の義務に関する記述のうち，「建設業法」上，誤っているものはどれか。

(1) 元請負人は，下請負人からその請け負った建設工事が完成した旨の通知を受けたときは，当該通知を受けた日から20日以内で，かつ，できる限り短い期間内に，その完成を確認するための検査を完了しなければならない。

(2) 元請負人は，請負代金の出来形部分に対する支払又は工事完成後における支払を受けたときは，当該支払の対象となった建設工事を施工した下請負人に対して，相応する下請代金を，当該支払を受けた日から１か月以内で，かつ，できる限り短い期間内に支払わなければならない。

(3) 元請負人が請負代金の出来形部分に対する支払又は工事完成後における支払を受けたときに，下請負人に対して相応する下請代金を支払う場合，元請負人は，下請代金のうち労務費に相当する部分については，現金で支払うよう適切な配慮をしなければならない。

(4) 元請負人は，その請け負った建設工事を施工するために必要な工程の細目，作業方法その他元請負人において定めるべき事項を定めようとするときは，あらかじめ，発注者の意見を聞かなければならない。

問題18

１号屋内消火栓設備のポンプを用いる加圧送水装置に関する記述のうち，「消防法」上，誤っているものはどれか。

(1) ポンプの吐出量は，屋内消火栓の設置個数が最も多い階における設置個数（設置個数が２を超える場合は２とする。）に120 L/min を乗じて得た量以上とする。

(2) ポンプには，その吐出側に圧力計，吸込側に連成計を設けるものとする。

(3) ポンプの吐出量が定格吐出量の150％である場合における全揚程は，定格全揚程の65％以上のものとする。

(4) ポンプの始動を明示する表示灯を設ける場合，当該表示灯は赤色とし，消火栓箱の内部又はその直近に設けるものとする。

問題19

不活性ガス消火設備に関する記述のうち，「消防法」上，誤っているものはどれか。

(1) 局所放出方式の不活性ガス消火設備に使用する消火剤は，二酸化炭素とする。

(2) 駐車の用に供される部分及び通信機器室であって常時人がいない部分は，局所放出方式としなければならない。

(3) 防護区画が２以上あり，貯蔵容器を共用する場合は，防護区画ごとに選択弁を設けなければならない。

(4) 防護区画の換気装置は，消火剤の放射前に停止できる構造としなければならない。

問題20

分別解体等に関する記述のうち，「建設工事に係る資材の再資源化等に関する法律」上，誤っているものはどれか。

(1) 対象建設工事の請負契約の当事者は，分別解体等の方法，解体工事に要する費用その他の事項について書面に記載し，相互に交付しなければならない。

(2) 建築設備を単独で受注した請負金額が１億円以上の設備改修工事は，修繕・模様替等工事とみなされ対象建設工事となる。

(3) 対象建設工事受注者は，その請け負った建設工事の全部又は一部を他の建設業を営む者に請け負わせようとするときは，当該他の建設業を営む者に対し，当該対象建

設工事について届け出られた分別解体等の計画等の事項を告げなければならない。
(4) 「建設業法」上の管工事業の許可を受けた者が解体工事業を営もうとする場合は，当該業を行おうとする区域を管轄する都道府県知事の登録は不要である。

問題21

業務用冷凍空調機器の整備及び撤去等に関する記述のうち，「フロン類の使用の合理化及び管理の適正化に関する法律」上，誤っているものはどれか。
(1) 第一種特定製品整備者は，第一種特定製品にフロン類を充塡するときは，第一種フロン類充塡回収業者に委託しなければならない。
(2) 第一種フロン類充塡回収業を行おうとする者は，環境大臣の登録を受けなければならない。
(3) 第一種フロン類充塡回収業者が委託を受けてフロン類の回収を行ったときは，整備を発注した第一種特定製品の管理者に回収証明書を交付しなければならない。
(4) フロン類破壊業者がフロン類を破壊したときは，当該フロン類を引き取った第一種フロン類充塡回収業者に破壊証明書を送付しなければならない。

問題22

産業廃棄物の処理に関する記述のうち，「廃棄物の処理及び清掃に関する法律」上，誤っているものはどれか。
(1) 専ら再生利用の目的となる産業廃棄物のみの収集若しくは運搬又は処分を業として行う者に当該産業廃棄物のみの運搬又は処分を委託する場合は，産業廃棄物管理票の交付を要しない。
(2) 産業廃棄物管理票を交付した事業者は，当該管理票に関する報告書を作成し，都道府県知事に提出しなければならないが，電子情報処理組織を使用して，情報処理センターに登録した場合は事業者から都道府県知事への報告は不要である。
(3) 産業廃棄物の処分を業として行おうとする者は，都道府県知事から産業廃棄物処分業者の許可を受けることにより，産業廃棄物の運搬及び処分を一括して受託することができる。
(4) 事業者は，建設工事に伴い発生した産業廃棄物を事業場の外の300 m²以上の保管場所に保管する場合，非常災害のために必要な応急措置として行う場合を除き，事前にその旨を都道府県知事に届け出なければならない。

必 須 問 題

問題番号 No.23から No.29までの問題の正解は，1問について二つです。
当該問題番号の解答記入欄の正解と思う数字を二つぬりつぶしてください。
1問について，一つだけぬりつぶしたものや，三つ以上ぬりつぶしたものは，正解となりません。

問題番号 No.23から No.29までの7問題は必須問題です。全問題を解答してください。

問題23

公共工事の施工計画等に関する記述のうち，適当でないものはどれか。
適当でないものは二つあるので，二つとも答えなさい。
(1) 工事の受注者は，設計図書に基づく請負代金内訳書及び実行予算書を，発注者に提出しなければならない。
(2) 総合施工計画書は受注者の責任において作成されるが，設計図書に特記された事項については監督員の承諾を受ける。

(3)　工事に使用する材料は，設計図書にその品質が明示されていない場合にあっては，最低限の品質を有するものとする。

(4)　総合工程表は，現場の仮設工事から，完成時における試運転調整，後片付け，清掃までの全工程の予定を表すものである。

問題24

工程管理に関する記述のうち，**適当でないもの**はどれか。
適当でないものは二つあるので，二つとも答えなさい。

(1)　工程表作成時に注意すべき項目は，作業の順序と作業時間，休日や夜間の作業制限，諸官庁への申請・届出，試運転調整，検査時期，季節の天候等がある。

(2)　ネットワーク工程表には，前作業が遅れた場合の後続作業への影響度が把握しにくいという短所がある。

(3)　ネットワーク工程表で全体工程の短縮を検討する場合は，当初のクリティカルパス上の作業についてのみ日程短縮を検討すればよい。

(4)　工期の途中で工程計画をチェックし，現実の推移を入れて調整することをフォローアップという。

問題25

品質管理に関する記述のうち，**適当でないもの**はどれか。
適当でないものは二つあるので，二つとも答えなさい。

(1)　品質管理は，設計図書で要求された品質を実現するため，品質計画に基づき施工を実施し品質保証を確立することにある。

(2)　品質管理として行う行為には，搬入材料の検査，配管の水圧試験，風量調整の確認等がある。

(3)　品質管理のメリットは品質の向上や均一化であり，デメリットは工事費の増加である。

(4)　PDCAサイクルは，計画→改善→チェック→実施→計画のサイクルを繰り返すことであり，品質の改善に有効である。

問題26

建設工事における安全管理に関する記述のうち，**適当でないもの**はどれか。
適当でないものは二つあるので，二つとも答えなさい。

(1)　特定元方事業者は，労働災害を防止するために，作業場所を週に少なくとも1回巡視しなければならない。

(2)　安全施工サイクルとは，安全朝礼から始まり，安全ミーティング，安全巡回，安全工程打合せ，後片付け，終業時確認までの作業日ごとの安全活動サイクルのことである。

(3)　災害の発生によって，事業者は，刑事責任，民事責任，行政責任及び社会的責任を負う。

(4)　重大災害とは，一時に3人以上の労働者が業務上死亡した災害をいい，労働者が負傷又はり病した災害は含まない。

問題27

機器の据付けに関する記述のうち，**適当でないもの**はどれか。
適当でないものは二つあるので，二つとも答えなさい。

(1)　あと施工のメカニカルアンカーボルトは，めねじ形よりおねじ形の方が許容引抜き力が大きい。

(2)　屋上設置の飲料用タンクのコンクリート基礎は，鋼製架台も含めた高さを400 mm

とする。

(3) 冷却塔のボールタップを作動させるため，補給水口の高さは，高置タンクの低水位より1mの落差が確保できる位置とする。

(4) 冷却塔は，排出された空気が再び冷却塔に吸い込まれないよう外壁等とのスペースを十分にとるとともに風通しのよい場所に据え付ける。

問題28

配管及び配管附属品の施工に関する記述のうち，**適当でないもの**はどれか。
適当でないものは二つあるので，二つとも答えなさい。

(1) 冷温水配管に自動空気抜き弁を設ける場合は，管内が負圧になる箇所に設ける。

(2) 冷温水配管からの膨張管を開放形膨張タンクに接続する際は，接続口の直近にメンテナンス用バルブを設ける。

(3) ステンレス鋼管の溶接接合は，管内にアルゴンガス又は窒素ガスを充満させてから，TIG溶接により行う。

(4) 揚水管の試験圧力は，揚水ポンプの全揚程の2倍とするが，0.75 MPaに満たない場合は0.75 MPaとする。

問題29

ダクト及びダクト附属品の施工に関する記述のうち，**適当でないもの**はどれか。
適当でないものは二つあるので，二つとも答えなさい。

(1) 送風機の吐出し口直後に曲り部を設ける場合は，吐出し口から曲り部までの距離を送風機の羽根径と同じ寸法とする。

(2) 長辺が450 mmを超える亜鉛鉄板製ダクトは，保温を施さない部分に補強リブによる補強を行う。

(3) 送風機とダクトを接続するたわみ継手は，たわみ部が負圧となる場合，補強用のピアノ線が挿入されたものを使用する。

(4) 横走り主ダクトに設ける耐震支持は，25 m以内に1箇所，形鋼振止め支持とする。

●正答肢●

問題 A	1	2	3	4	5	6	7	8	9	10	11	12	13	14	15	16	17	18	19	20	21	22
	1	4	2	1	3	2	1	4	2	4	3	1	2	2	2	4	1	2	3	4	2	2
	23	24	25	26	27	28	29	30	31	32	33	34	35	36	37	38	39	40	41	42	43	44
	3	3	4	3	1	2	3	4	2	4	3	1	4	1	1	4	3	4	3	1	1	3

問題 B	1	2	3	4	5	6	7	8	9	10	11	12	13	14	15	16	17	18	19	20	21	22
	2	3	1	4	2	1	3	3	4	1	2	1	2	4	4	3	4	1	2	4	2	3
	23	24	25	26	27	28	29															
	1	2	3	1	2	1	1															
	3	3	4	4	3	2	4															

索　　　引

［監　　修］前 島　健　Ken Maejima
　　　　　　1959年　早稲田大学第一理工学部建築学科卒業
　　　　　　元　（株）森村設計

［執 筆 者］阿 部　洋　Hiroshi Abe
　　　　　　1973年　山形大学工学部精密工学科卒業
　　　　　　元　新日本空調株式会社

令和5年度版
1級管工事施工管理技士　第一次検定　要点テキスト

2023 年 3 月 15 日　初 版 印 刷
2023 年 3 月 25 日　初 版 発 行

監　修　前　　島　　　　　健
執筆者　阿　　部　　　　　洋
発行者　澤　崎　明　治

（印　刷）星野精版印刷　（製　本）　プロケード
（トレース）丸山図芸社　（装　丁）　加藤　三喜

発行所　株式会社 市 ヶ 谷 出 版 社
　　　　東京都千代田区五番町5
　　　　電話　03－3265－3711㈹
　　　　FAX　03－3265－4008
　　　　http://www.ichigayashuppan.co.jp

© 2023　　　　　　　　　ISBN 978-4-87071-496-0